U0241076

普通高等教育"十一五"国家级规划教材

工程材料

第 3 版

主　编　崔占全　孙振国

副主编　王正品　陈　扬

参　编　朱张校　戚　力　张向红

主　审　郑明新　王天生

机械工业出版社

本书为普通高等教育"十一五"国家级规划教材，内容分为三篇：第一篇为工程材料的基本理论，包括材料的结构与性能、金属材料组织与性能的控制；第二篇为常用工程材料，包括金属材料、高分子材料、陶瓷材料、复合材料、其他工程材料（功能材料、纳米材料等）；第三篇为机械零件的失效、强化、选材及工程材料的应用。

本书建立了以"工程材料"为主的教材体系，精简传统内容，强化非金属材料、新型材料及选材的知识，可作为工科院校机械类及近机类专业教材，也可供相关专业的工程技术人员参考。

图书在版编目（CIP）数据

工程材料/崔占全，孙振国主编 . —3 版 . —北京：机械工业出版社，2013.5（2024.7重印）
普通高等教育"十一五"国家级规划教材
ISBN 978-7-111-41835-1

Ⅰ. ①工… Ⅱ. ①崔…②孙… Ⅲ. ①工程材料-高等学校-教材 Ⅳ. ①TB3

中国版本图书馆 CIP 数据核字（2013）第 051688 号

机械工业出版社（北京市百万庄大街22号　邮政编码100037）
策划编辑：冯春生　责任编辑：冯春生　韩　冰
版式设计：潘　蕊　责任校对：张莉娟
封面设计：张　静　责任印制：常天培
北京中科印刷有限公司印刷
2024 年 7 月第 3 版·第 10 次印刷
184mm×260mm · 18.25 印张·449 千字
标准书号：ISBN 978-7-111-41835-1
定价：39.80 元

第3版前言

本书为普通高等教育"十一五"国家级规划教材。该教材自2003年第1版问世以来，由于教材体系科学合理，内容取舍得当且深浅度适中，符合当前学时少内容广的教学现状，因此颇受使用院校的师生好评，已多次重印。本书被评为普通高等教育"十一五"国家级规划教材后，自2007年以来，第2版已重印6次。

本次修订是在保持第2版教材体系的基础上，修改了"绪论"，调换了部分图表，增加了"铝及铝合金牌号的编号原则"及"镁及镁合金"等内容，力图使本书的结构与内容更加科学合理，知识更加完善。在修订《工程材料》教材的同时，将配套教材《工程材料学习指导》也进行了修订，并给出了习题参考答案。由崔占全、戚力制作了本教材的PPT教学课件，力图打造"工程材料"课程的立体化教材。

本书分为三篇，共9章。绪论、第一章、第二章第六节、第三章第三节中的"镁及镁合金"、第四章、第六章及附录由燕山大学崔占全教授编写及修订；第二章第一节和第二节由清华大学朱张校教授编写及修订；第二章第三节和第四节、第三章第二节和第三节由江苏科技大学孙振国教授编写及修订；第二章第五节、第三章第一节由西安工业大学王正品教授编写及修订；第五章由河北建材职业技术学院张向红副教授编写及修订；第七章及第三章所有新标准由燕山大学戚力副教授编写及修订；第八章、第九章由辽宁工业大学陈扬教授编写及修订。全书由崔占全、孙振国担任主编，王正品、陈扬担任副主编，清华大学郑明新教授、燕山大学王天生教授担任主审。

在本书的修订过程中，燕山大学赵品教授、景勤教授、杨庆祥教授、刘文昌教授、高聿为教授等人提出了许多有益建议，书中还引用了部分参考教材的资料，在此一并表示感谢！

由于编者水平所限，错误及不足之处在所难免，敬请读者批评指正。

编　者

第 2 版前言

本书为普通高等教育"十一五"国家级规划教材。该教材第 1 版自 2003 年出版以来，由于体系合理，符合当前课时少内容多的教学现状，已多次重印，颇受使用该教材院校的好评。

本次修订，基本保持第 1 版的教材体系，将知识点的前后顺序进行了调整，增加了"纳米材料的制备与合成"等新知识，力图使本书的结构更加合理，知识更趋于完善。在修订此教材时，将配套的《工程材料学习指导》（含工程材料内容提要及学习重点、习题、课堂讨论、实验等内容）同时进行了修订，并由崔占全、戚力制作了相应的教学课件及习题参考答案（光盘中），努力构建"工程材料"课程的立体化教材。

本书分为三篇，共 9 章。绪论、第一章、第二章第六节、第四章、第六章及附录由燕山大学崔占全教授编写；第二章第一节、第二节由清华大学朱张校教授编写；第二章第三节、第四节，第三章第二节、第三节由江苏科技大学孙振国教授编写；第二章第五节、第三章第一节由西安工业学院王正品教授编写；第五章由河北建材职业技术学院张向红讲师编写；第七章由燕山大学戚力讲师编写，第三章所有新标准由燕山大学戚力修订；第八章、第九章由辽宁工业大学陈扬副教授编写。全书由崔占全、孙振国担任主编，王正品、陈扬担任副主编；全书由清华大学郑明新教授、燕山大学王天生教授担任主审。

本书修订过程中，燕山大学荆天辅、赵品、高聿为教授提出了许多有益建议，高聿为协助审阅了部分书稿，在此表示谢意。

由于编者水平有限，错误及不足之处在所难免，敬请读者批评指正。

编　者

第1版前言

根据第九届全国"工程材料"课程协作组会议的决议，为适应我国高等教育改革形势下的教学需要，本着加强基础、淡化专业、加强能力和素质教育的宗旨，同时考虑到各高校减少该课程学时的实际情况，组织相关院校的一线教师编写了本书。

《工程材料》是工科院校机械类及近机类专业开设的一门技术基础课教材。本书在编写过程中注意了以下几个问题：

1）建立以工程材料为主的教材体系。

2）精简传统内容，强化非金属材料及选材的内容。

3）编入功能材料、纳米材料、零件失效与强化等新材料、新工艺、新技术。

4）教材体系更符合教学规律。

5）对工程材料的应用作了较详尽的介绍。

编者本着改革的愿望，力图使本教材体系更加符合机械类及近机类专业的培养目标。当然，一个科学、合理的教材体系的建立不是一朝一夕就能完成的，不可能一次性就能完全突破旧的框架，仅以此书作为教材改革的一次尝试。

本教材共分为三篇，计九章。绪论、第二章第六节、第四章、第五章、第六章及附录由燕山大学崔占全教授编写；第一章由燕山大学王天生副教授编写；第二章第一节、第二节由清华大学朱张校教授编写；第二章第三节、第四节，第三章第二节、第三节由华东船舶学院孙振国教授编写；第二章第五节、第三章第一节由西安工业学院王正品教授编写；第七章由燕山大学杨庆祥教授编写；第八章、第九章由辽宁工业大学陈扬副教授编写。全书由崔占全、孙振国主编，王正品、陈扬副主编；由清华大学郑明新教授主审。

本书在编写过程中，参考和引用了一些文献资料的有关内容，并得到了机械工业出版社教编室的大力支持与指导，在此一并感谢！

由于编者水平有限，错误及不足之处难以避免，敬请读者批评指正。

编　者

目　　录

第3版前言
第2版前言
第1版前言
绪论 …………………………………………………………………………… 1

第一篇　工程材料的基本理论

第一章　材料的结构与性能 ………… 5
　第一节　材料的性能 ……………… 5
　第二节　材料的结合方式及工程材料
　　　　　的键性 …………………… 14
　第三节　金属的结构与性能 ……… 17
　第四节　高分子材料的结构与性能 ……… 28
　第五节　陶瓷材料的结构与性能 … 37
第二章　金属材料组织与性能的

控制 …………………………………… 47
　第一节　纯金属的结晶 …………… 47
　第二节　合金的结晶 ……………… 53
　第三节　金属的塑性加工 ………… 69
　第四节　钢的热处理 ……………… 77
　第五节　钢的合金化 ……………… 96
　第六节　表面技术 ………………… 100

第二篇　常用工程材料

第三章　金属材料 ………………… 111
　第一节　工业用钢 ………………… 111
　第二节　铸铁 ……………………… 154
　第三节　有色金属及其合金 ……… 165
第四章　高分子材料 ……………… 193
　第一节　工程塑料 ………………… 193
　第二节　橡胶与合成纤维 ………… 201
　第三节　合成胶粘剂和涂料 ……… 204
第五章　陶瓷材料 ………………… 207
　第一节　概述 ……………………… 207
　第二节　常用工程结构陶瓷材料 … 209

　第三节　金属陶瓷（硬质合金） … 213
第六章　复合材料 ………………… 217
　第一节　概述 ……………………… 217
　第二节　复合材料的增强机制及
　　　　　性能 ……………………… 218
　第三节　常用复合材料 …………… 220
第七章　其他工程材料 …………… 227
　第一节　功能材料 ………………… 227
　第二节　纳米材料 ………………… 237
　第三节　未来材料的发展方向 …… 244

第三篇　机械零件的失效、强化、选材及工程材料的应用

第八章　机械零件的失效与强化 …… 245
　第一节　零件的失效形式与分
　　　　　析方法 …………………… 245
　第二节　工程材料的强化与强韧化 … 248
**第九章　典型零件的选材及工程材
　　　　料的应用** …………………… 251
　第一节　选材的一般原则 ………… 251

　第二节　典型零件的选材及工艺
　　　　　路线设计 ………………… 254
　第三节　工程材料的应用 ………… 260
附录　金属热处理工艺分类及代号
　　　　（GB/T 12603—2005） …… 281
参考文献 …………………………… 284

绪　论

一、材料科学的重要地位与作用

材料是人类用来制造各种有用物件的物质，它是人类生存与发展、改造自然的物质基础，也是人类社会现代文明的重要支柱。因此，历史学家将人类社会的发展分为石器时代、青铜器时代、铁器时代、水泥时代、钢时代、硅时代和新材料时代。人类使用材料的七个时代的开始时间见表 0-1。

表 0-1　人类使用材料的七个时代的开始时间

公元前 10 万年	石器时代
公元前 3000 年	青铜器时代
公元前 1000 年	铁器时代
公元 0 年	水泥时代
1800 年	钢时代
1950 年	硅时代
1990 年	新材料时代

无论是远古时代，还是生产力高度发达的今天，无论是工业、农业、现代国防，还是日常生活，均离不开材料。同样，20 世纪的四项重大发明，即原子能、半导体、计算机、激光器也离不开材料科学的发展。仅以计算机为例，1946 年由美国研制的埃尼阿克（ENIAC）电子数值积分计算机，共用 18000 多只电子管，质量达 30t 有余，占地 170m^2，每小时耗电 150kW，真可谓"庞然大物"。半导体材料出现后，特别是自 1967 年大规模集成电路问世以来，计算机实现了微型化，才使计算机进入了办公室及普通百姓人家。现在一台微型计算机如果其功能和第一台电子管计算机相当，其运行速度却快了几百倍，体积仅为原来的三十万分之一，质量仅为原来的六万分之一。中国的"两弹一星工程"、"航天工程"以及"嫦娥工程"（探月工程）等尖端技术的发展也离不开材料，因此，新材料技术已成为当代技术发展的重要前沿。1981 年，日本的国际贸易和工业部选择了优先发展的三个领域，即新材料、新装置和生物技术。1986 年 3 月，在我国四位著名科学家的倡议下，国家制定了《高技术研究发展计划纲要》，即"863 计划"，新材料属于重点研究领域之一，并命名为"关键新材料和现代材料科学技术"。材料科学的发展及进步已成为衡量一个国家科学技术水平的重要标准。今天人们经已强烈地认识到材料科学对社会发展与进步的作用，无论是专门从事科学研究的材料科技人员，还是经济专家、财政金融界的银行家、企业界巨头，以及作为经济决策人的国家领导阶层，都在密切注意材料研究的动向和发展趋势，以便及时把握时机，做出正确的判断与决策，以便在世界经济发展的竞争中占有一席之地。材料科学的发展在国民经济中占有极其重要的地位，因此，材料、能源、信息被誉为现代经济发展的三大支柱。

二、工程材料的分类

工程材料是指具有一定性能，在特定条件下能够承担某种功能，被用来制取零件和元件的材料。工程材料种类繁多，有许多不同的分类方法。

1. 按材料的化学组成分类

（1）金属材料　是指具有正的电阻温度系数及金属特性的一类物质，是目前应用最为广泛的工程材料。

1）按金属元素的构成情况不同，可分为金属与合金两种类型。所谓金属，是指由单一元素构成的、具有正的电阻温度系数及金属特性的一类物质；所谓合金，是指由两种或两种以上的金属或金属与非金属元素构成的、具有正的电阻温度系数及金属特性的一类物质。

2）金属材料按化学组成不同又可分为黑色金属及有色金属两种类型。黑色金属主要包含钢（碳钢和合金钢）和铸铁，即以铁、碳元素为主的金属材料；有色金属包含除钢铁以外的金属材料，其种类很多，按照它们特性的不同，又可分为轻金属（Al、Mg、Ti）、重金属（Cu、Ir、Pb）、贵金属（Au、Ag、Pt）、稀有金属（Ta、Zr）和放射性金属（Ta）等多种。

（2）无机非金属材料　是指用天然硅酸盐（粘土、长石、石英等）或人工合成化合物（氮化物、氧化物、碳化物、硅化物、硼化物、氟化物）作为原料，经粉碎、配置、成型和高温烧结而成的硅酸盐材料。无机非金属材料包括水泥、玻璃、耐火材料和陶瓷等，其主要原料是硅酸盐矿物，因此又称为硅酸盐材料。

（3）高分子材料　是指以高分子化合物为主要组分的材料，又称为高聚物。按材料来源可分为天然高分子材料（蛋白、淀粉、纤维素等）和人工合成高分子材料（合成塑料、合成橡胶、合成纤维）；按性能及用途可分为塑料、橡胶、纤维、胶粘剂、涂料等。金属材料、陶瓷材料、高分子材料统称为三大固体材料；合成塑料、合成橡胶、合成纤维统称为三大合成材料。

（4）复合材料　是指由两种或两种以上不同性质的材料，通过不同的工艺方法人工合成的、各组分间有明显界面且性能优于各组成材料的多相材料。多数金属材料不耐腐蚀，无机非金属材料脆性大，高分子材料不耐高温且易老化，人们将上述两种或两种以上的不同材料组合起来，使之取长补短、相得益彰，就构成了复合材料。复合材料由基体材料和增强材料复合而成，基体材料包括金属、塑料（树脂）、陶瓷等，增强材料包括各种纤维和无机化合物颗粒等。

2. 按材料的使用性能分类

（1）结构材料　是指以强度、刚度、塑性、韧性、硬度、疲劳强度、耐磨性等力学性能为性能指标，用来制造承受载荷、传递动力的零件和构件的材料。结构材料可以是金属材料、高分子材料、陶瓷材料或复合材料。

（2）功能材料　是指以声、光、电、磁、热等物理性能为指标，用来制造具有特殊性能的元件的材料，如大规模集成电路材料、信息记录材料、充电材料、激光材料、超导材料、传感器材料、储氢材料等都属于功能材料。目前功能材料在通信、计算机、电子、激光和空间科学等领域扮演着极其重要的角色。

在人类漫长的历史发展过程中，材料一直是社会进步的物质基础与先导。进入 21 世纪，作为"发明之母"、"产业粮食"的新材料科学必将在当代科学技术迅猛发展的基础上朝着精细化、高功能化、超高性能化、复杂化（复合化和杂化）、智能化、可再生及生态环境化的方向发展，从而为人类社会的物质文明建设做出更大贡献。

1）精细化。所谓"精"是指材料的制备技术及加工手段越来越先进；所谓"细"是指组成、制备材料粒子的尺寸越来越细小，即从微米尺寸细化到纳米尺寸。

2）高功能化。是指功能材料应向更高功能化方向发展，例如发展高温超导材料等。

3）超高性能化。是指结构材料应向超高性能化的方向发展，例如发展超高强度钢、金属材料的超塑性等。

4）复杂化。是指复合化和杂化。所谓复合化是指将两种或两种以上不同性质的材料，通过不同工艺方法形成的各组分间有明显界面且性能优于各组成相的多相材料的一种方法；所谓杂化是指将有机、无机及金属三大类材料在原子和分子水平上混合而构思设想形成性能完全不同于现有材料的一种新材料的制备方法。

5）智能化。是指材料可以像人类大脑一样，会思考、会判断、能思维，如形状记忆合金。

6）可再生及生态环境化。可再生是指制备的材料可以重复利用，具有可再生的能力与属性；生态环境化是指生产制备材料时安全、可靠、无毒副作用，且对周围环境无任何污染的性质。只有这样才能使生产制备的材料可以重复利用，对周围环境无污染，使生产制备的新材料与再制造工程联系在一起，与我国发展的大政方针联系在一起，符合我国的经济发展战略方针，即循环经济、可持续发展。

三、工程材料课程的研究对象、内容与任务

工程材料是研究材料的化学成分、组织结构、加工工艺与性能关系及其变化规律的一门科学。所谓组织，是指用肉眼或在显微镜下能观察到的、金属中具有某种外表特征的组成部分。例如，层片状组织（珠光体）、羽毛状组织（上贝氏体）、针叶状组织（下贝氏体）、板条状组织（低碳马氏体）、片状组织（高碳马氏体）等。所谓结构，是指原子在金属内部的三维空间中的具体排列方式。金属的化学成分不同，虽然加工过程一致，但由于组织结构不同，则性能不同；金属的化学成分相同，但经过不同的加工过程，可以获得不同的组织结构，从而获得不同性能。例如，取 $w_C = 1.0\%$ 的碳钢和 $w_C = 0.45\%$ 的碳钢具有相同尺寸的试样各一块，经过同样的加工处理后，即加热到780℃、保温一定时间后空冷（正火），结果两块试样的性能不同。这是由于化学成分不同的两块试样，虽经过相同的工艺处理，但由于其内部组织结构不同，则性能不同；如果取两块相同尺寸具有同样化学成分（ $w_C = 0.45\%$ ）的碳钢试样，都加热到840℃保温一定时间后，一块取出空冷，一块取出水冷，结果水冷试样的强度、硬度比空冷试样的高，但该试样的塑性、韧性比空冷的低。这是由于两块尺寸相同、化学成分相同的试样经过不同的加工处理后，获得了不同的组织结构，从而获得了不同性能。如果说材料的化学成分、组织结构是决定材料性能的内部因素，材料的加工工艺及制备过程则是决定材料性能的外部因素。内因是本质、是关键、是决定因素，外因则通过内因而起作用。

工程材料和机械设计、机械制造、机械电子工程等机械类及近机械类专业的关系极其密切。机械设计主要包含产品的功能设计、结构设计、材料设计等方面。在设计某一产品时，设计者既要进行功能设计和结构设计，即通过精确的计算和必要的试验确定决定产品功能的技术参数和整机结构及零件的强度、形状、尺寸等，为了保证产品的功能与性能同时还要进行材料设计，即确定材料的化学成分、结构及其加工工艺，也就是通过控制材料的化学成分及加工工艺过程，达到控制材料的组织结构与性能的目的。机械制造是将材料经济地加工成最终产品的过程。为了保证加工工艺过程的顺利进行及经济性，材料必须具备一定的工艺性

能（冶炼性、铸造性、压力加工性、切削加工性、焊接性、热处理性等）；为了满足产品的工作条件及保证产品具有一定的使用寿命，产品必须具备必要的使用性能（力学性能、物理性能、化学性能等）与经济性。材料设计及选材的相关知识需要通过工程材料这门课程获得，因此，工程材料是机械制造、机械设计、机械电子等各冷加工专业一门重要的技术基础课。学习该课程的目的是使学生获得有关工程材料的基础理论知识，并使其初步具备根据零件工作条件和失效方式合理地选择与使用材料，正确制订零件的冷、热加工工艺路线的能力，掌握强化金属材料的途径及方法。

　　"工程材料"这门课程的内容包括：

　　（1）金属学基础

　　1）材料的结构与性能，包括金属的性能、金属的晶体结构、合金的相结构。

　　2）金属材料的组织与性能控制，包括纯金属凝固、二元合金凝固与相图、铁碳相图、金属与合金的塑性变形及再结晶。

　　3）钢的热处理原理与工艺，包括：①钢的热处理原理，即钢在加热时的组织转变（奥氏体转变）、钢在冷却时的组织转变（过冷奥氏体转变曲线、珠光体转变、贝氏体转变、马氏体转变）、淬火钢在回火时的转变；②钢的热处理工艺（即五大相变的应用），如普通热处理、表面热处理、特殊热处理等。

　　（2）常用工程材料

　　1）金属材料，包括工业用钢（结构钢、工具钢、特殊性能钢等）、铸铁、有色金属及其合金（铝、铜、钛、镁、轴承合金）。

　　2）高分子材料、陶瓷材料、复合材料、其他工程材料等。

　　（3）机械零件的失效、强化、选材及工程材料的应用。

　　工程材料具有"三多一少"的特点，即内容头绪多（含金属材料工程专业的金属学基础、金属热处理原理、金属热处理工艺、金属材料学、金属力学性能等多门课程的内容）、原理规律多（涉的原理与规律有几十个）、概念定义多（涉及的概念与定义有几百个）、理论计算少（重要的只有相对含量计算），且内容枯燥、抽象，具体的原子排列方式看不见、摸不着。为了学好这门课程，应该联系前面课程所学过的内容，因为工程材料是以数学、化学、物理、理论力学、材料力学、金属工艺学和金工实习为基础的课程，在学习时应联系上述相关基础课程的有关内容，以加深对本课程内容的理解。同时要处理好"两个关系"，即处理好基础课与本课程的关系、处理好专业课与本课程的关系。此外，工程材料是一门从生产实践中发展起来而又直接为生产服务的科学，所以学习该课程时不但要学习好基本理论，而且还要注意理论联系生产实际，并注重与本课程相关的实验课。只有这样才能学好这门课程，为专业课学习打好基础。

第一篇　工程材料的基本理论

第一章　材料的结构与性能

工程材料的性能主要取决于其化学成分、组织结构及加工制备工艺过程。在制造、使用、研究和发展工程材料时，材料的内部结构是非常重要的研究对象。所谓结构，是指物质内部原子在空间的分布及排列规律。本章将重点讨论常用工程材料即金属材料、高分子材料、陶瓷材料等三大固体材料的结构与性能。

第一节　材料的性能

工程材料是目前应用最为广泛的材料，它之所以被广泛使用，主要原因是其具有优良的使用性能和工艺性能。所谓使用性能，是指材料制成零件或构件后为了保证正常工作及一定使用寿命应具备的性能，包括力学性能、物理性能和化学性能。所谓工艺性能，是指材料在加工成零件或构件的过程中应具备的适应加工制备过程的性能，包括铸造性能、锻造性能、切削加工性能、焊接性能及热处理工艺性能。

一、材料的使用性能

（一）材料的力学性能

材料的力学性能是指材料在外加载荷作用时所表现出来的性能，包括强度、硬度、塑性、韧性及疲劳强度等。

1. 强度与塑性

GB/T 228.1—2010《金属材料　拉伸试验　第 1 部分：室温试验方法》规定了金属材料的强度和塑性拉伸试验的测定方法与要求。

将如图 1-1 所示拉伸试样在拉伸试验机上加载，试样在载荷作用下发生弹性变形和塑性变形，直至最后断裂。在拉伸过程中，试验机自动记录每一瞬间的载荷和伸长量之间的关系，并绘出拉伸曲线图（纵坐标为载荷，横坐标为伸长量）或应力-应变曲线图。由计算机控制的具有数据采集系统的试验机可直接获得强度和塑性的试验数据。

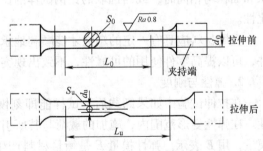

图 1-1　拉伸试样图

图 1-2 所示为退火低碳钢单向静载拉伸的应力-应变曲线。其中 $abcd$ 段为屈服变形阶段，dB 为均匀塑性变形阶段，B 为试样屈服后所能承受的最大受力（R_m）点，Bk 是缩颈阶段。该曲线图可直接反映出材料的强度与塑性的性能高低。

（1）强度 强度是材料抵抗塑性变形和破坏的能力。

按外力的作用方式不同，可将强度分为抗拉强度、抗压强度、抗弯强度和抗剪强度等。当承受拉力时，强度特性指标主要是屈服强度和抗拉强度。

1）屈服强度。屈服强度是指当金属材料呈现屈服现象时，在试验期间达到塑性变形发生而力不增加的应力点。应区分上屈服强度和下屈服强度。

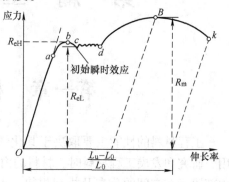

图1-2 退火低碳钢的
应力-应变曲线图

测定上屈服强度所用的力是指试验时在拉伸曲线图上读取的曲线首次下降前的最大力。测定下屈服强度所用的力是指试样屈服时，不计初始瞬时效应时的最小力（图1-2）。

上屈服强度和下屈服强度都是用载荷（力）除以试样原始横截面积（S_0）得到的应力值表示，其符号分别为R_{eH}和R_{eL}（图1-2）。

有些金属材料的拉伸曲线上没有明显的屈服现象，如高碳钢和脆性材料等，可采用规定非比例延伸强度R_p，如常规定非比例延伸率为0.2%时对应的应力值作为规定非比例延伸强度，用符号$R_{p0.2}$表示。

2）抗拉强度。抗拉强度是指试样被拉断前的最大承载能力（F_m）除以试样原始横截面积（S_0）得到的应力值，用符号R_m表示（图1-2）。

屈服强度、抗拉强度是在选定金属材料及机械零件强度设计时的重要依据。

（2）塑性 材料在外力作用下，产生塑性变形而不断裂的性能称为塑性。塑性大小常用断后伸长率（A）和断面收缩率（Z）表示，即

$$A = \frac{L_u - L_0}{L_0} \times 100\% , \quad Z = \frac{S_0 - S_u}{S_0} \times 100\%$$

式中 L_0——试样拉断后的标距长度（图1-1）；

S_u——试样拉断后的最小横截面积。

A和Z的值越大，材料的塑性越好。应该说明的是：仅当试样的标距长度、横截面的形状和面积均相同时，或当选取的比例试样的比例系数k相同时，断后伸长率的数值才具有可比性。

金属材料应具有一定的塑性才能顺利地承受各种变形加工，并且具有一定塑性的金属零件，可以提高零件使用的可靠性，不致出现突然断裂。

2. 弹性与刚度

在拉伸试验中如果卸载后，试样能即刻恢复原状，这种不产生永久变形的性能称为弹性。在弹性变形范围内，施加的载荷与其所引起的变形量成正比关系，其比例常数称为弹性模量，用E表示。弹性模量E是衡量材料产生弹性变形难易的指标，E值越大，材料抵抗弹性变形的应力也越大。

刚度表达材料弹性变形抗力的大小。材料的刚度主要取决于结合键和原子间的结合力，材料的成分和组织对它的影响不大。金属键的弹性模量适中，但由于各种金属原子结合力的不同，也会有很大的差别。例如，铁（钢）的弹性模量为210GPa，是铝（铝合金）的3

倍。聚合物材料具有高弹性，但弹性模量较低，在较小的应力作用下就可以发生很大的弹性变形，除去外力后，变形可迅速消失。

3. 硬度

硬度是金属表面抵抗其他硬物压入的能力，或者说是材料对局部塑性变形的抗力。测定硬度的方法有很多，常用的有布氏硬度、洛氏硬度和维氏硬度测定法等。

（1）布氏硬度 测定布氏硬度的原理如图 1-3 所示，用直径为 D 的硬质合金球作压头，在规定载荷的作用下，压入被测金属表面，按规定的保持时间卸载后，用刻度放大镜测量被测试金属表面上形成的压痕直径 d，用载荷与压痕球形表面积的比值作为布氏硬度值，用符号 HBW 表示。在实际应用中，布氏硬度不标注单位，也不计算，测出压痕平均直径 d 后，通过查布氏硬度表得出相应的 HBW 值。

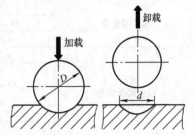

图 1-3 测定布氏硬度的原理

布氏硬度的试验规范见表 1-1、表 1-2。

表 1-1　不同条件下的试验力

硬 度 符 号	球直径 D/mm	试验力-压头球直径平方的比率 $0.102F/D^2$	试验力 F/N
HBW 10/3000	10	30	29420
HBW 10/1500	10	15	14710
HBW 10/1000	10	10	9807
HBW 10/500	10	5	4903
HBW 10/250	10	2.5	2452
HBW 10/100	10	1	980.7
HBW 5/750	5	30	7355
HBW 5/250	5	10	2452
HBW 5/125	5	5	1226
HBW 5/62.5	5	2.5	612.9
HBW 5/25	5	1	245.2
HBW 2.5/187.5	2.5	30	1839
HBW 2.5/62.5	2.5	10	612.9
HBW 2.5/ 31.25	2.5	5	306.5
HBW 2.5/15.625	2.5	2.5	153.2
HBW 2.5/6.25	2.5	1	61.29
HBW 1/30	1	30	294.2
HBW 1/10	1	10	98.07
HBW 1/5	1	5	49.03
HBW 1/2.5	1	2.5	24.52
HBW 1/1	1	1	9.807

表 1-2　不同材料的试验力-压头球直径平方的比率

材　　料	布氏硬度 HBW	试验力-压头球直径平方的比率 $0.102F/D^2$
钢、镍合金、钛合金		30
铸铁①	<140	10
	≥140	30
铜及铜合金	<35	5
	35~200	10
	>200	30
轻金属及合金	<35	2.5
	35~80	5 10 15
	>80	10 15
铅、锡		1

① 对于铸铁试验，压头球直径一般为 2.5mm、5mm 和 10mm。

布氏硬度的优点是具有较高的测量精度，因其压痕面积大，能够比较真实地反映出材料的平均性能。另外，由于布氏硬度与 R_m 之间存在一定的经验关系，如热轧钢的 $R_m = (3.4~3.6)$HBW，冷变形铜合金 $R_m \approx 4.0$HBW，灰铸铁的 $R_m \approx 1.7(HBW-40)$，因此得到广泛的应用。但是，布氏硬度不能测定高硬度材料。

（2）**洛氏硬度**　试验原理如图 1-4 所示。它是以一定尺寸的淬火钢球或硬质合金球或以顶角为 120° 的金刚石圆锥压入试样表面。试验时，先加初试验力，然后再加主试验力，压入试样表面之后经规定时间去除主试验力。在保留初试验力的情况下，根据试样表面的压痕深度（$h = h_1 - h_0$）确定被测材料的洛氏硬度。为了能用一种硬度计测定较大范围的硬度，常用三种硬度标尺，见表 1-3。

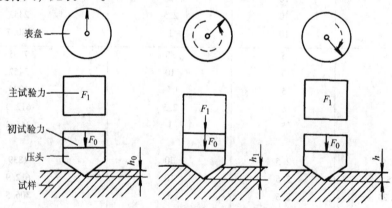

图 1-4　洛氏硬度测量原理图

表 1-3　常用洛氏硬度的试验条件及应用范围

硬度标尺	压头类型	总试验力/N	硬度值有效范围	应用举例
HRC	120°金刚石圆锥体	1471.0	20~70HRC	一般淬火钢件
HRB	φ1.588mm 球①	980.7	20~100HRB	软钢、退火钢、铜合金等
HRA	120°金刚石圆锥体	588.4	20~88HRA	硬质合金、表面淬火钢等

① 钢球或硬质合金球。

洛氏硬度试验的优点是操作迅速、简便，可由表盘上直接读出硬度值。由于其压痕很小，故可测量较薄工件的硬度。其缺点是精度较差，硬度值波动较大，通常应在试样不同部位测量数次，取平均值作为该材料的硬度值。

（3）维氏硬度　布氏硬度不适于检测较高硬度的材料，洛氏硬度虽可检测不同硬度的材料，但不同标尺的硬度值不能相互直接比较。而维氏硬度可用统一标尺来测定从极软到极硬的材料。

维氏硬度的试验原理与布氏硬度的相似，也是以压痕单位表面积所承受试验力的大小来计算硬度值。它是用对面夹角为136°的金刚石四棱锥体，在一定试验力作用下，在试样试面上压出一个正方形压痕，如图1-5所示。通过设在维氏硬度计上的显微镜来测量压痕两条对角线的长度，根据对角线的平均长度，从相应表中查出维氏硬度值。

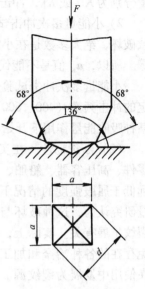

图1-5　维氏硬度
试验原理图

维氏硬度试验所用试验力可根据试样的大小、厚薄等条件来选择。试验力按标准规定有49N、98N、196N、294N、490N、980N等。试验力保持时间为黑色金属10～15s、有色金属(30±2)s。

维氏硬度可测定从很软到很硬的各种材料，由于所加试验力小，压入深度较浅，故可测定较薄材料和各种表面渗层的硬度，且准确度高。但维氏硬度试验时需测量压痕对角线的长度，测试过程比较烦琐，不如洛氏硬度试验法那样简单、迅速。除此之外，还有努氏硬度、肖氏硬度、里氏硬度等。

4. 韧性

（1）冲击韧性　许多机械零件在工作中往往受到冲击载荷的作用，如活塞销、锤杆、冲模和锻模等。制造这类零件所用的材料不能单用在静载荷作用下的指标来衡量，而必须考虑材料抵抗冲击载荷的能力。材料抵抗冲击载荷而不破坏的能力称为冲击韧性。为了评定材料的冲击韧性，需进行冲击试验。

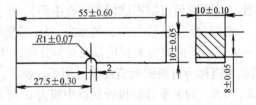

a)

1）摆锤式一次冲击试验。冲击试样的类型较多，常用的标准试样如图1-6所示。

一次冲击试验通常是在摆锤式冲击试验机上进行的。试验时将带缺口的试样安放在试验机的机架上，使试样的缺口位于两支架中间，并背向摆锤的冲击方向。摆锤从一定的高度落下，将试样冲断。冲断时，在试样横截面的单位面积上所消耗的功称为冲击韧度，用符号 a_K 表示。由于

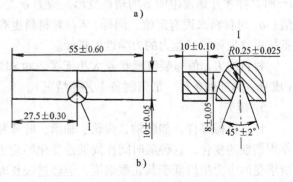

b)

图1-6　标准冲击试样
a) U型缺口试样　b) V型缺口试样

冲击试验采用的是标准试样，目前一般用吸收能量 K 表示。

需要说明的是，使用不同类型的试样（U 型缺口或 V 型缺口）进行试验时，其吸收能量分别为 KU 或 KV，冲击韧度则分别为 a_{KU} 或 a_{KV}。

2）小能量多次冲击试验。实践表明，承受冲击载荷的机械零件很少因一次能量冲击而致破坏，绝大多数是在小能量多次冲击作用下破坏的，如凿岩机风镐上的活塞、冲模的冲头等。所以，a_K 值是不能代表这种零件抵抗多次小能量冲击的能力的。

小能量多次冲击试验是在落锤试验机上进行的。如图 1-7 所示，带有双冲点的锤头以一定的冲击频率（400、600 次/min）冲击试样，直至冲断为止。多次冲击抗力指标一般是以某种吸收能量作用下开始出现裂纹和最后断裂的冲击次数来表示的。

（2）断裂韧性　在实际生产中，有的大型转动零件、高压容器、船舶、桥梁等，常在其工作应力远低于屈服强度的情况下突然发生低应力脆断。大量研究认为，这种破坏与零件制作本身存在裂纹和裂纹扩展有关。实际上，制件及其材料本身不可避免存在的各种冶金和加工缺陷，都相当于裂纹源或在使用中发展为裂纹源。在应力作用下，这些裂纹源进行扩展，一旦达到失稳扩展状态，便会发生低应力脆断。

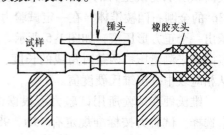

图 1-7　多次冲击弯曲试验示意图

实验研究指出，材料中存在裂纹时，裂纹尖端就是一个应力集中点，而形成应力分布特殊的应力场。断裂力学分析指出，这一应力场的强弱程度可用应力场强度因子 K_I 来描述。K_I 值的大小与裂纹尺寸（$2a$）和外加应力（σ）具有以下关系

$$K_I = Y\sigma\sqrt{a}$$

式中，Y 为裂纹形状系数，它是与裂纹形状、加载方式和试样几何形状有关的一个量纲为 1 的系数（具体数值可根据试样条件查手册）；σ 为外加应力；a 为裂纹的半长。

由上式可见，随着应力 σ 的增大，K_I 不断增大，当 K_I 增大到某一定值时，可使裂纹前沿某一区域内的内应力大到足以使材料分离，从而导致裂纹突然失稳扩展而发生断裂。这个 K_I 的临界值称为材料的断裂韧度，用 K_{IC} 表示，单位是 $MPa \cdot m^{1/2}$。

K_I 和 K_{IC} 的关系和静拉伸试验中应力 σ 与 σ_s 的关系一样，当试样应力 σ 增加到材料的 σ_s 时试样才开始发生明显的塑性变形。应力 σ 是不断变化的值，同样，K_I 也是不断变化的值；σ_s 对材料来说有定值，同样，K_{IC} 对材料也有定值。换言之，断裂韧度 K_{IC} 是表示材料抵抗裂纹失稳扩展能力的力学性能指标。

材料的 K_{IC} 值与裂纹形状及大小无关，也和外加应力无关，只决定于材料本身的特性（成分、热处理条件、加工制备工艺等情况）。

5. 疲劳

许多机械零件，如曲轴、齿轮、轴承、叶片和弹簧等，在工作中各点承受的应力随时间作周期性的变化，这种随时间作周期性变化的应力称为变动应力。在变动应力作用下，零件所承受的应力虽然低于其屈服强度，但经过较长时间的工作会产生裂纹或突然断裂，这种现象称为材料的疲劳。据统计，在机械零件的失效中有 80% 以上是属于疲劳破坏。

机械零件之所以产生疲劳断裂，是由于在材料表面或内部存在缺陷（夹杂、划痕、尖

角等）。这些地方的局部应力大于屈服强度，从而产生局部塑性变形而开裂。这些微裂纹随应力循环次数的增加而逐渐扩展，使承载的截面面积大大减少，以致不能承受所加载荷而突然断裂。

（1）疲劳曲线和疲劳强度　疲劳曲线是指变动应力与循环次数的关系曲线，如图 1-8 所示。曲线表明，金属承受的变动应力越大，则断裂时应力循环次数 N 值越小；反之，则 N 值越大。同时看到，当应力低于一定值时，试样可经受无限次周期循环而不破坏，此应力值称为材料的疲劳强度，对称应力循环的疲劳强度用 σ_{-1} 表示。实际上，材料不可能作无限次交变应力试验。对于黑色金属，一般规定应力循环 10^7 周次而不断裂的最大应力称为疲劳极限，有色金属、不锈钢等取 10^8 周次。

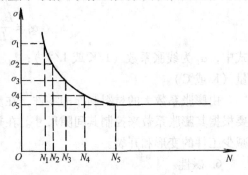

图 1-8　疲劳曲线

（2）提高零件疲劳强度的方法　合理选材，细化晶粒，减少材料和零件的缺陷，改善零件的结构设计，避免应力集中，减小零件的表面粗糙度值，对零件表面进行强化处理（喷丸处理、表面淬火、化学渗镀工艺等）等方法都可提高零件的疲劳强度。

（二）材料的物理性能

1. 密度

单位体积物质的质量称为该物质的密度

$$\rho = \frac{m}{V}$$

式中，ρ 为物质的密度；m 为物质的质量；V 为物质的体积。

密度小于 $5 \times 10^3 kg/m^3$ 的金属称为轻金属，如铝、镁、钛及其合金；密度大于 $5 \times 10^3 kg/m^3$ 的金属称为重金属，如铁、铅、钨等。金属材料的密度直接关系到由它们所制构件和零件的自重。轻金属多用于航空航天器上。

2. 熔点

材料从固态向液态转变时的温度称为熔点，纯金属都有固定的熔点。熔点高的金属称为难熔金属，如钨、钼、钒等，可以用来制造耐高温零件，如在火箭、导弹、燃气轮机和喷气飞机等方面得到广泛应用；熔点低的金属称为易熔金属，如锡、铅等，可用于制造熔丝和防火安全阀零件等。

3. 导热性

导热性通常用热导率来衡量，热导率越大，导热性越好。金属的导热性以银为最好，铜、铝次之，合金的导热性比纯金属差。在热加工和热处理时，必须考虑金属材料的导热性，防止材料在加热或冷却过程中形成过大的内应力，以免零件变形或开裂。导热性好的金属散热也好，在制造散热器、热交换器与活塞等零件时，选用导热性好的金属材料。

4. 导电性

材料能够传导电流的能力称为导电性，通常用电导率来衡量，电导率越大，材料的导电性越好。金属导电性以银为最好，铜、铝次之，合金的导电性比纯金属差。电导率大的金属（纯铜、纯铝）适于制作导电零件和电线；电导率小的金属（如钨、钼、铁、铬）适于制作电热元件。

5. 热膨胀性

材料随着温度变化而膨胀、收缩的特性称为热膨胀性。一般来说，金属受热时膨胀导致体积增大，冷却时收缩导致体积缩小。热膨胀性用线胀系数 α_l 和体胀系数 α_V 来表示，即

$$\alpha_l = \frac{L_2 - L_1}{L_1 \Delta t}, \quad \alpha_V = 3\alpha_l$$

式中，α_l 为线胀系数（1/K 或 1/℃）；L_1 为膨胀前长度；L_2 为膨胀后长度；Δt 为温度变化量（K 或℃）。

由膨胀系数大的材料制作的零件，在温度变化时其尺寸和形状变化较大。轴与轴瓦之间要根据其膨胀系数来控制其间隙尺寸。在热加工和热处理时也要考虑材料的热膨胀影响，以减少工件的变形和开裂。

6. 磁性

材料可分为铁磁性材料（在外磁场中能强烈地被磁化，如铁、钴等）、顺磁性材料（在外磁场中只能微弱地被磁化，如锰、铬等）和抗磁性材料（能抗拒或削弱外磁场对材料本身的磁化作用，如铜、锌等）三种类型。铁磁性材料可用于制造变压器、电动机、测量仪表等；抗磁性材料则用于要求避免电磁场干扰的零件和结构材料，如航海罗盘等。

铁磁性材料当温度升高到一定数值时，其磁畴被破坏，变为顺磁体，这个转变温度称为居里点，如铁的居里点是 770℃。

一些金属的物理性能及力学性能见表 1-4。

表 1-4　一些金属的物理性能及力学性能

金 属	铝	铜	镁	镍	铁	钛	铅	锡	锑
元素符号	Al	Cu	Mg	Ni	Fe	Ti	Pb	Sn	Sb
密度 /10^3kg·m^{-3}	2.70	8.94	1.74	8.90	7.86	4.51	11.34	7.30	6.69
熔点/℃	660	1083	650	1455	1539	1660	328	232	631
线胀系数 /10^{-6}℃$^{-1}$	23.1	16.6	25.7	13.5	11.7	9.0	29	23	11.4
百分电导率（%）	60	95	34	23	16	3	7	14	4
热导率/ J·m^{-1}·s^{-1}·℃$^{-1}$	2.09	3.85	1.46	0.59	0.84	0.17			
磁化率	21	抗磁	12	铁磁	铁磁	182	抗磁		2
弹性模量/MPa	72400	130000	43600	210000	200000	112500			
抗拉强度/MPa	80~110	200~240	200	400~500	250~330	250~300	18	20	4~10
伸长率（%）	32~40	45~50	11.5	35~40	25~55	50~70	45	40	0
断面收缩率（%）	70~90	65~75	12.5	60~70	70~85	76~88	90	90	0
布氏硬度　HBW	20	40	36	80	65	100	4	5	30
色泽	银白	玫瑰红	银白	白	灰白	暗灰	苍灰	银白	银白

（三）材料的化学性能

1. 耐蚀性

材料在常温下抵抗氧、水蒸气及其他化学介质腐蚀破坏作用的能力称为耐蚀性。碳钢、

铸铁的耐蚀性较差；钛及其合金、不锈钢的耐蚀性好。在食品、制药、化工工业中不锈钢是重要的应用材料，铝合金和铜合金也有较好的耐蚀性。

2. 抗氧化性

材料在加热时抵抗氧化作用的能力称为抗氧化性。加入铬、硅等合金元素，可提高钢的抗氧化性。例如，合金钢 4Cr9Si2 中含有平均质量分数为 9% 的 Cr 和质量分数大于等于 2% 的 Si，可在高温下使用，制造内燃机排气阀及加热炉炉底板、料盘等。

材料的耐蚀性和抗氧化性统称为化学稳定性。在高温下的化学稳定性称为热稳定性。在高温条件下工作的设备，如锅炉、汽轮机、喷气发动机等部件和零件应选择热稳定性好的材料来制造。

二、材料的工艺性能

金属材料的一般加工过程如下：

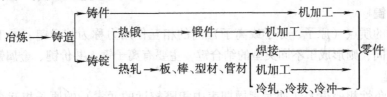

在铸造、锻压、焊接、机加工等加工的前后过程中，往往还要进行不同类型的热处理。因此，一个由金属材料制得的零件其加工过程十分复杂。工艺性能直接影响零件加工后的成本与质量，是选材和制订零件加工路线时应考虑的因素之一。

1. 铸造性能

材料铸造成形的能力称为铸造性能，常用流动性、收缩性和偏析来衡量。

（1）流动性 是指熔融金属的流动能力。流动性好的金属容易充满铸型，从而获得外形完整、尺寸精确、轮廓清晰的铸件。

（2）收缩性 铸件在凝固和冷却过程中，其体积和尺寸减少的现象称为收缩性。铸件收缩不仅影响尺寸，还会使铸件产生缩孔、疏松、内应力以及变形与开裂等缺陷，故铸造用金属材料的收缩率越小越好。

（3）偏析 金属凝固后，铸锭或铸件化学成分和组织的不均匀现象称为偏析。偏析严重的铸件各部分的力学性能会有很大的差异，从而降低铸件质量。一般来说，铸铁比钢的铸造性能好。

2. 锻造性能

材料锻造成形的能力称为锻造性能，它主要取决于材料的塑性和变形抗力。塑性越好、变形抗力越小，材料的锻造性能越好。例如，纯铜在室温下就有良好的锻造性能，碳钢在加热状态下锻造性能较好，铸铁则不能锻造。

3. 切削加工性能

材料切削的难易程度称为切削加工性能，一般用切削速度、加工表面粗糙度和刀具使用寿命来衡量。影响切削加工性能的因素有工件的化学成分、组织、硬度、热导率和形变硬化程度等。一般认为材料具有适当硬度（170～230HBW）和足够的脆性时较易切削。灰铸铁比钢的切削加工性能好，碳钢比高合金钢的切削加工性能好。改变钢的化学成分和进行适当热处理可改善钢的切削加工性能。

4. 焊接性能

材料能焊接成具有一定使用性能的焊接接头的特性称为焊接性能。在机械工业中，焊接的主要对象是钢材，碳及合金元素含量是决定金属焊接性能的主要因素，碳与合金元素的含量越高，焊接性能越差。例如，低碳钢具有良好的焊接性能，而高碳钢、铸铁的焊接性能不好。

5. 热处理性能

材料经热处理可使性能改善的性质称为热处理性能，它与材料的化学成分有关。常见的热处理方法有普通热处理、表面热处理（表面淬火及化学热处理）、特殊热处理等。

第二节　材料的结合方式及工程材料的键性

一、结合键

组成物质的质点（原子、分子或离子）间的相互作用力称为结合键。由于质点间的相互作用性质不同，则形成了不同类型的结合键，主要有离子键、共价键、金属键、分子键。

1. 离子键

当两种电负性相差很大（如元素周期表中相隔较远的元素）的原子相互结合时，其中电负性较小的原子失去电子成为正离子，电负性较大的原子获得电子成为负离子，正、负离子靠静电引力结合在一起而形成的结合键称为离子键。

由于离子键的电荷分布是球形对称的，因此，它在各个方向都可以和相反电荷的离子相吸引，即离子键没有方向性。离子键的另一个特性是无饱和性，即一个离子可以同时和几个异号离子相结合。例如，在 NaCl 晶体中，每个 Cl^- 周围都有六个 Na^+，每个 Na^+ 周围也有六个 Cl^- 等距离地排列着。离子晶体在空间三维方向上不断延续就形成了巨大的离子晶体。NaCl 的晶体结构如图 1-9 所示。

由于离子键的结合力很大，因此离子晶体的硬度高、强度大、热膨胀系数小，但脆性大。离子键很难产生可以自由运动的电子，所以离子晶体具有很好的绝缘性。在离子键结合中，由于离子的外层电子被牢固地束缚，可见光的能量一般不足以使其受激发，因而不吸收可见光，典型的离子晶体是无色透明的。

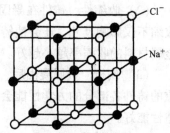

图 1-9　NaCl 晶体结构

2. 共价键

在元素周期表中，当ⅣA、ⅤA、ⅥA族的大多数元素或电负性不大的原子相互结合时，原子间不产生电子的转移，以共价电子形成稳定的电子满壳层的方式实现结合。这种由共用电子对产生的结合键称为共价键。

最具代表性的共价晶体为金刚石，其结构如图 1-10 所示。金刚石结构由碳原子组成，每个碳原子贡献出四个价电子与周围的四个碳原子共有，形成四个共价键，构成四面体：一个碳原子在中心，与它共价的四个碳原子在四个顶角上。硅、锗、锡等元素可构成共价晶体，SiC、Si_3N_4、BN 等化合

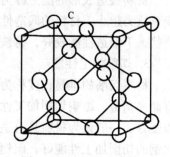

图 1-10　金刚石晶体结构

物属于共价晶体。

共价键的结合力很大，所以共价晶体的强度及硬度高，脆性大，熔点及沸点高，挥发性低。

3. 金属键

绝大多数金属元素（元素周期表中的Ⅰ、Ⅱ、Ⅲ族元素）是以金属键结合的。金属原子结构的特点是外层电子少，原子容易失去其价电子而成为正离子。当金属原子相互结合时，金属原子的外层电子（价电子）就脱离原子，成为自由电子，为整个金属晶体中的原子所共有。这些公有化的自由电子在正离子之间自由运动形成所谓电子气。这种由金属正离子与电子气之间相互作用而结合的方式称为金属键，如图1-11所示。

具有金属键的金属具有以下特性：

1）良好的导电性及导热性。由于金属中有大量的自由电子存在，当金属的两端存在电势差或外加电场时，电子可以定向地流动，使金属表现出优良的导电性。由于自由电子的活动能力很强及金属离子振动的作用，而使金属具有良好的导热性。

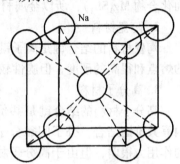

图1-11 金属钠晶体结构

2）正的电阻温度系数，即随温度升高电阻增大。这是由于温度升高，离子的振动增强、空位增多，离子（原子）排列的规则性受干扰，电子的运动受阻，因而电阻增大。当温度降低时，离子的振动减弱，电阻减小。

3）良好的强度及塑性。由于正离子与电子气之间的结合力较大，所以金属晶体具有良好的强度。由于金属键没有方向性，原子间没有选择性，所以在受外力作用而发生原子位置相对移动时结合键不会遭到破坏，使金属具有良好的塑性变形能力（良好的塑性）。

4）特有的金属光泽。由于金属中的自由电子能吸收并随后辐射出大部分投射到其表面的光能，所以金属不透明并呈现特有的金属光泽。

4. 分子键

有些物质的分子具有极性，其中一部分分子带有正电荷，而另一部分分子带有负电荷。一个分子的正电荷部位与另一分子的负电荷部位间以微弱静电引力吸引而结合在一起称为范德华键（或分子键）。分子晶体因其结合键能很低，所以其熔点很低，硬度也低。此类结合键无自由电子，所以绝缘性良好。

二、工程材料的键性

材料的结合键类型不同，则其性能不同。常见结合键的特性见表1-5。生产中使用的工程材料，有的是单纯的一种键，更多的是几种键的结合。

表1-5 结合键的特性

结合键	离子键	共价键	金属键
结构特点	无方向性或方向性不明显，配位数大	方向性明显，配位数小，密度小	无方向性，配位数大，密度大
力学性能	强度高，硬度高	强度及硬度高	具有各种强度和塑性
热学性质	熔点高，膨胀系数小，熔体中有离子存在	熔点高，膨胀系数小，熔体中有的含有分子	有各种熔点，导热性好，液态的温度范围宽

（续）

结合键	离 子 键	共 价 键	金 属 键
电学性质	绝缘体，熔体为导体	绝缘体，熔体为非导体	导电体（自由电子）
光学性质	与各构成离子的性质相同，对红外线的吸收强，多为无色或浅色透明体	折射率大，与气体的吸收光谱不同	不透明，有金属光泽

1. 金属材料

绝大多数金属材料的结合键是金属键，少数具有共价键（如灰锡）和离子键（如金属间化合物 Mg_3Sb_2），所以金属材料的金属特性特别明显。

2. 陶瓷材料

陶瓷材料的结合键是离子键和共价键，大部分材料以离子键为主，所以陶瓷材料具有高的熔点和很高的硬度，但脆性较大。

3. 高分子材料

高分子材料的结合键是共价键和分子键，即分子内靠共价键结合，分子间靠分子键结合。虽然分子键的作用力很弱，但由于高分子材料的分子很大，所以大分子间的作用力也较大，因而高分子材料也具有较好的力学性能。

如果以四种键为顶点作一个四面体，就可以把材料的结合键范围示意地表示在这个四面体上，具体材料的特性如图 1-12 所示。

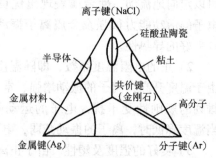

图 1-12　结合键四面体

三、晶体与非晶体

材料依结合键以及原子或分子的大小不同可在空间组成不同的排列类型，即不同的结构。材料结构不同，则性能不同；材料的种类和结合键都相同，但是原子排列的结构不同时，其性能也有很大的差别。通常按原子在物质内部的排列规则性将物质分为晶体和非晶体两种类型。

1. 晶体

所谓晶体，是指原子在其内部沿三维空间呈周期性重复排列的一类物质。几乎所有金属、大部分陶瓷以及部分聚合物在其凝固后都具有晶体结构。

晶体的主要特点是：①结构有序；②物理性质表现为各向异性；③有固定的熔点；④在一定条件下有规则的几何外形。

2. 非晶体

所谓非晶体，是指原子在其内部沿三维空间呈紊乱、无序排列的一类物质。典型的非晶体材料是玻璃。虽然非晶体在整体上是无序的，但在很小的范围内原子排列还是有一定规律性的，所以原子的这种排列规律又称为"短程有序"；而晶体中原子排列的规律性称为"长程有序。"

非晶体的特点是：①结构无序；②物理性质表现为各向同性；③没有固定的熔点；④热导率和热膨胀性小；⑤在相同应力作用下，非晶体的塑性变形大；⑥组成非晶体的化学成分变化范围大。

3. 晶体与非晶体的转化

非晶体的结构是短程有序，即在很小的尺寸范围内存在着有序性；而晶体内部虽然存在长程有序结构，但在小范围内存在缺陷，即在很小的尺寸范围内存在着无序性。所以这两种结构存在共同特点，物质在不同条件下，既可形成晶体结构，又可形成非晶体结构。例如，金属液体在高速冷却条件下（$>10^7$℃/s）可以得到非晶体金属，而玻璃经适当热处理也可形成晶体玻璃。

有些物质可看成有序与无序的中间状态，如塑料、液晶、准晶等。

第三节　金属的结构与性能

金属材料是指以金属键结合并具有金属特性的一类物质，它包括纯金属及合金。所谓纯金属，是指由单一金属元素构成的、具有正的电阻温度系数及金属特性的一类物质。所谓合金，是指由两种或两种以上的金属或金属与非金属元素经熔炼、烧结或其他方法组合而成的具有金属特性的一类物质。金属材料的主要性能特点是：①具有良好的强度和塑性，良好的导电性及导热性；②具有正的电阻温度系数；③具有金属光泽。但金属材料不绝缘，且黑色金属材料存在着易腐蚀、易氧化的缺点。金属材料在固态下通常都是晶体，所以研究金属材料结构必须首先研究晶体结构。

一、纯金属的晶体结构

（一）晶体的基本概念

1. 晶格与晶胞

将原子看成空间的几何点，这些点的空间排列称为空间点阵。用一些假想的空间直线将这些点连接起来，就构成了三维的几何格架，称为晶格。从晶格中取出一个最能代表原子排列特征的最基本的几何单元，称为晶胞。晶胞各棱边的尺寸 a、b、c 称为晶格常数，其大小以 Å 为单位表示，$1Å = 10^{-1}nm$，各棱边之间夹角用 α、β、γ 表示。在如图 1-13 所示晶胞中，$a = b = c$，$\alpha = \beta = \gamma = 90°$，称为简单立方晶胞。

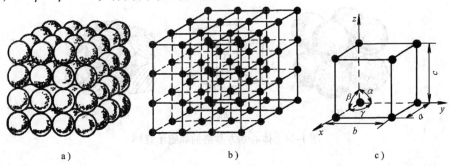

a) b) c)

图 1-13　晶体示意图

a) 简单立方晶体　b) 晶格　c) 晶胞

2. 晶系

各种晶体物质的晶格类型及晶格常数由原子结构、原子间的结合力（结合键）的性质决定。按原子排列形式及晶格常数不同可将晶体分为七种晶系，见表1-6。

表1-6　晶体的七种晶系

晶　系	棱边长度及夹角关系	举　例
三　斜	$a \neq b \neq c,\ \alpha \neq \beta \neq \gamma \neq 90°$	$K_2C_3O_7$
单　斜	$a \neq b \neq c,\ \alpha = \gamma = 90° \neq \beta$	β-S、$CaSO_4 \cdot 2H_2O$
正　交	$a \neq b \neq c,\ \alpha = \beta = \gamma = 90°$	α-S、Ca、Fe_3C
六　方	$a_1 = a_2 = a_3 \neq c,\ \alpha = \beta = 90°,\ \gamma = 120°$	Zn、Cd、Mg、NiAs
菱　方	$a = b = c,\ \alpha = \beta = \gamma \neq 90°$	As、Sb、Bi
四　方	$a = b \neq c,\ \alpha = \beta = \gamma = 90°$	β-Sn、TiO_2
立　方	$a = b = c,\ \alpha = \beta = \gamma = 90°$	Fe、Cr、Cu、Ag、Au

3. 原子半径

原子半径是指晶胞中原子密度最大方向相邻两原子之间距离的一半。

4. 晶胞中所含原子数

晶胞中所含原子数是指一个晶胞内真正包含的原子数目。晶体由大量晶胞堆砌而成，故处于晶胞顶角及每个面上的原子就不会为一个晶胞所独有，只有晶胞内部的原子才为晶胞所独有。因此，不同晶格类型的晶胞所含原子数目是不同的。

5. 配位数及致密度

晶体中原子排列的紧密程度是反映晶体结构特征的一个重要参数。通常原子在晶体内排列的紧密程度用配位数和致密度来表示。

所谓配位数，是指在晶体结构中与任一原子最近邻且等距离的原子数。

所谓致密度（K），是指晶胞中原子所占的体积分数，即 $K = nv'/V$。式中，n 为晶胞所含原子数；v' 为单个原子体积；V 为晶胞体积。

（二）常见金属的晶格类型

1. 体心立方晶格（bcc 晶格）

（1）原子排列特征　体心立方晶格的晶胞如图 1-14 所示，其原子排列特征是在立方体的八个角上各有一个原子，在立方体的体心位置上有一个原子，八个角上的原子与体心位置的原子紧靠。

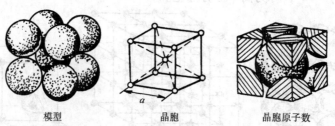

模型　　　　　　　晶胞　　　　　　　晶胞原子数

图1-14　体心立方晶格的晶胞示意图

（2）晶格常数　$a = b = c,\ \alpha = \beta = \gamma = 90°$。

（3）原子半径　体心立方晶胞中原子排列最紧密的方向是体对角线方向，所以原子半径 r 与晶格常数 a 之间的关系为 $r = \dfrac{\sqrt{3}}{4}a$。

（4）晶胞所含原子数　在体心立方晶胞中，每个角上的原子在晶格中同属于八个相邻的晶胞,因而每个角上的原子属于该晶胞的仅为 1/8,而体心位置上的原子则完全属于这个晶胞。所以,一个体心立方晶胞所含的原子数目为 $(1/8) \times 8 + 1 = 2$,即两个原子。

(5)配位数 配位数越大,原子排列的紧密度越大。体心立方晶格的配位数为 8。

(6)致密度 依 $K = nv'/V$ 可得到

$$K = \frac{nv'}{V} = \frac{2 \times \frac{4}{3}\pi\left(\frac{\sqrt{3}}{4}a\right)^3}{a^3} \approx 0.68 = 68\%$$

由上式可知,在体心立方晶格中有 68% 的体积被原子占据,有 32% 的体积为空隙。

(7)具有体心立方晶格的金属 属于此类晶格类型的金属有 α-Fe、β-Ti、Cr、W、Mo、V、Nb 等 30 余种金属。

2. 面心立方晶格(fcc 晶格)

(1)原子排列特征 面心立方晶格的晶胞如图 1-15 所示,其原子排列特征是立方体的八个角上及六个面的每个面的面心位置各被一个原子占据。

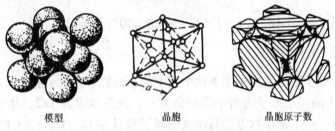

模型　　　　　　晶胞　　　　　晶胞原子数

图 1-15 面心立方晶格的晶胞示意图

(2)晶格常数 $a = b = c$,$\alpha = \beta = \gamma = 90°$。

(3)原子半径 在面心立方晶胞中,每个面对角线方向的原子排列最紧密,所以原子半径 $r = \frac{\sqrt{2}}{4}a$。

(4)晶胞所含原子数 晶胞中每个角上的原子为八个晶胞所共有,因而每个角上的原子属于该晶胞的仅为 1/8;每个面心上的原子为两个晶胞所共有,因而每个面心上的原子属于该晶胞的仅为 1/2。所以,一个面心立方晶胞所含的原子数目为 $(1/8) \times 8 + (1/2) \times 6 = 4$,即四个原子。

(5)配位数 在面心立方晶胞中与任一原子最近邻且等距离的原子数为 12,如图 1-16 所示。

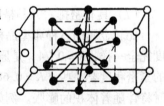

图 1-16 面心立方晶格
配位数示意图

(6)致密度 面心立方晶胞的致密度为

$$K = \frac{nv'}{V} = \frac{4 \times \frac{4}{3}\pi\left(\frac{\sqrt{2}}{4}a\right)^3}{a^3} \approx 0.74 = 74\%$$

由上式可知,在面心立方晶格中有 74% 的体积被原子占据,有 26% 的体积为空隙。

(7)具有面心立方晶格的金属 属于此类晶格类型的金属有 γ-Fe、Ni、Al、Cu、Pb、Au、Ag 等。

3. 密排六方晶格（hcp 晶格）

（1）原子排列特征　密排六方晶格的晶胞如图 1-17 所示，其原子排列特征是在正六面柱体的上下两个面的六个顶角和面心位置各有一个原子，除此之外，在正六面柱体的中间有三个原子。

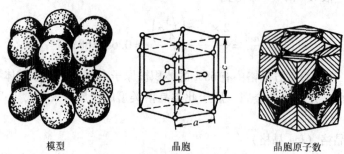

模型　　　　　　　　　　晶胞　　　　　　　　晶胞原子数

图 1-17　密排六方晶格的晶胞示意图

（2）晶格常数　$a = b \neq c$，$c/a = 1.633$，$\alpha = \beta = 90°$，$\gamma = 120°$。

（3）原子半径　$r = \dfrac{1}{2}a$。

（4）晶胞所含原子数　晶胞中上下两个面上的顶角原子为六个晶胞所共有，该晶胞仅占 1/6，上下两个面上的面心原子为两个晶胞所共有，该晶胞仅占 1/2，体中间的三个原子为该晶胞所有。所以，一个密排六方晶胞所含的原子数目为 $12 \times 1/6 + 2 \times 1/2 + 3 = 6$，即六个原子。

（5）配位数　在密排六方晶格中与每个原子最近邻且等距离的原子数为 12，即配位数为 12。

（6）致密度密排六方晶胞的致密度为

$$K = \frac{nv'}{V} = 0.74 = 74\%$$

（7）具有密排六方晶格的金属　具有此类晶格类型的金属有 Mg、Cd、Zn、Be、α-Ti 等。

比较金属的三种典型晶格类型可知，面心立方晶格和密排六方晶格中原子排列的紧密程度完全一样，$K = 0.74$，是原子在空间呈最紧密排列的两种形式。体心立方晶格中原子排列的紧密程度要差些（$K = 0.68$）。因而，面心立方晶格的 γ-Fe 向体心立方晶格的 α-Fe 转变时将伴随着体积的膨胀。例如，钢在淬火时，由面心立方晶格的奥氏体向具有体心立方晶格的马氏体转变时，体积膨胀易引起变形与开裂。

（三）立方晶系的晶面、晶向表示方法

金属中的许多性能和现象都与晶体中的特定晶面和晶向有密切关系。在晶体中，由一系列原子所组成的平面称为晶面。任意两个原子之间的连线称为原子列，其所指方向称为晶向。表示晶面的符号称为晶面指数，如（111）；表示晶向的符号称为晶向指数，如 [101]。下面介绍它们的确定方法。

1. 晶向指数的确定方法

1）以晶胞中的某原子为原点确定三维晶轴坐标系，通过原点作平行于所求晶向的直线。

2）以相应的晶格常数为单位，求出直线上任意一点的三个坐标值。

3）将所求坐标值化为最简单整数，并用方括号括起，即为所求的晶向指数，如[101]。

具体晶向指数如图 1-18 所示，其形式为 [uvw]。

2. 晶面指数的确定方法

1）选坐标，以晶格中某一原子为原点（注意不要把原点放在所求的晶面上），以晶胞的三个棱边作为三维坐标的坐标轴。

2）以相应的晶格常数为单位，求出待定晶面在三个坐标轴上的截距。

3）求三个截距值的倒数。

4）将所得的数值化为最简单的整数，并用圆括号括起，即为晶面指数，如图 1-19 所示，其形式为 (hkl)。

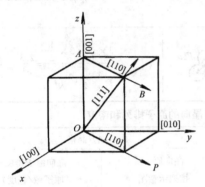

图 1-18 一些晶向的晶向指数

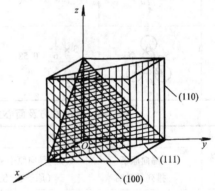

图 1-19 一些晶面的晶面指数

值得注意的是，每一个晶面指数（或晶向指数）并非仅指晶体中的某一个晶面（或晶向），而是泛指晶格中一系列与之相平行的一组晶面（或晶向）。由图 1-18 与图 1-19 对比可知，在立方晶系中，凡是指数相同的晶面与晶向是相互垂直的。在晶体中存在一些这样的晶面（或晶向），虽然它们在空间的位向各不相同，但各晶面（或晶向）中的原子排列方式是相同的，如 (100)、(010)、(001) 等。通常将这些原子排列情况相同但空间位向不同的晶面（或晶向）统称为一个晶面（或晶向）族。例如，上述一组晶面族可用 {100} 表示（晶向族 〈100〉 表示 [100]、[010]、[001] 等晶向）。

3. 晶面及晶向的原子密度

在不同晶体结构中，不同晶面、不同晶向上的原子排列方式和排列紧密程度是不一样的。体心立方晶格和面心立方晶格中各主要晶面和晶向上的原子排列方式和紧密程度见表 1-7 和表 1-8。由表中可知，在体心立方晶格中，原子密度最大的晶面族为 {110}，称为密排面；原子密度最大的晶向族为 〈111〉，称为密排方向。在面心立方晶格中，密排面为 {111}，密排方向为 〈110〉。

4. 晶体的各向异性

在晶体中，不同晶面和晶向上原子排列方式和密度不同，则原子间结合力大小也不同，因而金属晶体不同方向上的性能不同，这种性质叫做晶体的各向异性。晶体的各向异性不仅在物理、化学和力学性能上有所表现，而且在其他诸多方面都有所表现。在生产中常应用晶体的各向异性特征来获得性能优异的产品。

表 1-7　体心立方及面心立方晶格主要晶面的原子排列和密度

晶面族	体心立方晶格		面心立方晶格	
	晶面原子排列示意图	晶面原子密度（原子数/面积）	晶面原子排列示意图	晶面原子密度（原子数/面积）
{100}	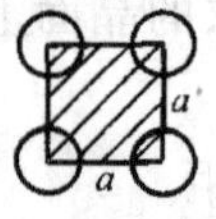	$\dfrac{4\times\frac{1}{4}}{a^2}=\dfrac{1}{a^2}$		$\dfrac{4\times\frac{1}{4}+1}{a^2}=\dfrac{2}{a^2}$
{110}	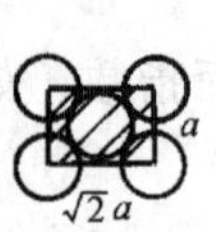	$\dfrac{4\times\frac{1}{4}+1}{\sqrt{2}a^2}=\dfrac{1.4}{a^2}$	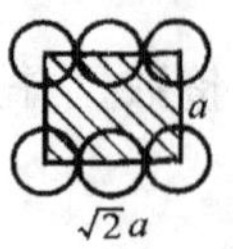	$\dfrac{4\times\frac{1}{4}+2\times\frac{1}{2}}{\sqrt{2}a^2}=\dfrac{1.4}{a^2}$
{111}		$\dfrac{3\times\frac{1}{6}}{\frac{\sqrt{3}}{2}a^2}=\dfrac{0.58}{a^2}$	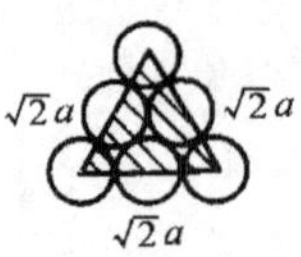	$\dfrac{3\times\frac{1}{6}+3\times\frac{1}{2}}{\frac{\sqrt{3}}{2}a^2}=\dfrac{2.3}{a^2}$

表 1-8　体心立方及面心立方晶格主要晶向的原子排列和密度

晶向族	体心立方晶格		面心立方晶格	
	晶向原子排列示意图	晶向原子密度（原子数/长度）	晶向原子排列示意图	晶向原子密度（原子数/长度）
⟨100⟩	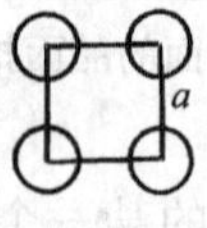	$\dfrac{2\times\frac{1}{2}}{a}=\dfrac{1}{a}$	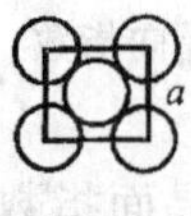	$\dfrac{2\times\frac{1}{2}}{a}=\dfrac{1}{a}$
⟨110⟩	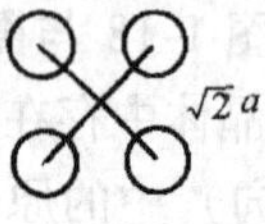	$\dfrac{2\times\frac{1}{2}}{\sqrt{2}a}=\dfrac{0.7}{a}$	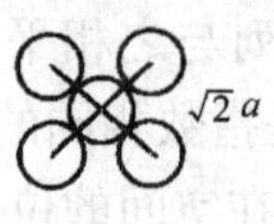	$\dfrac{2\times\frac{1}{2}+1}{\sqrt{2}a}=\dfrac{1.4}{a}$
⟨111⟩		$\dfrac{2\times\frac{1}{2}+1}{\sqrt{3}a}=\dfrac{1.16}{a}$	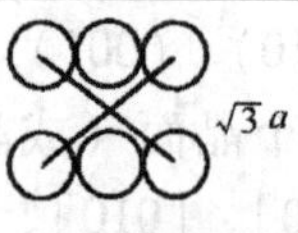	$\dfrac{2\times\frac{1}{2}}{\sqrt{3}a}=\dfrac{0.58}{a}$

（四）金属的实际结构与晶体缺陷

如果一块晶体内部的晶格位向完全一致，则称该晶体为单晶体。而实际应用的金属材料是由许多小晶体组成的，在每一个小晶体内部晶格位向相同，而每个小晶体之间彼此位向不同，如图 1-20 所示。由于每个小晶体外形呈不规则的颗粒状，因此称为晶粒。晶粒与晶粒之间的界面称为晶界。由多晶粒构成的晶体称为多晶体。工业上广泛应用的钢铁材料中，晶粒尺寸一般为 $10^{-3}\sim10^{-1}$mm，必须在显微镜下才能看到。

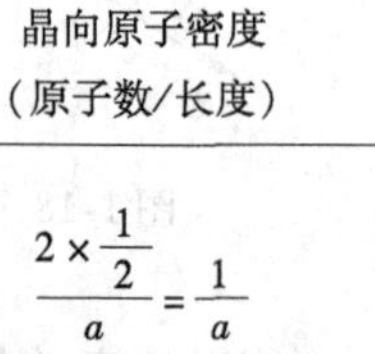

在实际金属内部，不但结构上多是多晶体，而且晶体内部还存在着大量原子排列的不规则性及不完整性（即缺陷）。缺陷的存在将会对金属的性能产生较大的影响。

图 1-20　金属的多晶体结构示意图

在实际晶体中存在的晶体缺陷，按缺陷的几何特征可分为以下三种：

1. 点缺陷

点缺陷是指在三维尺度上都很小而不超过几个原子直径的缺陷。在实际晶体结构中，晶格的某些结点往往未被原子所占据，这种空结点位置称为空位。同时又可能在个别晶格空隙处出现多余的原子，这种不占据正常晶格结点位置，而处在晶格空隙之间的原子称为间隙原子。另外，材料中总是或多或少存在着一些杂质或其他元素，这些异类原子可以占据晶格空隙，形成异类间隙原子，也可能占据原来原子的晶格结点位置，成为异类置换原子，如图1-21所示。

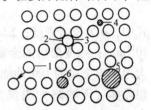

图1-21 晶体中的点缺陷
1、2—空位 3—间隙原子
4—异类间隙原子
5、6—异类置换原子

空位、间隙原子以及异类原子的存在破坏了原子的平衡状态，使晶格发生了扭曲——晶格畸变。点缺陷造成的局部晶格畸变使金属的电阻率及屈服强度增加，金属的密度发生变化。

2. 线缺陷

线缺陷是指二维尺度很小而另一维尺度很大的缺陷，它包括各种类型的位错。所谓位错，是指晶体中一部分晶体沿一定晶面与晶向相对另一部分晶体发生了一列或若干列原子的某种有规律的错排现象。位错的基本类型有两种，即刃型位错和螺型位错。图1-22所示为刃型位错，其中*EF*线称为位错线。依多余原子面的位置不同，刃型位错分为正刃型位错和负刃型位错两种类型。刃型位错的主要特征是柏氏矢量与位错线垂直。图1-23所示为螺型位错，其中*BC*线为位错线，螺型位错依位错排列原子的螺旋方向分为左螺型位错和右螺型位错。螺型位错的主要特征是柏氏矢量与位错线平行，位错是已滑移区与未滑移区的分界线。

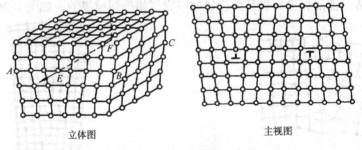

立体图　　　　　　　　　　　主视图

图1-22 刃型位错示意图

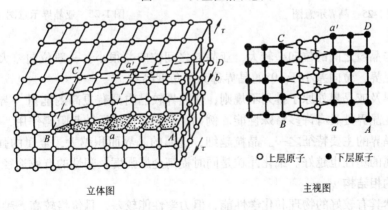

○上层原子 ●下层原子

立体图　　　　　　　　　　　主视图

图1-23 螺型位错示意图

位错能够在金属的结晶、塑性变形和相变等过程中形成。位错密度可用单位体积中位错线的总长度来表示，即

$$\rho = \frac{\Sigma L}{V}$$

式中，ρ 为位错密度；ΣL 为位错线的总长度；V 为体积。退火金属中位错密度一般为 $10^{10} \sim$ $10^{12} \, \text{m}^{-2}$；冷变形后的金属可达 $10^{16} \, \text{m}^{-2}$。位错的存在极大地影响金属的力学性能，如图 1-24 所示。当金属为理想晶体（无缺陷）或仅含少量位错时，金属的强度很高，比实际金属强度大 $3 \sim 4$ 个数量级；随后随位错密度增加强度降低，当进行冷变形加工时，位错密度大大增加，强度又增高。

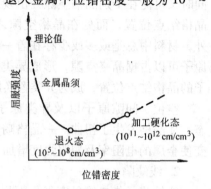

图 1-24 金属强度与位错
密度的关系示意图

3. 面缺陷

面缺陷是指二维尺度很大而另一维尺度很小的缺陷。金属晶体中的面缺陷主要有晶界和亚晶界。

晶粒与晶粒之间的接触界面称为晶界。随着相邻晶粒位向差的不同，其晶界宽度为 $5 \sim 10$ 个原子距离。由于晶界处于两个不同位向的晶粒之间，因此其原子排列必须同时适应相邻两个晶粒的位向，即从一种晶粒位向逐步过渡到另外一种晶粒位向，成为不同晶粒之间的过渡层。因此，晶界上的原子多处于两种晶粒位向的折中位置，如图 1-25 所示。

晶粒也不是完全理想的晶体，而是由许多晶位差很小的所谓亚晶粒组成的。亚晶粒之间的交界称为亚晶界，亚晶界可看做是由位错按一定规律排列而成的，如图 1-26 所示。

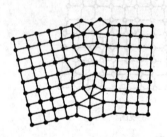

图 1-25 晶界示意图

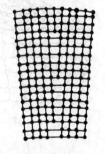

图 1-26 亚晶界示意图

通常晶粒与晶粒之间的位向差较大，亚晶粒之间位向差很小。一般位向差大于 $10°$ 的晶界称为大角度晶界，位向差小于 $10°$ 的晶界称为小角度晶界。

由于在晶界及亚晶界处原子排列不规则，使晶界较晶内具有更高的能量（界面能），因此使得晶界、亚晶界处具有许多特殊性能。例如，晶界对位错运动起阻碍作用，使金属的强度升高，这是晶界的主要特征之一。晶粒越细，金属的晶界面积越大，金属的强度就越高；晶粒越细，金属的塑性也越好。细化晶粒是同时提高金属强度及塑性的有效途径。

二、合金的相结构

纯金属虽然具有较好的物理和化学性能，但力学性能较差，且价格较高，种类有限，所以工程上使用的金属材料均以合金为主。组成合金的最基本的独立单元叫做组元，组元可以

是金属元素、非金属元素或稳定化合物。由两个组元组成的合金称为二元合金，由三个组元组成的合金称为三元合金，依此类推。

组成合金的元素相互作用会形成各种不同的相。相是指合金中具有同一化学成分、同一结构和同一原子聚集状态，并以界面相互分开的、均匀的组成部分。固态纯金属一般是一个相，而合金则可能是几个相。由于形成条件不同，各相可以以不同数量、形状、大小和分布方式组合，构成了我们在显微镜下观察到的不同组织。所谓组织，是指用肉眼或显微镜观察到的不同组成相的形状、尺寸、分布及各相之间的组合状态，即外观形貌。

合金的性能一般都是由组成合金的各相成分、结构、形态、性能和各相组合情况所决定的。因此，在研究合金的组织与性能之前，必须了解合金组织中的相结构。固态合金中的相结构可分为固溶体和金属化合物两大类。

（一）固溶体

合金的组元之间通过溶解形成一种成分及性能均匀的，且结构与一种组元相同的固相，称为固溶体。与固溶体结构相同的组元称为溶剂，一般在合金中含量较多；另一组元称为溶质，含量较小。通常固溶体用 α、β、γ 等符号表示。固溶体的结构特征是保持溶剂的晶格类型。

1. 固溶体分类

按溶质原子在溶剂晶格中的位置不同，可将固溶体分为置换固溶体与间隙固溶体两种类型。固溶体中若溶质原子替换了一部分溶剂原子而占据着溶剂晶格中的某些结点位置，则这种类型的固溶体称为置换固溶体；若溶质原子在溶剂晶格中并不占据晶格结点位置，而是处于各结点间的空隙中，则这种类型的固溶体称为间隙固溶体。两种类型的固溶体如图 1-27 所示。

按溶质原子在固溶体中的溶解度不同，可将固溶体分为有限固溶体和无限固溶体两种类型。固溶体中溶质的含量即为固溶体的浓度，用质量分数或摩尔分数表示。在一定温度、压力等条件下，溶质在固溶体中的极限浓度称为溶解度。如

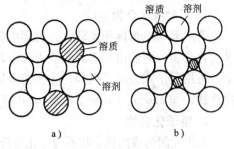

图 1-27　固溶体的两种类型示意图
a）置换固溶体　b）间隙固溶体

果溶质原子可以任意比例溶入固溶体中，即溶质原子的溶解度可达 100%，则此固溶体称为无限固溶体；如果溶质原子在固溶体中的溶解度有一定限度，即超过这个溶解度就会有其他新相形成，则此种固溶体称为有限固溶体。大多数固溶体均为有限固溶体。

按溶质原子在固溶体内分布是否有规则，可将固溶体分为有序固溶体和无序固溶体两种类型。如果溶质原子在固溶体中的分布是有规则的，则此种固溶体称为有序固溶体；如果溶质原子在固溶体中分布是无规则的，则此种固溶体称为无序固溶体。通常，溶质原子在固溶体中分布是无规则的，但在一定条件下（如成分、温度等），一些合金中的无序固溶体可转变为有序固溶体，固溶体中的这种溶质原子由无序分布向有序分布的转化过程称为有序化。

影响固溶体类型和溶解度的主要因素有组元的原子半径、电化学性质和晶格类型等。原子半径及电化学特性接近、晶格类型相同的组元，容易形成置换固溶体，并有可能形成无限固溶体（如 Cu-Ni 合金）；当组元的原子半径相差较大时，容易形成间隙固溶体。间隙固溶体都是有限固溶体，并且溶质原子分布是无序的（即为无序固溶体）；而无限固溶体和有序

固溶体则一定是置换固溶体。

2. 固溶体的性能

形成固溶体时，溶剂晶格类型虽然保持不变，但由于溶质原子的溶入而使晶格畸变增加，由于晶格畸变增大了位错运动的阻力，使塑性变形更加困难，从而提高了固溶体的强度与硬度。这种通过形成固溶体使金属强度和硬度提高的现象称为固溶强化。固溶强化是金属强化的重要方式之一，在溶质含量适当时，可显著提高材料的强度和硬度，而塑性和韧性有所降低。例如，纯铜的抗拉强度为 220MPa，硬度为 40HBW，而断面收缩率为 70%，然而，当加入质量分数为 1% 的镍形成单相固溶体后，强度升高到 330MPa，硬度升高到 70HBW，断面收缩率仍有 50%。所以，固溶体的综合力学性能较好，常作为结构合金的基体相。与纯金属相比，固溶体的力学性能与物理性能均有较大的变化，如强度和硬度升高、塑性和韧性下降、电阻率上升、导电率下降、磁矫顽力增大等。

（二）金属化合物

合金组元相互作用形成的晶格类型和特性完全不同于任一组元的新相即为金属化合物，或称为中间相。金属化合物的结构特点是与其组元具有完全不同的晶格类型，其性能特点是熔点一般较高、硬度高、脆性大。合金中含有金属化合物时，其强度、硬度及耐磨性提高，而塑性及韧性有所下降。金属化合物是许多合金的重要组成相（常作为强化相）。

根据形成条件及结构特点不同，可将金属化合物分为以下几类：

1. 正常价化合物

若组元间电负性相差较大，且形成的化合物严格遵守化合价规律，则此类化合物称为正常价化合物，它们由元素周期表中相距较远、电负性相差较大的两元素组成，其化学成分确定，可用分子式表示。例如，大多数金属与ⅣA、ⅤA、ⅥA族元素生成的化合物皆为正常价化合物，如 Mg_2Si、Cu_2Se、ZnS、AlP 等。这类化合物的性能特点是硬度高、脆性大。

2. 电子化合物

若组元间形成的化合物不遵守化合价规律，但符合一定电子浓度（化合物中价电子数与原子数之比），则此类化合物称为电子化合物，它们由ⅠB 族或过渡族元素与ⅡB、ⅢA、ⅣA、ⅤA族元素所组成。一定电子浓度的化合物具有相应确定的晶体结构，见表 1-9。

表 1-9 常见电子化合物及其结构类型

合金系	电 子 浓 度		
	$\frac{3}{2}\left(\frac{21}{14}\right)\beta$ 相	$\left(\frac{21}{13}\right)\gamma$ 相	$\frac{7}{4}\left(\frac{21}{12}\right)\varepsilon$ 相
	晶 体 结 构		
	体心立方晶格	复杂立方晶格	密排六方晶格
Cu-Zn	CuZn	Cu_5Zn_8	$CuZn_3$
Cu-Al	Cu_3Al	Cu_9Al_4	Cu_5Al_3

电子化合物虽然可用分子式表示，但实际上其成分可在一定范围内变化，相当于形成以化合物为基的固溶体。

电子化合物主要以金属键结合，具有明显的金属特性，可以导电。此类化合物的熔点和硬度较高，塑性较差，在许多有色金属中作为重要的强化相。

3. 间隙化合物

由过渡族元素与碳、氮、氢、硼等原子半径较小的非金属元素形成的化合物称为间隙化合物。根据结构特点不同,可将间隙化合物分为间隙相和复杂结构的间隙化合物两种类型。

(1) 间隙相　当非金属原子半径与金属原子半径之比小于 0.59 时,形成具有简单晶格的间隙化合物,称为间隙相。一些间隙相及晶格类型见表 1-10。间隙相具有金属特性,有极高的熔点及硬度,非常稳定,见表 1-11。

表 1-10　间隙相的化学式及晶格类型

化学式类型	钢中可能遇到的间隙相化学式	晶格类型
M_4X	Fe_4N、Nb_4N、Mn_4C	面心立方
M_2X	Fe_2N、Cr_2N、W_2C、Mo_2C	密排六方
MX	TaC、TiC、ZrC、VC	面心立方
	TiN、ZrN、VN	体心立方
	MoN、CrN、WC	简单六方
MX_2	VC_2、CeC_2、ZrH_2、TiH_2、LaC_2	面心立方

表 1-11　钢中常见间隙化合物的硬度及熔点

类　型	简单结构间隙化合物							复杂结构间隙化合物	
化学式	TiC	ZrC	VC	NbC	TaC	WC	MoC	$Cr_{23}C_6$	Fe_3C
硬度 HV	2850	2840	2010	2050	1550	1730	1480	1650	~800
熔点/℃	3080	3472 ±20	2650	3608 ±50	3983	2785 ±5	2527	1577	1227

间隙相的合理存在可有效地提高钢的强度、热强性、热硬性和耐磨性,因此,间隙相是高合金钢(如高速钢)和硬质合金中的重要组成相。

(2) 复杂结构的间隙化合物　当非金属原子半径与金属原子半径之比大于 0.59 时,形成具有复杂结构的间隙化合物。钢中的 Fe_3C、$Cr_{23}C_6$、FeB、Fe_4W_2C、Cr_7C_3、Fe_2B 等均属于这类化合物。Fe_3C 是铁碳合金中的重要组成相,属于复杂的正交晶系,如图 1-28 所示。

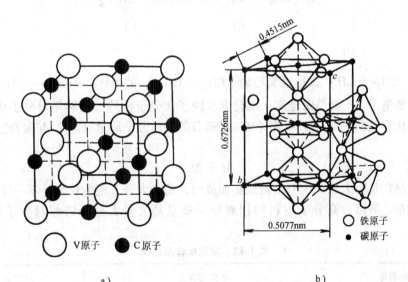

a)　　　　　　　　　　　　　b)

图 1-28　间隙化合物的晶体结构
a) 间隙相 VC 的晶体结构　b) 间隙化合物 Fe_3C 的晶体结构

其中铁原子可以部分被其他金属原子所置换（如 Mn、Cr、Mo、W 等），形成以间隙化合物为基的固溶体，如（Fe、Mn）$_3$C、（Fe、Cr）$_3$C 等。复杂结构的间隙化合物具有较高的熔点和硬度，但比间隙相稍低些（表 1-11），在钢中也常用作强化相。

第四节　高分子材料的结构与性能

一、高分子材料的基本概念

现代工业的发展，使人们对工程材料的研究和开发进入了一个新的历史时期。高分子材料以其质量轻、比强度高、耐蚀性好、绝缘性好等许多特有的性能，被大量地应用于工程结构中。

高分子材料是以高分子化合物为主要组分的材料。高分子化合物是相对分子质量很大的化合物，每个分子可含几千、几万甚至几十万个原子。高分子材料可分为有机高分子材料（塑料、橡胶、合成纤维等）和无机高分子材料（松香、纤维素等），有机高分子材料是由相对分子质量大于 10^4，且以碳、氢元素为主的有机化合物组成的（亦称为高聚物）。

（一）高分子化合物的组成

高分子化合物的相对分子质量虽然很大，但其化学组成并不复杂，都是由一种或几种简单的低分子化合物通过共价键重复连接而成的。这类能组成高分子化合物的低分子化合物叫做单体（见表 1-12），它是合成高分子材料的原料。由一种或几种简单的低分子化合物通过共价键重复连接而成的链称为分子链。大分子链中的重复结构单元称为链节，链节的重复次数即链节数称为聚合度。例如，聚氯乙烯分子是由 n 个氯乙烯分子打开双键、彼此连接起来形成的大分子链，可用下式表示

$$n\ [CH_2 = CH] \longrightarrow \text{+}CH_2 - CH\text{+}_n$$
$$\qquad\qquad |\qquad\qquad\qquad\quad |$$
$$\qquad\qquad Cl\qquad\qquad\qquad\quad Cl$$

其中氯乙烯[CH$_2$= CH] 就是聚氯乙烯+CH$_2$— CH+$_n$ 的单体，+CH$_2$— CH+ 就是聚氯乙烯分子键的链节，n 就是聚合度。聚合度反映了大分子链的长短和相对分子质量的大小，可见高分子化合物的相对分子质量（M）是链节的相对分子质量（M_0）与聚合度（n）的乘积，即

$$M = M_0 n$$

高分子材料是由大量的大分子链聚集而成的，每个大分子链的长短并不一样，其数值呈统计规律分布。所以，高分子材料的相对分子质量是大量大分子链相对分子质量的平均值。

表 1-12　常见单体及结构

单体名称	单体结构式	高聚物名称
乙烯	$CH_2 = CH_2$	聚乙烯
丙烯	$CH_3 - CH = CH_2$	聚丙烯

（续）

单体名称	单体结构式	高聚物名称
苯乙烯	$CH_2 = CH$—〔苯环〕	聚苯乙烯
氯乙烯	$CH_2 = CH—Cl$	聚氯乙烯
四氟乙烯	$CF_2 = CF_2$	聚四氟乙烯
丙烯腈	$CH_2 = CH—CN$	丁腈橡胶
甲基丙烯酸甲酯	$CH_2 = C\!-\!C\!-\!O\!-\!CH_3$（含 O 双键，下接 CH_3）	聚甲基丙烯酸甲酯（有机玻璃）
三聚甲醛	〔环状 CH_2-O 结构〕	聚甲醛
双酚 A	HO—〔苯环〕—$C(CH_3)_2$—〔苯环〕—OH	聚碳酸酯

（二）高分子化合物的聚合

由低分子化合物合成高分子化合物的基本方法有以下两种。

1. 加聚反应（加成聚合反应）

由一种或多种单体相互加成，或由环状化合物开环相互结合成聚合物的反应称为加聚反应。在此类反应的过程中没有产生其他副产物，生成的聚合物的化学组成与单体的基本相同。其中由一种单体经过加聚反应生成的高分子化合物称为均聚物，而由两种或两种以上单体经过加聚反应生成的高分子化合物称为共聚物。

2. 缩聚反应

由一种或多种单体互相缩合生成聚合物，同时析出其他低分子化合物（如水、氨、醇、卤化氢等）的反应称为缩聚反应。与加聚反应类似，由一种单体进行的缩聚反应称为均缩聚反应，由两种或两种以上单体进行的缩聚反应称为共缩聚反应。

（三）高分子化合物的分类及命名

1. 高分子化合物的分类

高分子化合物的分类方法见表 1-13。

2. 高分子化合物的命名

常用高分子材料大多数采用习惯命名法，即在单体前面加"聚"字，如聚氯乙烯等。也有一些在原料名称后加"树脂"二字，如酚醛树脂等。也有很多高分子材料采用商品名称，它没有统一的命名原则，对同一种材料可能各国的名称都不相同。商品名称多用于纤维和橡胶，如聚乙内酰胺称为尼龙 6、绵纶、卡普隆；丁二烯和苯乙烯共聚物称为丁苯橡胶等。

表 1-13 高分子化合物的分类

分类方法	类别	特 点	举 例	备 注
按性能及用途	塑料	室温下呈玻璃态，有一定形状，强度较高，受力后能产生一定形变的聚合物	聚酰胺、聚甲醛、聚砜、有机玻璃、ABS、聚四氟乙烯、聚碳酸酯、环氧塑料、酚醛塑料	其中塑料、橡胶、纤维称为三大合成材料
	橡胶	室温下呈高弹态，受到很小力时就会产生很大形变，外力去除后又恢复原状的聚合物	通用合成橡胶（丁苯、顺丁、氯丁、乙丙橡胶）特种橡胶（丁腈、硅、氟橡胶）	
	纤维	由聚合物抽丝而成，轴向强度高、受力变形小，在一定温度范围内力学性能变化不大的聚合物	涤纶（的确良）、绵纶（尼龙）、腈纶（奥纶）、维纶、丙纶、氯纶（增强纤维有芳纶、聚烯烃）	
	胶粘剂	由一种或几种聚合物作基料加入各种添加剂构成的，能够产生粘合力的物质	环氧、改性酚醛、聚氨酯 α—氰基丙烯酸酯、厌氧胶粘剂	
	涂料	是一种涂在物体表面上能干结成膜的有机高分子胶体的混合溶液，对物体有保护、装饰（或特殊作用：绝缘、耐热、示温）作用	酚醛、氨基、醇酸、环氧、聚氨酯树脂及有机硅涂料	
按聚合物反应类型	加聚物	经加聚反应后生成的聚合物，链节的化学式与单体的分子式相同	聚乙烯、聚氯乙烯等	80%聚合物可经加聚反应生成
	缩聚物	经缩聚反应后生成的聚合物，链节的化学结构与单体的化学结构不完全相同，反应后有小分子物析出	酚醛树脂（由苯酚和甲醛缩合、缩水去水分子后形成）等	
按聚合物的热行为	热塑性塑料	加热软化或熔融，而冷却固化的过程可反复进行的高聚物，它们是线型高聚物	聚氯乙烯等烯类聚合物	
	热固性塑料	加热成型后不再熔融或改变形状的高聚物，它们是网状（体型）高聚物	酚醛树脂、环氧树脂	
按主链上的化学组成	碳链聚合物	主链由碳原子一种元素组成的聚合物	—C—C—C—C—	
	杂链聚合物	主链除碳外，还有其他元素原子的聚合物	—C—C—O— —C—C—N— —C—C—S—	
	元素链聚合物	主链由氧和其他元素原子组成的聚合物	—O—Si—O—Si—O—	

有时为了简化，往往用英文名称的缩写表示，如聚氯乙烯用 PVC 表示等。

二、高分子化合物的结构

高分子材料的应用状态多样，性能各异，其性能不同的原因是由于不同材料的高分子成分、结合力及结构不同。高分子化合物的结构比低分子化合物复杂得多，但按其研究单元不同可分为分子内结构（高分子链结构）、分子间结构（聚集状态结构）。

（一）高分子链结构（分子内结构）

1. 高分子链结构单元的化学组成

在元素周期表中，只有ⅢA、Ⅳ、ⅤA、ⅥA中的部分非金属和亚金属元素（如 N、C、B、O、P、S、Si、Se 等）才能形成高分子链，其中碳链高分子产量最大，应用最广。由于高聚物中常见的 C、H、O、N 等元素均为轻元素，所以高分子材料具有密度小的特点。

高分子链结构单元的化学组成不同，则性能不同，这主要是由于不同元素间的结合力大小不同所致。高聚物中一些共价键的键长和键能见表1-14。

表1-14 高聚物中一些共价键的键长和键能

键	键长/Å①	键能/4.18J·mol⁻¹	键	键长/Å①	键能/4.18J·mol⁻¹
C—C	1.54	83	C=O	1.21	179
C=C	1.34	146	C—Cl	1.77	81
C—H	1.10	99	N—H	1.01	0.3
C—N	1.47	73	O—H	0.96	111
C≡N	1.15	213	O—O	1.32	25
C—O	1.46	66			

① 1Å = 0.1nm = 10⁻¹⁰m。

2. 高分子链的形态

高分子链可有不同的几何形态，如图1-29所示。

线型　　　　　支化型　　　　　体型

图1-29　高分子链的形态

（1）线型分子链　由许多链节组成的长链，通常是卷曲成线团状。这类结构高聚物的特点是弹性及塑性好，硬度低，是热塑性材料的典型结构。

（2）支化型分子链　在主链上带有支链，这类结构高聚物的性能和加工都接近于线型分子链高聚物。

（3）体型分子链　分子链之间由许多链节互相横向交联。具有这类结构的高聚物硬度高、脆性大、无弹性和塑性，是热固性材料的典型结构。这种结构亦称为网状结构。

3. 高分子链中结构单元的连接方式

任何高分子都是由单体按一定的方式连接而成的。

（1）聚合物中聚氯乙烯单体的连接方式

1）头-尾连接：

$$—CH_2—CH—CH_2—CH—CH_2—CH—$$
$$\quad\quad\;\; | \quad\quad\;\; | \quad\quad\;\; |$$
$$\quad\quad Cl \quad\quad Cl \quad\quad Cl$$

2）头-头或尾-尾连接：

$$—CH_2—CH—CH—CH_2—CH_2—CH—$$
$$\quad\quad\;\; | \quad\;\; | \quad\quad\quad\;\; |$$
$$\quad\quad Cl \quad Cl \quad\quad\quad Cl$$

3）无规则连接：

$$—CH_2—CH—CH_2—CH—CH—CH_2—CH_2—CH—$$
$$\quad\quad\;\; | \quad\quad\;\; | \quad\;\; | \quad\quad\quad\;\; |$$
$$\quad\quad Cl \quad\quad Cl \quad Cl \quad\quad\quad Cl$$

（2）共聚物中单体的连接方式（以 A、B 两种单体共聚为例）

1）无规共聚：—ABBABBABAABAA—

2）交替共聚：—ABABABABABAB—

3）嵌段共聚：—AAAABBAAAABB—

4）接枝共聚：

$$—AAAAAAAAAA—$$
$$\quad\;\; | \quad\quad\;\; |$$
$$\quad\;\; B \quad\quad\; B$$
$$\quad\;\; B \quad\quad\; B$$
$$\quad\;\; B \quad\quad\; B$$

4. 高分子链的构型（链结构）

所谓高分子链的构型，是指高分子链中原子或原子团在空间的排列方式，即链结构。按取代基 R 在空间所处的位置及规律不同，可有以下三种立体构型，如图 1-30 所示。

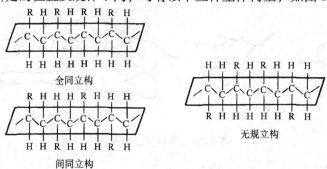

全同立构

间同立构

无规立构

图 1-30　乙烯类高聚物的构型

（1）全同立构　取代基 R 全部处于主链一侧。

（2）间同立构　取代基 R 相间地分布在主链两侧。

（3）无规立构　取代基 R 在主链两侧不规则地分布。

高分子链的构型不同，则性能不同。例如，全同立构的聚丙烯容易结晶，熔点为 165℃，可纺成丝，称为丙纶丝；而无规立构的聚丙烯其软化温度为 80℃，无实用价值。

5. 高分子链的构象

高分子链的主链都是通过共价键连接起来的，它有一定的键长和键角（C—C 键长为 0.154μm，键角为 109°28′）。在保持键长和键角不变的情况下，它们可以任意旋转，这就是单键的内旋转，如图 1-31 所示。

　　单键内旋转的结果是使原子排列位置不断变化。高分子键很长，每个单键在内旋转，而且频率很高（室温下乙烷分子可达 $10^{11} \sim 10^{12}\,\mathrm{Hz}$），这必然会造成高分子的形态瞬息万变。这种由于单键内旋所引起的原子在空间占据不同位置所构成的分子键的各种形象，称为高分子链的构象。高分子链构象不同时，将引起大分子链的伸长或回缩，通常将这种由构象变化而引起大分子链伸长或回缩的特性称为大分子链的柔顺性。高分子链的内旋转越容易，其柔顺性越好。具有较好柔顺性的聚合物的强度、硬度及熔点较低，但弹性和塑性好；刚性分子链聚合物则强度、硬度及熔点较高，弹性和韧性差。

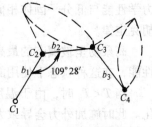

图 1-31　C—C 键的
内旋转示意图

　　（二）高分子的聚集态结构（分子间结构）

　　高分子化合物的聚集态结构是指高聚物内部高分子链之间的几何排列为堆积结构，也称为超分子结构。依分子在空间排列的规整性可将高聚物分为结晶型、部分结晶型和无定形（非晶态）三类。结晶型聚合物的分子排列规则有序，此高聚物的聚集状态称为晶态；无定形聚合物分子的排列杂乱不规则，此高聚物的聚集状态称为非晶态；部分结晶型的分子排列情况介于二者之间，此高聚物的聚集状态亦称为部分晶态。高聚物的三种聚集态结构如图 1-32 所示。

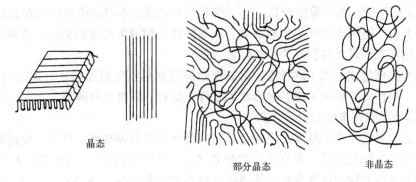

晶态

部分晶态　　　　非晶态

图 1-32　聚合物三种聚集态结构示意图

　　在实际生产中获得完全晶态的聚合物是很困难的，大多数聚合物都是部分晶态或完全非晶态。晶态结构在高分子化合物中所占的质量分数或体积分数称为结晶度。结晶度越高，分子间作用力越强，则高分子化合物的强度、硬度、刚度和熔点越高，耐热性和化学稳定性也越好；而与键运动有关的性能，如弹性、伸长率、冲击韧度等则降低。

三、高分子化合物的力学状态

　　高聚物的性能与其在一定温度下的力学状态有关，因此，了解高聚物的力学状态及其特点十分必要。

　　（一）线型非晶态高分子化合物的力学状态

　　线型非晶态聚合物在恒定应力下的变形-温度曲线如图 1-33 所示。图中，T_b 为脆化温度，T_g 为玻璃化温度，T_f 为粘流温度，T_d 为化学分解温度。

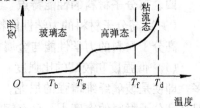

图 1-33　线型非晶态高聚物的
变形-温度曲线示意图

1. 玻璃态

当 $T_b < T < T_g$ 时，由于温度低，分子热运动能力很弱，高聚物中的整个分子链和键段都不能运动，只有键长和键角可作微小变化，此时分子链的状态称为玻璃态。玻璃态高聚物的力学性能与低分子固体相似，在外力作用下只能发生少量的弹性变形，而且应力与应变符合胡克定律。

高聚物呈玻璃态的最高温度为玻璃化温度 (T_g)。处于玻璃态的高聚物具有较好的力学性能，在这种状态下使用的材料是塑料和纤维。

当 $T < T_b$ 时，由于温度太低，分子的热振动也被"冻结"，键长和键角都不能发生变化。此时施加外力会导致大分子链断裂，高聚物呈脆性。高聚物呈脆性的最高温度称为脆化温度 (T_b)，此时高聚物失去使用价值。

2. 高弹态

当 $T_g < T < T_f$ 时，由于温度较高，分子活动能力较强，因此高聚物可以通过单键的内旋转而使链段不断运动，但尚不能使整个分子链运动，此时分子链呈卷曲状态，称为高弹态。处于高弹态的高聚物受力时可产生很大的弹性变形（100%～1000%），外力去除后分子链又逐渐回缩到原来的卷曲状态，弹性变形随时间变化而逐渐消失。在这种状态下使用的高聚物是橡胶。

3. 粘流态

当 $T_f < T < T_d$ 时，由于温度较高，分子活动能力较强，不但链段可以不断运动，而且在外力作用下大分子链间也可产生相对滑动，从而使高聚物成为流动的粘液，这种状态称为粘流态。产生粘流态的最低温度称为粘流温度 (T_f)。

粘流态是高聚物成型加工的状态。将高聚物原料加热至粘流态后，可通过喷丝、吹塑、注塑、挤压、模铸等方法加工成各种形状的零件、型材、纤维和薄膜等。

（二）其他类型高聚物的力学状态

线型晶态高聚物可按结晶度分为完全晶态和部分晶态两种类型。对于一般相对分子质量的完全晶态线型高聚物来说，因有固定的熔点 T_m，而没有高弹态。对于部分晶态线型高聚物来说，因为在高聚物内部既存在着晶态区又存在着非晶态区，所以在 $T_g \sim T_m$ 之间出现一种既韧又硬的皮革态。这是因为在 $T_g \sim T_m$ 之间非晶态区处于高弹态，具有柔韧性，而在晶态区具有较高的强度和硬度，两者复合成了皮革态。

对于体型非晶态高聚物，因其具有网状分子，所以交联点的密度对高聚物的力学状态具有重要影响。若交联点密度小，链段仍可以运动，此时材料的 $T_g = T_f$，高弹态消失，高聚物就与低分子非晶态固体一样，其性能硬而脆（如酚醛塑料）。

四、高分子材料的性能特点

（一）高分子材料的力学性能特点

高分子材料的力学性能与金属材料相比具有以下特点：

（1）低强度和较高的比强度　高分子材料的拉伸强度平均为100MPa，比金属材料低得多，即使是玻璃纤维增强的尼龙，其拉伸强度也只有200MPa，相当于普通灰铸铁的强度。但是高分子材料的密度小，只有钢的1/4～1/6，所以其比强度并不比某些金属低。

（2）高弹性和低弹性模量　高弹性和低弹性模量是高分子材料所特有的性能。橡胶是典型的高弹性材料，其弹性变形率为100%～1000%，弹性模量仅为1MPa左右。为了防止橡胶产生塑性变形，采用硫化处理，使分子链交联成网状结构。随着硫化程度增加，橡胶的弹性降低，弹性模量增大。

轻度交联的高聚物在 T_g 以上温度具有典型的高弹性，即弹性变形大，弹性模量小，而且弹性随温度升高而增大。但塑料因所用状态为玻璃态，故无高弹性，而其弹性模量也远比金属低，约为金属弹性模量的 1/100。

（3）粘弹性　高聚物在外力作用下，同时发生高弹性变形和粘性流动，其变形与时间有关，此种现象称为粘弹性。高聚物的粘弹性表现为蠕变、应力松弛和内耗三种现象。

蠕变是在恒定载荷下，应变随时间而增加的现象，它反映材料在一定外力作用下的形状稳定性。有些高分子材料在室温下的蠕变很明显，如架空的聚氯乙烯电线套管拉长变弯就是蠕变。对于尺寸精度要求高的高聚物零件，为了避免因蠕变而早期失效，应选蠕变抗力高的材料，如聚砜、聚碳酸酯等。

应力松弛与蠕变的本质相同，它是在应变恒定的条件下，舒展的分子链通过热运动发生构象改变而回缩到稳定的卷曲态，而使应力随时间延长而逐渐衰减的现象。例如，连接管道的法兰盘中间的硬橡胶密封垫片，经一定时间后由于应力松弛而失去密封性。

内耗是在交变应力作用下，处于高弹态的高分子，当其变形速度跟不上应力变化速度时，就会出现应变滞后应力的现象。这样就使有些能量消耗于材料中的分子间摩擦并转化为热能放出，这种由于力学滞后使机械能转化为热能的现象称为内耗。

内耗对橡胶制品不利，可加速其老化。例如，高速行驶的轮胎，由内耗产生的热量有时可使轮胎温度升高至 80～100℃，加速轮胎老化，故应设法减少。但内耗对减振有利，可利用内耗吸收振动能。用于减振的橡胶，应有尽可能大的内耗。

（4）高耐磨性　高聚物的硬度比金属的低，但耐磨性一般比金属高，尤其塑料更为突出。塑料的摩擦因数小，有些塑料具有自润滑性能，可在干摩擦条件下使用，所以广泛使用塑料制造轴承、轴套、凸轮等摩擦磨损零件。但橡胶则相反，因其摩擦因数大，适宜制造要求较大摩擦因数的耐磨零件，如汽车轮胎、制动摩擦件等。

（二）高分子材料的物理及化学性能特点

与金属材料相比，高分子材料的物理和化学性能具有以下特点：

（1）高绝缘性　高聚物是以共价键结合，不能电离，若无其他杂质存在，则其内部没有离子和自由电子，故其导电能力低、介电常数小、介电耗损低、耐电弧性好，即绝缘性好。因此，高分子材料如塑料、橡胶等是电机、电器、电力和电子工业中必不可少的绝缘材料。

（2）低耐热性　高聚物在受热过程中容易发生链段运动和整个分子链运动，导致材料软化和熔化，使性能变坏，故其耐热性差。不同高分子材料的耐热性判据不同，如塑料的耐热性通常用热变形温度来衡量。所谓热变形温度，是指塑料能够长时间承受一定载荷而不变形的最高温度。塑料的 T_g 或 T_m 越高，热变形温度也越高，塑料的耐热性也越好。橡胶的耐热性通常用能保持高弹性的最高温度来评定。显然，橡胶的 T_f 越高，使用温度越高，其耐热性越好。

（3）低导热性　高分子材料内部无自由电子，而且分子链相互缠绕在一起，受热不易运动，故其导热性差，约为金属的 1/100～1/1000。对要求散热的摩擦零件，导热性差是缺点。例如，汽车轮胎因橡胶的导热性差，其内耗产生的热量不易散发，引起温度升高而加速老化。但在有些情况下，导热性差又是优点，如使机床的塑料手柄、汽车的塑料转向盘握感良好。另外，塑料和橡胶热水袋可以保温，火箭、导弹可用纤维增强塑料作隔热层等。

（4）高的热膨胀性　高分子材料的热膨胀性大，为金属的3～10倍。这是由于受热时分子链间的缠绕程度降低，分子间结合力减小，分子链柔性增大，使高分子材料加热时产生明显的体积和尺寸增大。因此，在使用带有金属嵌件或金属件紧密配合的塑料或橡胶制品时，常因线膨胀系数相差过大而造成开裂、脱落和松动等，需要在设计制造时予以注意。

（5）高的化学稳定性　高分子化合物均以共价键结合，不易电离，没有自由电子，又由于分子链缠绕在一起，许多分子链的基团被包裹在里面，使高分子材料的化学稳定性好，在酸、碱等溶液中表现出优异的耐蚀性能。被称为"塑料王"的聚四氟乙烯化学稳定性最好，即使在高温下与浓酸、浓碱、有机溶液、强氧化剂等介质相接触，对其均不起作用，甚至在沸腾的"王水"中也不受腐蚀。

必须指出，某些高聚物与某些特定溶剂相遇时，会发生溶解或因分子间隙中吸收某些溶剂分子而产生"溶胀"，使尺寸增大、性能变坏。例如，聚碳酸酯会被四氯化碳溶解；聚乙烯在有机溶液中发生溶胀；天然橡胶在油中产生溶胀等。所以，在其使用中必须注意避免与使其发生溶解或溶胀的溶剂接触。

除了以上使用性能之外，高分子材料还具有良好的可加工性，尤其在加温加压下的可塑成型性能极为优良，可以塑制成各种形状的制品。另外，还可以通过铸造、冲压、焊接、粘接和切削加工等方法制成各种制品。

（三）高分子材料的老化及防止

高分子材料在长期储存和使用过程中，由于受氧、光、热、机械力、水蒸气及微生物等外因的作用，使性能逐渐退化，直至丧失使用价值的现象称为老化。老化的根本原因是在外部因素的作用下，高聚物分子链产生了交联反应和裂解反应。所谓交联反应，就是指高聚物在外部因素作用下高分子从线型结构转变为体型结构，从而引起硬度和脆性增加，化学稳定性提高的过程。所谓裂解反应，是指大分子链在各种外界因素作用下发生链的断裂，从而使相对分子量下降，高聚物变软、变粘的过程。由于交联反应使高分子材料变硬、变脆及开裂，或由于裂解反应使高分子材料变软、变粘的现象即为老化现象。

老化是影响高分子材料制品使用寿命的关键问题，必须设法加以防止。目前采用的防止老化措施有以下三种：

（1）改变高聚物的结构　例如，可将聚乙烯氯化，以改变其热稳定性。

（2）添加防老剂　在高聚物中加入水杨酸酯、二甲苯酮类有机物和炭黑，可防止光氧化。

（3）表面处理　在高分子材料表面镀金属（如银、铜/镍）和喷涂耐老化涂料（如漆、石蜡）作为防护层，使材料与空气、光、水及其他引起老化的介质隔绝，以防止老化。

为了改善高聚物的性能，需要对其进行改性。利用物理和化学的方法来改进现有高聚物性能，称为聚合物的改性。其方法主要有两类：一类是物理改性，即利用添料来改变高聚物的物理及力学性能；另一类是化学改性，通过共聚、嵌段、接枝、共混、复合等化学方法使高聚物获得新的性能。聚合物的改性问题是当前高分子材料研究的一个重要方向。

第五节　陶瓷材料的结构与性能

一、陶瓷的概念

陶瓷是人类应用最早的材料之一。传统上的"陶瓷"是陶器和瓷器的总称，后来发展到泛指整个硅酸盐（玻璃、水泥、耐火材料和陶瓷）和氧化物类陶瓷。现在"陶瓷"被看做是除了金属材料、有机高分子材料之外的所有固体材料。陶瓷亦称为无机非金属材料，是指用天然硅酸盐（粘土、长石、石英等）或人工合成化合物（氮化物、氧化物、碳化物、硅化物、硼化物、氟化物）为原料，经粉碎、配置、成型和高温烧制而成的无机非金属材料。由于它有一系列性能优点，不仅用于制作像餐具之类的生活用品，而且在现代工业中也取得越来越广泛的应用。在有些情况下，其他材料无法满足性能要求，陶瓷可能成为最优选的材料，例如，内燃机火花塞用陶瓷制作可承受的瞬间引爆温度达 2500℃，并可满足高绝缘性及耐腐蚀性能的要求。一些现代陶瓷已成为国防、宇航等高科技领域中不可缺少的高温结构材料及功能材料。

二、陶瓷材料的结构

陶瓷材料与金属材料不同，其组织结构要比金属材料复杂得多。这是由于陶瓷材料在生产过程中各种物理和化学转变通常不能充分进行，总是得不到平衡组织，组织很不均匀所致。

通常按照组织形态不同，可将陶瓷材料分为三大类：无机玻璃、微晶玻璃和陶瓷。

（1）无机玻璃　即硅酸盐玻璃，是在室温下具有确定形状，但其粒子在空间呈不规则排列的非晶结构类陶瓷材料。

（2）微晶玻璃　即玻璃陶瓷，是含有大量微晶体和玻璃相并均匀分布的多相固体材料。

（3）陶瓷　亦称为晶体陶瓷，如具有单相晶体结构的氧化铝特种陶瓷和具有复杂结构的普通陶瓷等。这类陶瓷材料是最常用的结构材料和工具材料。

以下将根据普通陶瓷的制备过程说明陶瓷的典型组织结构。

陶瓷的原料通常由粘土、石英和长石三部分组成。在加热烧成或烧结以及冷却过程中，这三种组成坯料相继发生四个阶段的变化。

（1）低温阶段（室温～300℃）　这一阶段是残余水分的排除。

（2）分解及氧化阶段（300～950℃）　这一阶段是粘土等矿物中结构水的排除；有机物、碳素和无机物等的氧化；碳酸盐、硫化物等的分解；石英由低温晶型转变为高温晶型。

（3）高温阶段（950℃～烧成温度）　在这一阶段上述氧化、分解反应继续进行；长石-石英-高岭石（高岭土）三元共熔体、长石-石英和长石-高岭石二元共熔体、石英熔体（石英块周边的熔蚀液）以及杂质形成的碱和碱土金属的低铁硅酸盐共熔体等液相相继出现，同时，各组成物逐渐溶解；在原粘土区域反应生成粒状或片状一次莫来石（$3Al_2O_3 \cdot 2SiO_2$）晶体；在原长石区域结晶出针状二次莫来石晶体并显著长大；原石英块被溶解成残留小块；晶体被液相粘结，发生烧结，体积收缩，致密度提高，产生机械强度而成瓷。

（4）冷却阶段（烧成温度～室温）　这一阶段主要是原长石区域析出或长大成粗大针状二次莫来石晶体，但量不多；液相因粘度大不发生晶化，而在 750～550℃ 之间转变为固态玻璃；残留石英发生由高温向低温晶型的转变。

经过上述转变，陶瓷在室温下的组织如图 1-34 所示，其中包括点状一次莫来石、针状二次莫来石、块状残留石英、小黑洞气孔。一次莫来石所在基体为长石-高岭石玻璃，二次莫来石的基体为长石玻璃。所以，陶瓷的典型组织由晶体相（莫来石和石英）、玻璃相和气相组成。

1. 晶体相

晶体相是陶瓷的主要组成相，由其结构、数量、形态和分布决定陶瓷的主要性能和应用。例如，氧化铝陶瓷是很好的工具材料和耐火材料；钛酸钡、钛酸铝材料是很好的介电陶瓷等。当陶瓷中有几种晶体相时，数量最多、作用最大的为主晶体相，其他次晶体相的影响也是不可忽视的。日用陶瓷中主晶体相为莫来石，残留石英和可能残存的长石、云母等为次晶体相。陶瓷中的晶体相主要有硅酸盐、氧化物和非氧化物等三种。

图 1-34　陶瓷的组织（电子显微照片）

（1）硅酸盐　硅酸盐是普通陶瓷的主要原料，同时也是陶瓷组织中重要的晶体相，如莫来石、长石等。硅酸盐的结合键为离子键与共价键的混合键，它的结构细节很复杂，但基本结构有比较严格的规律。

1）构成硅酸盐的基本单元是［SiO_4］四面体，图 1-35 为其示意图。

2）硅氧四面体只能通过共用顶角而相互连接，否则结构不稳定。

3）Si^{4+} 离子间不直接成键，它们之间的结合通过 O^{2-} 离子来实现；Si—O—Si 的结合键在氧上的键角接近于 145°。

4）按照一定的硅氧比数，在稳定的硅酸盐结构中，硅氧四面体采取最高空间维数互相结合，单个四面体的维数为 0，连成链状、层状和立体的维数相应为 1、2 和 3。

5）硅氧四面体相互连接时优先采取比较紧密的结构。

6）同一结构中硅氧四面体最多只相差一个氧原子，保证各四面体尽可能处于相近的能量状态。

按照以上规律，硅氧四面体可以构成岛状（包括环状在内）、链状、层状和骨架状等硅酸盐结构。部分结构如图 1-35 所示，并据此将硅酸盐进行分类，见表 1-15。

表 1-15　硅酸盐结构分类

硅酸盐类型		结构特点	维数	含硅阴离子	氧硅原子数的比值	实　例	
						名称	分子式
岛状	单四面体	单个四面体	0	［SiO_4］$^{4-}$	4.0	镁橄榄石	$Mg[SiO_4]$
		成对四面体	0	［Si_2O_7］$^{6-}$	3.5	硅钙石	$Ca_3[Si_2O_7]$
	环状	三节四面体单环	0	［Si_3O_9］$^{6-}$	3.0	蓝锥石	$BaTi[Si_3O_9]$
		六节四面体单环	0	［Si_6O_{18}］$^{12-}$	3.0	绿柱石	$Al_2Be_3[Si_6O_{18}]$
		六节四面体双环	0	［$Si_{12}O_{30}$］$^{12-}$	2.5	整柱石	$KCa_2AlBe_2[Si_{12}O_{30}]\frac{1}{2}H_2O$

（续）

硅酸盐类型	结构特点	维数	含硅阴离子	氧硅原子数的比值	实例	
					名称	分子式
链状	四面体单链	1	$[SiO_3]^{2-}$	3.0	顽火辉石	$Mg[SiO_3]$
	四面体双链	1	$[Si_4O_{11}]^{6-}$	2.75	透闪石	$Ca_2Mg_5[Si_4O_{11}]_2(OH)_2$
层状	单四面体层	2	$[Si_4O_{10}]^{4-}$	2.5	高岭石	$Al_4[Si_4O_{10}](OH)_8$
骨架状		3	$[SiO_2]$	2.0	石英	SiO_2

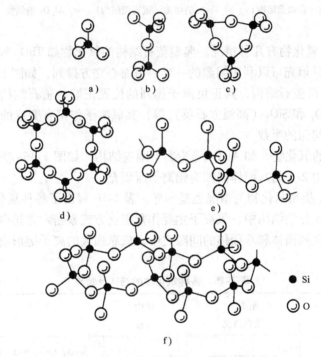

图 1-35　硅酸盐结构示意图（部分）

a) 单个四面体　b) 成对四面体　c) 三节四面体单环

d) 六节四面体单环链状结构　e) 四面体单链　f) 四面体双链

（2）氧化物　氧化物是大多数陶瓷，特别是特种陶瓷的主要组成相和晶体相，它们主要由离子键结合，有时也有共价键。氧化物的结构取决于结合键的类型、各种离子的大小以及在极小空间保持电中性的要求。陶瓷最重要的氧化物晶体相有 AO、AO_2、A_2O_3、ABO_3 和 AB_2O_4 等（A、B 表示金属阳离子），其结构的共同特点是：氧离子（一般比阳离子大）进行紧密排列，金属阳离子位于一定的间隙之中，四面体和八面体间隙是最主要的间隙。

1）AO 类型的氧化物，例如 MgO 等具有岩盐结构，如图 1-36a 所示。这种氧化物的金属离子和氧离子数量相等，氧离子作面心立方排列，金属离子填充在其所有八面体间隙之中，形成完整的立方晶格。

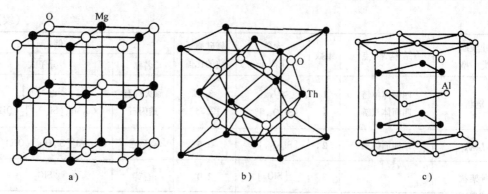

图 1-36　几种典型氧化物的结构

a）MgO 的结构（岩盐型结构）　b）ThO$_2$ 的结构（萤石型结构）　c）Al$_2$O$_3$ 的结构（刚玉型结构）

2）AO$_2$ 类型的氧化物有几种情况。典型萤石结构的氧化物如 ThO$_2$ 等，其氧离子作简单立方排列，阳离子只填充可以利用间隙的一半，呈面心立方排列，如图 1-36b 所示。碱金属氧化物 Li$_2$O 等具有反萤石结构，其正负离子排列的位置正好与萤石结构相反。另外，金红石结构氧化物如 TiO$_2$ 和 SiO$_2$（高温方石英）等，其氧离子作稍有变形的紧密六方排列，阳离子只填充八面体间隙的半数。

3）A$_2$O$_3$ 类型的氧化物，如 Al$_2$O$_3$ 等为典型刚玉结构，如图 1-36c 所示。氧离子作近似紧密六方排列，其中 2/3 的八面体间隙为铝离子所填充。

ABO$_3$ 与 AB$_2$O$_4$ 类型氧化物的情况也是一样。表 1-16 列出了各种氧化物的结构及特点。可以看出，在陶瓷氧化物结构中，氧离子主要作紧密立方或紧密六方排列，构成骨架，而金属离子规则地分布在四面体和八面体的间隙之中，依靠强大的离子键形成非常稳定的离子晶体。

表 1-16　各种氧化物的结构及特点

结构类型	氧离子排列方式	阳离子填充情况	结构名称	举 例
AO	立方密排	全部八面体间隙	岩盐	MgO、CaO、SrO、BaO、CdO、VO、MnO、FeO、CoO、NiO
	立方密排	$\frac{1}{2}$四面体间隙	闪锌矿	BeO
	立方密排	$\frac{1}{2}$四面体间隙	纤维锌矿	ZnO
AO$_2$	简单立方	$\frac{1}{2}$立方体间隙	萤石	ThO$_2$、CaO$_2$、PrO$_2$、UO$_2$、ZrO$_2$、HfO$_2$、NpO$_2$、PuO$_2$、AmO$_2$
	立方密排	全部四方体间隙	反萤石	Li$_2$O、Na$_2$O、K$_2$O、Rb$_2$O
	畸变立方密排	$\frac{1}{2}$八面体间隙	金红石	TiO$_2$、GeO$_2$、SnO$_2$、PbO$_2$、VO$_2$、NbO$_2$、TeO$_2$、MnO$_2$、RuO$_2$、OsO$_2$、IrO$_2$

（续）

结构 类型	氧离子 排列方式	阳离子 填充情况	结构 名称	举　例
A_2O_3	六方密排	$\frac{2}{3}$八面体间隙	刚玉	Al_2O_3、Fe_2O_3、Cr_2O_3、Ti_2O_3、V_2O_3、Ga_2O_3、 Rh_2O_3
ABO_3	六方密排	$\frac{2}{3}$八面体间隙（A，B）	钛铁矿	$FeTiO_3$、$NiTiO_3$、$CoTiO_3$
	立方密排	$\frac{1}{4}$八面体间隙（B）	钙钛矿	$CaTiO_3$、$SrTiO_3$、$SrSnO_3$、$SrZrO_3$、$SrHfO_3$、$BaTiO_3$
AB_2O_4	立方密排	$\frac{1}{8}$四面体（A） $\frac{1}{2}$八面体间隙（B）	尖晶石	$FeAl_2O_4$、$ZnAl_2O_4$、$MgAl_2O_4$
	立方密排	$\frac{1}{8}$四面体（B） $\frac{1}{8}$八面体间隙（A，B）	尖晶石 （倒反型）	$FeMgFeO_4$、$MgTiMgO_4$
	六方密排	$\frac{1}{2}$八面体（A） $\frac{1}{8}$四面体间隙（B）	橄榄石	Mg_2SiO_4、Fe_2SiO_4

（3）非氧化合物　非氧化合物是指不含氧的金属碳化物、氮化物、硼化物和硅化物，它们是特种陶瓷特别是金属陶瓷的主要组成和晶体相，主要由共价键结合，但也有一定成分的金属键和离子键。

金属碳化物大多数是共价键和金属键之间的过渡键，以共价键为主。其结构主要有两类：一类是间隙相，碳原子间入紧密立方或六方金属晶格的八面体间隙之中（图 1-37a），如 TiC、ZrC、HfC、VC、NbC 和 TaC 等；另一类是复杂碳化物，由碳原子或碳原子链与金属构成各种复杂的结构，如斜方结构的 Fe_3C、Mn_3C、Co_3C、Ni_3C 和 Cr_3C_2，立方结构的 $Cr_{23}C_6$、$Mn_{23}C_6$，六方结构的 WC、MoC 和 Cr_7C_3、Mn_7C_3，以及复杂结构的 Fe_3W_3C 等。

氮化物的结合键与碳化物相似，但金属性弱些，并且有一定程度的离子键。氮化硼（BN）具有六方晶格，如图 1-37b 所示，与石墨的结构类似。氮化硅 Si_3N_4 和氮化铝 AlN 的结构都属于六方晶系。

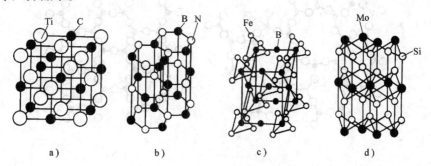

图 1-37　各种非氧化合物的结构

a）TiC 的结构　b）六方 BN 的结构　c）Fe_2B 的结构　d）$MoSi_2$ 的结构

硼化物和硅化物的结构比较相近。硼原子间、硅原子间都是较强的共价键结合，能连接成链（形成无机大分子链）、网和骨架，构成独立的结构单元，而金属原子位于单元之间。典型的硼化物和硅化物的结构如图 1-37c（反结构）及图 1-37d 所示。

2. 玻璃相

陶瓷中玻璃相的作用是：①将晶体相粘连起来，填充晶体相之间的空隙，提高材料的致密度；②降低烧结温度，加快烧结过程；③阻止晶体转变，抑制晶体长大；④获得一定程度的玻璃特性，如透光性等。但玻璃相对陶瓷的强度、介电性能、耐热耐火性等有不利的影响，所以不能成为陶瓷的主导相，一般其质量分数为 20% ~ 40%。

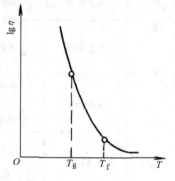

图 1-38 玻璃物质的
粘度随温度的变化

陶瓷坯体在烧结过程中，由于复杂的物理化学反应，产生不均匀（不平衡）的酸性和碱性氧化物的熔融液相。这些液相的粘度较大，并且在冷却过程中很快地增大（图 1-38）。一般当粘度增大到一定程度（约 $10^{13}Pa \cdot s$）时，熔体硬化，转变为玻璃，呈现固体性质。这时所对应的温度称为玻璃转变温度（T_g）。低于此温度时，物质表现出明显的脆性。这个温度是区分玻璃与其他非晶态固体（如硅胶、树脂等）的重要标志。加热时玻璃熔体的粘度降低，在大约某个粘度（如 $10^9Pa \cdot s$）所对应的温度时显著软化，此温度称为软化温度（T_f）。玻璃转变和软化是可逆的和渐变的过程，所以 T_g 和 T_f 都是一个温度区间。T_g 和 T_f 的高低主要决定于玻璃的成分，它们的区间的大小与冷却和加热速度有关。对于工业硅酸盐玻璃，$T_g = 425 ~ 600℃$，$T_f = 600 ~ 800℃$。在 $T_g ~ T_f$ 的温度范围内，玻璃物质处于高粘度的可塑变状态，各种物理和化学性能急剧变化。生产上陶瓷的成形加工一般在 T_f 以上（1000 ~ 1100℃）进行。

玻璃相是物质无定形状态的一种。当玻璃由熔融液态转变为无定形固态时，液态所特有的无规则结构被冻结下来。玻璃结构的特点是：硅氧四面体组成不规则的空间网，形成玻璃的骨架。图 1-39a 显示出石英玻璃的这种网络，图 1-39b 所示为石英的晶体结构。若玻璃中含有氧化铝或氧化硼，则四面体中的硅被铝或硼部分取代，形成铝硅酸盐 $[Si_xAlO_4]^{2-}$ 或硼硅酸盐 $[Si_xBO_4]^{2-}$ 的结构网络。当玻璃中存在碱金属（Na、K）和碱土金属（Ca、Mg、

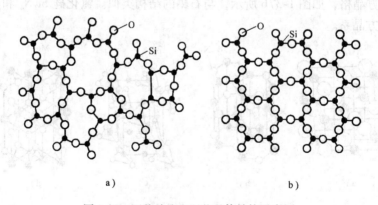

a)   b)

图 1-39 石英玻璃和石英晶体结构示意图
a) 石英玻璃网络   b) 石英晶体

Ba）的离子时，它们分布在四面体群的网络里，如图 1-40 所示。Na_2O 等类氧化物的存在会使很强的 Si—O—Si 键破坏，因而降低玻璃的强度、热稳定性和化学稳定性，但有利于生产工艺。大部分玻璃的结构比较松散，不均匀，存在缺陷。

玻璃的成分为氧化硅和其他氧化物。氧化物按作用可分为三类：第一类是玻璃形成物，包括硅、硼、磷、锗、砷等的氧化物，它们构成玻璃的结构网络，决定玻璃的基本性能；第二类是调节剂，包括钠、钾、钙、镁、钡等的氧化物，它们的阳离子填入结构网络的空隙使玻璃的软化点下降，改变了其物理及化学性能；第三类是中间体，主要包括铝、铁、铅、钛、铍等的氧化物，它们不能独立地形成结构网络，但能部分取代玻璃形成物，或部分充当调节剂，并以此使玻璃具有所要求的技术特性。

3. 气相

气相是陶瓷组织内部残留下来的气孔，它的形成原因比较复杂，几乎与原料和生产工艺的各个过程都有密切的联系，影响因素也比较多。根据气孔情况不同，可将陶瓷分为致密陶瓷、无开孔陶瓷和多孔陶瓷。除了多孔陶瓷以外，气孔的存在对陶瓷的性能都是不利的，它降低了陶瓷的强度（图 1-41），常常是造成裂纹的根源，所以应尽量使其含量降低。一般普通陶瓷的气孔率为 5%～10%，特种陶瓷在 5% 以下，金属陶瓷则要求低于 0.5%。

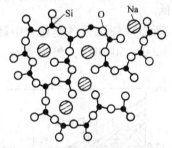

图 1-40　钠硅酸盐玻璃的结构示意图

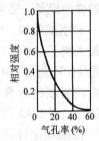

图 1-41　气孔对陶瓷强度的影响

三、陶瓷材料的性能

陶瓷材料的性能受许多因素的影响，波动范围很大，但存在一些共同的特征。

1. 陶瓷的力学性能

（1）刚度　刚度由弹性模量衡量，弹性模量反映结合键的强度，所以具有强大化学键的陶瓷都有很高的弹性模量，是各类材料中最高的，比金属高若干倍，比高聚物高 2～4 个数量级。常见材料及几种典型陶瓷的弹性模量见表 1-17、表 1-18。

表 1-17　各种常见材料的弹性模量和硬度

材　　　料	弹性模量/MPa	硬度　HV
橡胶	6.9	很低
塑料	1380	≈17
镁合金	41300	30～40
铝合金	72300	≈170
钢	207000	300～800
氧化铝	400000	≈1500
碳化钛	390000	≈3000
金刚石	1171000	6000～10000

表 1-18　几种典型陶瓷的弹性模量和强度

陶　　瓷	弹性模量/MPa	拉伸强度/MPa
滑石瓷	69×10^3	138
莫来石瓷	69×10^3	69
氧化硅玻璃	72.4×10^3	107
氧化铝瓷（90% ~95% Al_2O_3）	365.5×10^3	345
烧结氧化铝（≈5%气孔率）	365.5×10^3	207 ~ 345
烧结尖晶石（≈5%气孔率）	237.9×10^3	90
烧结碳化钛（≈5%气孔率）	310.3×10^3	1103
烧结硅化钼（≈5%气孔率）	406.9×10^3	690
热压碳化硼（≈5%气孔率）	289.7×10^3	345
热压氮化硼（≈5%气孔率）	82.8×10^3	48 ~ 103

弹性模量对组织（包括晶粒大小和晶体形态等）不敏感，但受气孔率的影响很大，气孔可降低材料的弹性模量，随温度的升高弹性模量也降低。

（2）硬度　和刚度类似，硬度也取决于键的强度，所以陶瓷也是各类材料中硬度最高的，这是它的最大特点。例如，各种陶瓷的硬度多为 1000 ~ 5000HV，淬火钢仅为 500 ~ 800HV，高聚物最硬不超过 20HV（表 1-17）。

陶瓷的硬度随温度的升高而降低，但在高温下仍有较高的数值，如图 1-42 所示。

（3）强度　按照理论计算，陶瓷的强度应该很高，应为弹性模量的 $1/10 ~ 1/5$，但实际上一般只为其 $1/1000 ~ 1/100$，甚至更低。例如，窗玻璃的拉伸强度约为 70MPa，高铝瓷的拉伸强度约为 350MPa，均比其弹性模量低约 3 个数量级。表 1-18 列出了一些典型数据。陶瓷实际强度比理论值低得多的原因是其组织中存在晶界，它的破坏作用比在金属中更大。陶瓷的晶界结构如图 1-43 所示，由图中可见：①晶界上存在晶粒间的局部分离或空隙；②晶界上原子间键被拉长，键强度被削弱；③相同电荷离子的靠近产生斥力，可能造成显微裂纹。所以，消除晶界的不良作用是提高陶瓷强度的基本途径。

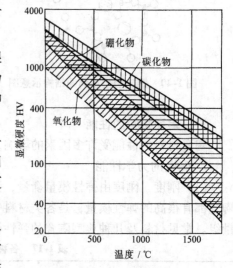

图 1-42　几种陶瓷化合物的硬度与温度的关系

另外，陶瓷的实际强度受致密度、杂质和各种缺陷的影响也很大。热压氮化硅陶瓷在致密度增大、气孔率近于零时，其强度可接近理论值；刚玉陶瓷纤维因为缺陷减少，其强度提高了 1 ~ 2 个数量级（表 1-19）；而微晶刚玉由于组织细化，其强度比一般刚玉高出许多倍（表 1-20）。

陶瓷强度对应力状态特别敏感；同时强度具有统计性质，与受力的体积或表面有关，所以它的拉伸强度很低，弯曲强度较高，而压缩强度非常高（一般比拉伸强度高一个数量级）。

（4）塑性　陶瓷在室温下几乎没有塑性。塑性变形是在切应力作用下由位错运动所引
起的密排原子面间的滑移变形。陶瓷晶体的滑移系很
少，比金属少得多（表1-21），位错运动所需要的切
应力很大，接近于晶体的理论抗剪强度。另外，共价
键有明显的方向性和饱和性，而离子键的同号离子接
近时斥力很大，所以主要由离子晶体和共价晶体构成
的陶瓷的塑性极差。不过在高温慢速加载的条件下，
由于滑移系的增多，原子的扩散能促进位错的运动，
以及晶界原子的迁移，特别是组织中存在玻璃相时，
陶瓷也能表现出一定的塑性，其塑性开始的温度约为
$0.5T_m$（T_m 为熔点，单位 K）。例如，Al_2O_3 为
1510K，TiO_2 为1311K。由于开始塑性变形的温度很高，所以陶瓷都具有较高的高温强度。

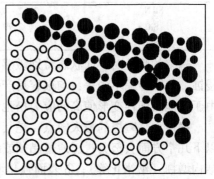

图1-43　陶瓷晶界结构示意图

表1-19　陶瓷纤维和晶须的强度

陶瓷材料	拉伸强度/MPa		
	陶瓷块	陶瓷纤维	陶瓷晶须
Al_2O_3	280	2100	2100
BeO	140（稳定化）	—	133000
ZrO_2	140（稳定化）	2100	—
Si_3N_4	120～140（反应烧结）	—	144000

表1-20　刚玉陶瓷晶粒尺寸与机械强度的关系

晶粒平均尺寸/μm	弯曲强度/MPa	晶粒平均尺寸/μm	弯曲强度/MPa
193.7	75	8.7	484
90.5	140	6.7	485
54.3	209	3.2	552
25.1	311	2.1	579
11.5	431	1.8	581

表1-21　几种陶瓷晶体的滑移系

晶体	滑移系	滑移系数量	附注
石墨、Al_2O_3、BeO	$\{0001\}$ $\langle 11\bar{2}0 \rangle$	2	
TiO_2	$\{101\}$ $\langle 101 \rangle$、$\{110\}$ $\langle 001 \rangle$	4	
$MgAl_2O_4$	$\{111\}$ $\langle 1\bar{1}0 \rangle$	5	
TiC、UC	$\{111\}$ $\langle 1\bar{1}0 \rangle$	5	高温
金刚石	$\{111\}$ $\langle 1\bar{1}0 \rangle$	5	$T > 0.5T_m$

（5）韧性或脆性　陶瓷材料是非常典型的脆性材料，受载时不发生塑性变形就在较低
的应力下断裂，因此韧性极低、脆性极高。陶瓷的冲击韧度常常在 $10kJ/m^2$ 以下，断裂韧度
值也很低（表1-22），大多比金属低一个数量级以上。

表 1-22　　几种陶瓷的断裂韧度

陶　　瓷	断裂韧度/$MPa \cdot m^{\frac{1}{2}}$	陶　　瓷	断裂韧度/$MPa \cdot m^{\frac{1}{2}}$
Si_3N_4	3.72 ~ 4.65	Al_2O_3	2.79 ~ 4.65
SiC	2.79	水泥	0.186
MgO	2.79	钠玻璃	0.62 ~ 0.78

陶瓷的脆性对表面状态特别敏感。陶瓷的表面和内部由于各种原因，如表面划伤、化学侵蚀、热胀冷缩不均等，均很容易产生细微裂纹。受载时，裂纹尖端产生很高的应力集中，由于不能由塑性变形使高的应力松弛，所以裂纹很快扩展，表现出很高的脆性。

脆性大是陶瓷的最大缺点，是其作为结构材料的主要障碍。为了改善陶瓷的韧性，应从以下几个方面去努力：①通过晶须或纤维增韧；②异相弥散强化增韧；③相变增韧；④显微结构增韧（纳米化等）；⑤表面强化增韧（表面微氢化技术、激光表面处理、离子注入表面改性等技术）；⑥复合增韧（将两者或两者以上的增韧机理复合在一起）。通过以上技术可获得"摔不碎"的陶瓷。

2. 陶瓷的物理和化学性能

（1）热膨胀性能　热膨胀是温度升高时物质原子的振动振幅增大、原子间距增大所导致的体积长大现象。热胀系数的大小与晶体结构和结合键强度密切相关。键强度高的材料热胀系数小；结构较紧密的材料的热胀系数较大。所以，陶瓷的线胀系数比高聚物低，比金属更低。

（2）导热性　导热性为在一定温度梯度作用下热量在固体中的传导速率。陶瓷的热传导主要依靠原子的热振动，由于没有自由电子的传热作用，陶瓷的导热性比金属的差。受陶瓷组成和结构的影响，一般热导率 $\lambda = 10^{-2} \sim 10^{-5} W/(m \cdot K)$。陶瓷中的气孔对传热不利，所以陶瓷多为较好的绝热材料。

（3）热稳定性　热稳定性为陶瓷在不同温度范围波动时的寿命，一般用急冷到水中不破裂所能承受的最高温度来表达。例如，日用陶瓷的热稳定性为220℃。热稳定性与材料的线胀系数和导热性等有关。线胀系数大和导热性低的材料其热稳定性低；韧性低的材料其热稳定性也不高。所以陶瓷的热稳定性很低，比金属低得多，这是陶瓷的另一个主要缺点。

（4）化学稳定性　陶瓷的结构非常稳定。在以离子晶体为主的陶瓷中，金属原子为氧原子所包围，被屏蔽在其紧密排列的间隙中，很难再同介质中的氧发生作用，甚至在千摄氏度以上的高温下也是如此，所以是很好的耐火材料。另外，陶瓷对酸、碱、盐等腐蚀性很强的介质均有较强的抵抗能力，与许多金属的熔体也不发生作用，所以也是很好的坩埚材料。

（5）导电性　陶瓷的导电性变化范围很广，由于缺乏电子导电机制，大多数陶瓷是良好的绝缘体，但不少陶瓷既是离子导体，又有一定的电子导电性。许多氧化物，如 ZnO、NiO、Fe_3O_4 等实际上是重要的半导体材料。

总之，陶瓷材料的性能具有以下特点：具有不可燃烧性、高耐热性、高化学稳定性、不老化性、高的硬度和良好的抗压能力，但脆性很高，温度急变抗力很低，拉伸及弯曲性能差。

以上讲述了三大固体材料的结构与性能之间的关系，由此可知，金属材料、高分子材料、陶瓷材料之所以性能不同，除了与其化学成分、组织不同外，还与其结构有关。

第二章　金属材料组织与性能的控制

第一节　纯金属的结晶

金属材料经冶炼后，浇注到锭模或铸模中，通过冷却由液态金属转变为固态金属，获得一定形状的铸锭或铸件。金属从液态转变为固态（晶态）的过程称为结晶。广义上讲，金属从一种原子排列状态转变为另一种原子规则排列状态（晶态）的过程均属于结晶过程。通常把金属从液态转变为固体晶态的过程称为一次结晶，而把金属从一种固体晶态转变为另一种固体晶态的过程称为二次结晶或重结晶。

一、纯金属的结晶

1. 纯金属结晶的条件

通过实验，测得液体金属在结晶时的温度-时间曲线称为冷却曲线。绝大多数纯金属（如铜、铝、银等）的冷却曲线如图 2-1 所示，图中 T_0 为纯铜的熔点（又称为理论结晶温度），T_n 为开始结晶温度。曲线中 abc 段为液态金属逐渐冷却，bc 段温度低于理论结晶温度，这种现象称为过冷现象。理论结晶温度 T_0 与开始结晶温度 T_n 之差叫做过冷度，用 ΔT 表示

$$\Delta T = T_0 - T_n$$

冷却速度越大，则开始结晶温度越低，过冷度也就越大。cde 段表示金属正在结晶，此时金属液体和金属晶体共存。de 段出现一个平台，表示结晶时

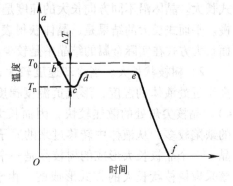

图 2-1　纯铜的冷却曲线

温度保持不变，为恒温过程。这是由于由液态原子无序状态转变为有序状态时放出结晶潜热，抵消了向外界散发的热量，而保持结晶过程温度不变。在非常缓慢冷却的条件下，平台温度与理论结晶温度相差很小。ef 段表示金属全部转变为固态晶体后，固态金属逐渐冷却。

热力学定律指出，自然界的一切自发转变过程总是由一种较高能量状态趋向于能量最低的稳定状态，就像小球由高处滚向低处，降低自己的势能一样。在一定温度条件下，只有那些引起体系自由能（即能够对外作功的那部分能量）降低的过程才能自发进行。

液态金属和固态金属的自由能-温度关系曲线如图 2-2 所示，图中两条曲线交点所对应的温度 T_0 即为理论结晶温度或熔点。液态金属结晶时温度必须低于 T_0，也就是说要有一定的过冷度。此时金属在液态与固态之间存在一个自由能差（ΔF），ΔF 就是液态金属结晶的动力。

2. 纯金属的结晶过程

液态金属结晶是由形核和长大两个密切联系的基本过程来实现的。

（1）晶核的形成　晶核的形成有以下两种方式：

1）自发形核。在液态下，金属中存在有大量尺寸不同的短程有序的原子集团。当温度降低到理论结晶温度以下时，那些超过一定大小（大于临界晶核尺寸）的短程有序原子集团开始变得稳定，成为结晶核心。这种从液体内部由金属本身原子自发长出结晶核心的过程叫做自发形核，形成的结晶核心叫做自发晶核。

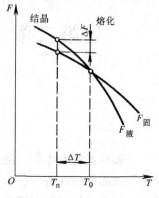

图 2-2　液态金属和固态金属的自由能-温度关系曲线

2）非自发形核。实际金属往往是不纯净的，其内部含有许多外来杂质。那些晶体结构和晶格参数与金属晶体相似的杂质的存在，常常能够成为晶核的基底，容易在其上生长出晶核。这种依附于杂质而生成晶核的过程叫做非自发形核，形成的结晶核心叫做非自发晶核。有一些难熔杂质，虽然其晶体结构与金属的相差甚远，但由于表面的微细凹孔和裂缝中有时能残留未熔金属，也能强烈地促进非自发晶核的形成。

自发形核和非自发形核是同时存在的，在实际金属和合金中，非自发形核比自发形核更重要，往往起优先的、主导的作用。

（2）晶体的长大　晶体的长大有平面长大和树枝状长大两种方式。

1）平面长大。在冷却速度较小的情况下，纯金属晶体主要以其表面向前平行推移的方式长大。晶体沿不同方向长大的速度是不一样的，沿原子最密排面的垂直方向的长大速度最慢。平面式长大的结果是，晶体获得表面为原子最密排面的规则形状（图 2-3）。晶体的平面长大方式在实际金属的结晶中是较少见到的。

2）树枝状长大。当冷却速度较大，特别是存在有杂质时，晶体与液体界面的温度会高于近处液体的温度，形成负温度梯度，这时金属晶体往往以树枝状的形式长大（图 2-4）。晶核尖角处的散热较快，因而长大较快，成为深入到液体中去的晶枝；同时尖角处的缺陷较多，从液体中转移过来的原子容易在这些地方固定，有利于晶体长大成为树枝晶。一个晶核长大形成的树枝晶是一个晶粒，多晶体金属的每个晶粒一般都是由一个晶核采取树枝状长大的方式形成的。由于金属容易过冷，因此实际金属结晶时，一般均以树枝状长大方式结晶。在一些金属铸锭表面可见到呈浮雕状的树枝晶，在大钢锭缩孔中也能发现树枝状晶体。

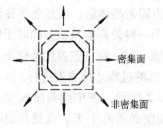

图 2-3　晶体平面长大示意图

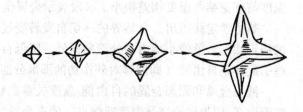

图 2-4　晶体树枝状长大示意图

综上所述，液态金属结晶时，首先形成晶核，这些晶核不断长大。在这些晶体长大的同时，又形成新的晶核并逐渐长大，直至液态金属消失。金属的结晶过程可用图 2-5 来表示。

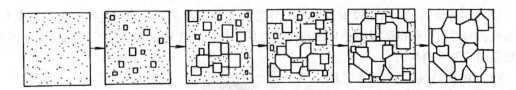

图 2-5 金属结晶过程示意图

二、同素异构转变

许多金属在固态下只有一种晶体结构，如铝、铜、银等金属在固态时无论温度高低，均为面心立方晶格。但有些金属在固态下，存在两种或两种以上的晶格形式，如铁、钴、钛等，这类金属在冷却或加热过程中其晶格形式会发生变化。金属在固态下随温度的改变，由一种晶格转变为另一种晶格的现象，称为同素异构转变。图2-6 所示为纯铁在结晶时的冷却曲线。

液态纯铁在 1538℃ 进行结晶，得到具有体心立方晶格的 δ-Fe；δ-Fe 继续冷却到 1394℃ 时发生同素异构转变，成为面心立方晶格的 γ-Fe；γ-Fe 再冷却到 912℃ 时又发生一次同素异构转变，成为体心立方晶格的 α-Fe。

同一种金属的不同晶体结构的晶体，称为该金属的同素异晶体。δ-Fe、γ-Fe、α-Fe 均是纯铁的同素异晶体。

金属的同素异构转变与液态金属的结晶过程相似，故称为二次结晶或重结晶。在发生同素异构转变时金属也有过冷现象，也会放出潜热，并具有固

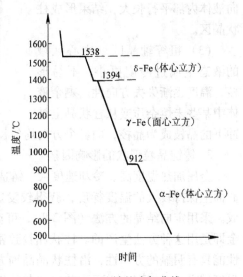

图 2-6 纯铁的冷却曲线

定的转变温度。由于晶格的变化导致金属的体积发生变化，转变时会产生较大的内应力。例如，γ-Fe 转变为 α-Fe 时，铁的体积会膨胀约 1%，它可引起钢淬火时产生应力，严重时会导致工件变形和开裂。但适当提高冷却速度，可以细化同素异构转变后的晶粒，从而提高金属的力学性能。

纯铁的居里点为 770℃，纯铁在 770 ~ 1538℃ 之间无铁磁性，在 770℃ 以下具有铁磁性。

三、铸锭结构及其控制

将金属熔化后注入铸模，冷却后获得具有一定形状的铸件的工艺称为铸造。铸造生产可制造许多机器零件，如机床床身、轴承架、缸套、活塞、泵体及一些轴类、齿轮类零件。铸件内部的结构，即晶粒的形态、大小及分布对铸态金属的性能具有重要影响。

1. 铸锭结构

金属铸件凝固时，由于表面和中心的结晶条件不同，铸件的结构是不均匀的。可以把铸锭设想为一种形状简单的大铸件，具有最典型的铸造结构，整个铸锭明显地分为三个各具特

征的晶区，如图 2-7 所示。

（1）细等轴晶区　由于模壁温度低，外层液态金属冷却速度快，过冷度大，形成大量的晶核；同时，模壁也能起到非自发晶核的作用。所以，在铸锭的表层形成一层厚度不大、晶粒很细的细等轴晶区。

（2）柱状晶区　在细晶区形成的同时，锭模温度升高，液态金属的冷却速度降低，过冷度减小，形核率（单位时间单位体积形成的晶核数）降低。晶体优先长大方向与散热最快方向（一般为向外垂直模壁的方向）相反，晶体向液体内部平行长大，结果形成柱状晶区。

（3）粗等轴晶区　中心区域的液态金属过冷度更小，不易形核，温度逐渐失去方向性。剩余液体中某些未熔杂质或从柱状晶上被冲下的晶枝成为晶核，向各个方向均匀长大，最后形成一个粗等轴晶区。

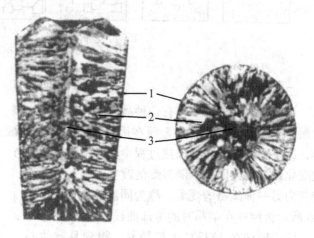

图 2-7　铸锭结构示意图
1—细等轴晶区　2—柱状晶区　3—粗等轴晶区

2. 铸锭晶粒形状的影响因素

金属加热温度高、冷却速度大、铸造温度高和浇注速度大等，均有利于在铸锭或铸件的截面上保持较大的温度梯度，获得较发达的柱状晶。结晶时单向散热，有利于柱状晶的生成。采用定向结晶的方法（图 2-8），可获得自下而上长大成细长的柱状晶。铝镍钴永磁合金即是用这种方法生产的。柱状晶较致密，其性能具有明显的方向性，沿柱状晶晶轴方向的强度较高。对于那些主要受单向载荷的机器零件，如汽轮机叶片等，柱状晶结构是非常理想的。但两个生长方向不同的柱状晶层相遇处存在低熔点杂质，形成弱面，在热轧、锻造时容易开裂，在铸锭中出现穿晶。两侧的柱状晶在铸锭中心相遇，中心没有等轴晶形成时，这种开裂现象更易出现。

铸造温度低，冷却速度小等，均有利于截面温度的均匀性，促进等轴晶的形成。采用机械振动、电磁搅拌等方法，可破坏柱状晶的形成，有利于等轴晶的形成。若冷却速度很快，可全部获得细小的等轴晶。砂型铸造往往得到较粗的等轴晶。等轴晶没有弱面，其晶枝彼此嵌入，结合较牢，性能均匀，无方向性，是一般情况下的金属特别是钢铁铸件所要求的结构。

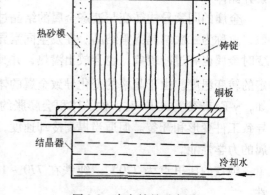

热砂模　　　铸锭　　　铜板　　　结晶器　　　冷却水

图 2-8　定向结晶示意图

3. 细化铸态金属晶粒的措施

金属晶粒大小用晶粒度来表示，晶粒度等级越大，晶粒越细，见表 2-1。

表 2-1　晶　粒　度

晶粒度等级	1	2	3	4	5	6	7	8
单位面积晶粒数/个·mm^{-2}	16	32	64	128	256	512	1024	2048
晶粒平均直径/mm	0.250	0.177	0.125	0.088	0.062	0.044	0.031	0.022

对于纯金属，决定其性能的主要结构因素是晶粒大小。在一般情况下，晶粒越小，则金属的强度、塑性和韧性越好。使晶粒细化，提高金属力学性能的方法称为细晶强化。

细化铸态金属晶粒有以下几种措施：

（1）增大金属的过冷度　在通常铸造条件下，过冷度越大，结晶时形核率越高，金属结晶后晶粒越多，晶粒就越细小。增大过冷度的主要办法是提高液态金属的冷却速度，采用冷却能力较强的模型。例如，采用金属型铸模比采用砂型铸模获得的铸件晶粒要细小。

采用超高速急冷技术，可获得超细化晶粒的金属、亚稳态结构的金属或非晶态结构的金属。

（2）变质处理　变质处理就是向液体金属中加入孕育剂或变质剂，以细化晶粒，改善组织。变质剂的作用是增加非自发晶核的数量或者阻碍晶体的长大。例如，在铝合金液体中加入钛、锆，在钢液中加入钛、钒、铝等，都可使晶粒细化。

（3）振动　在金属结晶的过程中采用机械振动、超声波振动等方法，可以破碎正在生长的树枝状晶体，形成更多的结晶核心，获得细小的晶粒。

（4）电磁搅拌　将正在结晶的金属置于一个交变的电磁场中，由于电磁感应现象，液态金属会翻滚起来，冲断正在结晶的树枝状晶体的晶枝，增加了结晶的核心，从而可细化晶粒。

四、单晶的制取

单晶是电子元件和激光元件的重要原料。金属单晶也开始应用于某些特殊场合，如喷气发动机叶片等。根据结晶理论，制备单晶的基本要求是液体结晶时只存在一个晶核，要严格防止另外形核。单晶制备方法包括垂直提拉法和尖端形核法。图 2-9 所示为一种制取单晶的示意图。先将坩埚中的原料加热熔化，并使其温度保持在稍高于材料的熔点之上。将籽晶夹在籽晶杆上，然后让籽晶与熔体接触。将籽晶一边转动一边缓慢地拉出，即长成一个单晶。这种方法广泛用于制取电子工业中应用的单晶硅。

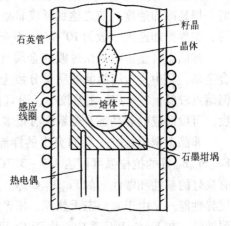

图 2-9　单晶制取示意图

五、快速凝固技术与应用

快速凝固技术是使液态金属以极大的冷却速度进行冷却，使熔体迅速凝固，获得组织结构和性能都与模铸的同成分合金有很大变化的金属的技术。实现快速凝固的方法按工艺原理大致可分为三类，即模冷技术、雾化技术和表面快熔急冷技术。模冷技术是将熔体分离成连续和不连续的、截面很小的熔体流，使其与散热条件良好的冷模接触而得到迅速凝固（图 2-10）；雾化技术是使熔体在离心力、机械力或高速流体冲击力的作用下，分散成尺寸极小的雾状熔滴，并使其在与流体或冷模接触中凝固，得到急冷粉末（图 2-11）；表面快熔急冷技术是通过高密度的能束扫描工件表面，使其表面熔化，通过工件自身的吸热、散热，得到快速冷却，如激光和电子束的表面熔化法。

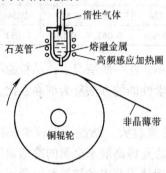

图 2-10　单辊法快速凝固示意图

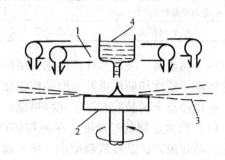

图 2-11　雾化法快速凝固示意图
1—冷却气体　2—旋转雾化器
3—粉末　4—熔体

快速凝固技术可以制造非晶态合金、微晶合金、准晶合金和纳米级超细微晶等材料。

1. 非晶态合金

利用快速凝固技术与合金成分的选定，可使熔体合金在凝固过程中避免晶化，获得短程有序结构的非晶态合金，又称为金属玻璃。晶态金属与非晶态金属不仅凝固过程不同，而且热力学性质也不同。例如，形成晶态金属时比体积会发生突变，其对应温度称为理论结晶温度；而形成非晶态金属时比体积却是连续变化的。非晶态转变温度叫做玻璃化温度（T_g），它是熔体粘度为某一规定值时的温度，随冷却速度的增大而升高。降低理论结晶温度，提高玻璃化温度，缩小理论结晶温度与玻璃化温度的间隔是制取非晶态金属的根本途径。可以采用向金属中添加合金元素的方法，降低合金的熔点，增加合金粘度，提高玻璃化温度。同时，提高冷却速度，使之达到形成非晶态金属的临界冷速，可得到非晶态合金。对纯金属而言，临界冷却速度一般为 $10^8 K/s$，而合金一般为 $10^6 K/s$。

非晶态合金多数是由过渡族金属（Fe、Ni、Co）与非金属（B、Si、C、P 等）组成的合金系。其中类金属组元的质量分数为 15% ~ 30%，相当于合金的共晶成分范围。这样不但熔点较低，T_m 与 T_g 之差较小，而且由于共晶结构复杂，便于达到非晶态所需的冷却速度。可以形成的非晶态合金系列有很多，目前生产应用的多以铁基为主。

非晶态金属具有一系列突出的性能，具有很高的室温强度、硬度和刚度，如 $Fe_{80}B_{20}$、$Fe_{80}Si_{10}B_{10}$ 等的抗拉强度可达 2.9 ~ 3.7GPa，远远超过马氏体时效钢。而且非晶态合金还具有良好的韧性和塑性，如 $Fe_{80}P_{13}C$ 等。这是因为非晶态有特殊的内部结构，具有各向同性的优异性能。又由于非晶态无晶界、相界、位错和成分偏析，所以有一般不锈钢无法比拟的高耐蚀性。在 Fe-Cr-P-C 系中，由于 Cr 可迅速形成极稳定的表面钝化保护膜，增强耐蚀性，$Fe_{70}Cr_{10}P_{13}C_7$ 非晶态合金就是其中一例。由于铁基非晶合金具有高导磁、高磁感、低矫顽力等特性，Fe-B-Si 系合金广泛用作变压器软磁材料，如 $Fe_{78}B_{13}Si_9$ 非晶合金。

2. 微晶合金

快速凝固的晶态合金与常规铸造合金相比其晶粒尺寸要小得多，模铸材料的晶粒尺寸为毫米级，而急冷凝固材料的晶粒尺寸达到微米级或更小，故将这类合金称为微晶合金。急冷凝固材料的晶粒大小与冷却速度有关，晶粒尺寸一般随冷却速度的增加而减小。作为结构材料所用的微晶合金都是由急冷产品通过冷热挤压、热等静压和冲击波压实法制取的，或由非晶态合金经热处理晶化得来的。因晶粒细小、成分均匀，在热挤压或加热晶化中增加了空位、位错和层错等缺陷密度，形成了新的亚稳相等多种因素，使微晶合金材料具有高强度、高硬度、良好的韧性，较高的耐磨性、耐蚀性，以及抗氧化性、抗辐射稳定性等，它们的性能比一般晶态金属要高。例如，Fe-Ni 微晶合金的硬度可达 700HV，而同成分的晶态合金一般淬火硬度为 250HV；Ag-Au 微晶合金的流变强度和断裂强度提高了 3 倍；Al-17% Cu 微晶合金具有超塑性（$A = 600\%$）；Al-Cu-Mn-Mg 微晶合金的疲劳强度提高 7 倍。微晶合金还具有良好的物理性能，如高的电阻率、较高的超导转变温度、高的矫顽力等。Fe-Co-V 微晶合金的磁矩比铸态合金增加 6~7 倍。

3. 纳米级超细微晶

纳米级超细微晶是指几个原子到几百个原子大小（1~100nm）的结晶集团。纳米级超细微晶一般采用气化法、高速凝固法制成。最近发展的化学溶胶-凝胶法可生产出高质量的纳米级超细微晶，这种工艺可以形成规模生产。纳米级微晶的主要特点是：

1）晶界比例大，当颗粒直径为 5nm 时，如果晶界厚度为 1~2nm，则晶界原子占总体原子的 50% 左右。

2）晶界状态既不像非晶态的短程有序，也与正常晶界不同，而是类似于气体状态，实际上是处于大块晶体与纳米级微晶之间的状态。纳米级晶体更不稳定，自由能更高。

纳米级超细微晶的性能还没有系统的研究结果。据现有资料介绍，在纳米级金属状态下，铝在铜中的扩散速度提高了 10^{19} 倍；氢在钯中的溶解度提高了 1~2 个量级；铋在铜中的溶解度从 $10^{-4}\%$ 提高到 4%；超细颗粒的烧结温度也明显下降，如颗粒直径为 20nm 的镍粉末的烧结温度从 700℃下降到 200℃，钨从 2000℃降到 1100℃；熔点也是如此。特别应该指出的是超细微粒的强度问题，有人以碳的质量分数为 1.8% 的钢的抗拉强度为例，发现其抗拉强度从 500MPa 增加到 6000MPa，提高了 10 多倍。纳米级超细微晶材料的以上特点，为发展新材料开拓了新的途径，不但在金属方面有广阔的前景，对陶瓷材料来说，采用纳米级超细微晶粉末作原料可成为解决其脆性的重要途径。

第二节 合金的结晶

合金的结晶过程较为复杂，通常运用合金相图来分析合金的结晶过程。相图是表明合金系中各种合金相的平衡条件和相与相之间关系的一种简明示图。所谓平衡，是指在一定条件下合金系中参与相变过程的各相的成分和质量分数不再变化所达到的一种状态。合金在极其缓慢冷却条件下的结晶过程，一般可以认为是平衡的结晶过程。在常压下，二元合金的相状态决定于温度和成分，因此二元合金相图可用温度-成分坐标系的平面图来表示。图 2-12 所示为铜镍二元合金相图，它是一种最简单的基本相图，图中的每一点表示一定成分的合金在一定温度时的稳定相状态。

一、二元合金的结晶

根据结晶过程中出现的不同类型的结晶反应，可把二元合金的结晶过程分为下列几种基本类型。

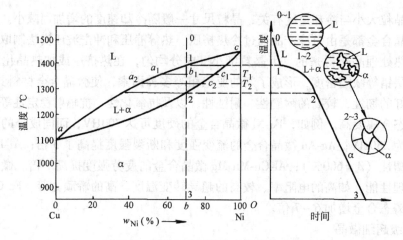

图 2-12 匀晶相图及其合金的结晶过程

（一）匀晶反应合金的结晶

Cu-Ni 相图为典型的匀晶相图。图 2-12 中 aa_1c 线为液相线，该线以上合金处于液相；ac_1c 为固相线，该线以下合金处于固相。L 为液相，是 Cu 和 Ni 形成的液溶体；α 为固相，是 Cu 和 Ni 组成的无限固溶体。图中有两个单相区和一个双相区（L+α 相区）。Fe-Cr、Au-Ag 合金也具有匀晶相图。

这里以图 2-12 中 b 点成分的 Cu-Ni 合金（Ni 的质量分数为 $b\%$）为例分析结晶过程，在 1 点温度以上，合金为液相 L；缓慢冷却至 1~2 点温度之间时，合金发生匀晶反应 L→α，从液相中逐渐结晶出 α 固溶体；在 2 点温度以下，合金全部结晶为 α 固溶体。其他成分合金的结晶过程与其类似。

匀晶结晶具有以下特点：

1）与纯金属一样，在 α 固溶体从液相中结晶出来的过程中，也包括形核与长大两个过程，但固溶体更趋向于树枝状长大。

2）固溶体结晶是在一个温度区间内进行的，即为一个变温结晶过程。

3）在两相区内，当温度一定时，两相的成分（即 Ni 含量）是确定的。确定相成分的方法是：过指定温度 T_1 作水平线，分别交液相线和固相线于 a_1 点、c_1 点，则 a_1 点、c_1 点在成分轴上的投影点即相应为 L 相和 α 相的成分。随着温度的下降，液相成分沿液相线变化，固相成分沿固相线变化。到温度 T_2 时，L 相及 α 相的成分分别为 a_2 点和 c_2 点在成分轴上的投影。

4）在两相区内，当温度一定时，两相的质量比是一定的，如在 T_1 温度时，两相的质量比可用下式表达

$$\frac{w_L}{w_\alpha} = \frac{b_1 c_1}{a_1 b_1}$$

式中，w_L 为 L 相的质量分数；w_α 为 α 相的质量分数；$b_1 c_1$、$a_1 b_1$ 为线段长度，可用其横坐标上的数字来度量。

上式可改写成

$$w_L a_1 b_1 = w_\alpha b_1 c_1$$

这个式子与力学中的杠杆定律相似，因而亦被称为杠杆定律。由杠杆定律可算出在 T_1 时液相和固相在合金中的质量分数

$$\frac{w_L}{w_{合金}} = L\% = \frac{b_1 c_1}{a_1 c_1}, \quad \frac{w_\alpha}{w_{合金}} = \alpha\% = \frac{a_1 b_1}{a_1 c_1}$$

运用杠杆定律时要注意，它只适用于相图中的两相区，并且只能在平衡状态下使用。杠杆的两个端点为给定温度时两相的成分点，而支点为合金的成分点。

5）固溶体结晶时由于选分结晶，成分是变化的，缓慢冷却时由于原子的扩散能充分进行，形成的是成分均匀的固溶体。如果冷却较快，原子扩散不能充分进行，则形成成分不均匀的固溶体。一个晶粒中先结晶的树枝晶含高熔点组元较多，后结晶的树枝晶含低熔点组元较多，结果造成在一个晶粒之内化学成分的分布不均，这种现象称为枝晶偏析（图2-13）。枝晶偏析对材料的力学性能、耐蚀性能、工艺性能都不利。生产上为了消除其影响，常把合金加热到高温（低于固相线100℃左右），并进行长时间保温，使原子充分扩散，获得成分均匀的固溶体，这种处理称为均匀化退火。

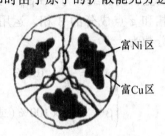

图 2-13 Cu-Ni 合金枝晶偏析示意图

（二）共晶反应合金的结晶

图 2-14 所示为 Pb-Sn 合金相图，图中 adb 为液相线，acdeb 为固相线。在该合金系中有三种相：Pb 与 Sn 形成的液溶体 L 相；Sn 溶于 Pb 中的有限固溶体 α 相；Pb 溶于 Sn 中的有限固溶体 β 相。相图中有三个单相区（L、α、β）；三个两相区（L+α、L+β、α+β）；一条 L+α+β 的三相共存线（水平线 cde）。这种相图称为共晶相图。Al-Si、Ag-Cu 合金也具有共晶相图。

图 2-14 中的 d 点为共晶点，表示此点成分（共晶成分）的合金冷却到此点所对应的温度（共晶温度）时，共同结晶出 c 点成分的 α 相和 e 点成分的 β 相

$$L_d \xrightleftharpoons[\quad]{恒温} \alpha_c + \beta_e$$

这种由一种液相在恒温下同时结晶出

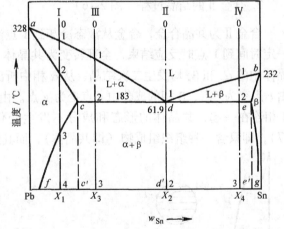

图 2-14 Pb-Sb 合金相图

两种固相的反应叫做共晶反应，所生成的两相混合物叫做共晶体。发生共晶反应时有三相共存，它们各自的成分是确定的，反应是在恒温下进行的。水平线 cde 为共晶反应线，成分在 ce 之间的合金在平衡结晶时都会发生共晶反应。

图 2-14 中的 cf 线为 Sn 在 Pb 中的溶解度线（或 α 相的固溶线）。温度降低，固溶体的溶解度下降。Sn 含量大于 f 点的合金从高温冷却到室温时，从 α 相中析出 β 相以降低 α 相中的 Sn 含量。从固态 α 相中析出的 β 相称为二次 β 相，常写做 β_{II}，这种二次结晶可表达为 $\alpha \rightarrow \beta_{II}$。eg 线为 Pb 在 Sn 中溶解度线（或 β 相的固溶线）。Sn 含量小于 g 点的合金在冷却过程中同样发生二次结晶，析出二次 α 相；即 $\beta \rightarrow \alpha_{II}$。

1. 合金Ⅰ的平衡结晶过程（图2-15）

结合对图2-15的分析，液态合金冷却到1点温度以后发生匀晶结晶过程，至2点温度合金完全结晶成α固溶体，在随后的冷却（2～3点间的温度）中，α相不变。从3点温度开始，由于Sn在α相中的溶解度沿 cf 线降低，从α相中析出 $β_{Ⅱ}$ 相，到室温时α相中的Sn含量逐渐变为 f 点。最后合金得到的组织为 $α+β_{Ⅱ}$，其组成相是 f 点成分的α相和 g 点成分的β相。运用杠杆定律，两相的质量分数为

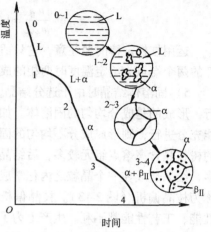

图2-15 合金Ⅰ的结晶过程

$$\begin{cases} α\% = \dfrac{x_1 g}{fg} \times 100\% \\ β\% = \dfrac{f x_1}{fg} \times 100\% \ (\text{或 } β\% = 1 - α\%) \end{cases}$$

合金的室温组织由α相和 $β_{Ⅱ}$ 相组成，α相和 $β_{Ⅱ}$ 相即为组织组成物。组织组成物是指合金组织中那些具有确定本质、一定形成机制的特殊形态的组成部分。组织组成物可以是单相，或是两相混合物。

合金Ⅰ的室温组织组成物α和 $β_{Ⅱ}$ 皆为单相，所以它的组织组成物的质量分数与组成相的质量分数相等。

2. 合金Ⅱ的结晶过程（图2-16）

合金Ⅱ为共晶合金，合金从液态冷却到1点温度后发生共晶反应 $L_d \underset{}{\overset{恒温}{\rightleftharpoons}} (α_c + β_e)$，经一定时间到1′点时反应结束，全部转变为共晶体 $(α_c + β_e)$。从共晶温度冷却至室温时，共晶体中的 $α_c$ 和 $β_e$ 均发生二次结晶，从α相中析出 $β_{Ⅱ}$ 相，从β相中析出 $α_{Ⅱ}$ 相。α相的成分由 c 点变为 f 点，β相的成分由 e 点变为 g 点。由于析出的 $α_{Ⅱ}$ 相和 $β_{Ⅱ}$ 相都相应地同α相和β相连在一起，共晶体的形态和成分不发生变化。合金的室温组织全部为共晶体（图2-17），即只含一种组织组成物（即共晶体），而其组成相仍为α相和β相。

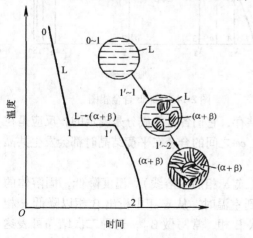

图2-16 共晶合金的结晶过程示意图

图2-17 共晶合金组织的形态

3. 合金Ⅲ的结晶过程（图2-18）

合金Ⅲ为亚共晶合金，当合金冷却到1点温度后，由匀晶反应生成α固溶体，叫做初生α固溶体。从1点到2点温度的冷却过程中，按照杠杆定律，初生α相的成分沿ac线变化，液相成分沿ad线变化；初生α相逐渐增多，液相逐渐减少。当刚冷却到2点温度时，合金由c点成分的初生α相和d点成分的液相组成。然后液相发生共晶反应，但初生α相不变化。经一定时间到2′点共晶反应结束时，合金转变为α_c + (α_c + β_e)。从共晶温度继续往下冷却，从初生α相中不断析出β_{II}相，成分由c点降至f点，此时共晶体的形态、成分和总量保持不变。合金的室温组织为初生α + β_{II} + (α + β)，初生α固溶体呈黑色树枝状（图2-19），合金的组成相为α和β。

成分在图2-14中c点和d点之间的所有亚共晶合金的结晶过程与合金Ⅲ相

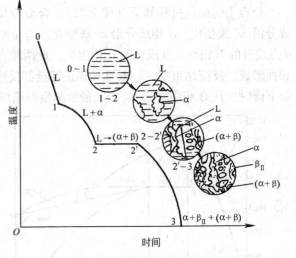

图2-18 亚共晶合金的结晶过程示意图

同，仅有组织组成物和组成相的质量分数不同，成分越靠近共晶点，合金中共晶体的含量越多。位于共晶点右边，成分在d点和e点之间的合金为过共晶合金（如图2-14中的合金Ⅳ）。它们的结晶过程与亚共晶合金相似，也包括匀晶反应、共晶反应和二次结晶等三个转变阶段；不同之处是初生相为β固溶体，二次结晶过程为β→α_{II}，所以其室温组织为β + α_{II} + (α + β)，如图2-20所示。

图2-19 亚共晶合金组织

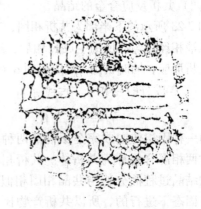

图2-20 过共晶合金组织

（三）包晶反应合金的结晶

Pt-Ag、Ag-Sn、Sn-Sb合金具有包晶相图。在如图2-21所示的Pt-Ag合金相图中存在三种相：Pt与Ag形成的液溶体L相；Ag溶于Pt中的有限固溶体α相；Pt溶于Ag中的有限固溶体β相。e点为包晶点，e点成分的合金冷却到e点所对应的温度（包晶温度）时发生以下包晶反应

$$\alpha_c + L_d \xrightleftharpoons{\text{恒温}} \beta_e$$

发生包晶反应时三相共存，它们的成分确定，反应在恒温下平衡地进行。水平线 ced 为包晶反应线，cf 为 Ag 在 α 相中的溶解度线，eg 为 Pt 在 β 相中的溶解度线。

合金 I 的结晶过程如下（图 2-22）：合金冷却到 1 点温度以下时结晶出 α 固溶体，L 相成分沿 ad 线变化，α 相成分沿 ac 线变化。合金刚冷到 2 点温度而尚未发生包晶反应前，由 d 点成分的 L 相与 c 点成分的 α 相组成。此两相在 e 点温度时发生包晶反应，由 β 相包围 α 相而形成。反应结束后，L 相与 α 相正好全部反应耗尽，形成 e 点成分的 β 固溶体。温度继续下降时，从 β 相中析出 α_{II} 相。最后的室温组织为 $\beta + \alpha_{II}$。

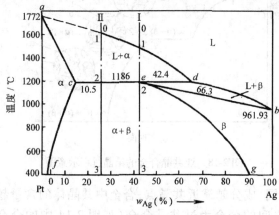

图 2-21　Pt-Ag 合金相图

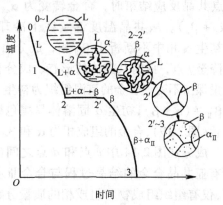

图 2-22　合金 I 的结晶过程示意图

在非平衡条件下，具有包晶反应的合金其包晶反应不完全。

（四）共析反应合金的结晶

图 2-23 所示的下半部为共析相图，其形状与共晶相图类似。d 点成分（共析成分）的合金从液相经过匀晶反应生成 γ 相后，继续冷却到 d 点温度（共析温度）时，在此恒温下发生共析反应，同时析出 c 点成分的 α 相和 e 点成分的 β 相

$$\gamma_d \xrightleftharpoons{\text{恒温}} \alpha_c + \beta_e$$

由一种固相转变成完全不同的两种相互关联的固相，此两相混合物称为共析体。共析相图中各种成分合金的结晶过程的分析与共晶相图相似，但因共析反应是在固态下进行的，所以共析产物比共晶产物要细密得多。

在某些二元合金中，常形成一种或几种稳定化合物。这些化合物具有一定的化学成分和固定的熔点，且熔化前不分解，也不发生其他化学反应。例如，Mg-Si 合金就能形成稳定化合物 Mg_2Si。在分析这类合金相图时，可把稳定化合物看成为一个独立的组元，把整个相图分割成几个简单相图来进行分析。

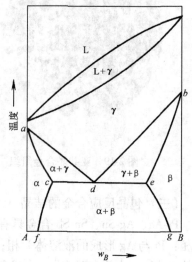

图 2-23　共析相图

二、合金的性能与相图的关系

合金的性能取决于它的成分和组织（结构），相图可反映不同成分的合金在室温时的平衡组织。因此，具有平衡组织的合金的性能与相图之间存在着一定的对应关系。

（一）合金的使用性能与相图的关系

图 2-24 所示为具有匀晶相图、共晶相图的合金的力学性能和物理性能随成分而变化的一般规律。固溶体的性能与溶质元素的溶入量有关，溶质的溶入量越多，晶格畸变越大，则合金的强度、硬度越高，电阻越大。当溶质原子含量大约为 50% 时，晶格畸变最大，而上述性能达到极大值，所以性能与成分的关系曲线呈透镜状。两相组织合金的力学性能和物理性能与成分呈直线关系变化，两相单独的性能已知后，合金的某些性能可按组成相性能依百分含量关系叠加的办法求出。

例 如 ， 硬 度 $HBW = HBW_\alpha \alpha\% + HBW_\beta \beta\%$

对组织较敏感的某些性能如强度等，与组成相或组织组成物的形态有很大关系。组成相或组织组成物越细密，强度越高（图 2-24 中虚线）。当形成化合物时，则在性能-成分曲线上于化合物成分处出现极大值或极小值。

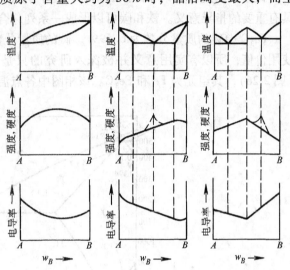

图 2-24 合金的使用性能与相图的关系示意图

（二）合金的工艺性能与相图的关系

图 2-25 所示为合金的铸造性能与相图的关系。纯金属和共晶成分的合金的流动性最好，缩孔集中，铸造性能好。相图中液相线与固相线之间距离越小，液体合金结晶的温度范围越窄，对浇注和铸造质量越有利。合金的液、固相线温度间隔大时，形成枝晶偏析的倾向性大；同时先结晶出的树枝晶阻碍未结晶液体的流动，而降低其流动性，增多分散缩孔。所以，铸造合金常选共晶或接近共晶的成分。

单相合金的锻造性能好。合金为单相组织时变形抗力小，变形均匀，不易开裂，因而变形能力强。双相组织的合金变形能力差些，特别是组织中存在有较多的化合物相时合金变形能力更差，因为它们都很脆所致。

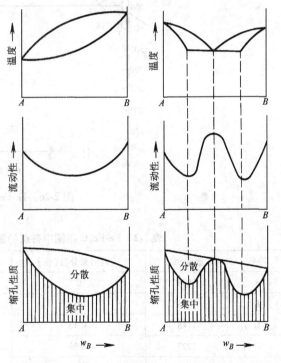

图 2-25 合金的铸造性能与相图的关系示意图

三、铁碳合金的结晶

碳钢和铸铁是现代工农业生产中使用最为广泛的金属材料，是主要由铁和碳两种元素组成的合金。钢铁的成分不同，则组织和性能不相同，因而它们在实际工程上的应用也不一样。下面将根据铁碳相图及对典型铁碳合金结晶过程的分析，来研究铁碳合金的成分、组织、性能之间的关系。

（一）铁碳相图

铁碳相图是研究钢和铸铁的基础，对于钢铁材料的应用以及热加工和热处理工艺的制订具有重要的指导意义。铁和碳可以形成一系列化合物，如 Fe_3C、Fe_2C、FeC 等。

Fe_3C 中碳的质量分数为 6.69%，碳的质量分数超过 6.69% 的铁碳合金脆性很大，没有使用价值，所以有实用意义并被深入研究的只是 $Fe\text{-}Fe_3C$ 部分，通常称其为 $Fe\text{-}Fe_3C$ 相图（图 2-26），其组元为 Fe 和 Fe_3C。该相图中各点温度、碳的质量分数及含义见表 2-2。

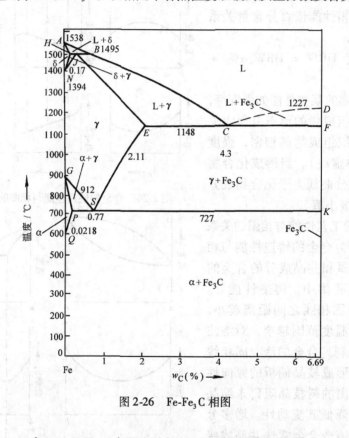

图 2-26　Fe-Fe$_3$C 相图

表 2-2　Fe-Fe$_3$C 相图中各点的温度、碳的质量分数及含义

符号	温度/℃	碳的质量分数(%)	含　义
A	1538	0	纯铁的熔点
B	1495	0.53	包晶转变时液态合金的成分
C	1148	4.30	共晶点 $L_C \rightleftharpoons A_E + Fe_3C$
D	1227	6.69	Fe_3C 的熔点
E	1148	2.11	碳在 $\gamma\text{-}Fe$ 中的最大溶解度

（续）

符号	温度/℃	碳的质量分数(%)	含　义
F	1148	6.69	Fe_3C 的成分
G	912	0	α-Fe$\rightleftharpoons\gamma$-Fe 同素异构转变点(A_3)
H	1495	0.09	碳在 δ-Fe 中的最大溶解度
J	1495	0.17	包晶点 $L_B+\delta_H\rightleftharpoons A_J$
K	727	6.69	Fe_3C 的成分
N	1394	0	γ-Fe$\rightleftharpoons\delta$-Fe 同素异构转变点(A_4)
P	727	0.0218	碳在 α-Fe 中的最大溶解度
S	727	0.77	共析点 $A_S\rightleftharpoons F_P+Fe_3C(A_1)$
Q	(室温)	0.0008	室温时碳在 α-Fe 中的溶解度

　　Fe-Fe_3C 相图看上去比较复杂，但实际上是由三个基本相图（包晶相图、共晶相图和共析相图）组成的。

　　1. 铁碳合金的组元

　　（1）Fe　铁是过渡族元素，熔点为 1538℃，密度为 7.87g/cm³。纯铁的冷却曲线如图 2-6 所示。纯铁从液态结晶为固态后，继续冷却到 1394℃ 及 912℃ 时，先后发生两次同素异构转变。

　　工业纯铁的力学性能特点是强度低、硬度低、塑性好，其主要力学性能如下：

抗拉强度为　　　　180～230MPa　　　　伸长率为　　　　30%～50%

屈服强度为　　　　100～170MPa　　　　断面收缩率为　　70%～80%

冲击韧度为　　　　1.6×10^6～2×10^6J/m²　　硬度为　　　　50～80HBW

　　（2）Fe_3C　Fe_3C 是 Fe 与 C 的一种具有复杂结构（图 1-27b）的间隙化合物，通常称为渗碳体，用 C_m 表示。渗碳体的力学性能特点是硬而脆，其性能大致如下：

抗拉强度为　　　　30MPa　　　　伸长率为　　　　0

冲击韧度为　　　　0　　　　　　断面收缩率为　　0

硬度为　　　　　　800HBW

　　2. 铁碳合金中的相

　　在 Fe-Fe_3C 相图中存在五种相（图 2-26）。

　　（1）液相 L　液相 L 是铁与碳的液溶体。

　　（2）δ 相　δ 相又称为高温铁素体，是碳在 δ-Fe 中的间隙固溶体，呈体心立方晶格，在 1394℃ 以上存在，在 1495℃ 时溶碳量最大，碳的质量分数为 0.09%。

　　（3）α 相　α 相也称为铁素体，用符号 F 或 α 表示，是碳在 α-Fe 中的间隙固溶体，呈体心立方晶格。铁素体中碳的固溶度极小，室温时碳的质量分数约为 0.0008%，在 727℃ 时溶碳量最大，为 0.0218%。铁素体的性能特点是强度低、硬度低、塑性好，其力学性能与工业纯铁大致相同。

　　（4）γ 相　γ 相常称为奥氏体，用符号 A 或 γ 表示，是碳在 γ-Fe 中的间隙固溶体，呈

面心立方晶格。奥氏体中碳的固溶度较大，在1148℃时溶碳量最大达质量分数2.11%。奥氏体的强度较低，硬度不高，易于塑性变形，锻造及热孔常选择在该区进行。

（5）Fe_3C 相 Fe_3C 相是一个化合物相，其晶体结构和性能如前所述。渗碳体根据生成条件不同有条状、网状、片状、粒状等形态，对铁碳合金的力学性能有很大影响。

3. 相图中重要的点和线

（1）J 点 为包晶点，合金在平衡结晶过程中冷却到1495℃时，B 点成分的 L 与 H 点成分的 δ 发生包晶反应，生成 J 点成分的 A。包晶反应在恒温下进行，在反应过程中 L、δ、A 三相共存，其反应式为

$$L_B + \delta_H \xrightleftharpoons{1495℃} A_J，即 L_{0.53} + \delta_{0.09} \xrightleftharpoons{1495℃} A_{0.17}$$

（2）C 点 为共晶点，合金在平衡结晶过程中冷却到1148℃时，C 点成分的 L 发生共晶反应，生成 E 点成分的 A 和 Fe_3C。共晶反应在恒温下进行，在反应过程中 L、A、Fe_3C 三相共存，其反应式为

$$L_C \xrightleftharpoons{1148℃} A_E + Fe_3C，即 L_{4.3} \xrightleftharpoons{1148℃} A_{2.11} + Fe_3C$$

共晶反应的产物是奥氏体与渗碳体的共晶混和物，称为莱氏体，以符号 Ld 表示，因而共晶反应式可表达为

$$L_{4.3} \xrightleftharpoons{1148℃} Ld_{4.3}$$

莱氏体中的渗碳体称为共晶渗碳体。在显微镜下莱氏体的形态是块状或粒状 A（室温时转变成珠光体）分布在渗碳体基体上。

（3）S 点 为共析点，合金在平衡结晶过程中冷却到727℃时，S 点成分的 A 发生共析反应，生成 P 点成分的 F 和 Fe_3C。共析反应在恒温下进行，在反应过程中 A、F、Fe_3C 三相共存，其反应式为

$$A_S \xrightleftharpoons{727℃} F_P + Fe_3C，即 A_{0.77} \xrightleftharpoons{727℃} F_{0.0218} + Fe_3C$$

共析反应的产物是铁素体与渗碳体的共析混合物，称为珠光体，以符号 P 表示，因而共析反应可简单表示为

$$A_{0.77} \xrightleftharpoons{727℃} P_{0.77}$$

珠光体中的渗碳体称为共析渗碳体。在显微镜下珠光体的形态呈层片状，在放大倍数很高时，可清楚看到相间分布的渗碳体片（窄条）与铁素体片（宽条）。

珠光体的强度较高，塑性、韧性和硬度介于渗碳体和铁素体之间，其力学性能如下：抗拉强度为 770MPa、伸长率为 20% ~ 35%、冲击韧度为 3×10^5 ~ $4 \times 10^5 J/m^2$、硬度为 180HBW。

（4）$ABCD$ 线及 $AHJECF$ 分别为液相线及固相线。

（5）水平线 HJB 为包晶反应线，碳的质量分数在 0.09% ~ 0.53% 之间的铁碳合金在平衡结晶过程中均发生包晶反应。

（6）水平线 ECF 为共晶反应线，碳的质量分数在 2.11% ~ 6.69% 之间的铁碳合金在

平衡结晶过程中均发生共晶反应。

（7）水平线 *PSK*　为共析反应线，碳的质量分数在 0.0218% ~ 6.69% 之间的铁碳合金在平衡结晶过程中均发生共析反应。*PSK* 线亦称为 A_1 线。

（8）*GS* 线　为合金冷却时自 A 中开始析出 F 的临界温度线，通常称为 A_3 线。

（9）*ES* 线　为碳在 A 中的固溶线，通常叫做 A_{cm} 线。由于在 1148℃ 时 A 中溶碳量最大可达 2.11%，而在 727℃ 时仅为 0.77%，因此碳的质量分数大于 0.77% 的铁碳合金自 1148℃ 冷至 727℃ 的过程中，将从 A 中析出 Fe_3C，析出的渗碳体称为二次渗碳体（Fe_3C_{II}）。A_{cm} 线亦为从 A 中开始析出 Fe_3C_{II} 的临界温度线。

（10）*PQ* 线　为碳在 F 中的固溶线。在 727℃ 时 F 中溶碳量最大可达 0.0218%，室温时仅为 0.0008%，因此碳的质量分数大于 0.0008% 的铁碳合金自 727℃ 冷至室温的过程中，将从 F 中析出 Fe_3C。析出的渗碳体称为三次渗碳体（Fe_3C_{III}）。*PQ* 线亦为从 F 中开始析出 Fe_3C_{III} 的临界温度线。Fe_3C_{III} 数量极少，往往予以忽略。下面分析铁碳合金平衡结晶过程时，均忽略这一析出过程。

（二）典型铁碳合金的平衡结晶过程

根据 Fe-Fe_3C 相图，铁碳合金可分为以下三类：

1）工业纯铁（$w_C \leqslant 0.0218\%$）

2）钢（$0.0218\% < w_C \leqslant 2.11\%$）
$\begin{cases} \text{亚共析钢（}0.0218\% < w_C < 0.77\%\text{）} \\ \text{共析钢（}w_C = 0.77\%\text{）} \\ \text{过共析钢（}0.77\% < w_C \leqslant 2.11\%\text{）} \end{cases}$

3）白口铸铁（$2.11\% < w_C < 6.69\%$）
$\begin{cases} \text{亚共晶白口铸铁（}2.11\% < w_C < 4.3\%\text{）} \\ \text{共晶白口铸铁（}w_C = 4.3\%\text{）} \\ \text{过共晶白口铸铁（}4.3\% < w_C < 6.69\%\text{）} \end{cases}$

工业纯铁（图 2-27 中的合金 I）的室温平衡组织为铁素体（F），F 呈白色块状（图 2-28a）。由于其强度及硬度低，不宜用作结构材料。

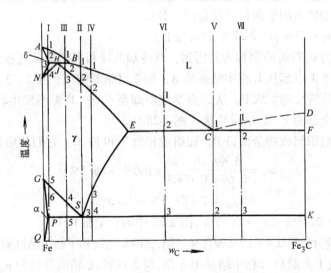

图 2-27　典型铁碳合金在 Fe-Fe_3C 相图中的位置

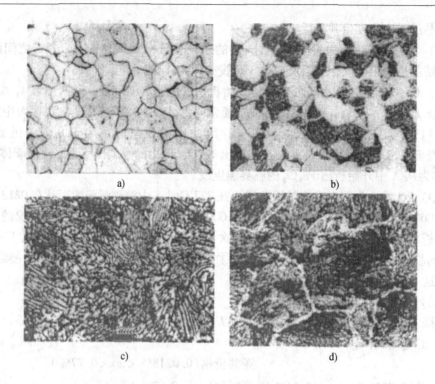

图 2-28　几种典型铁碳合金的室温平衡组织(130×)

a)工业纯铁　b)亚共析钢　c)共析钢　d)过共析钢

碳钢的强韧性较好,应用广泛。几种碳钢的牌号和成分见表 2-3。

表 2-3　几种碳钢的牌号和成分

类　　型	亚　共　析　钢			共析钢	过　共　析　钢	
牌号	20	45	60	T8	T10	T12
$w_C(\%)$	0.17~0.23	0.42~0.50	0.57~0.65	0.75~0.84	0.95~1.04	1.15~1.24

下面对三种典型碳钢的平衡结晶过程进行分析。

1. 共析钢($w_C=0.77\%$,图 2-27 中的合金Ⅱ)

碳的质量分数为 0.77% 的钢称为共析钢,其冷却曲线和平衡结晶过程如图 2-29 所示。

合金冷却时,于 1 点起从 L 相中结晶出 A,至 2 点结晶结束。在 2~3 点间 A 冷却不变。至 3 点时,A 发生共析反应生成 P。从 3′点继续冷却至 4 点,P 皆不发生转变。因此,共析钢的室温平衡组织全部为 P,P 呈层片状(图 2-28c)。

共析钢的室温组织组成物全部是 P,而组成相为 F 和 Fe_3C,它们的质量分数为

$$w_F = \frac{6.69-0.77}{6.69-0.0008} \times 100\% = 88.5\%$$

$$w_{Fe_3C} = 1-88.5\% = 11.5\%$$

2. 亚共析钢($0.0218\% < w_C < 0.77\%$,图 2-27 中的合金Ⅲ)

这里以碳的质量分数为 0.4% 的铁碳合金为例,其冷却曲线和平衡结晶过程如图 2-30 所示。

合金冷却时,从 1 点起自 L 相中结晶出 δ 相,至 2 点时,L 相成分变为 $w_C=0.53\%$,δ 相成分变为 $w_C=0.09\%$,发生包晶反应,生成 $A_{0.17}$。反应结束后尚有多余的 L 相,在 2′点以下,自

L 相中不断结晶出 A,至 3 点合金全部转变为 A。在 3～4 点间 A 冷却不变,从 4 点起,冷却时由 A 中析出 F,F 在 A 晶界处优先形核并长大,而 A 和 F 的成分分别沿 GS 线和 GP 线变化。至 5 点时,A 的成分变为 $w_C = 0.77\%$,F 的成分变为 $w_C = 0.0218\%$,此时 A 发生共析反应转变为 P,而 F 不变化。从 5′点继续冷却至 6 点时,合金组织不发生变化,因此室温平衡组织为 F + P。F 呈白色块状,P 呈层片状,放大倍数不高时呈黑色块状(图 2-28b)。碳的质量分数大于 0.6% 的亚共析钢,其室温平衡组织中的 F 常呈白色网状,包围在 P 周围。

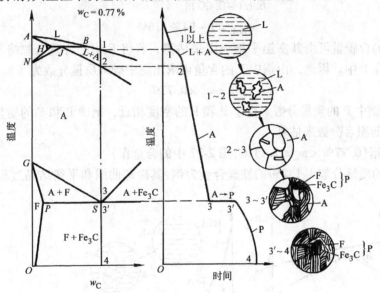

图 2-29　共析钢结晶过程示意图

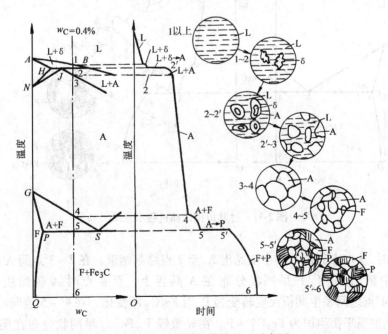

图 2-30　亚共析钢结晶过程示意图

$w_C = 0.4\%$ 的亚共析钢的组织组成物为 F 和 P，它们的质量分数为

$$w_P = \frac{0.4 - 0.0218}{0.77 - 0.0218} \times 100\% = 50.5\%$$

$$w_F = 1 - 50.5\% = 49.5\%$$

此种钢的室温组成相为 F 和 Fe_3C，它们的质量分数为

$$w_F = \frac{6.69 - 0.4}{6.69 - 0.0008} \times 100\% = 94\%$$

$$w_{Fe_3C} = 1 - 94\% = 6\%$$

亚共析钢的含碳量可由其室温平衡组织来估算，若将 F 中的含碳量忽略不计，则钢中的含碳量全部在 P 中。因此，由钢中 P 的含量可求出钢中碳的质量分数为

$$w_C = w_P \times 0.77\%$$

式中，w_P 表示钢中 P 的质量分数。由于 P 和 F 的密度相近，钢中 P 和 F 的质量分数可以近似用 P 和 F 的面积百分数来估算。

3. 过共析钢($0.77\% < w_C \leqslant 2.11\%$，图 2-27 中的合金Ⅳ)

这里以碳的质量分数为 1.2% 的铁碳合金为例，其冷却曲线和平衡结晶过程如图 2-31 所示。

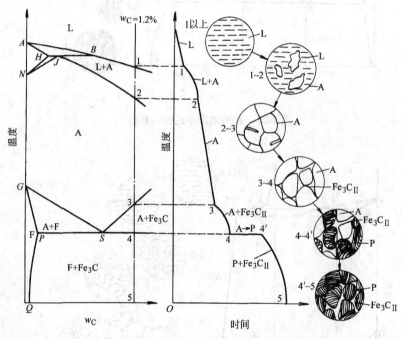

图 2-31　过共析钢结晶过程示意图

合金冷却时，从 1 点起自 L 相中结晶出 A，至 2 点结晶结束。在 2 ~ 3 点间 A 冷却不变，从 3 点起，由 A 中析出 Fe_3C_{II} 并呈网状分布在 A 晶界上。至 4 点时 A 碳的质量分数降为 0.77%，在 4 ~ 4′ 点之间发生共析反应转变为 P，而 Fe_3C_{II} 不变化。在 4′ ~ 5 点间冷却时组织不发生转变，因此室温平衡组织为 Fe_3C_{II} + P。在显微镜下，Fe_3C_{II} 呈网状分布在层片状 P 周围（图 2-28d）。

$w_C = 1.2\%$ 的过共析钢的组成相为 F 和 Fe_3C，其组织组成物为 Fe_3C_{II} 和 P，它们的质量分数为

$$w_{Fe_3C_{II}} = \frac{1.2 - 0.77}{6.69 - 0.77} \times 100\% = 7\%$$

$$w_P = 1 - 7\% = 93\%$$

4. 白口铸铁的结晶

共晶白口铸铁（图 2-27 中的合金 V）在 1 点发生共晶反应，由 L 转变为（高温）莱氏体 Ld

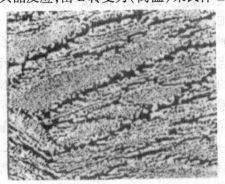

（即 $A + Fe_3C$）。在 1′~2 点间，Ld 中的 A 不断析出 Fe_3C_{II}。至 2 点时 A 碳的质量分数降为 0.77%，并发生共析反应转变为 P，高温莱氏体 Ld 转变成低温莱氏体 L′d（$P + Fe_3C_{II} + Fe_3C$）。所以，室温平衡组织为 L′d，由黑色条状或粒状 P 和白色 Fe_3C 基体组成（图 2-32），而组成相还是 F 和 Fe_3C。

亚共晶白口铸铁（$2.11\% < w_C < 4.3\%$，图 2-27 中的合金 VI）的室温平衡组织为 $P + Fe_3C_{II} + L′d$。网状 Fe_3C_{II} 分布在粗大块状 P 的周围，L′d 则由条状或粒状 P 和 Fe_3C 基体组成（图 2-33）。

图 2-32 共晶白口铸铁的室温平衡
状态显微组织（130×）

过共晶白口铸铁（$4.3\% < w_C < 6.69\%$，图 2-27 中的合金 VII）的室温平衡组织为 $Fe_3C_I + L′d$，Fe_3C_I 呈长条状（图 2-34）。

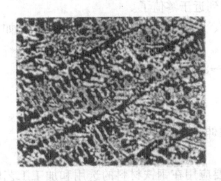

图 2-33 亚共晶白口铸铁的室温平衡
状态显微组织 （130×）

图 2-34 过共晶白口铸铁的室温平衡状态显微
组织 （130×）

白口铸铁的室温平衡组织中含有低温莱氏体（L′d），硬度高、脆性大，应用较少。

（三）铁碳合金的成分-组织-性能关系

铁碳合金在室温下的组织皆由 F 和 Fe_3C 两相组成。随着含碳量的增加，F 的含量逐渐变少，由 100% 按直线关系减少到 0%，Fe_3C 的含量则由 0% 增加到 100%。

随着铁碳合金的含碳量增加，其组织按下列顺序变化

F、F+P、P、P+Fe_3C_{II}、P+Fe_3C_{II}+Ld、L′d、L′d+Fe_3C_I、Fe_3C

铁碳合金的性能与成分的关系如图 2-35 所示。

硬度主要取决于组织中组成相或组织组成物的硬度和质量分数，而受它们的形态的影响相对较小。随着含碳量的增加，由于硬度高的 Fe_3C 量增多，硬度低的 F 量减少，所以合金的硬度呈直线关系增大，由全部为 F 的硬度（约 80HBW）增大到全部为 Fe_3C 时的硬度（约 800HBW）。

强度对组织形态很敏感。随着含碳量的增加，亚共析钢中 P 增多而 F 减少。P 的强度比较高，其大小与细密程度有关。组织越细密，则强度值越高。F 的强度较低，所以亚共析钢的强度随含碳量的增大而增高。但当含碳量超过共析成分之后，由于脆性很大的 Fe_3C_{II} 沿晶界出现，合金强度的增高变慢，到了 $w_C \approx 0.9\%$ 时，Fe_3C_{II} 沿晶界形成完整的网，强度迅速降低。随着含碳量的进一步增加，强度不断下降，到了 $w_C \approx 2.11\%$ 后，合金中出现 $L'd$ 时，强度已降到很低的值。

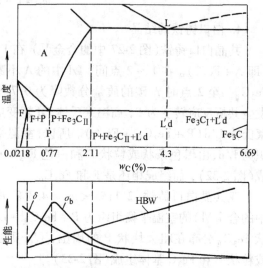

图 2-35　铁碳合金的成分-组织-性能的
对应关系

铁碳合金中 Fe_3C 是极脆的相，没有塑性，合金的塑性变形全部由 F 提供。所以，随着含碳量的增大，F 量不断减少时，合金的塑性连续下降。当合金成为白口铸铁时，塑性就降到近于零值了。

对于应用最广的结构材料亚共析钢，合金的硬度、强度和塑性可根据成分或组织作如下估算

硬度$(HBW) \approx 80 \times w_F + 180 \times w_P$，或硬度$(HBW) \approx 80 \times w_F + 800 \times w_{Fe_3C}$

强度$(MPa) \approx 230 \times w_F + 770 \times w_P$

伸长率$(\%) \approx 50 \times w_F + 20 \times w_P$

式中的数字相应为 F、P 或 Fe_3C 的大概硬度、强度和伸长率。

（四）$Fe-Fe_3C$ 相图的应用

$Fe-Fe_3C$ 相图在生产中具有很大的实际意义，主要应用在钢铁材料的选用和加工工艺的制订两个方面。

1. 在钢铁材料选用方面的应用

$Fe-Fe_3C$ 相图所表明的成分-组织-性能的规律，为钢铁材料的选用提供了根据。建筑结构和各种型钢需要塑性及韧性好的材料，因此选用含碳量较低的钢材。各种机械零件需要强度、塑性及韧性都较好的材料，应选用含碳量适中的中碳钢。各种工具要用硬度高和耐磨性好的材料，则选含碳量高的钢种。纯铁的强度低，不宜用作结构材料，但由于其磁导率高，矫顽力低，可作软磁材料使用，如作电磁铁的铁心等。白口铸铁的硬度高、脆性大，不能切削加工，也不能锻造，但其耐磨性好，铸造性能优良，适于做要求耐磨、不受冲击、形状复杂的铸件，如拔丝模、冷轧辊、货车轮、犁铧、球磨机的磨球等。

2. 在铸造工艺方面的应用

根据 Fe-Fe$_3$C 相图可以确定合金的浇注温度，浇注温度一般在液相线以上 50～100℃。共晶白口铸铁的铸造性能最好，它的凝固温度区间最小，因而流动性好，分散缩孔少，可以获得致密的铸件，所以铸铁在生产上总是选在共晶成分附近。

3. 在热锻、热轧工艺方面的应用

钢处于奥氏体状态时强度较低，塑性较好，因此锻造或轧制选在单相奥氏体区内进行。一般始锻、始轧温度控制在固相线以下 100～200℃ 范围内，温度高时，钢的变形抗力小，节约能源，设备要求的吨位低，但温度不能过高，以防止钢材严重烧损或发生晶界熔化（过烧）。终锻、终轧温度不能过低，以免钢材因塑性差而发生锻裂或轧裂。亚共析钢的热加工终止温度多控制在 *GS* 线以上一点，以避免变形时出现大量铁素体，形成带状组织而使韧性降低。过共析钢的变形终止温度应控制在 *PSK* 线以上一点，以便把呈网状析出的二次渗碳体打碎。终止温度不能太高，否则再结晶后奥氏体晶粒粗大，使热加工后的组织也粗大。一般始锻温度为 1150～1250℃，终锻温度为 800～850℃。

4. 在热处理工艺方面的应用

Fe-Fe$_3$C 相图对于制订热处理工艺有着特别重要的意义。一些热处理工艺如退火、正火、淬火的加热温度都是依据 Fe-Fe$_3$C 相图确定的，这将在热处理一节中详细阐述。

在运用 Fe-Fe$_3$C 相图时应注意以下两点：

1）Fe-Fe$_3$C 相图只反映铁碳二元合金中相的平衡状态，如含有其他元素，相图将发生变化。

2）Fe-Fe$_3$C 相图反映的是平衡条件下铁碳合金中相的状态，若冷却或加热速度较快时，其组织转变就不能只用相图来分析了。

第三节　金属的塑性加工

金属经熔炼浇注成铸锭以后，通常要进行各种塑性加工，如轧制、挤压、冷拔、锻压、冲压等（图 2-36），以获得具有一定形状、尺寸和力学性能的型材、板材、管材或线材，以及零件毛坯或零件。金属在承受塑性加工时，不仅要产生塑性变形，而且还会使其组织结构和性能发生改变。如果对已发生了塑性变形的金属进行加热，金属的组织和性能又会发生变化。分析这些过程的实质，了解各种影响因素及规律，对掌握和改进金属材料的塑性加工工艺、控制材料的组织和性能，都具有重要意义。

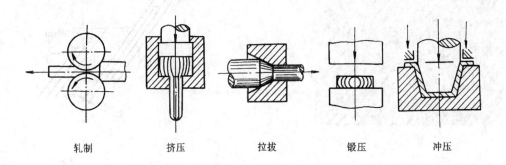

轧制　　　　挤压　　　　拉拔　　　　锻压　　　　冲压

图 2-36　塑性加工方法示意图

一、金属的塑性变形

工程上应用的金属及合金大多为多晶体，但多晶体中每个晶粒的变形基本方式与单晶体相同。因此，分析多晶体塑性变形的规律，应从单晶体金属的塑性变形开始。

（一）单晶体的塑性变形

单晶体的塑性变形有两种，即滑移和孪生。

1. 滑移

滑移是指在切应力作用下，晶体的一部分沿一定晶面（滑移面）和晶向（滑移方向）相对于另一部分发生的滑动。当对一单晶体试样进行拉伸时，外力（F）在某晶面上产生的应力可分解为垂直于该晶面的正应力（σ）及平行于该晶面的切应力（τ），如图 2-37 所示。正应力只能引起晶格的弹性伸长，或进一步把晶体拉断，而切应力则可使晶格在发生弹性歪扭之后，进一步使晶体发生滑移，滑移的结果会在晶体的表面留下滑移痕迹。若将试样预先抛光而后进行塑性变形，则可在显微镜下甚至肉眼观察到试样的表面上出现的滑移痕迹，它们呈近似的平行线条，这些滑移痕迹称为滑移带，如图 2-38 所示。如用高倍电子显微镜观察，可以看到一条滑移带是由许多密集在一起的滑移线组成的，每一条滑移线对应于一个滑移台阶，如图 2-39 所示。

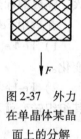

图 2-37 外力在单晶体某晶面上的分解

滑移变形具有以下特点：

1）滑移总是沿着晶体中原子密度最大的晶面（密排面）和其上密度最大的晶向（密排方向）进行。这是由于密排面之间、密排方向之间的间距最大，因而原子结合力最弱。因此，晶体的滑移面为密排面，滑移方向为密排面上的密排方向。一个滑移面与其上的一个滑移方向构成一个滑移系，如在体心立方晶格中，密排面为 {110} 面，密排方向为 ⟨111⟩ 晶向。由于每个 {110} 面上都有两种 ⟨111⟩ 晶向，而 {110} 面共有六种不同的位向，故体心立方晶格共有 $6 \times 2 = 12$ 个滑移系。三种常见晶格的滑移系见表 2-4，由表中可见，面心立方晶格的滑移系也为 12 个，密排六方晶格的滑移系为 3 个。滑移系越多，金属发生滑移的可能性越大，金属的塑性越好。滑移方向的数目对滑移所起的作用比滑移面的数目大，故具有体心立方晶格的铁与具有面心立方晶格的铜及铝，尽管滑移系的数目相同，但前者的塑性不如后者。而具有密排六方晶格的镁及锌等，因其滑移系仅有三个，故其塑性远较两种立方晶格的金属为差。

图 2-38　铜的滑移带（500×）

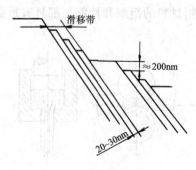

图 2-39　滑移带与滑移线示意图

表2-4　金属三种常见晶格的滑移系

晶格	体心立方晶格		面心立方晶格		密排六方晶格	
滑移面	$\{110\}$ ×6		$\{111\}$ ×4		$\{0001\}$ ×1	
滑移方向	$\langle 111\rangle$ ×2		$\langle 110\rangle$ ×3		$\langle 11\overline{2}0\rangle$ ×3	
滑移系	6×2=12		4×3=12		1×3=3	

　　2）滑移只能在切应力的作用下发生。使滑移系开动（产生滑移）的最小切应力称为临界切应力，其大小取决于金属原子间的结合力。

　　3）滑移时晶体的一部分相对于另一部分沿滑移方向滑移的距离为原子间距的整数倍。滑移并非是晶体两部分之间沿滑移面作整体的相对滑动（如果是这样，计算的临界切应力比实测的临界切应力应大3~4个数量级），近数十年来的大量理论研究证明，滑移是通过位错的运动来实现的。由图2-40可以看出，在切应力作用下，一个多余半原子面从晶体一侧向另一侧运动，即位错自左向右移动时，晶体产生了滑移。当位错移出晶体时就会造成一个原子间距的变形量，因此晶体发生的总变形量一定是这个方向上的原子间距的整数倍。

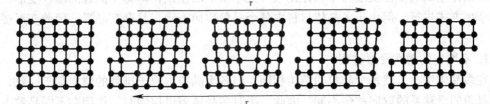

图2-40　位错运动造成滑移

　　4）滑移的同时必然伴随有晶体的转动。在拉伸试验中，金属晶体除了发生滑移外，同时还会发生转动，这是因为滑移面上的正应力构成了力偶所致（图2-37）。在单向拉伸时，滑移面向外力方向转动，滑移方向在滑移面上向最大切应力方向转动。转动的结果，使滑移面趋向与拉伸轴平行。

　　2. 孪生

　　在切应力作用下，晶体的一部分沿一定的晶面（孪生面）和晶向（孪生方向）相对于另一部分所发生的切变称为孪生，如图2-41所示。孪生是金属进行塑性变形的另一种方式，它通常出现在滑移系较少的金属中，或是滑移系受到限制、很难进行的情况下。例如，密排六方晶格的 Mg、Zn、Cd 等金属容易发生孪生变形；体心立方晶格金属（如 α-Fe）因滑移系较多，只有在低温或受到冲击时才发生孪生变形；而面心立方晶格的金属（如 Al、Cu 等）一般不发生孪生变形。

　　孪生与滑移的区别如下：

　　1）孪生所需要的临界切应力比滑移大得多，变形速度极快，接近于声速。

　　2）孪生通过晶格切变使晶格位向改变，发生切变及位向改变的这一部分晶体称为孪晶带或孪晶。孪晶与未变形部分晶体的原子以孪生面为对称面形成对称分布，而滑移不引起晶

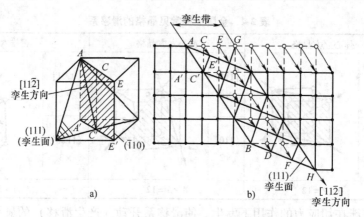

图 2-41　面心立方晶体的孪生变形过程示意图

a）孪生面与孪生方向　b）孪生变形时的晶面移动情况

格位向的变化。

3）孪晶中每层原子沿孪生方向的相对位移距离是原子间距的分数倍（图 2-41），而滑移时滑移面两侧晶体的相对位移是原子间距的整数倍。

（二）多晶体的塑性变形

多晶体金属的塑性变形与单晶体比较并无本质上的差别，即每个晶粒的塑性变形仍以滑移或孪生方式进行。但由于多晶体材料中各个晶粒位向不同，且存在晶界，因此变形要复杂得多。

1. 不均匀的塑性变形过程

在多晶体中，虽然每个晶粒的结构相同，但各个晶粒内原子排列的位向却不一致，这样不同晶粒的滑移系的取向就会不同。因此，当对多晶体施以拉伸时，作用在不同晶粒滑移系上的分切应力必然会有差别，甚至会相差很大。可以想象，分切应力最大的那些晶粒最先开始滑移，这些晶粒所处的位向称为"软位向"；而有些晶粒所受到的分切应力最小，最难发生滑移，这些晶粒所处的位向称为"硬位向"。由此可见，多晶体金属的塑性变形将会在不同晶粒中逐批发生，是个不均匀的塑性变形过程。

2. 晶粒间位向差阻碍滑移

在多晶体中晶粒间有位向差，使变形不能同时进行。当一个晶粒发生塑性变形时，周围的晶粒如不发生塑性变形，则必须要产生弹性变形来与之协调配合，否则就难以进行变形，甚至不能保持晶粒间的连续性，会造成孔隙而导致材料断裂。一个晶粒发生塑性变形并要求周围的晶粒也发生塑性变形或产生弹性变形来与之协调配合，就意味着增大了晶粒变形的抗力，阻碍滑移的进行。

3. 晶界阻碍位错的运动

在多晶体中存在晶界，其原子排列不规则，当位错运动到这一区域附近时将会受到晶界的阻碍而堆积起来，形成位错塞积（图 2-42）。欲使变形继续进行，就必须要增加外力，即变形抗力增大。金属晶粒越细，同体积的晶界及与任一晶粒不同位向的晶

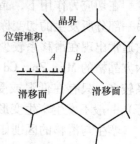

图 2-42　位错在晶界处堆积的示意图

粒数目越多，因而变形抗力越大，金属的强度越大。

另外，金属晶粒越细，在外力作用下有利于滑移和能够参与滑移的晶粒数目也就越多，使一定的变形量分散在更多的晶粒之中。这将会减少应力集中，推迟裂纹的形成和发展，即使发生的塑性变形量较大也不致断裂，表现出塑性的提高。

由于细晶粒金属的强度较高、塑性较好，所以断裂时需要消耗较大的功，因而其韧性也较好，因此，细晶强化是金属的一种很重要的强韧化手段。

（三）塑性变形对金属组织与性能的影响

塑性变形在改变金属外形的同时，对其组织结构及性能也带来了影响。

1. 塑性变形对金属组织结构的影响

（1）纤维组织形成　金属在外力作用下发生塑性变形时，随着变形量的增加晶粒形状发生变化，沿变形方向被拉长或压扁。当拉伸变形量很大时，晶粒变成细条状，金属中的夹杂物也被拉长，形成所谓纤维组织，如图2-43所示。

（2）亚结构形成　金属经大量的塑性变形后，由于位错密度的增大和位错间的交互作用，使位错分布变得不均匀。大量的位错聚集在局部地区，并将原晶粒分割成许多位向略有差异的小晶块，即亚晶粒。亚晶粒的内部位错很少，如图2-44所示。

变形前

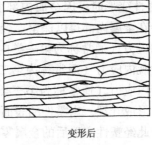

变形后

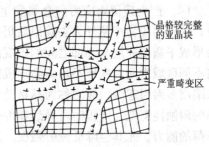

晶格较完整的亚晶块

严重畸变区

图2-43　变形前后晶粒形状变化示意图　　　　图2-44　金属变形后的亚结构示意图

（3）形变织构的产生　由于塑性变形过程中晶粒的转动，当变形量达到一定程度（70%以上）时，会使绝大部分晶粒的某一位向与外力方向趋于一致，形成特殊的择优取向。择优取向的结果形成了具有明显方向性的组织，称为织构。由于织构是在变形过程中产生的，故称为形变织构。拔丝能产生丝织构，轧制则能产生板织构。

2. 塑性变形对金属性能的影响

（1）产生加工硬化现象　随着塑性变形量的增加，金属的强度、硬度升高，塑性、韧性下降，这种现象称为加工硬化，也称为形变强化（图2-45）。产生加工硬化的原因是：金属发生塑性变形时，位错密度增加，位错间的交互作用增强，相互缠结，造成位错运动阻力的增大，引起塑性变形抗力提高；另一方面是由于亚晶界的增多，也使强度提高。在生产中通过冷轧、冷拔可以提高钢板或钢丝的强度。

（2）使金属的性能产生各向异性　由于纤维组织和形变织构的形成，使金属的性能产生各向异性，如沿纤维方向的强度和塑性远大于垂直方向。金属产生的形变织构，甚至经退火处理也难以消除。用有织构的板材冲制杯形或筒形零件时，由于在不同方向上塑性差别很大，使零件的边缘不齐，造成"制耳"现象，如图2-46所示。

在某些情况下，织构的各向异性也是有用的。例如，制造变压器铁心的软磁硅钢片，在

〈100〉方向最易磁化，如果能够采用具有〈100〉织构的硅钢片来制作铁心，并使其〈100〉晶向平行于磁场，可使变压器铁心的磁导率显著增大，明显提高变压器的效率。

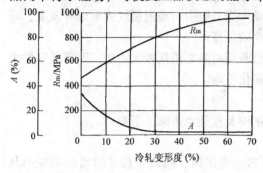

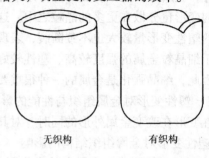

无织构　　　　　　　有织构

图 2-45　低碳钢的加工硬化现象　　　　　　图 2-46　形变织构造成的制耳

（3）影响金属的物理及化学性能　金属经塑性变形后，晶格发生畸变，空位和位错密度增加，使电阻增大。变形提高了金属的内能，使原子活动能力增大，容易扩散，所以会加快腐蚀速度，即耐蚀性降低。

（4）产生残留内应力　金属发生塑性变形时，因金属内部变形不均匀而产生残留内应力，这种内应力即使外力去除以后仍会在金属内部得以保留。金属表层与心部的变形量不同会形成平衡于表层与心部之间的宏观内应力（通常称为第一类内应力）；晶粒彼此之间或晶内不同区域之间的变形不均匀会形成微观内应力（通常称为第二类内应力）；因位错等晶格缺陷增多而引起的内应力称为晶格畸变内应力（通常称为第三类内应力）。残留内应力使金属的耐蚀性降低，严重时可导致零件变形或开裂。当零件的表面残留拉应力时，将降低承受载荷的能力，尤其会降低疲劳强度。因此经塑性变形后的金属零件，通常要进行消除内应力的热处理。

二、塑性变形后的金属在加热时组织和性能的变化

如前所述，金属塑性变形后组织结构和性能均发生了很大的变化。金属的这种组织在热力学上处于不稳定的亚稳状态，如果对其进行加热，变形金属就能由亚稳状态向稳定状态转化，从而会引起一系列的组织结构和性能的变化。研究表明，这一变化过程随加热温度的升高表现为如图 2-47 所示的三个阶段。

（一）回复

对变形后的金属在较低温度下进行加热，会发生回复。回复仅使金属中的一些点缺陷和位错的迁移而引起的某些晶内的变化。通过点缺陷的迁移，可使某些空位与间隙原子合并，点缺陷的数目大为减少，从而使金属电阻率降低。通过位错的迁移，同一滑移面上的异号位错相遇后按某种规律重排，从而降低了晶格畸变程度，使内应力明显下降。回复阶段的加热温度不高，原子活动能力有限，还不能使拉长的显微组织发生变化，所以晶粒仍保持变形后的形态。由于回复不能使金属的晶粒

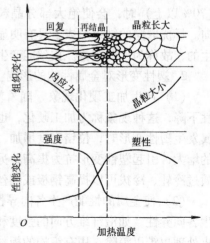

图 2-47　不同加热温度对变形金属
组织与性能的影响

大小和形态发生明显的变化，故金属的强度和硬度只略有降低，塑性略有升高。工业上常利用回复过程对变形金属进行去应力退火，以降低残留内应力，保留加工硬化效果。

（二）再结晶

当变形金属被加热到较高温度时，由于原子活动能力增大，晶粒的形状开始发生变化，被拉长及破碎的晶粒通过重新形核、长大，变成新的均匀、细小的等轴晶粒，这个过程称为再结晶。再结晶的核心通常出现在原先亚晶界上的位错聚集处，这是因为该处原子能量最高，最不稳定，故容易转变。需要指出的是，再结晶过程不是相变过程，因为再结晶前后新旧晶粒的晶格类型和成分完全相同，再结晶过程仅是一种组织转变过程。变形金属发生再结晶后，其强度和硬度明显降低，塑性和韧性大大提高，加工硬化现象被消除。因此再结晶在生产上主要用于冷塑性变形加工过程的中间处理，以消除加工硬化作用，便于下道工序的继续进行。例如，冷拉钢丝在最后成形前常常要经过几次中间再结晶退火处理。此外，发生再结晶以后，残留在金属中的内应力全部被消除，物理和化学性能基本上恢复到变形前的水平。

再结晶不是一个恒温过程，而是发生在一个温度范围之内。能够进行再结晶的最低温度称为再结晶温度。生产中再结晶的温度通常用经过大变形量（70%以上）的冷塑性变形的金属，经1h加热后再结晶体积达到总体积95%的温度来表示。纯金属的再结晶温度与该金属的熔点有如下关系

$$T_{再} = (0.35 \sim 0.40)T_{熔点}$$

式中的温度单位为热力学温度（K）。可见，金属的熔点越高，其再结晶温度也越高。

影响再结晶温度的主要因素有以下几点：

（1）金属的预先变形程度　如图2-48所示，金属的预先变形程度越大，其晶体缺陷就越多，组织越不稳定，因而再结晶温度便越低。从图中还可以看出，当预先变形程度达到一定数值之后，再结晶温度趋于定值。

（2）金属的纯度　金属中存在的微量杂质和合金元素，特别是那些高熔点元素，常常会阻碍原子的扩散和晶界的迁移，可显著提高金属的再结晶温度。例如，纯铁的再结晶温度为450℃，当加入少量的碳变成低碳钢时，其再结晶温度可提高到540℃。

（3）加热速度和保温时间　再结晶是一个扩散过程，因此再结晶温度是时间的函数。提高加热速度会使再结晶温度被推迟到较高温度。而保温时间越长，再结晶温度越低。

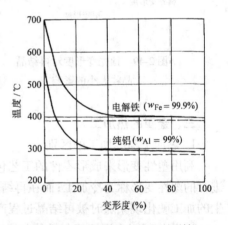

图2-48　预先变形度对金属再结晶温度的影响

（三）晶粒长大

再结晶完成后，金属获得均匀细小的等轴晶粒。从能量的角度来看，只要条件满足，这些细小的晶粒就会自发长大，以降低总的晶界能量。实践证明，再结晶后晶粒的长大受以下因素的影响。

1. 加热温度和时间的影响

加热温度越高，时间越长，晶粒便越大，特别是加热温度影响更大。

2. 预先变形程度的影响

　　预先变形程度对再结晶后晶粒大小的影响较为复杂，其一般规律如图2-49所示。当变形度很小时，由于金属的晶格畸变很小，不足以引起再结晶，故晶粒不变。当变形度达到2%～10%时，金属中变形极不均匀，只有部分晶粒发生变形，形成的再结晶核心少，可以充分长大，从而造成再结晶后的晶粒特别粗大。使金属获得粗大的再结晶晶粒的变形度称为临界变形度。粗大晶粒会使金属的力学性能变差，所以生产中应尽量避开这一变形度。超过临界变形度后，随着变形程度的增加，再结晶后的晶粒越来越细，这是由于随着变形程度的增加，变形越发均匀，使再结晶核心数目增多的结果。

　　为了综合考虑加热温度和预先变形度对再结晶晶粒大小的影响，常将三者的关系综合表达在一个立体图中，即所谓"再结晶全图"，如图2-50所示，它对于制订热加工工艺具有重要意义。

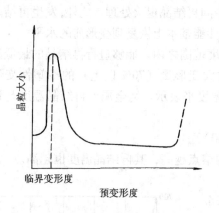

图 2-49　预先变形度对再结晶
晶粒大小的影响

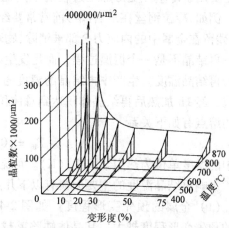

图 2-50　纯铁的再结晶全图

三、金属的热加工

1. 热加工与冷加工的区别

　　利用塑性变形来成形零件的工艺包括冷、热加工两种工艺。凡在金属的再结晶温度以下进行的塑性变形称为冷加工；而在再结晶温度以上进行的塑性变形称为热加工。热加工时产生的加工硬化现象随时被再结晶过程产生的软化所抵消，因而热加工通常不会带来强化效果。

2. 热加工对金属组织与性能的影响

　　金属材料经过热加工后，其组织与性能均发生了明显的变化。

　　1）热加工使铸态金属中的气孔、疏松、微裂纹焊合，提高金属的致密度，明显改善材料的塑性和韧性。

　　2）热加工能打碎铸态金属中的粗大树枝晶和柱状晶，通过控制加工的变形度和加工终了温度，可获得细小均匀、等轴的再结晶晶粒，从而使金属的力学性能全面提高。

　　3）热加工可使各种可变形的夹杂物沿变形方向拉长呈流线分布，也称为纤维组织。流线使金属的力学性能特别是塑性和韧性具有明显的方向性（纵向性能大于横向性能）。因此热加工时应力求使流线合理分布。如图2-51a所示的曲轴采用锻造成形，其流线分布是合理的；而采用经轧制的原材料直接切削加工成形，其流线分布是错误的（图2-51b），易于造成断裂破坏。

4）热加工常会使复相合金中的各个相沿着加工变形方向交替地呈带状分布，称为带状组织。不同材料中产生带状组织的原因不完全一样。例如，在含磷量偏高的亚共析钢内，铸态树枝晶间富磷贫碳，热加工时它们沿着变形方向延伸拉长。当冷却转变时，这些贫碳区域优先形成先共析铁素体，而其两侧的富碳区域则随后转变成珠光体，形成了带状组织。

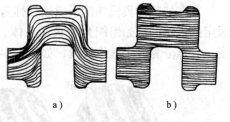

图 2-51 曲轴流线分布示意图
a）锻造曲轴 b）切削加工曲轴

带状组织会使金属材料的力学性能产生方向性，特别是横向塑性和韧性明显降低。一般带状组织可以通过正火来消除，但由严重的磷偏析所引起的带状组织则较难消除，需用高温均匀化退火及随后的正火来改善。

第四节 钢的热处理

热处理是将固态金属或合金在一定介质中加热、保温和冷却，以改变材料整体或表面组织，从而获得所需性能的一种热加工工艺（图 2-52）。热处理之所以能使钢的性能发生很大变化，主要是由于钢经过不同的加热与冷却后，使其组织结构发生了变化。钢中组织转变的规律通常称为热处理原理，内容涉及钢的加热转变、冷却转变和回火转变。而根据热处理原理制订的具体加热温度、保温时间、冷却方式等参数就是热处理工艺。常用热处理工艺可分为普通热处理（退火、正火、淬火和回火）、表面热处理（表面淬火和化学热处理）和特殊热处理等。

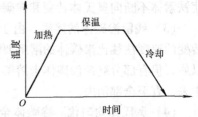

图 2-52 热处理工艺曲线示意图

一、钢在加热时的组织转变

形成奥氏体组织的状况，如化学成分、均匀程度、晶粒大小等会直接影响奥氏体冷却转变过程以及转变后的组织和性能，因此，研究加热时奥氏体的形成过程具有重要意义。

由 Fe-Fe$_3$C 相图可知，将共析钢加热到 A_1 以上全部变为奥氏体；而亚共析钢和过共析钢必须加热至 A_3 和 A_{cm} 以上才能获得单相奥氏体。实际情况下，钢在加热时的相变并不按照相图上所示的临界温度进行，大多有不同程度的滞后现象产生，即实际加热转变温度往往要偏离平衡的临界温度，冷却时也是如此。随着加热和冷却速度的提高，滞后现象将越加严重。图 2-53 所示为钢的加热和冷却速度分别为 7.5℃/h 时对临界温度的影响。通常把加热时的临界温度标以字母"c"，如 Ac_1、Ac_3、Ac_{cm} 等；把冷却时的临界温度标以字母"r"，如 Ar_1、Ar_3、Ar_{cm}

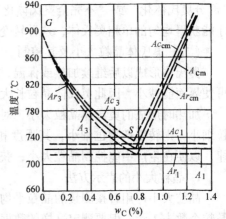

图 2-53 加热和冷却速度对临界温度的影响

等。

（一）奥氏体的形成过程

钢在加热时奥氏体的形成过程称为奥氏体化。这里以共析钢的奥氏体形成过程为例，并假定共析钢的原始组织为片状珠光体。当加热至 Ac_1 以上时将会发生珠光体向奥氏体的转变，它可分为四个基本阶段，如图 2-54 所示。

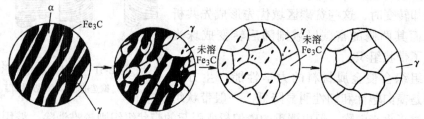

图 2-54　共析钢中奥氏体形成过程示意图

（1）奥氏体形核　奥氏体的晶核优先在铁素体与渗碳体的界面上形成，因为界面上的碳浓度不均匀，原子排列也不规则，处于能量较高状态，为形核提供了有利条件。

（2）奥氏体晶核长大　奥氏体晶核形成以后即开始长大，它是依靠铁、碳原子的扩散，使铁素体不断向奥氏体转变和渗碳体不断溶入到奥氏体中去而进行的。

（3）残留渗碳体的溶解　由于铁素体的含碳量及结构与奥氏体相近，铁素体向奥氏体转变的速度往往比渗碳体的溶解要快，因此铁素体总是比渗碳体消失得早。铁素体全部消失以后，仍有部分剩余渗碳体未溶解，随着时间的延长，这些剩余渗碳体不断地溶入到奥氏体中去，直至全部消失。

（4）奥氏体均匀化　渗碳体全部溶解完毕时，奥氏体的成分是不均匀的，原来是渗碳体的区域含碳量较高，而原来是铁素体的区域含碳量较低，只有延长保温时间，通过碳原子的扩散才能获得均匀的奥氏体。

对于亚共析钢和过共析钢来说，加热至 Ac_1 以上并保温足够长的时间，只能使原始组织中的珠光体完成奥氏体化，仍会保留先共析铁素体或先共析渗碳体，这种奥氏体化过程称为"部分奥氏体化"或"不完全奥氏体化"。只有进一步加热至 Ac_3 或 Ac_{cm} 以上保温足够时间，才能获得均匀的单相奥氏体，这种转变称为非共析钢的"完全奥氏体化"。

（二）奥氏体晶粒大小及其控制

奥氏体形成以后继续加热或保温，将发生奥氏体晶粒的长大。由于晶粒长大，减少晶界可使界面能减小，因此奥氏体晶粒长大在热力学上是一种自发趋势。

加热时形成的奥氏体晶粒大小，对冷却后产物的组织和性能有着重要的影响。奥氏体晶粒细小，则转变产物也细小，其强度和韧性相应都较高。故需要了解奥氏体晶粒的长大规律，以便在生产中能控制晶粒大小，获得所需性能。

1. 晶粒大小的表示方法

晶粒大小可用直接测量的晶粒平均直径来表示，也可用单位体积或单位面积内所包含的晶粒个数来表示，但要测定这样的数据是很烦琐的，所以目前广泛采用的是与标准金相图片（标准评级图）相比较的方法来评定晶粒大小的级别。通常将晶粒大小分为 8 级，1 级最粗、8 级最细。通常 1～4 级为粗晶粒度，5～8 级为细晶粒度。

2. 奥氏体晶粒度的概念

在某一具体的加热条件下所得到的奥氏体晶粒大小称为实际晶粒度，它直接影响钢冷却后所获得产物的组织和性能。钢的成分和冶炼条件不同，加热时其晶粒长大倾向也不同，用以表明奥氏体晶粒长大倾向的晶粒度称为本质晶粒度。确定是本质粗晶粒钢还是本质细晶粒钢并不需要测出晶粒大小随温度变化的曲线，通常采用标准实验方法，即将钢加热到（930±10）℃，保温3~8h后测定奥氏体晶粒大小，如晶粒大小级别在1~4级，称为本质粗晶粒钢；如晶粒大小在5~8级，则称为本质细晶粒钢。需要指出的是，超过930℃时本质细晶粒钢也可能得到很粗大的奥氏体晶粒，甚至比同温度下本质粗晶粒钢的晶粒还粗。因此，本质晶粒度只表明930℃以下奥氏体晶粒的长大倾向。

3. 奥氏体晶粒大小的控制

钢在奥氏体化时为了控制奥氏体晶粒的大小，必须着手从控制影响奥氏体晶粒大小的因素去考虑。

（1）加热温度和保温时间　加热温度越高，保温时间越长，奥氏体晶粒越粗大，因为这与原子扩散密切相关。为了获得一定尺寸的奥氏体晶粒，可同时控制加热温度和保温时间，相比之下，加热温度作用更大，因此必须要严格控制。

（2）加热速度　加热速度越快，过热度越大，奥氏体实际形成温度越高，可获得细小的起始晶粒。由于温度较高且晶粒细小，反而使晶粒易于长大，故保温时间不能太长。生产中常采用快速加热、短时保温的方法来细化奥氏体晶粒，甚至可获得超细晶粒。

（3）钢的化学成分　在一定含碳量范围内随着奥氏体中含碳量的增加，促进碳在奥氏体中的扩散速率及铁原子自扩散速率的提高，故晶粒长大倾向增大。若含碳量超过一定量后（超过共析成分），由于奥氏体化时尚有一定数量的未溶碳化物存在，且分布在奥氏体晶界上，起到了阻碍晶粒长大的作用，反而使奥氏体晶粒长大倾向减小。

合金元素 Ti、Zr、V、Nb、Al 等，当其形成弥散稳定的碳化物和氮化物时，由于分布在晶界上，因而阻碍晶界的迁移，阻止奥氏体晶粒长大，有利于得到本质细晶粒钢。Mn 和 P 是促进奥氏体晶粒长大的元素。

二、钢在冷却时的组织转变

（一）过冷奥氏体等温转变曲线和连续冷却转变曲线

热处理时常用的冷却方式有两种：一是连续冷却，即将奥氏体化后的钢件以一定的冷却速度从高温一直连续冷却至室温，在连续冷却过程中完成的组织转变称为连续冷却转变；二是等温冷却，即把奥氏体化后的钢件迅速冷却到临界点以下某一温度，等温保持一定时间后再冷至室温，在保温过程中完成的组织转变称为等温转变。另外，由于冷却过程大多不是极其缓慢的，得到的组织是不平衡组织，因此，Fe-Fe$_3$C 平衡相图的转变规律已不适用。此时，人们利用通过实验测得的过冷奥氏体等温转变图和连续冷却转变图来分析奥氏体在不同冷却条件下的组织转变规律，并用以指导生产实践。

1. 共析钢过冷奥氏体等温转变图

奥氏体在临界点以上为稳定相，不会发生转变，冷却至临界点以下处于不稳定状态，将会发生分解，这种在临界点以下暂时存在的奥氏体称为过冷奥氏体。可用多种方法来显示出过冷奥氏体的恒温转变过程。如对共析钢，通过金相-硬度法可测出过冷奥氏体在不同温度下发生转变的开始时间和终了时间，把它们标注在温度-时间坐标中，然后分别连接转变开始点和转变终了点，就可得到该钢的过冷奥氏体等温转变图。如图 2-55 所示，图中的左边一条线为过冷奥氏体转变开始线，右边一条线为过冷奥氏体转变终了线。在曲线下部还有两条水平线，分别表示奥氏体向马氏体转变的开始温度 Ms 线和转变结束温度 Mf 线。实验表明，当过冷奥氏体快速冷却至不同的温度区间进行等温转变时，可能得到不同的产物及组织。需要指出的是，过冷奥氏体在各个温度下等温并非一开始就转变，而是历经一定时间后才开始转变，这段时间称为孕育期，孕育期的长短反映了过冷奥氏体稳定性的大小。

亚共析钢和过共析钢的等温转变图与共析钢的不同，区别在于分别在其上方多了一条过冷奥氏体转变为铁素体的转变开始线和过冷奥氏体析出二次渗碳体的开始线，如图 2-56、图 2-57 所示。

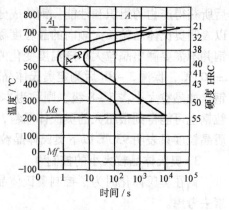

图 2-55 共析钢过冷奥氏体等温转变图

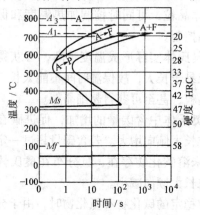

图 2-56 45 钢过冷奥氏体等温转变图

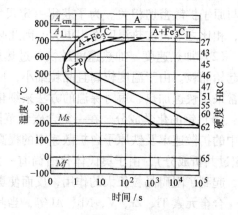

图 2-57 T10 钢过冷奥氏体等温转变图

2. 过冷奥氏体连续冷却转变图

在实际生产中，普遍采用的冷却方式是连续冷却，因此，研究过冷奥氏体在连续冷却过程中的组织转变规律具有很大的实际意义。

连续冷却转变图也是通过实验测定出来的。共析钢的连续冷却转变如图 2-58 所示，图中 Ps 和 Pf 线分别表示珠光体转变的开始线和终了线；KK' 线是珠光体转变的中止线。冷却曲线碰到 KK' 线时奥氏体就不再发生珠光体转变，而一直保持到 Ms 点以下发生马氏体转变。由图 2-58 可知，共析钢以大于 v_K 的速度冷却时，由于遇不到珠光体转变线，得到的组织为马氏体，这个冷却速度称为上临界冷却速度。v_K 越小，钢越易得到马氏体。当冷却速度小于 $v_{K'}$ 时，钢将全部转变为珠光体，$v_{K'}$ 为下临界冷却速度。当实际冷却速度介于 v_K 与 $v_{K'}$ 之间时，先发生珠光体转变，后发生马氏体转变。

共析钢连续冷却时没有贝氏体形成（无贝氏体转变区）。

（二）珠光体转变

共析成分的奥氏体在 $A_1 \sim 550℃$ 温度范围内等温停留时，将发生珠光体转变，形成铁素体和渗碳体两相组成的机械混合物——珠光体，因转变的温度较高，也称为高温转变。由于发生珠光体转变时形成的两个新相之间以及它们和母相之间的化学成分差异很大、晶体结构截然不同，因此，在转变的过程中必然发生碳的重新分布和铁原子晶格的改组；还由于相变发生在较高的温度区间，铁、碳原子均能扩散，所以珠光体转变是典型的扩散型相变。

1. 珠光体的组织形态

珠光体的组织有两种形态，一种是片状珠光体，另一种是球状或粒状珠光体。在奥氏体化过程中剩余渗碳体溶解和碳浓度均匀化比较完全的条件下，冷却分解得到的珠光体通常呈片状，其金相形态是铁素体和渗碳体交替排列成层片状，如图 2-59 所示；当奥氏体化温度较低，成分不太均匀，尤其是组织中有未溶渗碳体粒子存在时，随后缓慢冷却通常得到粒状珠光体，在这种组织中渗碳体呈颗粒状分布在铁素体基体中，如图 2-60 所示。

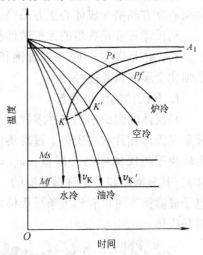

图 2-58 共析钢的
连续冷却转变图

在片状珠光体中，按片间距的大小可将其分为三类：$A_1 \sim 650℃$ 之间形成的片层较粗的珠光体，在光学显微镜下能明显分辨其片层形态，称为珠光体，以符号"P"表示；$650 \sim 600℃$ 之间形成的片层较细的珠光体，在高倍光学显微镜下可分辨其片层形态，称为索氏体，以符号"S"表示；$600 \sim 550℃$ 之间形成的片层极细的珠光体，其片层形态只有在电子显微镜下才能分辨清楚，称为托氏体，以符号"T"表示。珠光体、索氏体和托氏体三者同属于由铁素体 + 渗碳体组成的片层状珠光体型组织，其区别仅在于片层粗细不同。

图 2-59 片状珠光体组织（500×）

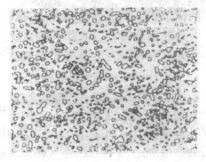

图 2-60 粒状珠光体组织（1500×）

2. 珠光体的力学性能

片状珠光体的性能主要取决于珠光体的片层间距。片层间距越小，则强度和硬度越高（如粗片状珠光体的硬度为 $5 \sim 25HRC$，索氏体的硬度为 $25 \sim 35HRC$，而托氏体的硬度为 $36 \sim 42HRC$），塑性和韧性也越好。

形成粒状珠光体时，转变温度越低，渗碳体的颗粒越细小，则钢的强度和硬度越高。在相同硬度下，粒状珠光体比片状珠光体的综合力学性能优越得多，这是因为粒状渗碳体不易产生应力集中和裂纹所致。共析钢、过共析钢淬火前的组织一般为粒状珠光体。

（三）马氏体转变

马氏体的转变发生在比较低的温度区域内，所以在转变过程中铁和碳原子都不能进行扩散，因而不发生浓度变化（马氏体和奥氏体具有同样的化学成分），只发生铁的晶格改组，由面心立方晶格变成体心正方晶格。

马氏体转变是典型的无扩散性相变，以共格切变的方式进行，故也称为切变型相变。

马氏体是碳在 α-Fe 中的过饱和固溶体，具有非常高的强度和硬度。所以，马氏体转变是强化金属的重要途径之一。

1. 马氏体的组织形态

马氏体的组织形态多种多样，但大量的研究结果表明，钢中马氏体有两种基本形态，即板条马氏体和片状马氏体。过冷奥氏体向马氏体转变时，是形成板条状还是片状马氏体，主要取决于奥氏体中的含碳量。$w_C < 0.25\%$ 时，基本上形成板条马氏体（也称为低碳马氏体），其显微组织是由许多成群的、相互平行排列的板条组成，如图 2-61 所示。在高倍透射电子显微镜下可以看到板条马氏体内有高密度的位错缠结的亚结构，故板条马氏体又称为位错马氏体。

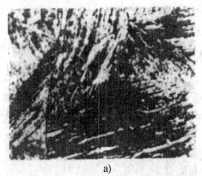
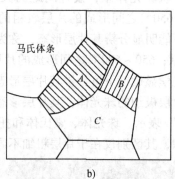

图 2-61　板条马氏体的组织形态
a）板条马氏体组织（1000×）　b）板条马氏体示意图

当 $w_C > 1.0\%$ 时，奥氏体几乎只形成片状马氏体（针状马氏体），在显微镜下观察时呈针状或竹叶状，如图 2-62 所示。高倍透射电子显微镜分析表明，片状马氏体内部的亚结构主要是孪晶，因此，片状马氏体又称为孪晶马氏体。

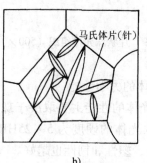

图 2-62　片状马氏体的组织形态
a）片状马氏体组织（1500×）　b）片状马氏体示意图

$w_C = 0.25\% \sim 1.0\%$ 之间的奥氏体则形成上述两种马氏体的混合组织，含碳量越高，板条马氏体量越少而片状马氏体量越多。

2. 马氏体的力学性能

马氏体最主要的力学性能特点就是具有高硬度、高强度。马氏体的硬度主要取决于马氏体的含碳量，通常情况是随含碳量的增加而提高。但需注意，淬火钢的硬度并不代表马氏体的硬度，因为淬火钢中还可能混有其他组织（如二次渗碳体和残留奥氏体）。只有当残留奥氏体量很少时，钢的硬度与马氏体的硬度才趋于一致。

马氏体高强度、高硬度的原因是多方面的，其中主要包括碳原子的固溶强化、相变强化以及时效强化。

1）间隙碳原子固溶在 α-Fe 点阵的扁八面体间隙中，不仅使点阵膨胀，还使点阵发生不对称畸变，形成一个强烈的应力场。该应力场与位错发生强烈的交互作用，从而提高马氏体的强度，即产生固溶强化作用。

2）马氏体转变时在晶体内造成大量的亚结构，板条马氏体的高密度位错网、片状马氏体的微细孪晶都将阻碍位错运动，从而使马氏体强化，此即相变强化。

3）时效强化也是一个重要的强化因素。马氏体形成以后，碳及合金元素的原子向位错或其他晶体缺陷处扩散偏聚或析出，钉扎位错，使位错难以运动，从而造成马氏体强化。

此外，原始奥氏体晶粒越细，马氏体板条束或马氏体片的尺寸越小，则马氏体强度越高，这是由于马氏体相界面阻碍位错运动而造成的。

马氏体的塑性和韧性主要取决于它的亚结构。大量实验结果证明，在相同屈服强度条件下，板条（位错）型马氏体比片状（孪晶）型马氏体的韧性要好得多。片状马氏体具有高的强度，但韧性很差，性能特点表现为硬而脆。其主要原因是片状马氏体的含碳量高，晶格畸变大，同时马氏体高速形成时互相撞击使得片状马氏体中存在许多显微裂纹。

3. 马氏体转变的主要特点

马氏体转变是在较低的温度下进行的，因而具有一系列特点，主要包括以下几种：

1）无扩散性。马氏体的形成无需借助于扩散过程，主要原因有两个：①转变前后没有化学成分的改变，即奥氏体与马氏体的化学成分一致；②马氏体可在很低的温度下以高速形成，例如，在 $-20 \sim -196\,^\circ\!C$ 之间，一片马氏体经 $5 \times 10^{-5} \sim 5 \times 10^{-7}\,s$ 即可形成，在这样低的温度下，原子难以扩散，如此快的形成速度原子也来不及扩散。

2）转变是在一个温度范围内进行的。马氏体转变是在 $Ms \sim Mf$ 的温度范围内进行的，其转变量随温度的下降而增加，一旦温度停止下降，转变立即中止。可见马氏体的转变量只是温度的函数，与在 $Ms \sim Mf$ 温度范围内的停留时间无关。

3）转变不完全。多数钢的 Mf 点在室温以下，因此冷却到室温时仍会保留相当数量未转变的奥氏体，称之为残留奥氏体，常用 Ar 表示。奥氏体的含碳量越高，Ms、Mf 就越低，所以残留奥氏体量就越高。

（四）贝氏体转变

贝氏体转变是过冷奥氏体在等温转变图的"鼻尖"处温度至 Ms 点范围内进行的转变。因转变的温度介于珠光体与马氏体转变温度之间，故又称贝氏体转变为中温转变。贝氏体是碳化物（渗碳体）分布在碳过饱和的铁素体基体上的两相混合物。发生贝氏体转变时碳原子扩散而铁原子不扩散，因此贝氏体转变属于半扩散型转变。

1. 贝氏体的组织形态

根据转变温度不同，可将贝氏体分为上、下两种贝氏体。

（1）上贝氏体　共析钢上贝氏体在 550℃（"鼻尖"温度）至 350℃ 之间形成。在光学显微镜下观察，典型上贝氏体组织形态呈羽毛状（图 2-63a）；电子显微镜研究表明，上贝氏体是由许多平行排列的铁素体条，以及条之间不连续的短杆状渗碳体组成（图 2-63b）。

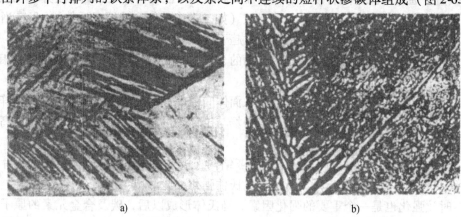

图 2-63　上贝氏体形态
a）光学显微照片（600×）　b）电子显微照片（5000×）

（2）下贝氏体　共析钢下贝氏体在 350℃ 至 Ms 之间形成。在光学显微镜下观察，下贝氏体呈黑色针状或竹叶状（图 2-64a）；在电子显微镜下可以看到，在下贝氏体的针片状铁素体内成行地分布着微细的碳化物（图 2-64b）。需要指出的是，下贝氏体中的针状铁素体是含碳过饱和的固溶体。

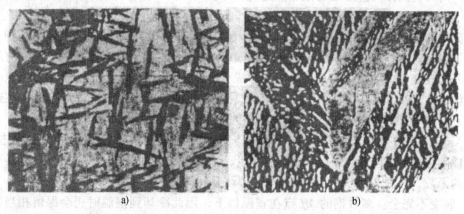

图 2-64　下贝氏体形态
a）光学显微照片（500×）　b）电子显微照片（10000×）

2. 贝氏体的力学性能

贝氏体的力学性能主要取决于其组织形态。上贝氏体的形成温度较高，其铁素体条粗大，塑性变形抗力较低；同时，渗碳体分布在铁素体条之间，易于引起脆断，因此，上贝氏体的强度和韧性均差。下贝氏体形成温度较低，铁素体细小且分布均匀，铁素体内碳的过饱和度大，位错密度高，碳化物细小弥散。所以，下贝氏体不仅强度高，而且韧性也好，表现为具有较好的综合力学性能，是一种很有应用价值的组织。

三、钢在回火时的组织转变

共析钢经淬火后的室温组织主要是马氏体或马氏体加残留奥氏体，它们在室温下都处于亚稳定状态，有自发地转变为铁素体加渗碳体的稳定组织的倾向。通过低于 A_1 点的加热，可以加速原子的扩散过程，促使其加快向稳定组织的转变并充分地进行，保证在使用过程中组织不再转变，进而尺寸也不会改变。这种组织转变即为回火转变，大体可分为以下四个阶段。

1. 马氏体分解（100~200℃）

在100℃以上回火时，马氏体开始发生分解，从过饱和 α 固溶体中析出弥散的 ε 碳化物，这种碳化物的成分和结构不同于渗碳体，是亚稳定相。随着回火温度的升高，马氏体中的含碳过饱和度不断下降。高碳钢淬火后在200℃以下回火时，得到具有一定过饱和度的 α 固溶体和弥散分布的 ε 碳化物组成的复相组织，称为回火马氏体（图6-65a）。

2. 残留奥氏体转变（200~300℃）

在200~300℃之间回火时，钢中的残留奥氏体将会发生分解，分解的产物是过饱和的 α 固溶体和 ε 碳化物组成的复相组织，相当于回火马氏体或下贝氏体。

3. 碳化物转变（300~400℃）

在300~400℃范围内回火时，ε 碳化物将自发地向稳定相渗碳体转变。至400℃左右，α 固溶体也已完成分解，处于饱和状态，但仍保持针状外形。这种由饱和针状的 α 固溶体和

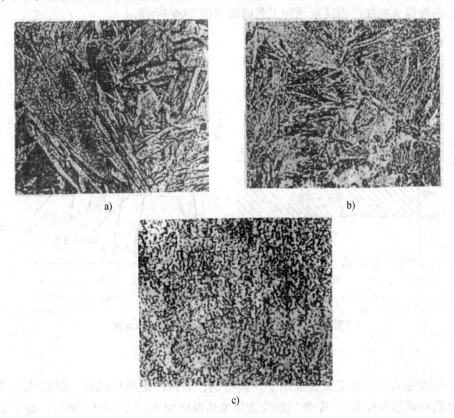

a)　　　　　　　　　　　　b)

c)

图 2-65　钢回火后的组织

a）回火马氏体（5000×）　b）回火托氏体（2000×）　c）回火索氏体（1000×）

细小颗粒状的渗碳体组成的组织称为回火托氏体（图 2-65b）。

4. 渗碳体聚集长大和 α 相的再结晶（400℃以上）

当回火温度升高到 400℃以上时，渗碳体明显聚集长大。在这同时，α 相的状态也在不断发生变化。一般地说，回火温度升高到 400℃以上时 α 相发生回复，至 600℃时 α 相发生再结晶，从而失去针状形态，形成等轴状的铁素体。这种由等轴的 α 相和粗粒状的渗碳体组成的组织称为回火索氏体（图 2-65c）。

四、钢的普通热处理

（一）退火与正火

退火或正火是将钢加热到一定温度并保温一定时间以后，以缓慢的速度冷却下来，使之获得达到或接近平衡状态的组织的热处理工艺。退火和正火在工艺上的主要区别是前者一般随炉冷却，而后者一般在空气中冷却；在组织上的区别是前者获得接近平衡状态的组织，而后者则获得较细的珠光体型组织。工业上采用退火或正火的目的在于消除工件的内应力、改善组织、提高加工性能、为下道工序做好组织与性能的准备等。所以，退火和正火是一种先行工艺，具有承上启下的作用，因此又被称为预备热处理。对于一些受力不大、性能要求不高的零件及一些普通铸件和焊件，退火或正火也可作为最终热处理。

1. 退火

退火是钢的热处理工艺中应用最广、种类最多的一种工艺，不同种类的退火其目的也各不相同。各种退火的加热温度范围和工艺曲线如图 2-66 所示。

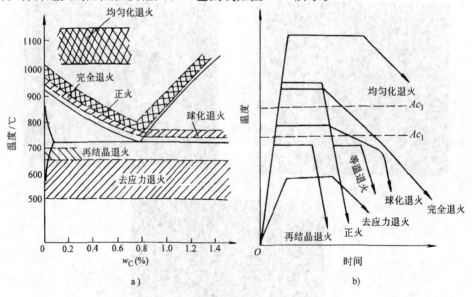

图 2-66　碳钢各种退火和正火工艺规范示意图
a）加热温度范围　b）工艺曲线

（1）完全退火　完全退火主要用于亚共析钢，其目的是细化晶粒、降低硬度以改善切削加工性能和消除内应力。"完全"的含意是加热温度为 Ac_3 以上 20～30℃，处于完全奥氏体化。亚共析钢经完全退火后得到的组织是铁素体加珠光体。过共析钢不能采用完全退火处理，因为加热到 Ac_{cm} 以上而后慢冷时会出现网状渗碳体，使钢的韧性大大降低。

(2) 等温退火 等温退火的加热工艺与完全退火相同。"等温"的含意是发生珠光体转变时，是在 Ar_1 以下珠光体转变区间的某一温度等温进行，一般可在等温转变图的"鼻尖"附近温度进行等温，等温转变之前和之后可以稍快地进行冷却。之所以采用等温退火，是由于能有效缩短退火时间，提高生产效率并能获得均匀的组织和性能。

(3) 球化退火 球化退火主要用于过共析钢和合金工具钢，其目的是降低硬度、均匀组织、改善切削性能，为淬火做好组织准备。"球化"的含意是经过这种处理以后使钢中的碳化物呈球状（粒状），即获得粒状珠光体。球化退火的加热温度一般为 Ac_1 以上 20～30℃，以便保留较多的未溶碳化物粒子，促进球状碳化物的形成。

(4) 均匀化退火 铸锭或铸件在凝固过程中不可避免地要产生枝晶偏析等化学成分不均匀现象，为达到化学成分的均匀化，必须对其进行均匀化退火。均匀化退火的特点是，加热温度高（一般在 Ac_3 或 Ac_{cm} 以上 150～300℃）、保温时间长（10h 以上）。因此，均匀化退火后钢的晶粒很粗大，需要再进行一次正常的完全退火或正火处理。

(5) 去应力退火 这种退火主要用来消除因变形加工及铸造、焊接过程中引起的残留内应力，以提高工件的尺寸稳定性，防止变形和开裂。去应力退火的工艺一般是将工件随炉缓慢加热至 500～650℃，经一段时间保温后随炉缓慢冷却至 300～200℃ 以下出炉。缓冷的目的是为了避免重新产生较大的内应力。去应力退火不引起组织变化。

(6) 再结晶退火 将冷变形后的金属加热到再结晶温度以上，保持适当的时间，使变形晶粒重新转变为均匀的等轴晶粒，这种热处理工艺称为再结晶退火。再结晶退火的目的是消除加工硬化、提高塑性、改善切削加工性及成形性能。再结晶退火的加热温度通常比理论再结晶温度高 100～150℃，常在去应力退火温度之上，如一般钢材的再结晶退火温度为 650～700℃。再结晶退火多用于需要进一步冷变形钢件的中间退火，也可作为冷变形钢材及其他合金成品的最终热处理。

再结晶退火的加热温度低于 A_1，所以在退火过程中只有组织上的改变，而没有相变发生。

2. 正火

正火的加热温度为 Ac_3 或 Ac_{cm} 以上 30～50℃，即处于完全奥氏体化状态；保温时间的确定要保证奥氏体成分大致均匀；保温以后的冷却方式为在空气中进行，对大件也可采用吹风、喷雾和调节工件堆放距离等方式控制钢的冷却速度，以获得所需要的组织和性能。由于正火比退火的冷却速度大，故珠光体的片层间距较小，因而正火后强度、硬度较高。

低碳钢经完全退火后，往往由于硬度过低而不利于切削加工，所以低碳钢和某些低碳低合金钢采用正火来调整硬度，改善切削加工性能。过共析钢加热到 Ac_{cm} 以上时碳化物全部溶入到奥氏体中，空冷可抑制先共析碳化物的析出。所以，过共析钢的正火是为了消除网状碳化物。某些受力不大、性能要求不高的中碳钢和中碳低合金钢件，其正火后的力学性能尚能满足要求，可作为最终热处理。

（二）淬火

将钢加热到 Ac_1 或 Ac_3 以上，保温一定时间，然后快速冷却以获得马氏体组织的热处理工艺称为淬火。淬火是钢的最重要的强化方法。

1. 淬火加热温度

淬火加热温度的选择应以得到细而均匀的奥氏体晶粒为原则，以便冷却后获得细小的马氏体组织。亚共析钢的淬火加热温度通常为 Ac_3 以上 30~50℃；过共析钢的淬火加热温度通常为 Ac_1 以上 30~50℃。亚共析钢若在 Ac_1~Ac_3 之间加热，淬火组织中会保留因不完全奥氏体化加热而存在的铁素体，使工件淬火后硬度不均，强度和硬度降低。过共析钢若在 Ac_{cm} 以上加热，先共析渗碳体将全部溶入奥氏体中，使奥氏体的含碳量增加，Ms 点和 Mf 点降低，淬火后不仅保留大量残留奥氏体，而且马氏体粗大，因而耐磨性较差，韧性降低。

2. 淬火冷却介质

常用的淬火冷却介质是水和油。水在 650~550℃ 区间冷却能力较强，在 200~300℃ 区间冷却能力仍较强，但对减少变形开裂不利，主要用于形状简单、截面较大的碳钢零件的淬火。油在低温区冷却能力合适，但在高温区冷却能力很低，一般用作合金钢的淬火冷却介质。

为了减少零件淬火时的变形，盐浴也常用作淬火冷却介质，主要用于分级淬火和等温淬火。

3. 淬火方法

为了保证获得所需要的淬火组织，又要防止变形和开裂，必须采用已有的淬火冷却介质再配以各种冷却方法才能解决。常用的淬火方法包括单液淬火、双液淬火、分级淬火和等温淬火等，如图 2-67 所示。

单液淬火法采用一种介质冷却，操作简单，易实现机械化，应用较广。缺点是水淬变形开裂倾向大，油淬冷却速度低，淬透直径小，大件淬不硬。双液淬火和分级淬火能有效地减少热应力和相变应力，降低工件变形和开裂的倾向，可用于形状复杂和截面不均匀的工件淬火。等温淬火大大降低钢件的内应力，减少变形，适用于处理复杂和精度要求高的小件，如弹簧、螺栓、小齿轮及丝锥等，其缺点是生产周期长、效率低。

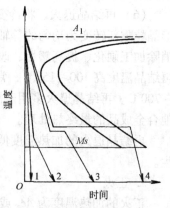

图 2-67　不同淬火方法示意图
1—单液淬火　2—双液淬火
3—分级淬火　4—等温淬火

4. 钢的淬透性

钢的淬透性是指钢在淬火时获得马氏体的能力，其大小通常用规定条件下淬火获得淬透层的深度（又称为有效淬硬深度）来表示，淬透层越深，其淬透性越好。淬透性是钢本身的固有属性，钢材的合理使用及热处理工艺的制订都与淬透性密切相关。

在钢件未淬透的情况下，从工件表面至半马氏体区（马氏体组织和非马氏体组织各占一半的区域）的距离作为淬透层深度。

淬透性可用"末端淬火法"测定。将标准试样（$\phi25mm \times 100mm$）奥氏体化后，迅速放入冷却装置喷水冷却。规定喷水管内径为 12.5mm，水柱自由高度为（65±5）mm，试验过程如图 2-68a 所示。试样上距末端越远的部分冷却速度越小，其硬度也随之下降。待试样冷却后，沿其轴线方向相对两侧面各磨去 0.4mm，再从试样顶端起每隔 1.5mm 测量一次硬度，即可得到试样沿轴向的硬度分布曲线，如图 2-68b 所示，称为钢的淬透性曲线。

钢的淬透性用 JHRC-d 表示，其中 d 表示淬透性曲线上测试点至水冷端的距离（mm）；HRC 为该处的硬度值。

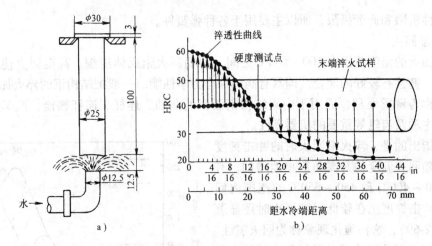

图 2-68　用末端淬火法测定钢的淬透性

a）试样尺寸及冷却方法　b）淬透性曲线的测定

生产中也常用临界淬火直径表示钢的淬透性。所谓临界淬火直径，是指圆棒试样在某淬火冷却介质中淬火时所能得到的最大淬透直径（即心部被淬成半马氏体的最大直径），用 D_0 表示。在相同冷却条件下，D_0 越大，钢的淬透性越好。

钢的淬透性会直接影响热处理后的力学性能，在生产中具有重要的实际意义。例如，工件整体淬火时，若其淬透性低，心部不能淬透，则力学性能低，尤其冲击韧度更低，不能充分发挥材料的性能潜力。

需要指出的是，在同样奥氏体化条件下，同一种钢的淬透性是相同的。但是，水淬比油淬的淬透层深，小件比大件的淬透层深。但决不能说同一种钢水淬比油淬的淬透性好，也不能说小件比大件的淬透性好。讨论淬透性时，必须排除工件的形状尺寸和淬火冷却介质的冷却能力等条件的影响。

钢的淬硬性是指淬火后马氏体所能达到的最高硬度，淬硬性主要取决于马氏体的含碳量，与淬透性含义不同，不能混淆。

（三）回火

将淬火后的钢件加热到 Ac_1 以下某一温度，保温一定时间后冷却至室温的热处理工艺称为回火。

钢件淬火后必须及时回火后才能使用，因此回火必然是作为最终热处理与淬火并用。淬火钢经回火后可以减小或消除淬火应力，稳定组织，提高钢的塑性和韧性，从而使钢的强度、硬度和塑性、韧性得到适当配合，以满足不同工件的性能要求。按照回火温度范围不同，可将回火分为以下几种：

1. 低温回火

低温回火的温度范围在 150~250℃ 之间。回火的目的是降低应力和脆性，获得回火马氏体组织，使钢具有高的硬度、强度和耐磨性。低温回火一般用来处理要求高硬度和高耐磨性的工件，如刀具、量具、滚动轴承和渗碳件等。

2. 中温回火

中温回火的温度范围在 350~500℃ 之间，回火后的组织为回火托氏体。中温回火后具有高的弹性极限和疲劳极限，所以主要用于各种弹簧件。

3. 高温回火

高温回火的温度范围在 500～650℃ 之间，得到回火索氏体组织。高温回火使工件的强度、塑性、韧性有较好的配合，即具有高的综合力学性能。一般把结构钢的淬火加高温回火的热处理称为调质处理，适用于中碳结构钢制作的曲轴、连杆、连杆螺栓、汽车拖拉机半轴、机床主轴及齿轮等重要的机器零件。

需要指出的是，淬火钢回火时的冲击韧度并不总是随回火温度的升高而简单地增加，有些钢在 250～400℃ 和 450～650℃ 的范围内回火时，其冲击韧度比较低温度回火时还显著下降（图 2-69），这种脆化现象称为回火脆性。在 250～400℃ 回火时出现的脆性称为不可逆回火脆性；而在 450～650℃ 回火时出现的脆性称为可逆回火脆性。

不可逆回火脆性又叫第一类回火脆性，几乎所有淬成马氏体的钢在 300℃ 左右回火后都存在这类脆性。为了防止不可逆回火脆性，通常的办法是避免在脆化温度范围内回火。有时为了保证要求的力学性能必须在脆化温度回火时，可采取等温淬火。

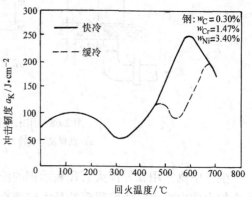

图 2-69 铬镍钢的韧性与回火温度的关系

可逆回火脆性也叫做第二类回火脆性，主要出现在合金结构钢中。例如，含有 Cr、Ni、Mn 等元素的钢在 600℃ 以上加热后缓冷通过 450～550℃ 脆化温度区，将出现脆性；但若加热后快冷则不产生脆性。

五、钢的表面热处理

（一）钢的表面淬火

表面淬火是将工件表面快速加热到淬火温度，然后迅速冷却，仅使表面层获得淬火组织，而心部仍保持淬火前组织的热处理方法。表面淬火的方法有很多，如感应淬火、火焰淬火、接触电阻加热淬火、激光淬火以及电子束加热淬火等，其中感应淬火应用最为广泛。

感应加热是利用电磁感应原理，将工件置于用铜管制成的感应圈中，向感应圈通以交变电流，其周围即产生交变磁场，则工件（导体）上必然产生感应电流，即涡流。这种感应电流分布是不均匀的，主要集中在工件表层，其内部几乎没有，此现象又称为趋肤效应（图 2-70）。由于工件本身的阻抗使电能转变成热能而迅速加热表层，几秒钟内就可上升到 800℃ 以上，而心部仍接近于室温。当表层温度升高至淬火温度时，立即喷水冷却使工件表面淬火。工件的感应电流频率与感应圈的电流频率相同。感应电流的频率越高，电流透入深度越浅，加热层就越薄，淬火后所获得淬硬层也就越薄。生产上就是通过选择电流频率来达

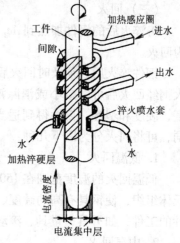

图 2-70 感应淬火示意图

到不同淬硬层深度的要求。常用的电流频率和淬硬层深度的关系见表2-5。

表2-5　常用电流频率与淬硬层深度的关系

电流频率/kHz		高频		中频		工频
		250	8	2.5	1	0.05
淬硬层深 /mm	最小	0.3	1.3	2.4	3.6	17
	最大	2.5~3.0	5.5	10	16	70
	合适	1.0~1.5	2.7	5	8	34

由于感应加热速度极快，使钢的临界点（Ac_1、Ac_3）升高，故感应加热淬火温度（工件表面温度）高于一般淬火温度。还由于加热速度快，奥氏体晶粒不易长大，淬火后获得非常细小的隐晶马氏体组织，使表层硬度比普通淬火硬度高2~3HRC，耐磨性也有较大提高。表面淬火后，淬硬层中马氏体的比体积比原始组织的大，因此表层存在很大的残留压应力，能显著提高零件的弯曲及扭转疲劳强度。由于感应加热速度快、时间短，故无氧化和脱碳现象，且工件变形也很小，易于实现机械化与自动化。感应淬火后，为了减小淬火应力和降低脆性，需进行170~200℃低温回火。

感应加热设备的频率不同，其使用范围也不同。高频感应淬火主要用于中小模数齿轮和轴类零件；中频感应淬火主要用于曲轴、凸轮和大模数齿轮；工频感应淬火主要用于冷轧辊和车轮等。

（二）钢的化学热处理

化学热处理是将钢件置于一定温度的活性介质中保温，使介质中的一种或几种元素原子渗入工件表层，以改变钢件表层化学成分和组织，进而达到改进表面性能，满足技术要求的热处理工艺。表面化学成分改变包括以下三个基本过程：①化学介质的分解，使之释放出待渗元素的活性原子；②活性原子被钢件表面吸收和溶解；③原子由表面向内部扩散，形成一定的扩散层。按表面渗入的元素不同，化学热处理可分为渗碳、渗氮、碳氮共渗、渗硼、渗铝等。目前，生产上应用最广的化学热处理是渗碳、渗氮和碳氮共渗。

1. 渗碳

将钢放入渗碳的介质中加热并保温，使活性碳原子渗入钢的表层的工艺称为渗碳。渗碳的目的是通过渗碳及随后的淬火和低温回火，使表面具有高的硬度、耐磨性和抗疲劳性能，而心部具有一定的强度和良好的韧性配合。渗碳并经淬火加低温回火与表面淬火不同，后者不改变表面的化学成分，而是依靠表面加热淬火来改变表层的组织，从而达到表面强化的目的；而前者则能同时改变表层的化学成分和组织，因而能更有效地提高表层的性能。

（1）渗碳方法　渗碳方法有气体渗碳、固体渗碳和液体渗碳，目前广泛应用的是气体渗碳法。气体渗碳法是将低碳钢或低碳合金钢工件置于密封的炉罐中加热至完全奥氏体化温度，通常是900~950℃，并通入渗碳介质使工件渗碳。气体渗碳介质可分为两大类：一是液体介质（含有碳氢化合物的有机液体），如煤油、苯、醇类和丙酮等，使用时直接滴入高温炉罐内，经裂解后产生活性碳原子；二是气体介质，如天然气、吸热式气氛、丙烷气及煤气等，使用时直接通入高温炉罐内，经裂解后用于渗碳。

（2）渗碳后的组织　常用于渗碳的钢为低碳钢和低碳合金钢，如20钢、20Cr、20CrMnTi、12CrNi3等。渗碳后渗层中的含碳量表面最高，由表及里逐渐降低至原始含碳量。

所以，渗碳后缓冷组织自表面至心部依次为：过共析组织（珠光体＋碳化物）、共析组织（珠光体）、亚共析组织（珠光体＋铁素体）的过渡区，直至心部的原始组织。

根据渗层组织和性能的要求，一般零件表层碳的质量分数最好控制在 0.85% ~ 1.05% 之间，若含碳量过高会出现较多的网状或块状碳化物，含碳量过低则硬度不足，耐磨性差。渗层厚度一般为 0.5 ~ 2.0mm，渗层含碳量变化应当平缓。

（3）渗碳后的热处理　工件渗碳后必须进行适当的热处理，否则就达不到表面强化的目的。渗碳后的热处理方法有直接淬火法、一次淬火法和二次淬火法。

工件渗碳后随炉或出炉预冷到稍高于心部成分的 Ar_3 温度（避免析出铁素体），然后直接淬火，这就是直接淬火法。预冷的目的主要是减少零件与淬火冷却介质的温差，以减少淬火应力和变形，此法效率高、成本低、氧化脱碳倾向小。但因工件在渗碳温度下长时间保温，奥氏体晶粒粗大，淬火后则形成粗大马氏体，性能下降，所以此法只适用于过热倾向小的本质细晶粒钢，如 20CrMnTi 等。

零件渗碳后出炉空冷或置于冷却坑中冷却，然后再重新加热淬火，这种方法称为一次淬火法。一次淬火法可细化渗碳时形成的粗大组织，提高力学性能。淬火温度的选择应兼顾表层和心部，如要强化心部，则加热到 Ac_3 以上，使其淬火后得到低碳马氏体组织；如要强化表层，需加热到 Ac_1 以上。这种方法适用于组织和性能要求较高的零件，在生产中应用广泛。

工件渗碳冷却后两次加热淬火，即为二次淬火法。第一次淬火加热温度一般在心部的 Ac_3 以上，目的是细化心部组织，同时消除表层的网状碳化物；第二次淬火加热温度一般在 Ac_1 以上，使渗层获得细小粒状碳化物和隐晶马氏体，以保证获得高强度和高耐磨性。二次淬火法工艺复杂、成本高、效率低、变形大，仅用于要求表面高耐磨性和心部高韧性的零件。

渗碳件淬火后都要在 160 ~ 180℃ 范围内进行低温回火。淬火加回火后，渗碳层的组织由高碳回火马氏体、碳化物和少量残留奥氏体组成，其硬度可达到 60 ~ 62HRC，具有高的耐磨性。心部组织与钢的淬透性及工件的截面尺寸有关，全部淬透时是低碳马氏体；未淬透时是低碳马氏体加少量铁素体或托氏体加铁素体。

2. 渗氮

渗氮俗称氮化，是指在一定温度下使活性氮原子渗入工件表面的化学热处理工艺。其目的是提高零件的表面硬度、耐磨性、疲劳强度、热硬性和耐蚀性等。渗氮处理的工件变形小（因为渗氮温度低，一般为 500 ~ 600℃），因此在工业中应用也很广泛。常用的渗氮方法有气体渗氮、离子渗氮、氮碳共渗（软氮化）等。生产中应用较多的是气体渗氮。

气体渗氮是将氨气通入加热至渗氮温度的密封渗氮罐中，使其分解出活性氮原子并被钢件表面吸收、扩散形成一定厚度的渗氮层。渗氮温度为 500 ~ 570℃。渗氮主要是使工件表面形成氮化物层来提高硬度和耐磨性。氮和许多合金元素如 Cr、Mo、Al 等均能形成细小的氮化物，这些高硬度、高稳定性的合金氮化物呈弥散分布，可使渗氮层具有更高的硬度和耐磨性，故渗氮用钢常含有 Al、Mo、Cr 等，38CrMoAl 钢为最常用的渗氮钢。

与渗碳相比，渗氮温度低且渗氮后不再进行热处理，所以工件变形小。鉴于此，许多精密零件非常适宜进行渗氮处理，如镗床镗杆、精密机床丝杠等。

为了提高渗氮工件的心部强韧性，需要在渗氮前对工件进行调质处理。

渗氮最大的缺点是工艺时间太长，且成本高，渗氮层薄而脆。

3. 碳氮共渗

碳氮共渗是同时向钢件表面渗入碳和氮原子的化学热处理工艺，俗称氰化。碳氮共渗零件的性能介于渗碳与渗氮零件之间。目前中温（780~880℃）气体碳氮共渗和低温（500~600℃）气体氮碳共渗（即气体软氮化）的应用较为广泛，前者主要以渗碳为主，用于提高结构件（如齿轮、蜗轮、轴类件）的硬度、耐磨性和疲劳性；而后者以渗氮为主，主要用于提高工模具的表面硬度、耐磨性和抗咬合性。

碳氮共渗件常选用低碳或中碳钢及中碳合金钢，共渗后可直接淬火和低温回火，其渗层组织为细片（针）回火马氏体加少量粒状碳氮化合物和残留奥氏体，硬度为58~63HRC；心部组织和硬度取决于钢的成分和淬透性。

六、钢的特殊热处理

（一）真空热处理

真空是指压强远低于一个大气压（101325Pa）的气态空间。在真空中进行的热处理称为真空热处理，包括真空退火、真空淬火、真空回火及真空化学热处理等。通常可在低真空（133.3~133.3×10^{-3}Pa）、高真空（133.3×10^{-4}~133.3×10^{-6}Pa）或超高真空（小于133.3×10^{-6}Pa）的热处理炉内进行真空热处理。

1. 真空热处理的作用

（1）表面保护作用 在真空下，金属的氧化反应很少进行或完全不能进行。因此，真空热处理能够防止钢件表面的氧化和脱碳，具有表面保护作用。

（2）表面净化作用 在真空状态下，氧化物分解所产生气体的压力（称为分解压力）大于真空炉内氧的压力，反应只能向氧化物分解的方向进行。因此当钢件表面有氧化物时，就可使其中的氧排除掉，使表面得到净化。

（3）脱脂作用 真空热处理时，钢件表面油污中的碳氧氢化合物易分解为氢、水蒸气和二氧化碳气体，随后被抽走。

（4）脱气作用 在真空下长时间加热时，钢件在前几道工序（熔炼、铸造、热处理等）中所吸收的氢、氧等气体会慢慢地释放出来，从而降低钢件的脆性。

2. 真空热处理的应用

真空状态对固态相变的热力学及动力学不产生明显影响，因此完全可以依据常压下固态相变的原理，并参考常压下各种类型组织转变的数据进行真空热处理。

（1）真空退火 采用真空退火的主要目的是使零件在退火的同时表面具有一定的光亮度。除了钢、铁、铜及其合金外，还可用于处理一些与气体亲和力较强的金属，如铁、钼、铌、锆等。

（2）真空淬火 采用真空淬火的主要目的是实现零件的光洁淬火。零件的淬火冷却在真空炉内进行，淬火冷却介质主要是气（如惰性气体）、水和真空淬火油等。真空淬火已大量应用于各种渗碳钢、合金工具钢、高速钢和不锈钢的淬火，以及各种时效合金、硬磁合金的固溶处理。

（3）真空渗碳 真空渗碳是近年来在高温渗碳和真空淬火基础上发展起来的一种新工艺，它是将工件入炉后先抽真空，随即通电加热升温至渗碳温度（1030~1050℃）。工件经脱气、净化并均热保温后通入渗碳剂进行渗碳，渗碳结束后将工件进行油淬。与普通渗碳相比，真空渗碳主要具有以下优点：

1）由于渗碳温度高，加之净化作用使工件表面处于活化状态，渗碳过程被大大加速，渗碳时间显著缩短。

2）工件表面光洁，渗层均匀，碳浓度梯度平缓，渗层深度易精确控制，无反常组织和晶间氧化产生，因此渗碳质量好。

3）改善了劳动条件，减少了环境污染。

3. 真空热处理的优点

与普通热处理相比，真空热处理具有以下优点：

1）工件变形小。其主要原因是真空状态下加热缓慢，工件内温差很小。因为主要靠辐射传热，而在600℃以下辐射传热作用很弱。

2）工件的力学性能较好。由于真空热处理具有防止氧化、脱碳及脱气（尤其是脱氢）等良好作用，对钢件的力学性能会带来有益影响，主要表现在使强度有所提高，特别是使与钢件表面状态有关的疲劳性能和耐磨性等提高。对模具寿命来说，真空热处理比盐浴处理一般可提高40%～400%；对工具寿命来说可提高3～4倍。

3）工件尺寸精度较高。由于真空热处理存在设备投资大、辅助材料（保护性气体、淬火油等）价格高等缺点，目前仅适宜处理刀具、模具、量具、性能要求高的结构件和精密零件、形状与结构复杂的渗碳件及难以渗碳的特殊材料等。

（二）形变热处理

形变热处理就是将塑性变形与热处理相互结合，使材料发生形变强化和相变强化的一种综合强化工艺。它不仅能获得由单一强化方法难以达到的良好强韧化效果，而且还可以简化工艺流程、节省能耗、实现连续化生产，并且适用于各类金属材料。

钢的形变热处理方法有很多，其中主要的工艺方法如图2-71所示。若按形变与相变过程的先后顺序不同，可将形变热处理分为三种基本类型：相变前变形的形变热处理、相变中变形的形变热处理、相变后变形的形变热处理。

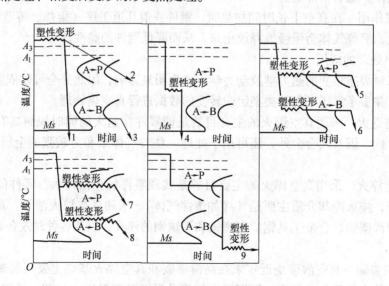

图2-71 钢的形变热处理工艺方法示意图

1. 相变前变形的形变热处理

相变前变形的形变热处理是将钢加热到奥氏体化温度，在奥氏体发生转变前先进行塑性变形，其工艺如图 2-71 中的曲线 1~6 所示。由图中可见，塑性变形可以在奥氏体化温度下进行，也可以在过冷奥氏体温度范围进行（这要求过冷奥氏体具有较高的稳定性）。变形后可以淬火、正火或进行等温转变，分别获得马氏体（如图 2-71 中曲线 1、4）珠光体（如图 2-71 中曲线 2、5）或贝氏体（如图 2-71 中曲线 3、6）。

相变前的变形细化了奥氏体晶粒，提高了位错密度，使转变产物的组织硬化、位错密度提高，从而提高了强度，改善了塑性和韧性。例如，V63 钢（$w_C = 0.63\%$，$w_{Cr} = 3\%$，$w_{Ni} = 1.6\%$，$w_{Si} = 1.5\%$）普通热处理后的性能为 $R_{eL} = 1700\mathrm{MPa}$，$R_m = 2250\mathrm{MPa}$，$A = 1\%$；将其加热奥氏体化后，在 540℃ 变形 90%，立即淬火并经 100℃ 回火后，其性能为 $R_{eL} = 2250\mathrm{MPa}$，$R_m = 3200\mathrm{MPa}$，$A = 8\%$，其强度和塑性都明显提高。对强度要求很高的零部件，如飞机起落架、固体火箭壳体、板弹簧、炮弹及穿甲弹壳、模具、冲头等，可采用类似图 2-71 中曲线 4 的形变热处理工艺。

2. 相变中变形的形变热处理

将钢加热奥氏体化后快速冷却至亚稳定的过冷奥氏体区，在珠光体转变温度或贝氏体转变温度下进行等温变形，使过冷奥氏体在变形中发生转变，获得珠光体组织（如图 2-71 中曲线 7）或贝氏体组织（如图 2-71 中曲线 8）。

在过冷奥氏体向珠光体转变的过程中，同时发生的变形使珠光体中渗碳体倾向于以球状颗粒析出，而铁素体中位错密度提高且组织细化，在最佳工艺条件下，形成细小的球状渗碳体弥散分布于铁素体细小亚晶粒基体上的球状珠光体。这种组织在提高强度方面效果并不明显，但可大大提高冲击韧度，降低韧脆转变温度。例如，En18 钢（$w_C = 0.48\%$，$w_{Cr} = 0.98\%$，$w_{Ni} = 0.18\%$，$w_{Mn} = 0.86\%$）经 950℃ 奥氏体化后，迅速冷至 600℃ 进行总变形量为 70% 的轧制后空冷，与普通轧制空冷工艺相比，其 R_{eL}、A 和 Z 均有相当提高，特别是其室温冲击吸收能量提高了 30 多倍。这种工艺适用于低碳或中碳的低合金钢。获得贝氏体组织的等温形变热处理能够使强度、塑性和韧性均得到提高，适用于通常进行等温淬火的小型零件，如细小轴类、小齿轮、弹簧、垫圈、链节等。

3. 相变后变形的形变热处理

相变后变形的形变热处理的典型例子就是高强度钢丝的铅淬冷拔工艺。将钢丝坯料加热至奥氏体状态后通过铅浴，使之发生等温转变，得到细片状珠光体，随后冷拔（如图 2-71 中曲线 9）。大量冷变形使珠光体中的渗碳体层片的取向与拔丝的方向趋于一致，构成了类似复合材料的强化组织，而且珠光体的片层间距变小，铁素体中的位错密度大大提高，故可获得极高的屈服强度。铅浴温度越低，冷变形量越大，则钢丝的强度越高，但应考虑防止钢丝断裂。

七、国外热处理新技术发展概况

（一）热处理技术的发展方向

关于热处理技术的发展，全面来说，应包括热处理基础理论、热处理设备、热处理新技术、热处理全面质量管理等几个重要方面。这里主要介绍热处理新技术的发展。近十年来，国外热处理新技术发展的方向可归纳为以下几个方面：

1) 尽可能地降低热处理能耗。

2）将计算机和机器人引入热处理，向生产自动化发展。

3）由双参数热处理和单一热处理改变为多参数热处理和复合热处理。

4）采用新的加热源和新的加热方式。

5）发展离子热处理和涂覆超硬化合物的表面改质新技术。

6）使用新的淬火冷却介质，改进淬火方法。

（二）热处理技术今后的进展与预测

1）常规热处理方法在今后的热处理生产中仍将占有重要地位，而且也正在日益改进和完善。

2）综合引入其他各个学科领域（如电子、物理、化学、材料、机械、管理等）的新成果，开发新的热处理技术。今后，这一趋势将更加明显。

3）20世纪80年代及以后的热处理新技术将在3S（Sure、Safety、Saving，即可靠、安全、节能）的基础上不断发展，只有符合3S或2S（Safety、Saving）的要求，才有资格称为先进的热处理技术，反之，必将逐渐被淘汰。

第五节　钢的合金化

碳钢虽然具有很广泛的应用，但其耐酸、耐热和耐磨性较差，而且制作大尺寸、高强度机件时，其力学性能已不能满足使用要求。因此，为了获得所需要的组织结构、物理性能、化学性能和力学性能，以满足使用上的需要，必须在碳钢中有意识地加入一定量的元素，这些元素就称为合金元素。合金元素加入到碳钢中必然会与其中的铁、碳发生作用，并影响到钢的相变，从而改善碳钢的各种工艺性能和力学性能。

一、合金元素在钢中的分布

合金元素在钢中通常以五种形式存在：①溶解于固溶体中；②溶入渗碳体中形成合金渗碳体或单独与碳、氮等作用形成碳、氮化合物；③形成金属间化合物；④形成氧化物、硫化物等夹杂物；⑤以纯金属相存在，如 Cu、Pb 等。合金元素存在于不同的相中，它们所起的作用则不同，例如，不锈钢中的 Cr 必须固溶于基体中才能提高其耐蚀性，若以 $Cr_{23}C_6$ 析出则不起作用；为细化晶粒而加入的强碳化物形成元素，若加热时进入到奥氏体中，也不起作用。可见，并不是一旦合金元素加入钢中就能发挥其预期作用，还应视合金元素在钢中的存在形式及分布状况来决定。

二、合金元素与铁和碳的相互作用

1. 合金元素与铁的相互作用

按照与铁相互作用的不同，合金元素可分为以下两类：

（1）扩大 γ 相区元素　它们使 A_4 点上升、A_3 点下降，即使奥氏体相稳定存在的温区扩大，可促进奥氏体形成。具有这一类影响的元素有 Ni、Mn、Co、C、N、Cu 等，其中 Ni、Mn、Co 可与 γ-Fe 无限互溶，当其含量较高时，可在室温下得到单相奥氏体（图2-72），称为无限扩大 γ 区元素；而 C、N、Cu 等，虽扩大 γ 相区，但不能将其扩大到室温（图2-73），称为有限扩大奥氏体区元素。

（2）缩小 γ 相区元素　它们使 A_4 点下降、A_3 点上升，即缩小了 γ 相的存在范围，可促进铁素体形成。具有这一类影响的元素有 Cr、V、Mo、W、Ti、Si、Al、P、B、Nb 等，其中 Cr、V 等元素超过一定含量时，A_3 点与 A_4 点重合，使 γ 相区封闭，无限扩大 α 相区（图 2-74），称为完全封闭 γ 区的元素；而 B、Nb、Zr 等虽然也使 γ 相区温度范围缩小，但不能使其封闭（图 2-75），称为部分缩小 γ 区的元素。

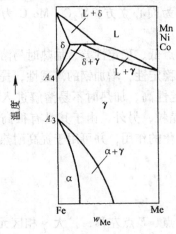

图 2-72 扩大 γ 区并与 γ-Fe 无
限互溶的 Fe-Me 相图

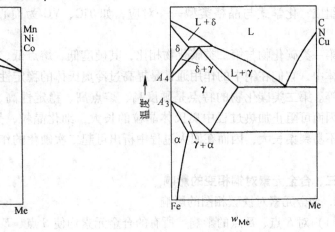

图 2-73 扩大 γ 区并与 γ-Fe 有
限互溶的 Fe-Me 相图

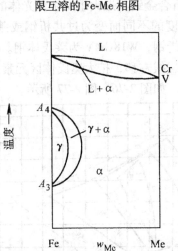

图 2-74 封闭 γ 区并与 α-Fe 无
限互溶的 Fe-Me 相图

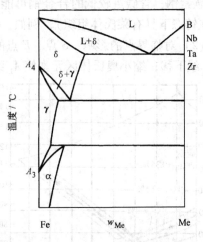

图 2-75 缩小 γ 区的 Fe-Me 相图

2. 合金元素与碳的相互作用

按照与碳的相互作用不同，可将合金元素分为以下两类：

（1）非碳化物形成元素　非碳化物形成元素包括 Ni、Si、Co、Al、Cu、N、P、S 等，在钢中它们主要溶解于固溶体中或形成其他化合物。

（2）碳化物形成元素　按形成碳化物的稳定性程度，碳化物形成元素由弱到强的排列顺序为：Fe、Mn、Cr、Mo、W、V、Nb、Zr、Ti 等。碳化物形成元素都有一个未填满的 d 电子层，当形成碳化物时，碳首先将其电子填入金属的 d 电子层，形成碳化物。合金元素的 d 电子层越是不满，形成碳化物的能力越强，形成的碳化物也越稳定。

形成的碳化物按照晶格类型又可分为以下两类：

1）当 $r_C/r_{Me} > 0.59$（r_C 为碳原子半径，r_{Me} 为碳化物形成元素原子半径）时，形成具有复杂晶体结构的碳化物，如 $Cr_{23}C_6$、Cr_7C_3、Fe_3C 等。

2）当 $r_C/r_{Me} < 0.59$ 时，形成具有简单晶体结构的碳化物间隙相。间隙相可用化学式表示其组成，化学式与晶格类型一一对应，如 TiC、VC 为面心立方，W_2C、Mo_2C 为密排六方。

第一类碳化物与第二类碳化物相比，其硬度低、熔点低、稳定性差、加热时易溶解进入奥氏体中，它们在钢中的作用通常是提高过冷奥氏体的稳定性，增加钢的淬透性，提高耐回火性等。第二类碳化物的特点是硬度高、熔点高、稳定性高、加热时不易溶解进入奥氏体中，因而可阻止加热过程中奥氏体晶粒的长大，细化晶粒，另外，由于其具有很高的稳定性，不易聚集长大，因而在回火过程中析出可起二次硬化的作用，并可用于提高耐热钢的热强性。

三、合金元素对钢相变的影响

1. 合金元素对铁碳相图的影响

（1）对 S 点、E 点的影响　所有的合金元素均使 S 点、E 点左移，扩大 γ 相区元素使 S 点、E 点向左下方移动，缩小 γ 相区元素使 S 点、E 点向左上方移动。S 点的左移使合金钢中共析成分的含碳量下降，因此，相同含碳量的亚共析合金钢其退火组织中珠光体的相对量高于碳素钢；含碳量较低的合金钢可能因其合金化程度的不同而变为过共析钢或莱氏体钢（即在铸态下具有莱氏体组织），例如，40Cr13 为过共析钢，W18Cr4V 为莱氏体钢。

（2）对临界点的影响　S 点、E 点的左移必然使 A_{cm} 线左移，扩大奥氏体区元素使 A_1 线及 A_3 线下移；缩小奥氏体区元素使 A_1 线及 A_3 线上移，如图 2-76、图 2-77 所示。

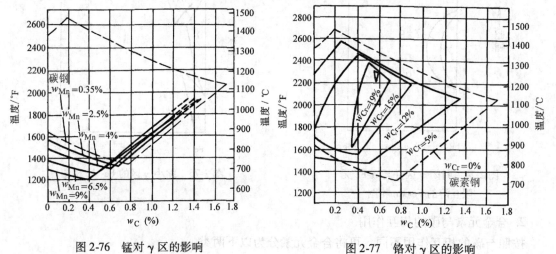

图 2-76　锰对 γ 区的影响　　　　　　　　　　图 2-77　铬对 γ 区的影响

因此，制订合金钢的热处理工艺时，要考虑到合金元素对铁碳相图的影响。

2. 合金元素对加热转变的影响

（1）对奥氏体形成速度的影响　合金钢加热时的组织转变过程与碳钢基本相同，即包括奥氏体的形核与长大、碳化物的溶解以及奥化体成分的均匀化四个阶段。大多数合金元素会减缓奥氏体化过程，如 Cr、V、Ti、Mo、W 等碳化物形成元素，它们使钢的临界点升高，降低 Fe 和 C 的扩散系数，其自身扩散速度也较 Fe、C 的低，形成的碳化物加热时不易溶解。因此，这类合金钢与碳钢相比，奥氏体温度一般较高、时间较长。而 Co、Ni 等部分非碳化物形成元素，因增大碳的扩散速度，使奥氏体的形成速度加快。另外，Al、Si、Mn 等对奥氏体形成速度影响不大。

（2）对奥氏体晶粒大小的影响

1）强碳化物形成元素 Mo、W、V、Ti 等，因其形成的碳化物稳定性高，加热时不易溶解进入奥氏体，通常以细小的质点弥散分布在奥氏体基体上，会阻止奥氏体晶界迁移，抑制奥氏体晶粒长大，因而可通过合金化降低钢的过热敏感性。

2）非碳化物形成元素 Si、Co、Ni 等阻止奥氏体晶粒长大的作用较弱。

3）Mn、P、C 具有促进奥氏体晶粒长大的倾向。

3. 合金元素对过冷奥氏体分解转变的影响

大多数合金元素（除 Co 外）均增大过冷奥氏体的稳定性，使等温转变图右移，临界冷却速度减小，提高钢的淬透性，这也是钢中加入合金元素的主要目的之一。常用来提高钢的淬透性的元素有 Mn、Si、Cr、Ni 等。对于大尺寸的零件，必须采用合金钢来制造。尺寸相当的零件用合金钢制造可采用冷却能力较低的介质淬火，以减小零件的变形和开裂倾向。

除 Co、Al 外，多数合金元素使 Ms 点及 Mf 点下降，从而使钢中残留奥氏体量增多，使钢的硬度和疲劳强度下降。为了减少残留奥氏体量，可采用冷处理使其转变为马氏体，或经多次回火，使其分解或通过二次淬火转变为马氏体。合金元素对碳钢等温转变图的影响如图 2-78 所示。

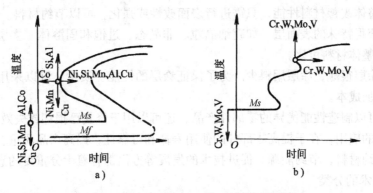

图 2-78 合金元素对碳钢等温转变图的影响

a）非碳化物形成元素 b）碳化物形成元素

4. 合金元素对回火转变的影响

（1）提高钢的耐回火性 碳化物形成元素及 Si 可提高钢的低温耐回火性，使相同回火温度下的合金钢的硬度高于碳钢。在低温回火阶段，碳化物形成元素虽然自身不参与扩散，但会降低碳的扩散系数，阻止碳的偏聚和析出，推迟马氏体分解。Si 能抑制马氏体分解是因为 Si 可溶解于 ε 碳化物中，但不溶于 Fe_3C，因而延迟了 ε 碳化物向 Fe_3C 的转变。

合金元素一般均使残留奥氏体分解温度升高，其中 Cr、Mn、Si 的作用显著。残留奥氏体的另一种转变是以二次淬火的形式转变为马氏体，即在较高温度（500～600℃）回火加热保温阶段析出部分碳化物，使其 Ms 点升高，在随后的冷却过程中转变为马氏体。

合金元素还可提高铁素体的再结晶温度，能使马氏体形态保持到很高温度，其中 W、

Mo、Cr、V、Co 作用显著。

（2）阻止碳化物析出及聚集长大　合金元素的加入不影响 Fe_3C 型碳化物的开始析出温度，但碳化物形成元素会降低 Fe_3C 析出速度，并且当回火温度足够高时，合金元素自身将参与扩散，重新分配，会开始析出特殊碳化物，此时钢的硬度出现回升现象，称为二次硬化。出现二次硬化的合金钢中含有 Mo、W、V、Ti 等合金元素，其回火温度要高于 450℃，通常在 550℃ 左右硬化达到峰值。这些特殊碳化物的稳定性很高，聚集长大倾向小。

（3）合金元素对回火脆性的影响　合金钢比碳钢的回火脆性更显著，第一类回火脆性主要由相变引起，无法消除，但通过加入 Si 可使其发生的温度区移向较高温度；第二类回火脆性主要由某些杂质元素以及合金元素本身在原奥氏体晶界上的严重偏聚引起，如 Mn、Ni、Cr 都会促进杂质元素的偏聚，出现回火脆性。采用回火后快冷可抑制杂质元素向晶界偏聚；另外，通过加入 Mo、W 可强烈阻碍杂质元素向晶界迁移，以此来消除回火脆性。

第六节　表　面　技　术

一、概述

表面技术是利用各种物理的、化学的或机械的方法，使金属表面获得特殊的化学成分、组织结构和性能，从而提高金属零件或构件使用寿命的技术。

1. 表面技术的特点

1）不必整体改善材料性能，只需进行表面改性或强化，可以节约材料。

2）可以获得特殊的表面层，如超细晶粒、非晶态、过饱和固溶体、多层结构层等，其性能远非一般整体材料可比。

3）表面涂层很薄，涂层用料少。为了保证涂层的性能、质量，可以采用贵重稀缺元素而不会显著增加成本。

4）不但可以制造性能优异的零部件产品，还可以用于修复已损坏或失效的零件。

表面技术的应用，在于提高零部件的使用寿命和可靠性，提高产品质量，增强产品的竞争力，以及节约材料，节约能源，促进技术的发展等方面都有着十分重要的意义。

2. 表面技术的分类

表面技术的作用原理、工艺特点及应用范围各不相同，其种类很多，目前尚无公认统一的分类方法。若按科学特点分类，表面技术大致分为下述三方面：

（1）表面覆层　按工艺特点不同，表面覆层技术包括各种镀层（电镀、化学镀等）、热喷涂、涂料涂装、陶瓷涂敷、化学转化膜、堆焊、气相沉积、着色染色等。

（2）表面合金化　包括表面扩渗、喷焊堆焊、激光合金化、离子注入等。

（3）表面处理　这种表面技术不改变材料表面成分而仅改变其表面组织，包括各种表面淬火（感应加热、激光加热、电子束加热）、表面形变强化（如喷丸、滚压）等。

以上分类并无严格的界限，许多表面技术不同程度地包括以上两个或三个方面，如热浸镀和激光表面熔敷既有表层覆盖，又有表面成分（合金化）和组织转变。

二、各种表面技术简介

（一）热喷涂技术

热喷涂技术是利用热源将金属或非金属材料加热到熔化或半熔化状态，用高速气流将其吹成微小颗粒（雾化），喷射到工件表面，形成牢固的覆盖层的表面加工方法。这种方法可以使工件表面获得各种不同硬度，具有耐磨、耐蚀、抗氧化、润滑以及其他特殊的物理及化学性能。

1. 热喷涂技术分类

热喷涂技术主要根据热源类型分为五种：气体燃烧热源、气体放电热源、电热热源、爆炸热源和激光束热源。采用这些热源加热熔化不同形态的喷涂材料就形成了不同的热喷涂方法，如图 2-79 所示。

2. 热喷涂技术特点

热喷涂技术在近代科学技术中得到了广泛的应用，这是与该技术的特点分不开的。就总体而言，具有以下特点：

1）涂层和基体材料广泛。目前已广泛应用的涂层材料有多种金属及其合金、陶瓷、塑料及其复合材料；作为基体除了金属和合金外，也可以是非金属的陶瓷、水泥、塑料，甚至石膏、木材等。涂层材料与基体相互配合，可以获得其他加工方法难以获得的综合性能。

2）热喷涂工艺灵活。热喷涂的施工对象可以小到几十毫米的内孔，

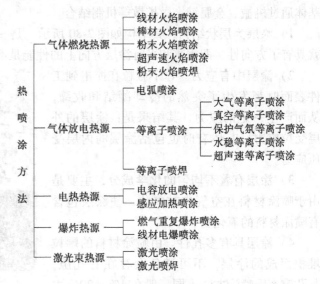

图 2-79　热喷涂方法分类

又可以大到像铁塔、桥梁等的大型构件。喷涂既可以在整体表面上进行，也可以在指定的局部部位上进行，既可以在真空或控制气氛下喷涂活性材料，也可以按需要在野外进行现场作业。

3）喷涂层、喷焊层的厚度可以在较大范围内变化，一般可以在 0.5～5mm 范围内变化。

4）热喷涂有着较高的生产效率，其生产率一般可达每小时数千克（喷涂材料），甚至有些工艺每小时可达 50kg 以上。

5）热喷涂时基体受热程度低，一般不会影响基体材料的组织和性能。

6）母材对涂层的稀释率较低。热喷涂时，母材对涂层稀释率低，这样有利于喷涂合金材料的充分利用。

3. 常用热喷涂技术

（1）火焰喷涂　利用各种可燃性气体燃烧放出的热进行的热喷涂称为火焰喷涂，目前应用最广泛的气体是氧、乙炔。氧乙炔焰的温度可达 3100℃，一般情况下高温不剧烈氧化，在 2760℃以下不升华，能在 2500℃以下熔化的材料都可用火焰喷涂形成涂层。

（2）电弧喷涂　在两根由喷涂材料制成的丝材上加上交流或直流电压（30～50V），两根丝由送丝机构送进，当两丝端部接近时，空气击穿，产生电弧，使丝材熔化成液滴，由压缩空气（压力大于 0.4MPa）将液滴高速吹向待喷涂工件表面，形成喷涂层。电弧喷涂层与基材的结合力比火焰喷涂层高，孔隙率低，且节省喷涂材料。

（3）等离子喷涂 利用气体导电（或放电）所产生的等离子电弧作为热源进行喷涂的技术叫做等离子喷涂。等离子弧能量高度集中，温度可达20000℃。该技术可用来喷涂WC等高熔点材料。

4. 涂层结构的特点

在喷涂过程中，喷涂材料被热源加热到熔化、半熔化或高塑性状态，以高速气流使喷涂材料以微颗粒状喷射到工件表面，形成（片状）微粒粘结在工件表面上，后面的微粒又碰撞在已经粘着在工件表面的微粒上，呈扁平状互相镶嵌，逐渐形成层状结构的涂层。涂层与基体通过机械、金属键、微扩散等机制结合。

1）涂层为层状结构，其结构如图2-80所示，是一层一层堆积而成的。因此涂层的性能就具有了方向性，即垂直和平行涂层方向上的性能是不一致的。

2）涂层中有应力。每个微粒在撞击到工件表面时都发生了突然的冷却凝结和收缩，从而产生一定的应力，其结果是：涂层的外层受拉应力，基体有时也包括涂层的内层受压应力。

3）涂层有着不均匀的化学成分，主要是由于喷涂材料在空气中被氧化，使涂层包含有喷涂材料的氧化物。

4）涂层具有多孔性。由喷涂材料的颗粒堆积而成的涂层，不可避免会存在着孔隙，其孔隙率因喷涂方法不同一般在4%～20%之间。孔隙的存在会降低涂层的强度和耐蚀性。

图2-80 涂层的结构

但在特定条件下，多孔性的涂层也是一种所希望的特性，如作为润滑涂层，孔隙有储存润滑油的作用；作为耐热涂层，多孔性具有较低的导热性。

5. 热喷涂材料

（1）纯金属及其合金 作为热喷涂材料的常用金属有锌、铝、铜、铁、镍等。

1）锌及锌合金。锌具有良好的耐蚀性，在空气中或pH值为6～12的水中长期使用不腐蚀，在海水中的腐蚀速度也较慢。在潮湿空气中，锌与氧或二氧化碳气体发生作用，生成的氧化锌或碳酸锌薄膜能防止锌继续氧化，即不再腐蚀。

锌的标准电极电位是-0.96V，比铁（-0.44V）低，将锌涂在钢件表面，可作为阳极保护材料，保护阴极钢铁构件不受腐蚀。

在锌中加入铝可进一步提高涂层的耐蚀性。

2）铝及铝合金。铝和氧有很强的亲和力，铝在室温下大气中就能形成致密而坚固的Al_2O_3氧化膜，它能保护铝不再进一步氧化。

铝还可用于耐热涂层。铝在高温下能在钢铁基体上扩散，与铁发生作用形成能抗高温氧化的铝化铁，从而提高了钢材的耐热性。

3）铜及铜合金。铜及铜合金具有优良的导电、导热、耐磨和耐蚀性能，并有着鲜艳的表面色泽。

纯铜涂层主要用于电器开关和电子元件的导电涂层及塑像、工艺品、建筑表面的装饰。

铜合金涂层所用喷涂材料有黄铜、青铜等。黄铜可用于修复磨损及加工超差的工件，修补有铸造缺陷（砂眼、气孔）的黄铜铸件，也可用作装饰涂层；铝青铜耐蚀能力和强度都较高，其涂层致密，能加工成光亮的表面，用于修复一些青铜铸件，如水泵叶片、活塞、轴瓦等；铜磷合金具有摩擦因数低、易加工的特点，可用于压力缸体、机床导轨的修复。

4）镍及镍合金。镍合金具有耐蚀、耐磨、耐高温的优异性能，尤其是镍铬合金是很好的喷涂材料，它能耐高压，并耐多种腐蚀介质（水蒸气、二氧化碳、氨、醋酸、碱等）的腐蚀。

镍铬合金中铬的质量分数一般在20%左右为最佳。

5）铁及铁合金。以铁为基的碳钢和合金钢具有来源广泛、价格低廉的优点，因而在对各种机械零件的磨损表面进行修复中获得广泛的应用。

6）其他。除了上述合金外，还有钴及钴合金、钼、钨等，尤其是钴合金应用比较普遍。

（2）陶瓷材料　陶瓷含有大量的金属氧化物、碳化物、硼化物、硅化物和氮化物等化合物，具有熔点高、硬度高、性能脆等特点。如果经过适当的制备，采用热喷涂技术，就能得到具有性能良好的涂层。

目前，应用较多的是氧化物和碳化物，硼化物和硅化物也有少量应用。由于氮化物很脆，耐氧化性能又差，它的应用甚少。

（3）复合材料　用两种（或两种以上）的材料组成的复合材料可发挥各自材料的特点，起到特殊的效果。

以各种碳化物硬质颗粒作为心核材料，用金属或合金作为包覆材料，可制成各种系列的硬质耐磨复合粉末。

以各种具有低摩擦因数、低硬度并具有自润滑性能的多孔软质材料颗粒作为心核材料，如石墨、二硫化钼、聚四氟乙烯，包覆金属和合金，可制成减摩润滑的复合粉末。

此外，还有金属与陶瓷组成的耐高温和隔热复合粉末、耐腐蚀和抗氧化复合粉末等。

6. 热喷涂工艺

（1）待喷涂工件表面预处理　清除油脂、铁锈、污物后，用喷砂方法粗化表面。也可直接粗车以清洁和粗化表面。

（2）预热　火焰喷涂前应将工件预热，电弧喷涂和等离子喷涂工件可不预热。

（3）喷涂　预热后进行喷涂。

（4）喷后处理　热喷涂后需进行以下处理：

1）冷却。喷涂后的工件因温度不高，一般可在空气中冷却。对于特别细长、容易变形的杆类工件或薄壁工件，需要考虑冷却变形问题，通常采用缓冷办法。

2）封孔处理。喷涂层是有孔结构，这在许多应用中是有利的，涂层的孔隙有助于储存润滑油，可改善工件配合面间的润滑。然而，在某些情况下需要将孔隙密封，以防止腐蚀性介质渗入涂层对基体造成腐蚀。因此，对腐蚀条件下工作的涂层和防腐涂层都要进行封孔处理以保护基体。此外，封孔处理还可明显提高喷涂层的抗磨损能力。常用的封孔材料有石蜡、液态酚醛树脂和环氧树脂等。

3）重熔处理。为了提高喷涂层与基体材料的结合强度，降低涂层孔隙率，可对热喷涂层进行重熔。用热源将喷涂层加热到熔化，使喷涂层的熔融合金与基材金属互熔、扩散，形成类似焊接的冶金结合，这种工艺称为喷焊，所得到的涂层称为喷焊层。喷焊与喷涂有以下区别：

①喷焊是材料在喷涂后再次重熔，重熔的温度很高，达900℃以上（而喷涂时，工件表面温度只有200~300℃），因此喷焊时会使工件发生退火，会产生应力和变形。

②喷焊层与基体的结合是冶金结构，其结合强度远高于喷涂层与基体的机械结合强度。

③喷焊层所使用喷涂材料的熔点必须在基体材料以下，使重熔时不致熔化基体。

④喷焊层均匀致密，一般认为其孔隙率为零，能承受冲击载荷和较高的接触应力。

热喷涂可用于材料表面的强化，提高耐磨及耐蚀性，也可用于磨损件的表面修复。例如，油田抽油机主轴轴颈磨损，采用电弧喷涂技术进行修复，可取得显著经济效益。

（二）气相沉积

气相沉积技术是近几十年来发展迅速、应用广泛的表面镀覆新技术。根据气相沉积过程进行方式的不同，以及使反应过程进行所提供的能量方法不同，可将气相沉积技术分为物理气相沉积（简称PVD法）、化学气相沉积（简称CVD法）和等离子体化学气相沉积（简称PCVD法）等三种类型，它们已广泛应用于电子、信息、光学、声学、航天、能源和机械制造等多种领域。

1. 物理气相沉积（PVD法）

在真空条件下，以各种物理方法（如蒸发或溅射等）所产生的原子和分子物质沉积在基材上，形成薄膜或涂层的过程称为物理气相沉积。

按照沉积时物理机制的特点不同，将PVD法划分为三种类型，即真空蒸发镀膜（VE）、真空溅射（VS，又称为阴极溅射）和离子镀膜。真空蒸镀是早期的PVD法工艺，其膜层结合力低，在机械零件上已不多用；而后两类沉积技术所得膜层结合力较高，目前应用广泛。尽管诸多PVD法（包括近年开发的）在具体技术措施上有很大差别，但其沉积过程都要经过以下三个阶段：①蒸发源（靶源）"发射"粒子；②蒸气通过真空空间向基材迁移输送；③粒子蒸气在基材或零件的表面结合成膜。

（1）真空溅射镀膜　溅射镀膜技术发展很快，自1965年IBM公司研究出射频溅射法开始，至今已经出现了10种溅射法。本节仅以最简单的二极溅射为例来说明其基本原理，图2-81所示为直流二极溅射装置示意图。该装置由被溅射的靶（阴极）和成膜工件（基材）及其固定支架（阳极）组成。在真空条件下通入氩气使压力维持在$1.3 \times 10 \sim 1.3$Pa，接通直流高压电源，阴极靶上的负高压在极间建立起等离子区，其中带正电的氩离子（荷能粒子）被电场加速而轰击阴极靶，使靶材中的原子及其他主粒子（或为分子状态）溅射出来并沉积到基材（工件）表面上而形成镀膜层。在直流二极溅射的基础上又发展出了偏压溅射、不对称交流溅射以及射频溅射等形式。目前，用射频溅射法已成功地得到了石英、玻璃、氧化铝、氮化物、金刚石等薄膜。此法大大扩展了制取薄膜的选材范围，其靶材不限种类，但10μm以上厚度

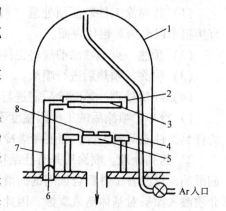

图2-81　直流二极溅射装置示意图

1—钟罩　2—阴极屏蔽　3—阴极
4—阳极　5—加热器　6—高压线
7—高压屏蔽　8—基材

的膜层不宜采用射频二极溅射。

（2）离子镀膜　离子镀膜把在真空室中的辉光放电等离子体技术与真空蒸发镀膜技术结合在一起，兼有真空蒸发镀膜（图 2-82a）和真空溅射镀膜的优点。前两法沉积的粒子主要为原子和分子，且粒子能量较低。而离子镀膜的沉积粒子除了原子、分子外，还有部分能量高达几百至上千电子伏特的离子一起参与成膜。这些高能粒子可以打入基材约几个纳米的深度，从而大大提高了膜层与基材间的结合力。因此，离子镀膜有如下特点：①膜层附着力强而不易脱落，这是其重要特性；②沉积速率快，镀层质量好，可镀得 $30\mu m$ 的膜层；③可镀材质广泛，几乎无所不能镀。

离子镀膜技术自问世以来得到了飞速发展，早在 20 世纪 70 年代就成功地沉积出了以 TiN 和 TiC 为代表的超硬镀层。在众多的离子镀膜技术中，多弧离子镀膜是当前 PVD 技术中较为先进的镀膜方法，图 2-82b 所示为它的工作原理示意图。其独特原理是蒸发源不采用熔池，蒸发靶用水冷却，将蒸发靶接正、负极电压，使蒸发靶进行大电流的（$10^5 \sim 10^7$ A/cm^2）电弧放电，其金属靶上蒸发的粒子通过电弧柱时会直接部分电离，从而具有离子镀的条件。此法具有如下特点：①靶材可在反应室内任意放置，故可设计多个蒸发源，有利于提高膜厚分布的均匀度；②多靶离子镀工效高。

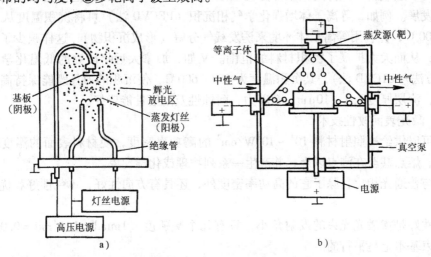

图 2-82　离子镀膜原理示意图
a）真空离子镀膜　b）多弧离子镀膜

离子镀膜技术大大提高了膜层与基材的结合力，用于某些机械零件和工业模具的耐磨及抗蚀强化，其效果显著。PVD 法在工业上的应用趋势可归纳为：①对高速钢刀具镀覆 TiN、BN、TiC 等，使之获得优异的耐磨性，可显著提高刀具的使用寿命；②内燃动力等热机向高效率、超高温方向发展，势必要求更好的抗高温氧化和耐蚀性，在基材表面沉积高耐氧化合金膜可达到此目的；③可在各种工程机械零件上镀制减摩润滑膜层；④为了减轻质量，可在汽车塑料零件上镀覆合金薄膜；⑤用于非晶材料和超导材料的生产等。

2. 化学气相沉积（CVD 法）

在 PVD 技术中，沉积膜层的成分和性能是由靶材决定的，沉积过程也无化学反应。而 CVD 与 PVD 技术最大的差异就在于沉积前有化学反应，沉积膜是反应产物之一。CVD 技术是采用含有膜层中各种元素的挥发性化合物或单质蒸气，在热基体表面产生气相化学反应而获得沉积涂层的一种表面改性技术。

(1) CVD 法的一般原理　由于 CVD 技术是热力学决定的热化学过程，一般反应温度多在 1000℃ 以上。它包括以下三个过程：①产生挥发性运载化合物，如 $TiCl_4$、CH_4 和 H_2 等（除了涂层物质之外的其他反应产物必须是挥发性的）；②将挥发性化合物输送到沉淀区；③发生化学反应生成固态产物（如 TiC 或 TiN 等）。所以说，CVD 法是利用气态物质在固体表面上进行化学反应而生成固态沉积物的过程。目前最常用的 CVD 法的反应类型包括热分解反应、化学合成反应和化学传输型反应等几种。CVD 法的主要工艺参数有温度、压力和反应物供给配比，只有这三者很好地协调才能获得符合质量的膜层和一定的成膜生产率。

(2) CVD 法的特点　该法特点为：①沉积层纯度高、沉积层与基体结合力强；②沉积物众多，可以沉积多种金属合金、半导体元素、难熔的碳（氮、氧、硼）化物和陶瓷，这是其他方法无法做到的；③能均匀涂覆几何形状复杂的零件，这是因为 CVD 法过程有高度的分散性；④设备简单、操作方便，可以在大气压或者低于大气压下进行沉积，工艺重复性好，适于批量生产，成本低廉。

但是也应注意到，CVD 法的沉积温度通常很高，一般在 1000～1100℃ 之间，因此基材的选择、沉积层或所得工件的质量都受到了限制。目前 CVD 技术的趋向是朝低温和高真空两个方向发展。例如，等离子体增强化学气相沉积（PECVD 法）可将沉积温度从 1000℃ 降到 200～400℃，并利用等离子体环境来诱发载气分解（形成沉积物），这样减少了对热能的大量需要，从而大大扩展了沉积材料的范围。又如，加拿大近年研究的低温化学气相沉积 TiN 的新方法（LTCVD 法），其沉积温度为 450～600℃，使沉积的刀具既能保持高硬度又不发生扭曲，涂层厚度为 1～10μm，粘着力、耐蚀性及耐磨性能皆好。

（三）激光表面改性技术

激光可以供给被照射材料 10^4～10^8 W/cm² 的高功率密度，使材料表面的温度瞬时上升至相变点、熔点甚至在沸点以上，并产生一系列物理或化学现象。

激光与普通光相比，除了它的高功率密度外，还具有方向性好、单色性好和优异的相干性。

方向性好是指激光光束的发射角小，只有几个毫弧度（$1mrad = 10^{-3} rad = 0.057°$），可以认为光束基本上是平行的。

单色性好是指激光具有几乎单一的波长，它所包含的波长范围很小，或称为单色光。

由于激光的单色性和好的方向性，必然导致其极好的相干性。

1. 激光相变硬化（激光淬火）

用高能密度的激光束照射工件，使其需要硬化的部位瞬时吸收光能并立即转化成热能，温度急剧上升，形成奥氏体，而工件基体仍处于冷态，与加热区之间有极高的温度梯度，一旦停止激光照射，加热区因急冷而实现工件的自冷淬火，获得超细化的隐晶马氏体组织。

激光淬火的工艺参数主要有三个，即激光器的输出功率 P、光斑直径 D 及扫描速度 v。此外，表面涂层状况，吹送气体的状况也会对激光淬火的质量产生影响。其中 P、D 的相互关系决定了工件表面的激光能量密度 E，D/v 即是激光作用的时间 t。表面涂层状态决定了工件对激光的吸收率。上述参数的实质是在单位面积和单位时间工件实际吸收的激光能量，也就是决定了工件表面激光作用区的温度场。

激光相变硬化具有以下特点：

1）生产率高，具有极快的加热速度（$10^4 \sim 10^6$℃/s）和极快的冷却速度（$10^6 \sim 10^8$℃/s），工艺周期只需 0.1s 即可完成。

2）可作为工件加工的最后工序。激光淬火仅对工件局部表面进行，淬火硬化层可精确控制，淬火后工件变形小，几乎无氧化脱碳现象，表面粗糙度值低。

3）激光淬火的硬度可比常规淬火提高 15% ~ 20%，耐磨性可大幅度提高。

4）工件自冷淬火，避免了水、油等淬火冷却介质，有利于防止环境污染。

5）对工件的许多特殊部位，如槽壁、槽底、小孔、不通孔、深孔等，只要能将激光照射到位，均可实现激光淬火。

6）工艺过程易实现计算机控制的生产自动化。

对汽车缸套内壁进行激光淬火，可使内壁获得 4.1 ~ 4.5mm 宽、0.3 ~ 0.4mm 深、表面硬度 644 ~ 825HV 的螺纹状淬火带，其使用寿命比电火花强化缸套提高一倍。

激光淬火也应用于汽车发动机凸轮轴、曲轴、空调机阀板、邮票打孔机辊筒等零件的表面强化处理，可显著提高它们的使用寿命。

2. 激光熔覆

用激光在基体表面覆盖一层薄的具有特定性能的涂覆材料，这种技术称为激光熔覆或激光熔涂。涂覆材料可以是金属或合金，也可以是非金属，还可以是化合物及其混合物。

在激光熔覆时，粉末涂覆材料可以预先直接涂在基体表面，也可以在激光熔覆的同时用送粉器送入，如图 2-83 所示。

理想的预涂层应厚度均匀，孔隙率低，与基体有良好的粘着性，在激光作用过程中无不良反应存在。生产中广泛采用的方法有喷涂法、涂刷法。

（1）喷涂法　包括火焰喷涂和等离子喷涂，其主要特点是预涂层的厚度容易控制，再结合特定的喷涂材料（如自熔合金），可以获得平整光洁的涂层；缺点是成本相对较高。

（2）涂刷法　是采用各种粘合剂在常温下将合金粉末调和在一起，然后以膏状或糊状涂刷在待涂覆的基体上。常用的粘合剂有清漆、水玻璃、含氧纤维乙醚、水泥胶、环氧树脂、丙酮硼砂溶液，甚至胶水或浆糊等。粘合剂经济方便，但获得预涂层的导热性不佳，需要消耗额外的激光能量。为了保证涂层的质量，所选择的粘合剂必须具有容易挥发而不损坏涂层的性能。

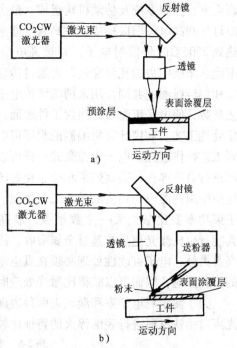

图 2-83　激光涂覆示意图
a）预涂式激光涂覆　b）送粉式激光涂覆

采用激光涂覆技术，在柴油机铸铁阀座底衬（不锈钢制造）表面涂覆钴基硬质合金涂层，在刀具和石油钻头表面涂覆 WC 层，可使耐磨性大大提高。

3. 激光熔凝

激光熔凝也称为激光熔化淬火，用激光束加热工件表面至熔化到一定深度，自冷使熔层凝固，获得细化均质的组织和高性能。其主要特点有：①表面熔凝层与材料基体是天然的冶金结合；②在凝固过程中可排除杂质和气体，同时急冷重结晶获得的组织具有较高的硬度、耐磨性和耐蚀性；③熔层薄、作用区小，对表面粗糙度和工件尺寸影响不大，一般可以不再进行后续磨光即可直接使用。

激光熔凝技术的典型应用是拖拉机气缸套的激光处理，气缸套用材是亚共晶灰铸铁HT200。激光熔凝工艺的参数是：激光功率950W、扫描速度14~25mm/s。激光熔凝后，其硬化带宽度约为3mm，硬化带总深度约为0.4mm（其中熔化层深度约为0.10mm），相应地显微硬度为740~950HV（原始值约为260HV）。受作用部分包含熔化区、相变硬化区和过渡区。

熔化区的组织是树枝晶的马氏体和残留奥氏体＋树枝间的片层状态变态莱氏体（马氏体、残留奥氏体、Fe_3C）。

激光熔凝处理显著地提高了气缸套的耐磨性和使用寿命，其原因是：高硬度的变态莱氏体的形成，消除了表层的石墨，细化了显微组织。

（四）电子束表面改性技术

电子束表面改性技术是利用高能粒子束定向轰击工件表面，使工件表面急热急冷而达到强化目的。图2-84所示为电子束装置工作原理示意图，该装置主要由电子枪、真空室、控制系统及传动机构组成，最主要的部件电子枪由灯丝和高电位阳极构成。在高真空度条件下，灯丝被加热到2500℃时将发射电子，并被高电位加速成高速电子束流从阳极中央的孔洞穿过，再通过传动机构中的聚焦线圈和偏转线圈的共同作用来精确调控电子束，以改变其工艺参数，使电子束流轰击照射工件表面，从而完成表面强化处理工艺。利用计算机编制的程序可以准确地实现一系列工艺操作过程。电子束像激光一样可以对金属材料的局部进行自冷淬火、表面熔覆和合金化等改性处理，所得硬化层组织性能也与相应的激光工艺类似。所不同的是，电子束功率要比激光大一个数量级，最高可达$10^9 W/cm^2$，其能量也比激光更易被基材金属吸收，故能量利用率非常

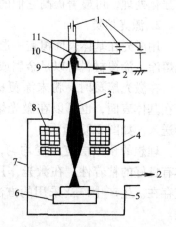

图2-84　电子束装置工作原理图
1—电源　2—排气　3—电子束
4—偏转线圈　5—工件　6—工作台
7—真空室　8—聚焦线圈　9—阳极
10—栅极　11—灯丝

高。另外，电子束改性处理必须在真空室（1Pa左右）中进行，这就避免了表面氧化、渗氮的不利影响，因而可以获得比激光处理时表面及内在质量更好的硬化层组织。

为了便于对电子束和激光束两种表面强化工艺进行选择，表2-6列出了采用电子束和激光束对钢铁材料进行表面淬火的特征比较，以供参考。

表2-6　电子束与激光束的比较

项　　目	电 子 束	激 光 束
能量效率	99%	10%~15%
能量反射率	几乎为零，无需防止反射	40%左右，需表面黑化防止反射
处理条件	需在真空中进行	可在大气中进行（或需辅助气体）
辐照对焦	通过控制聚焦线圈的电流调节，可在任意位置上轻易对焦	通过调节透镜聚焦系统与工件之间的距离来对焦

（续）

项　目	电　子　束	激　光　束
淬火自由度	电子束偏转可简单地由计算机软件来变更，自由度很大，很方便	必须更换反射或聚焦系统，机械地改变辐照相应位置
设备投资及转运费	1 和 1 （以电子束这两项费用计为 1）	3 和 2
设备普及率	目前较低	目前较高

从当前电子束表面改性处理的应用现状来看，基本上仍是以钢铁件的电子束淬火为主，可作为零件精加工后局部表面淬火的先进硬化工艺来选取。但由于该技术要在真空室内完成，故不利于大型零件和生产线上产品的处理。因此，应根据待处理零件的尺寸形状、质量要求和批量多少的不同，在进行综合分析的基础上，再做出采用哪种强化法的选择。

（五）离子束表面改性技术

离子束表面改性技术主要是指离子注入技术。所谓离子注入，是将某种元素的原子在真空中进行电离，并在高电压的作用下将离子加速注入到固体材料的表面，以改变这种材料的物理、化学及力学性能的一种离子束强化新技术。其主要特点是：①利用高能离子流将异类原子直接注入到工件的表层中进行合金化；②注入的原子种类不受任何常规合金化、热力学条件的限制，从而获得超常的固溶强化及沉淀强化效果。

1. 离子注入原理

图 2-85 所示为离子注入装置示意图，该装置主要由离子发生器、质量分析器、加速系统、排气系统、离子束扫描系统和工作室等几部分组成。离子源产生的离子由数万伏的高电压引出进入分析器，将具有一定质量/电荷比的离子分选出来并使之聚焦，离子束再导入加速系统，经数万伏至几十万伏的电压加速后，高能离子在扫描电场作用下便在材料表面纵横扫描，从而实现高能粒子对材料表面的均匀注入。离子源种类有数十种，特性各异，可按需要选用，其中以气体离子源使用最为普遍，如 C^+、N^+、B^+ 等。

2. 离子注入的特点

1）某些金属材料经离子注入表面改性后，可在不改变基本性能的情况下使其耐磨性、耐蚀性和抗氧化性能提高 1000 倍。

2）可获得其他方法不能得到的新合金相且与基体结合牢固，无明显界面和脱落现象，从而解决了许多涂层技术中存在的粘附问题和热膨胀系数不匹配问题。

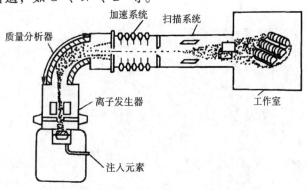

图 2-85　离子注入装置示意图

3）其处理温度一般在室温附近且在真空中进行，不氧化，不变形，因而可作为零件精加工后的最终热处理工艺，这是许多表面改性技术所无法比拟的。

4）可控性和重复性好，通过可控扫描机构，不仅可实现在较大面积上的均匀强化，还可实现很小范围内的局部改性且其他部分不变。

3. 应用简介

采用离子注入法进行金属材料表面改性已开始由基础研究进入工业应用阶段，主要是为了满足高精度零件表面综合性能的要求和某些高精度工模具的耐磨和耐蚀要求。通常注入的离子种类有 Ni^+、Cr^+、Ti^+、Ta^+、C^+ 等，可使基体的多种性能得到极大改善。例如，钢铁材料经上述离子注入后的耐磨性能可提高 100 倍以上；如将 Pt、Ta 等元素注入到钛合金中，可使其在沸腾的 1mol 硫酸中腐蚀速度降低很多。

从目前的技术水平来看，此法还有一些不足之处：①注入渗层太薄（ <1μm）；②离子束只能直进不能绕行，故对于形状复杂和有内孔的工件无计可施；③设备造价高昂，拥有的单位很少，使其还不能广泛应用。但该技术作为陶瓷材料和高分子材料的改性，已引起人们的极大关注，这将有助于推进它向纵深和更广阔的领域发展。

第二篇 常用工程材料

第三章 金属材料

第一节 工业用钢

工业用钢按化学成分可分为碳素钢和合金钢两大类。碳钢是指碳的质量分数为 0.0218% ~2.11% 的铁碳合金。碳钢中除了含有铁、碳之外，还含有少量的锰、硅、硫、磷等杂质。由于碳钢价格低廉，容易加工，具有较好的力学性能，因此得到了广泛的应用。但是，随着现代工业和科学技术的发展，对钢的力学性能和物理及化学性能提出了更高的要求，从而发展了合金钢。

一、钢的分类与编号

（一）钢的分类方法

钢的分类方法包括按化学成分分类、按主要质量等级和主要性能或使用特性分类。为了便于对照使用，这里将其中常用部分总结如下：

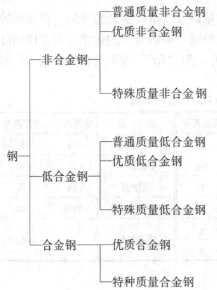

		普通质量非合金钢	结构钢、钢筋钢、铁道用一般碳素钢、一般钢板等
钢	非合金钢	优质非合金钢	机械结构用优质钢、工程结构用钢、冲压薄板用低碳结构钢、镀层板带用钢、锅炉和压力容器用钢、造船用钢、铁道用钢、焊条用钢、标准件用钢、冷镦铆螺用钢、易切削钢、电工用钢、优质铸造碳素钢等
		特殊质量非合金钢	保证淬透性钢、保证厚度方向性能钢、铁道用特殊钢、航空兵器等用结构钢、核能用钢、特殊焊条用钢、弹簧钢、特殊盘条钢丝、特殊易切削钢、工具钢、电工纯铁、原料纯铁等
	低合金钢	普通质量低合金钢	一般低合金高强度结构钢、钢筋钢、铁道用钢、矿用钢等
		优质低合金钢	通用低合金高强度结构钢、锅炉和压力容器用钢、造船用钢、汽车用钢、桥梁用钢、自行车用钢、耐候钢、铁道用钢、矿用优质钢、输油管线用钢等
		特殊质量低合金钢	核能用钢、保证厚度方向性能钢、铁道用特殊钢、低温压力容器用钢、舰船及兵器等专用钢等
	合金钢	优质合金钢	一般工程结构用钢、钢筋钢、电工用硅钢、铁道用钢、地质与石油钻探用钢、耐磨钢、硅锰弹簧钢等
		特种质量合金钢	压力容器用钢、经热处理的结构钢、经热处理的地质石油钻探用钢管、结构钢(调质钢、渗碳钢、渗氮钢、冷塑性成形用钢)、弹簧钢、不锈钢、耐热钢、工具钢(量具刃具用钢、耐冲击工具用钢、热作模具钢、冷作模具钢、塑料模具钢)、高速工具钢、轴承钢、高电阻电热钢、无磁钢、永磁钢、软磁钢等

（二）钢的通常分类

1. 按用途分类

按用途可把钢分为结构钢、工具钢及特殊性能钢。

（1）结构钢　可分为工程构件用钢（如建筑工程用钢、桥梁工程用钢、船舶工程用钢、车辆工程用钢）和机器零件用钢（如调质钢、渗碳钢、弹簧钢、轴承钢）等。

（2）工具钢　根据用途不同可分为刃具钢、模具钢、量具钢。

（3）特殊性能钢　可分为不锈钢、耐热钢、耐磨钢等。

2. 按化学成分分类

按钢的化学成分可将钢分为碳素钢及合金钢。碳素钢又按含碳量不同分为低碳钢（$w_C \leqslant 0.25\%$）、中碳钢（$w_C = 0.25\% \sim 0.60\%$）、高碳钢（$w_C > 0.60\%$）。合金钢按合金元素总含量分为低合金钢（$w_{Me} < 5\%$）、中合金钢（$w_{Me} = 5\% \sim 10\%$）、高合金钢（$w_{Me} > 10\%$）。另外，根据钢中所含主要合金元素的种类不同，也可分为锰钢、铬钢、铬钼钢、铬锰钛钢等。

3. 按质量分类

按钢中的有害杂质磷、硫含量不同，可将钢分为普通钢（$w_P \leqslant 0.045\%$、$w_S \leqslant 0.05\%$）、优质钢（w_P、$w_S \leqslant 0.035\%$）、高级优质钢（w_P、$w_S \leqslant 0.025\%$）。

4. 按冶炼方法分类

按钢的冶炼方法不同可将钢分为平炉钢、转炉钢、电炉钢等。

5. 按金相组织分类

钢的金相组织随处理方法不同而异，按退火组织可分为亚共析钢、共析钢、过共析钢；按正火组织可分为珠光体钢、贝氏体钢、马氏体钢及奥氏体钢。

（三）钢的编号

我国钢材的编号是按含碳量、合金元素的种类和数量以及质量级别来编号的。依据国家标准规定采用国际化学元素符号与汉语拼音字母并用的原则，即牌号中的化学元素采用国际化学元素符号表示，如 Si、Mn、Cr 等，仅稀土元素例外，用"RE"表示其总含量。常用钢产品的名称和表示符号见表 3-1。

表 3-1　常用钢产品的名称和表示符号（GB/T 221—2008）

名　称	采用汉字	采用符号	名　称	采用汉字	采用符号	名　称	采用汉字	采用符号
碳素结构钢	屈	Q	钢轨钢	轨	U	沸腾钢	沸	F
低合金高强度钢	屈	Q	铆螺钢	铆螺	ML	半镇静钢	半	b
易切削钢	易	Y	汽车大梁用钢	梁	L	镇静钢	镇	Z
碳素工具钢	碳	T	压力容器用钢	容	R	特殊镇静钢	特镇	TZ
滚动轴承钢	滚	G	桥梁用钢	桥	q	质量等级		ABCDE
焊接用钢	焊	H	锅炉用钢	锅	g			

1. 普通碳素结构钢

普通碳素结构钢的牌号表示方法由代表屈服强度的字母（Q）、屈服强度数值、质量等级符号（A、B、C、D）及脱氧方法符号（F、Z、TZ）等四部分按顺序组成。例如，Q235AF 表示屈服强度为 235MPa 的 A 级沸腾钢。质量等级符号反映碳素结构钢中磷、硫含量的多少，A、B、C、D 的质量等级依次增高。

2. 优质碳素结构钢

优质碳素结构钢的牌号用钢中平均含碳量的两位数字表示，单位为万分之一。例如，牌号 45 表示平均碳的质量分数为 0.45% 的钢。

对于含锰量较高的钢，应将锰元素标出。碳的质量分数大于 0.6%、锰的质量分数为 0.9% ~ 1.2% 的钢，以及碳的质量分数小于 0.6%、锰的质量分数为 0.7% ~ 1.0% 的钢，应在其数字后面附加汉字"锰"或化学元素符号"Mn"。例如，牌号 25Mn 表示平均碳的质量分数为 0.25%、锰的质量分数为 0.7% ~ 1.0% 的钢。

沸腾钢以及专门用途的优质碳素结构钢应在牌号后特别标出。例如，15g 即指平均碳的质量分数为 0.15% 的锅炉钢。

3. 碳素工具钢

碳素工具钢是在牌号前加"碳"或"T"表示，其后跟以表示钢中平均含碳量的千分之几的数字。例如，平均碳的质量分数为 0.8% 的该类钢记为"碳 8"或"T8"。含锰量较高者应注出。高级优质钢则在牌号末尾加"高"或"A"，如"碳 10 高"或"T10A"。

4. 合金结构钢

合金结构钢的牌号由"数字 + 元素 + 数字"三部分组成。前两位数字表示平均含碳量的万分之几，合金元素用汉字或化学元素符号表示，合金元素后面的数字表示该元素的近似含量，单位是百分之几。当合金元素的平均质量分数低于 1.5% 时，则不标明其含量；当其平均质量分数大于或等于 1.50% ~ 2.49% 时，则在元素后面标"2"，依此类推。如为高级优质钢，则在牌号后面加"高"或"A"。例如，27SiMn 表示碳的质量分数为 0.24% ~ 0.32%，硅及锰的质量分数为 1.10% ~ 1.40% 的钢。

5. 合金工具钢

合金工具钢是在牌号前用一位数字表示平均含碳量的千分之几。当平均碳的质量分数大于或等于 1.0% 时，不标出含碳量。例如，牌号 9Mn2V 表示钢的平均碳的质量分数为 0.85% ~ 0.95%，而"CrMn"钢中的平均碳的质量分数为 1.3% ~ 1.5%。

高速钢的牌号一般不标出含碳量，仅标出合金元素的含量，例如，牌号 W6Mo5Cr4V2 表示 $w_W = 6\%$、$w_{Mo} = 5\%$、$w_{Cr} = 4\%$、$w_V = 2\%$（$w_C = 0.8\%$ ~ 0.9%）。

6. 滚动轴承钢

滚动轴承钢在牌号前冠以"滚"或"G"，其后为铬（Cr）+ 数字来表示，数字表示铬的平均质量分数的千分之几。例如，滚铬 15（GCr15）表示铬的平均质量分数为 1.5% 的滚动轴承钢。

7. 不锈钢及耐热钢

此两类钢牌号前的数字表示平均碳的质量分数的万分之几，合金元素的表示方法与其他合金钢相同。当 $w_C \leq 0.03\%$ 或 0.08% 时，在牌号前分别冠以"00"与"0"。例如，不锈钢 30Cr13 的平均 $w_C = 0.3\%$、$w_{Cr} \approx 13\%$；06Cr19Ni10 的平均 $w_C \approx 0.06\%$、$w_{Cr} \approx 19\%$、$w_{Ni} \approx 10\%$；另外，当 $w_{Si} \leq 1.5\%$、$w_{Mn} \leq 2\%$ 时，牌号中不予标出。

8. 铸造碳钢

铸造碳钢的牌号由"ZG"加两组数字组成，第一组数字表示屈服强度，第二组数字表示抗拉强度。例如，ZG200-400 表示其屈服强度为 200MPa、抗拉强度为 400MPa。

二、结构钢

结构钢包括工程构件用钢和机器零件用钢两大类。

工程构件用钢主要是指用来制造钢架、桥梁、钢轨、车辆及船舶等结构件的钢种,一般做成钢板和型钢。它们大都是用普通碳素钢和低合金高强度钢制造,冶炼简便,成本低,用量大,一般不进行热处理,在热轧空冷状态下使用。

机器零件用钢主要是指用来制造各种机器结构中的轴类、齿轮、连杆、弹簧、紧固件(螺钉、螺母)等的钢种,包括渗碳钢、调质钢、弹簧钢及滚动轴承钢等。它们大都是用优质碳素钢和合金结构钢制造,一般都经过热处理后使用。如果按热处理状态来分有以下四大类:

1) 一般供应或正火状态下使用的钢种,包括碳钢和碳素易切削钢。

2) 淬火加回火状态下使用,按照回火温度可分为调质钢(高温回火)、弹簧钢(中温回火)、滚动轴承钢和超高强度钢(低温回火)。

3) 化学热处理后使用,包括渗碳钢(渗碳后淬火加低温回火)、渗氮钢(调质处理后渗氮)。

4) 高、中频感应加热淬火加低温回火后使用,即高中频淬火用钢。

(一) 普通碳素结构钢

1. 用途

普通碳素结构钢适用于一般工程用热轧钢板、钢带、型钢、棒钢等,可供焊接、铆接及栓接构件使用。

2. 成分特点和钢种

普通碳素结构钢平均碳的质量分数为 0.06% ~ 0.38%,虽然含有较多的有害杂质元素和非金属夹杂物,但能满足一般工程结构及普通零件的性能要求,因而应用较广。表 3-2 为其牌号、化学成分、力学性能及应用举例。

碳素结构钢一般以热轧空冷状态供应。Q195 牌号的钢是不分质量等级的,出厂时同时保证力学性能和化学成分。

Q195 钢的含碳量很低,塑性好,常用作铁钉、铁丝及各种薄板等。Q275 钢属于中碳钢,强度较高,能代替 30 钢、40 钢制造零件。Q215、Q235、Q275 当钢的质量等级为 A 级时,出厂时保证力学性能及硅、磷、硫等成分,其他成分不保证。

(二) 低合金高强度钢

低合金高强度钢用来制造桥梁、船舶、车辆、锅炉、高压容器、输油输气管道、大型钢结构等。用它来代替普通碳素结构钢,屈服强度可提高 25% ~ 100%,质量可减轻 30%,使用更可靠、耐久。

1. 对低合金高强度钢的性能要求

(1) 高强度 一般低合金高强度钢的屈服强度在 300MPa 以上。强度高才能减轻结构自重,节约钢材和减少其他消耗。因此,在保证塑性和韧性的条件下,应尽量提高其强度。

(2) 高韧性 用高强钢制造的大型工程结构一旦发生断裂,往往会带来灾难性的后果,所以许多在低温下工作的构件必须具有良好的低温韧性(即具有较高的解理断裂抗力或较低的韧脆转变温度)。大型焊接结构因不可避免地存在有各种缺陷(如焊接冷、热裂纹),必须具有较高的断裂韧度。

表3-2　碳素结构钢的牌号、化学成分、力学性能及应用举例（GB/T 700—2006）

牌号	等级	化学成分（质量分数，%）（不大于）					力学性能												应用举例
		C	Mn	Si	S	P	R_{eL}/MPa，不小于						R_m/MPa	A_5（%），不小于					
							厚度（或直径）/mm							厚度（或直径）/mm					
							≤16	>16~40	>40~60	>60~100	>100~150	>150		≤40	>40~60	>60~100	>100~150	>150~200	
Q195		0.12	0.50	0.30	0.040	0.035	195	185					315~430	33					塑性好，有一定的强度，用于制造受力不大的零件，如螺钉、螺母、垫圈等，冲压件、焊接件及桥梁建设等金属结构构件
Q215	A	0.15	1.20	0.35	0.050	0.045	215	205	195	185	175	165	335~450	31	30	29	27	26	
	B	0.15	1.20	0.35	0.045	0.045	215	205	195	185	175	165	335~450	31	30	29	27	26	
Q235	A	0.22	1.40	0.35	0.050	0.045	235	225	215	205	195	185	370~500	26	25	24	22	21	
	B	0.20	1.40	0.35	0.045	0.045	235	225	215	205	195	185	370~500	26	25	24	22	21	
	C	≤0.17	1.40	0.35	0.040	0.040	235	225	215	205	195	185	370~500	26	25	24	22	21	
	D	≤0.17	1.40	0.35	0.035	0.035	235	225	215	205	195	185	370~500	26	25	24	22	21	
Q275	A	0.24	1.50	0.35	0.050	0.045	275	265	255	245	225	215	410~540	22	21	20	18	17	强度较高，用于制造承受中等载荷的零件，如小轴、销子、连杆、农机零件等
	B	0.21	1.50	0.35	0.045	0.045	275	265	255	245	225	215	410~540	22	21	20	18	17	
	C	0.22	1.50	0.35	0.040	0.040	275	265	255	245	225	215	410~540	22	21	20	18	17	
	D	0.20	1.50	0.35	0.035	0.035	275	265	255	245	225	215	410~540	22	21	20	18	17	

（3）良好的焊接性能和冷成形性能　大型结构大都采用焊接制造，焊前往往要冷成形，而焊后又不易进行热处理，因此要求钢具有很好的焊接性能和冷成形性能。

此外，许多大型结构在大气（如桥梁、容器）、海洋（如船舶）中使用，还要求有较高的耐蚀能力。

2. 化学成分特点

低合金高强度钢的含碳量较低（$w_C < 0.20\%$），合金元素含量较少（$w_{Me} < 3\%$），其主加元素为 Mn，辅加元素为 Nb、Ti、V、RE。

碳虽然可以提高钢的强度，但会使焊接性能和冷成形性能下降，尤其是使韧性明显下降、韧脆转变温度升高，因此这类钢碳的质量分数不应超过 0.2%。

合金元素 Mn 的主要作用是固溶强化铁素体，通过降低奥氏体分解温度来细化铁素体晶粒，使珠光体片变细，并能消除晶界上的粗大片状碳化物。因此，锰能提高钢的强度和韧性。

少量的 Nb、Ti 或 V 在钢中形成细碳化物，会阻碍钢热轧时奥氏体晶粒的长大，有利于获得细小的铁素体晶粒；另外，这些元素在热轧时部分固溶在奥氏体内，冷却时弥散析出，可起到一定的析出沉淀作用，从而提高钢的强度和韧性。

此外，少量的 Cu（$w_{Cu} \leq 0.4\%$）和 P（$w_P \approx 0.1\%$）可提高钢的耐蚀能力。加入少量稀土元素可以脱硫、去气、净化钢材，改善钢的韧性和工艺性能。

3. 热处理特点

低合金高强度钢一般在热轧空冷状态下使用，不需要进行专门的热处理。在有特殊需要时，如为了改善焊接接头性能，可进行一次正火处理。

4. 钢种、牌号与用途

低合金高强度结构钢的牌号、化学成分、力学性能及用途见表 3-3。

表 3-3　低合金高强度结构钢的牌号、化学成分、力学性能及用途

（GB/T 1591—2008）

牌号	质量等级	化学成分（质量分数，%）								力学性能					用途
		C≤	Mn	Si≤	P≤	S≤	V	Nb	Ti	厚度或直径/mm	R_{eL}/MPa 不小于	R_m/MPa	A_5（%）	KV（纵向，20℃/J）	
													不小于	不小于	
Q295	A	0.16	0.80~1.50	0.55	0.045	0.045	0.02~0.15	0.015~0.060	0.02~0.20	≤16	295	390~570	23	34	桥梁、车辆、容器、油罐
	B	0.16		0.55	0.040	0.040				>16~40	275	390~570			
Q345	A	0.20	≤1.70	0.50	0.035	0.035	≤0.15	≤0.07	≤0.20	≤40	345	470~630	20	34	桥梁、车辆、船舶、压力容器、建筑结构
	B	0.20			0.035	0.035							19		
	C				0.030	0.030				>40~63	335	470~630	21		
	D	0.18			0.030	0.025							20		
	E	0.18			0.025	0.020									

（续）

牌号	质量等级	化学成分（质量分数,%）								力学性能					用途
		C≤	Mn	Si≤	P≤	S≤	V	Nb	Ti	厚度或直径/mm	R_{eL}/MPa 不小于	R_m/MPa	A_5(%)	KV（纵向,20℃/J）	
													不小于	不小于	
Q390	A				0.035	0.035				≤40	390	490~650	20	34	桥梁、船舶、起重设备、压力容器
	B														
	C	0.20	≤1.70	0.50	0.030	0.030	≤0.20	≤0.07	≤0.20	>40~63	370	490~650	19		
	D					0.025									
	E				0.025	0.020									
Q420	A				0.035	0.035				≤40	420	520~680	19	34	桥梁、高压容器、大型船舶、电站设备、管道
	B														
	C	0.20	≤1.70	0.50	0.030	0.030	≤0.20	≤0.07	≤0.20	>40~63	400	520~680	18		
	D					0.025									
	E				0.025	0.020									
Q460	C				0.030	0.030				≤40	460	550~720	17	34	中温高压容器（<120℃）、锅炉、石油化工高压厚壁容器（<100℃）
	D	0.20	1.80	0.60	0.025	0.025	≤0.20	≤0.11	≤0.20	>40~63	440	550~720	16		
	E				0.025	0.020									

在较低强度级别的钢中，以 Q345（16Mn）最具有代表性，它是我国低合金高强度钢中发展最早、使用最多、产量最大的钢种。其使用状态的组织为细晶粒的铁素体-珠光体，强度比普通碳钢 Q235 高 20%～30%，耐大气腐蚀性能高 20%～38%。用它制造工程结构时，质量可减轻 20%～30%，如南京长江大桥、广州电视塔等。

Q420（15MnVN）是具有代表性的中等强度级别的钢种。钢中加入 V、N 后，生成钒的碳氮化物，可细化晶粒，又有析出强化作用，因此强度水平提高，而韧性和焊接性能也较好，较广泛用于制造大型桥梁、锅炉、船舶和焊接结构件。

强度级别超过 500MPa 后，铁素体-珠光体组织难以满足要求，于是发展了低碳贝氏体型钢，加入 Cr、Mo、Mn、B 等元素，阻碍珠光体转变，使奥氏体等温转变图的珠光体转变区右移，而对贝氏体转变影响小，有利于在空冷条件下得到贝氏体组织，获得更高的强度，其塑性和焊接性能也较好，多用于高压锅炉、高压容器等。

5. 提高低合金结构钢性能的途径

低合金结构钢具有以下几种发展趋势：

1）微合金化与控制轧制相结合，以达到最佳强韧化效果。加入少量 V、Ti、Nb 等微合金化元素，通过控制轧制时的再结晶过程，使钢的晶粒细化，进而达到强韧化效果。

2）通过多元微合金化（如加入 Cr、Mn、Mo、Si、B 等）改变基体组织（在热轧空冷状态下获得贝氏体组织，甚至马氏体组织），提高强度。

3）超低碳化。为了保证韧性焊接性与冲压性能，需要进一步降低碳的质量分数，甚至降低 1.0～0.6 个数量级，此时需采用真空冶炼、真空除气等先进冶炼工艺。

提高低合金结构钢性能的途径有以下几种：

(1) 发展微合金化低碳高强度钢　其成分特点是低碳、高锰并加入微量合金元素钒、钛、铌、锆、镍、钼及稀土元素等。常用碳的质量分数为 0.12% ~ 0.14%，甚至降至 0.03% ~ 0.05%，降碳主要是从保证塑性、韧性和焊接性的方面考虑。微量合金元素复合加入（质量分数为 0.01% ~ 0.10%）对钢的组织、性能的影响主要表现在：①改变钢的相变温度、相变时间，从而影响相变产物的组织和性能；②细晶强化；③沉淀强化；④改变钢中夹杂物的形态、大小、数量和分布；⑤可严格控制 P 的体积分数，从而获得少珠光体钢、无珠光体钢（如针状铁素体）乃至无间隙固溶钢等新型微合金化钢种。

注意：微合金化必须与控制轧制、控制冷却和控制沉淀相结合，才能发挥其强韧化作用。

(2) 发展新型普通低合金结构钢

1) 低碳贝氏体型普通低合金结构钢，其主要特点是使大截面构件在热轧空冷（正火）条件下，能获得单一的贝氏体组织。发展贝氏体型钢的主要冶金措施是向钢中加入能显著推迟珠光体转变而对贝氏体转变影响很小的元素（如在 $w_{Mo} = 0.5\%$、$w_B = 0.003\%$ 基本成分的基础上，加入 Mn、Cr、V 等元素），从而保证在热轧空冷条件下获得贝氏体组织。

我国发展的几种低碳贝氏体型钢见表 3-4，这些钢种主要用作锅炉和石油工业中的中温压力容器。

表 3-4　我国发展的几种低碳贝氏体型钢

牌号	化学成分(质量分数,%)					
	C	Mn	Si	V	Mo	Cr
14MnMoV	0.10 ~ 0.18	1.20 ~ 1.50	0.20 ~ 0.40	0.08 ~ 0.16	0.45 ~ 0.65	
14MnMoVBRe	0.10 ~ 0.16	1.10 ~ 1.60	0.17 ~ 0.37	0.04 ~ 0.10	0.30 ~ 0.60	
14CrMnMoVB	0.10 ~ 0.15	1.10 ~ 1.60	0.17 ~ 0.40	0.03 ~ 0.06	0.32 ~ 0.42	0.90 ~ 1.30

牌号	化学成分(质量分数,%)		板厚/mm	力学性能		
	B	RE(加入量)		R_m/MPa	R_{eL}/MPa	A_5/MPa
14MnMoV			30 ~ 115(正火回火)	≥6200	≥500	≥15
14MnMoVBRe	0.0015 ~ 0.006	0.15 ~ 0.20	6 ~ 10(热轧态)	≥650	≥500	≥16
14CrMnMoVB	0.002 ~ 0.006		6 ~ 20(正火回火)	≥750	≥650	≥15

2) 低碳索氏体型普通低合金结构钢　采用低碳低合金钢淬火得到低碳马氏体组织，然后进行高温回火以获得低碳回火索氏体组织，从而保证钢具有良好的综合力学性能和焊接性能。

低碳索氏体型钢已在重型载重车辆、桥梁、水轮机及舰艇等方面得到应用。我国在发展这类钢中也做了不少工作，并成功地应用于导弹、火箭等国防工业中。

3) 针状铁素体型普通低合金结构钢　为了满足在严寒条件下工作的大直径石油和天然气输出管道用钢的需要，目前世界各国正在发展针状铁素体型钢，并通过轧制获得良好的强韧化效果。此类钢合金化的主要特点是：低碳（$w_C = 0.04\% ~ 0.08\%$），主要用 Mn、Mo、Nb 进行合金化，对 V、Si、N 及 S 的质量分数加以适当限制。其目的在于：①通过控制轧制后冷却时形成非平衡的针状铁素体提供大量位错亚结构，为以后碳化物的弥散析出创造条件；②以 Nb（C、N）为强化相，使之在轧制后冷却过程中从铁素体中弥散析出以造成弥散强化；③采用控制轧制细化晶粒等。

（三）渗碳钢

1. 典型渗碳零件的工作条件、失效方式及性能要求

许多机器零件，如汽车中的变速齿轮，在工作时载荷主要集中在啮合的齿部，会在局部产生很大的压应力、弯曲应力和摩擦力，因而要求齿的表面必须具有很高的硬度、耐磨性以及高的疲劳强度；而在传递动力的过程中，又要求其心部具有足够的强度和韧性，能承受大的冲击载荷。为了解决这一矛盾，首先从保证零件具有足够的韧性和强度入手，选用含碳量低的钢材，通过渗碳使其表面变成高碳，经淬火加低温回火后，心部和表面同时满足要求。

齿轮常见的失效方式为麻点剥落、磨损或齿断裂。对其提出的性能要求是：渗碳层表面具有高硬度、高耐磨性、高的疲劳抗力及适当的塑韧性；心部具有高的韧性和足够高的强度，即良好的综合力学性能。

2. 化学成分特点

为了保证心部的足够高强度和良好的韧性，渗碳钢碳的质量分数为 0.10% ~ 0.25%，其主加元素为 Si、Mn、Cr、Ni、B，辅加元素为 V、Ti、W、Mo。

合金元素的主要作用是：①提高淬透性（Si、Mn、Cr、Ni、B，B 只对低碳钢部分起作用）；②细化晶粒（V、Ti、W、Mo，可在渗碳阶段防止奥氏体晶粒粗大）；③获得良好的渗碳性能。另外，碳化物形成元素（Cr、V、Ti、W、Mo）还可增加渗碳层硬度，提高耐磨性。

3. 热处理特点

渗碳钢的最终热处理是在渗碳后进行的。对于在渗碳温度下仍保持细小奥氏体晶粒、渗碳后不需要机加工的零件，可在渗碳后预冷直接淬火并低温回火（如 20CrMnTi）。而对于渗碳时容易过热的钢（如 20Cr），渗碳后需先正火消除过热组织，再进行淬火并低温回火，其心部组织为低碳回火马氏体，表面为高碳回火马氏体 + 合金渗碳体 + 少量残留奥氏体。

4. 常用渗碳钢的牌号及用途

常用渗碳钢的牌号、化学成分、热处理、力学性能及用途见表 3-5。

合金渗碳钢按淬透性不同分为低淬透性、中淬透性、高淬透性三种类型。

（1）低淬透性渗碳钢　水淬临界淬透直径为 20 ~ 35mm，典型钢种有 20Mn2、20Cr、20MnV 等，用于制造受力不大、要求耐磨并承受冲击的小型零件。

（2）中淬透性渗碳钢　油淬临界淬透直径为 25 ~ 60mm，典型钢种有 20CrMnTi、12CrNi3、20MnVB 等，用于制造尺寸较大、承受中等载荷、重要的耐磨零件，如汽车齿轮。

（3）高淬透性渗碳钢　油淬临界淬透直径为 100mm 以上，属于空冷也能淬成马氏体的马氏体钢。典型钢种有 12Cr2Ni4、20Cr2Ni4、18Cr2Ni4WA 等，用于制造承受重载与强烈磨损的极为重要的大型零件，如航空发动机及坦克齿轮等。

（四）调质钢

调质钢主要是采用调质处理得到回火索氏体组织，其综合力学性能好，用作轴及杆类零件。

1. 典型零件的工作条件、失效方式及性能要求

表 3-5　常用渗碳钢的牌号、化学成分、热处理、力学性能及用途（GB/T 3077—1999）

类别	牌号	主要化学成分（质量分数,%）							热处理/°C				力学性能（不小于）					毛坯尺寸/mm	用途
		C	Si	Mn	Cr	Ni	V	其他	渗碳	预备处理	淬火	回火	R_m/MPa	R_{eL}/MPa	A（%）	Z（%）	α_K/J·cm^{-2}		
低淬透性	15	0.12~0.19	0.17~0.37	0.35~0.65						890±10 空	770~800 水	200	≥500	≥300	15	≥55		<30	活塞销等
	20Mn2	0.17~0.24	0.17~0.37	1.40~1.80					930	850~870	770~800 油	200	820	600	10	47	60	25	小齿轮、小轴、活塞销等
	20Cr	0.18~0.24	0.17~0.37	0.50~0.80	0.70~1.00				930	880	880 水,油	200	835	540	10	40	60	15	齿轮、小轴、活塞销等
	20MnV	0.17~0.24	0.17~0.37	1.30~1.60			0.07~0.12		930	880	880 水,油	200	758	590	10	40	70	15	同上,也用作锅炉、高压容器管道等
	20CrV	0.17~0.24	0.17~0.37	0.50~0.80	0.80~1.10		0.10~0.20		930	880	800 水,油	200	850	600	12	45	70	15	齿轮、小轴、顶杆、活塞销、耐热垫圈
中淬透性	20CrMn	0.17~0.23	0.17~0.37	0.90~1.20	0.90~1.20				930	830 油	850 油	200	930	735	10	45	60	15	齿轮、轴、蜗杆、活塞销、摩擦轮
	20CrMnTi	0.17~0.23	0.17~0.37	0.80~1.10	1.00~1.30			Ti 0.04~0.10	930	880	860 油	200	1080	850	10	45	70	15	汽车及拖拉机上的变速箱齿轮
	20Mn2TiB	0.17~0.24	0.20~0.40	1.50~1.80				Ti 0.06~0.12 B 0.001~0.004	930		860 油	200	1150	950	10	45	70	15	代 20CrMnTi
	20SiMnVB	0.17~0.24	0.50~0.80	1.30~1.60			0.07~0.12	B 0.001~0.004	930	850~880 油	860 油	200	≥1200	≥1000	≥10	≥45	≥70	15	代 20CrMnTi
高淬透性	18Cr2Ni4WA	0.13~0.19	0.17~0.37	0.30~0.60	1.35~1.65	4.00~4.50		W 0.80~1.20	930	950 空	850 空	200	1180	835	10	45	100	15	大型渗碳齿轮和轴类件
	20Cr2Ni4A	0.17~0.24	0.20~0.40	0.30~0.60	1.25~1.75	3.25~3.75			930	880 油	780 油	200	1200	1100	10	45	80	15	大型渗碳齿轮
	15CrMn2SiMo	0.13~0.19	0.40~0.70	2.00~2.40	0.40~0.70			Mo 0.4~0.5	930	880~920 空	860 油	200	1200	900	10	45	80	15	大型渗碳齿轮、飞机齿轮

这里以轴类零件为例，轴的作用是传递力矩，受扭转、弯曲等交变载荷，也会受到冲击，在配合处有强烈摩擦。其失效方式主要是由于硬度低、耐磨性差而造成的花键磨损，以及承受交变的扭转、弯曲载荷所引起的疲劳破坏。因此，对轴类零件提出的性能要求是高强度，尤其是高的疲劳强度，高硬度、高耐磨性及良好的塑韧性。

2. 化学成分特点

调质钢碳的质量分数为 0.25%～0.50%。含碳量过低不易淬硬，回火后强度不足；含碳量过高则韧性不够。

调质钢合金化的主加元素为 Mn、Cr、Si、Ni，辅加元素为 V、Mo、W、Ti。合金元素的主要作用是提高淬透性（Mn、Cr、Si、Ni 等），降低第二类回火脆性倾向（Mo、W），细化奥氏体晶粒（V、Ti），提高钢的耐回火性。典型的调质钢牌号为 40Cr、40CrNiMo、40CrMnMo。

3. 热处理特点

调质钢的最终热处理通常采用淬火＋高温回火，回火温度为 500～650℃，得到回火索氏体组织，可在具有良好塑性的情况下保证足够的强度。为了避免回火脆性，回火后可快冷；对于大尺寸的零件，可通过加 Mo、W 来避免。对于某些要求具有高耐磨性的部位，可在整体调质处理后局部采用高频感应加热表面淬火或渗氮处理；对于带有缺口的零件，可采用调质处理后喷丸或滚压强化来提高疲劳强度，延长其使用寿命；对于要求有特别高强度的零件，也可采用淬火＋低温回火或淬火＋中温回火处理，获得中碳回火马氏体或回火托氏体组织。

4. 钢种、牌号与用途

常用调质钢的牌号、化学成分、热处理、力学性能及用途见表 3-6。按淬透性的高低，合金调质钢大致可分为以下三类：

（1）低淬透性调质钢　这类钢的油淬临界直径为 30～40mm，最典型的钢种是 40Cr，广泛用于制造一般尺寸的重要零件。40MnB、40MnVB 是为了节省铬而发展的代用钢，40MnB 的淬后稳定性较差，切削加工性能也差一些。

（2）中淬透性调质钢　这类钢的油淬临界直径为 40～60mm，含有较多合金元素。典型牌号有 35CrMo 等，用于制造截面较大的零件，如曲轴、连杆等。加入钼不仅使淬透性显著提高，而且可以防止回火脆性。

（3）高淬透性调质钢　这类钢的油淬临界直径为 60～160mm，多半为铬镍钢。铬镍的适当配合可大大提高淬透性，并获得优良的力学性能，如 37CrNi3，但对回火脆性十分敏感，因此不宜制作大截面零件。在铬镍钢中加入适量的钼，如 40CrNiMo，不仅具有很好的淬透性和冲击韧度，还可消除回火脆性，用于制造大截面、重载荷的零件，如汽轮机主轴、叶轮、航空发动机轴等。

5. 调质钢的进展

（1）低碳马氏体钢　低碳马氏体钢采用低碳（合金）钢（如渗碳钢和低合金高强度钢等）经适当介质淬火和低温回火得到低碳马氏体，从而可以获得比常用中碳合金钢调质后更优越的综合力学性能。它充分利用了钢的强化和韧化手段，使钢不仅强度高而且塑性和韧性好。例如，采用 15MnVB 钢代替 40Cr 钢制造汽车的连杆螺栓，提高了强度和塑性、韧性（表 3-7），从而使螺栓的承载能力提高了 45%～70%，延长了螺栓的使用寿命，并能满足大功率新车型设计的要求；又如，采用 20SiMnMoV 钢代替 35CrMo 钢制造石油钻井用的吊环，使吊环质量由原来的 97kg 减小为 29kg，大大减轻了钻井工人的劳动强度。

表 3-6　常用调质钢的牌号、化学成分、热处理、力学性能及用途（GB/T 3077—1999）

牌号	主要化学成分（质量分数，%）								热处理		毛坯尺寸/mm	力学性能					退火或高温回火状态硬度 HBW（不大于）	用途
	C	Mn	Si	Cr	Ni	Mo	V	其他	淬火/℃	回火/℃		R_m/MPa	R_{eL}/MPa	A_5（%）	Z（%）	α_K/J·cm⁻²		
														（不小于）				
45Mn2	0.42~0.49	1.40~1.80	0.17~0.37						840 油	550 水、油	25	885	735	10	45	47	217	代替直径小于 50mm 的 40Cr 作重要螺栓和轴类件等
40MnB	0.37~0.44	1.10~1.40	0.17~0.37					B 0.0005~0.0035	850 油	500 水、油	25	980	785	10	45	47	207	可代替 40Cr 及部分代替 40CrNi 作重要零件，也可代替 38CrSi 作重要销钉
40MnVB	0.37~0.44	1.10~1.40	0.17~0.37				0.05~0.10	B 0.0005~0.0035	850 油	520 水、油	25	980	785	10	45	47	207	可代替 40Cr 及部分代替 40CrNi
35SiMn	0.32~0.40	1.10~1.40	1.10~1.40						900 水	570 水、油	25	885	735	15	45	47	229	除丁低温（< -20℃）韧性稍差外，可全面代替 40Cr 和部分代替 40CrNi
40Cr	0.37~0.44	0.50~0.80	0.17~0.37	0.80~1.10					850 油	520 水、油	25	980	785	9	45	47	207	作重要调质件，如轴类、连杆螺栓、进气阀和重要齿轮等
38CrSi	0.35~0.43	0.30~0.60	1.00~1.30	1.30~1.60					900 油	600 水、油	25	980	835	12	50	55	255	作承受大载荷的轴件及车辆上的重要调质件
40CrMn	0.37~0.45	0.90~1.20	0.17~0.37	0.90~1.20					840 油	550 水、油	25	980	835	9	45	47	229	代替 40CrNi
30CrMnSi	0.27~0.34	0.80~1.10	0.90~1.20	0.80~1.10					880 油	540 水、油	25	1080	885	10	45	39	229	高强度钢，作高速载荷砂轮轴、车轴上内外摩擦片等

（续）

牌号	主要化学成分（质量分数，%）								热处理		毛坯尺寸/mm	力学性能					退火或高温回火状态硬度 HBW（不大于）	用途
	C	Mn	Si	Cr	Ni	Mo	V	其他	淬火/℃	回火/℃		R_m/MPa	R_{eL}/MPa	A_5(%)	Z(%)	α_K/J·cm⁻²		
														（不小于）				
35CrMo	0.32~0.40	0.40~0.70	0.17~0.37	0.80~1.10		0.15~0.25			850 油	550 水、油	25	980	835	12	45	63	229	重要调质件，如曲轴、连杆及代替40CrNi 作大截面轴类件
38CrMoAlA	0.35~0.42	0.30~0.60	0.20~0.45	1.35~1.65		0.15~0.25		Al 0.70~1.10	940 水、油	640 水、油	30	980	835	14	50	71	229	作渗氮零件，如精密机床主轴、高压阀门、缸套等
40CrNi	0.37~0.44	0.50~0.80	0.17~0.37	0.45~0.75	1.00~1.40				820 油	500 水、油	25	980	785	10	45	55	241	作较大截面和重要的曲轴、主轴、连杆等
37CrNi3	0.34~0.41	0.30~0.60	0.17~0.37	1.20~1.60	3.00~3.50				820 油	500 水、油	25	1130	980	10	50	47	269	作大截面并需要高强度、高韧性的零件
37SiMn2MoV	0.33~0.39	1.60~1.90	0.60~0.90			0.40~0.50	0.05~0.12		870 水、油	650 水、空	25	980	835	12	50	63	269	作大截面、重载荷的轴、连杆、齿轮等，可代替40CrNiMo
40CrMnMo	0.37~0.45	0.90~1.20	0.17~0.37	0.90~1.20		0.20~0.30			850 油	600 水、油	25	980	785	10	45	63	217	相当于40CrNiMo的高级调质钢
25Cr2Ni4WA	0.21~0.28	0.30~0.60	0.17~0.37	1.35~1.65	4.00~4.50			W 0.80~1.20	850 水	550 水	25	1080	930	11	45	71	269	制造力学性能要求很高的大截面零件
40CrNiMoA	0.37~0.44	0.50~0.80	0.17~0.37	0.60~0.90	1.25~1.65	0.15~0.25			850 油	600 水、油	25	980	835	12	55	78	269	作高强度零件，如航空发动机轴，在500℃以下工作的喷气发动机承力零件
45CrNiMoVA	0.42~0.49	0.50~0.80	0.17~0.37	0.80~1.10	1.30~1.80	0.20~0.30	0.10~0.20		860 油	460 油	试样	1470	1330	7	35	31	269	作高强度、高弹性零件，如车辆上的扭力轴等

表 3-7　低碳马氏体钢 15MnVB 与调质钢 40Cr 的力学性能对比

牌号	状态	硬度 HRC	R_m /MPa	R_{eL} /MPa	A_5 (%)	Z (%)	a_K /J·cm^{-2}	a_K（-50℃） /J·cm^{-2}
15MnVB	低碳 M	43	1353	1133	12.6	51	95	70
40Cr	调质态	38	1000	800	9	45	60	≤40

（2）中碳微合金非调质钢　为了进一步提高劳动生产率、节约能源、降低成本，近年来世界各国正在研制开发非调质钢，以取代需淬火回火的调质钢。非调质钢的化学成分特点是在中碳碳钢成分的基础上添加微量（$w_{Me} < 0.2\%$）的 V、Ti、Nb 等元素，所以称为微合金非调质钢。其突出特点是不需淬火回火处理，通过控制轧制或锻造工艺，在空冷条件下即可使零件获得较满意的综合力学性能，其显微组织为 F + P。其强韧化机制是靠微量合金元素在热变形加工后冷却时，从 F 中析出弥散的碳化物或氮化物质点形成沉淀强化，同时又通过控制 P 与 F 的量的比例及 P 的片层间距、细化晶粒等途径，来保证其强度和良好韧性的配合。目前，该钢存在的主要缺点是塑性及冲击韧性偏低，因而限制了它在强冲击条件下的应用。

为了满足汽车工业迅速发展对高强韧性非调质钢的需要，近年来又发展了贝氏体型和马氏体型微合金非调质钢。这两类钢在锻轧后的冷却中即可获得 B 和 M 或以 M 为主的组织，其成分特点是降碳并适当添加 Mn、Cr、Mo、V、B（微量）等，使钢在获得高于 900MPa 抗拉强度的同时保持足够的塑性和韧性。

用中碳微合金非调质钢代替调质钢，具有简化生产工序、节约能源、降低成本的特点，已引起国内外广泛的关注，一些发达国家以及我国已在多种型号的汽车曲轴及连杆上成功地应用了微合金非调质钢。例如，我国一汽 CA15 型钢汽车发动机曲轴采用非调质钢 YF45V 代替原 45 钢正火或调质，其力学性能（表 3-8）符合 CA15 曲轴产品要求。中碳微合金非调质钢的开发应用有着广阔的发展前景。

表 3-8　非调质钢与调质钢力学性能的对比

材料	R_m/MPa	R_{eL}/MPa	A_5 (%)	Z (%)	KV/J	硬度 HBW
YF45V（非调质钢）	779	473	16.5	33	27	220 ~ 240
45（正火）	652	360	23.0	40	35	170 ~ 195
45（调质）	784	519	19.0	43	86	210 ~ 240

（五）弹簧钢

弹簧按结构形态可分为螺旋弹簧和板簧，可通过弹性变形储存能量，以达到消振、缓冲或驱动的作用。

1. 典型弹簧的工作条件、失效方式及性能要求

在长期承受冲击、振动的周期性交变应力作用下，板簧会出现反复的弯曲，螺旋弹簧会出现反复的扭转，因而其失效方式通常为弯曲疲劳或扭转疲劳破坏，也可能由于弹性极限较低引起弹簧的过量变形或永久变形而失去弹性。因此，弹簧必须具有高的弹性极限与屈服强度，高的屈强比，高的疲劳极限及足够的冲击韧度和塑性。另外，由于弹簧表面受力最大，

表面质量会严重影响疲劳极限，所以弹簧钢表面不应有脱碳、裂纹、折叠、夹杂等缺陷。

2. 化学成分特点

碳素弹簧钢碳的质量分数为 0.6% ~ 0.9%，合金弹簧钢碳的质量分数为 0.45% ~ 0.70%，中高碳含量用来保证高的弹性极限和疲劳极限。其合金化主加元素为 Mn、Si、Cr，辅加元素为 Mo、V、Nb、W。

合金元素的主要作用是提高淬透性（Mn、Si、Cr），提高耐回火性（Cr、Si、Mo、W、V、Nb），细化晶粒、防止脱碳（Mo、V、Nb、W），提高弹性极限（Si、Mn）等，典型牌号为 60Si2Mn、65Mn。

3. 热处理特点

按加工工艺不同，可将弹簧分为冷成形弹簧和热成形弹簧两种类型。对于大型弹簧或复杂形状的弹簧，采用热轧成形后淬火 + 中温回火（450 ~ 550℃）处理，获得回火托氏体组织，保证高的弹性极限、疲劳极限及一定的塑韧性。对于小尺寸弹簧，按强化方式和生产工艺的不同可分为以下三种类型：

（1）铅浴等温淬火冷拉弹簧钢丝　冷拔前将钢丝加热到 $Ac_3(Ac_{cm}) + 100 ~ 200℃$，完全奥氏体化，再在铅浴（480 ~ 540℃）中进行等温淬火，得到塑性高的索氏体组织，经冷拔后绕卷成形，再进行去应力退火（200 ~ 300℃），这种方法能生产强度很高的钢丝。

（2）油淬回火弹簧钢丝　将冷拔钢丝退火后冷绕成弹簧，再进行淬火 + 中温回火处理，得到回火托氏体组织。

（3）硬拉弹簧钢丝　将钢丝冷拔至要求尺寸后，利用淬火 + 回火来进行强化，再冷绕成弹簧，并进行去应力退火，之后不再热处理。

4. 钢种、牌号及用途

常用弹簧钢的牌号、化学成分、热处理、力学性能及用途见表3-9。合金弹簧钢大致分为两类。

表 3-9　常用弹簧钢的牌号、化学成分、热处理、力学性能及用途（GB/T 1222—2007）

类别	牌号	化学成分（质量分数，%）						热处理		力学性能（不小于）				用途举例
		C	Si	Mn	Cr	V	其他	淬火 /℃	回火 /℃	R_{eL} /MPa	R_m /MPa	$A_{11.3}$ (%)	Z (%)	
碳素弹簧钢	65	0.62 ~ 0.70	0.17 ~ 0.37	0.50 ~ 0.80	—	—	—	840 油	500	800	1000	9	35	小于 φ12mm 的一般机器上的弹簧，或拉成钢丝作小型机械弹簧
	85	0.82 ~ 0.90	0.17 ~ 0.37	0.50 ~ 0.80	—	—	—	820 油	480	1000	1150	6	30	同上
	65Mn	0.62 ~ 0.70	0.17 ~ 0.37	0.09 ~ 1.20	—	—	—	830 油	540	800	1000	8	30	同上

（续）

类别	牌号	化学成分（质量分数，%）						热处理		力学性能（不小于）				用途举例
		C	Si	Mn	Cr	V	其他	淬火/℃	回火/℃	R_{eL}/MPa	R_m/MPa	$A_{11.3}$(%)	Z(%)	
合金弹簧钢	60Si2Mn	0.56~0.60	1.50~2.00	0.60~0.90	—	—	—	870油	480	1200	1300	5	25	$\phi25\sim30$mm 弹簧,工作温度低于300℃
	50CrVA	0.46~0.54	0.17~0.37	0.50~0.80	0.80~1.10	0.10~0.20	—	850油	500	1150	1300	10(δ_5)	40	$\phi30\sim50$mm 弹簧,工作温度低于210℃的气阀弹簧
	60Si2CrVA	0.56~0.64	1.40~1.80	0.40~0.70	0.90~1.20	0.10~0.20	—	850油	410	1700	1900	6(δ_5)	20	$\phi<50$mm 弹簧,工作温度低于250℃
	50SiMnMoV	0.52~0.60	0.90~1.20	1.00~1.30	—	0.08~0.15	Mo 0.20~0.30	880油	550	1300	1400	6	30	$\phi<75$mm 弹簧,重型汽车、越野汽车大截面板簧

（1）以 Si、Mn 元素合金化的弹簧钢　代表性钢种有 65Mn 和 60Si2Mn 等，它们的淬透性显著优于碳素弹簧钢，可制造截面尺寸较大的弹簧。Si、Mn 的复合合金化性能比只加 Mn 的好，这类钢主要用作汽车、拖拉机和机车上的板簧和螺旋弹簧。

（2）含 Cr、V、W 等元素的弹簧钢　具有代表性的钢种是 50CrVA。Cr、V 的复合加入不仅使钢具有较高的淬透性，而且有较高的高温强度、韧性和较好的热处理工艺性能。因此，这类钢可制作在 350~400℃ 下承受重载的较大型弹簧，如阀门弹簧、高速柴油机的气门弹簧等。

（六）滚动轴承钢

1. 典型零件的工作条件、失效方式和性能要求

滚动轴承钢主要用来制造滚动轴承的滚动体及内外套圈。当轴转动时，位于轴承正下方的钢球承受轴的径向载荷最大。由于接触面积小，接触应力可达 1500~5000MPa，应力交变次数达每分钟数万次。常见的失效方式有因接触疲劳破坏产生的麻点或剥落，长期摩擦造成磨损而丧失精度以及处于润滑油环境下带来的锈蚀。因此，对这类零件提出的性能要求为具有高的接触疲劳强度，高硬度、高耐磨性，以及良好的耐蚀性。

2. 化学成分特点

滚动轴承钢碳的质量分数为 0.95%~1.10%，以保证高硬度、高耐磨性和高强度。其主加元素为 Cr，辅加元素为 Si、Mn、V、Mo。

Cr 的作用是：①提高淬透性，并形成 $(Fe，Cr)_3C$ 呈细小均匀分布，提高耐磨性和接触疲劳强度；②提高耐回火性；③提高耐蚀性。其缺点是当 $w_{Cr}>1.65\%$ 时，会增大残留奥氏体量并增大碳化物的带状分布趋势，使硬度和疲劳强度下降。因此，为了进一步提高淬透性，补加 Mn、Si 来制造大型轴承；加入 V、Mo 可阻止奥氏体晶粒长大，防止过热，还可进

一步提高钢的耐磨性。

3. 热处理特点

滚动轴承钢的最终热处理通常采用淬火（820～840℃）+低温回火（150～160℃），得到回火马氏体+细小均匀分布的碳化物+少量残留奥氏体。淬火温度要求十分严格，过高会引起奥氏体晶粒长大出现过热；过低则奥氏体中的铬与碳溶解不足，影响硬度。

对于精密轴承，为了稳定其尺寸，保证长期存放和使用中不变形，淬火后可立即进行冷处理，并且在回火和磨削加工后进行 120～130℃保温 5～10h 的尺寸稳定化处理，尽量减少残留奥氏体量并充分去除内应力。

4. 钢种、牌号及用途

我国轴承钢分为以下两类：

（1）铬轴承钢 最有代表性的是 GCr15，其使用量占轴承钢的绝大部分。由于它的淬透性不是很高，多用于制造中、小型轴承，也常用来制造冷冲模、量具、丝锥等。

为了进一步增加淬透性，可添加 Si、Mn 提高淬透性（如 GCr15MnSi 钢等），用于制造大型轴承。

（2）无铬轴承钢 为了节约铬，在 GCr15 钢的基础上研究出了以 Mo 代 Cr，并加入 RE，使钢的耐磨性有所提高的无铬轴承钢，如 GSiMnMoV、GSiMnMoVRE 等，其性能与 GCr15 相近。

常用滚动轴承钢的牌号、化学成分、力学性能见表 3-10。

表 3-10 滚动轴承钢的牌号、化学成分、力学性能（GB/T 18254—2002）

牌号	化学成分(质量分数,%)									退火硬度 HBW
	C	Si	Mn	Cr	Mo	P	S	Ni	Cu	Ni + Cu	
						不大于					
GCr4	0.95～1.05	0.15～0.30	0.15～0.30	0.35～0.50	≤0.08	0.025	0.020	0.25	0.20		179～207
GCr15	0.95～1.05	0.15～0.35	0.25～0.45	1.40～1.65	≤0.10	0.025	0.025	0.30	0.25	0.50	179～207
GCr15SiMn	0.95～1.05	0.45～0.75	0.95～1.25	1.40～1.65	≤0.10	0.025	0.025	0.30	0.25	0.05	179～217
GCr15SiMo	0.95～1.05	0.65～0.85	0.20～0.40	1.40～1.70	0.30～0.40	0.027	0.020	0.30	0.25		179～217
GCr18Mo	0.95～1.05	0.20～0.40	0.25～0.40	1.65～1.95	0.15～0.25	0.025	0.020	0.30	0.25		179～207

注：钢中氧的质量分数均不大于 15×10^{-6}。

（七）易切削钢

在钢中加入一种或几种元素，以改善其切削加工性能，这类钢称为易切削钢。随着切削加工的自动化、高速化与精密化，要求钢材具有良好的切削性能是非常重要的，这类钢主要在自动切削机床上加工，属于专用钢。

1. 工作条件与性能要求

易切削钢的好坏代表材料被切削加工的难易程度，由于材料的切削过程比较复杂，易切削性用单一的参量是难以表达的。通常，钢的切削加工性是以刀具寿命、切削力大小、加工表面的粗糙度、切削热以及切屑排除的难易程度等来综合衡量的。

2. 化学成分特点

为了改善钢的切削加工性能，最常用的合金元素有 S、Pb、Ca、P 等，其一般作用如下：

（1）S 的作用　在钢中与 Mn 和 Fe 形成（Mn，Fe）S 夹杂物，它能中断基体的连续性，使切屑易于脆断，减少切屑与刀具的接触面积。S 还能起到减摩作用，使切屑不易粘附在刀刃上。但 S 的存在使钢产生热脆，所以其质量分数一般限定在 0.08% ~ 0.30% 范围内，并适当提高含 Mn 量与其配合。

（2）Pb 的作用　其质量分数通常控制在 0.01% ~ 0.35% 范围内，可改善钢的切削性能。Pb 在钢中基本不溶，而是形成细小颗粒（2 ~ 3μm）均匀分布在基体中。在切削过程中所产生的热量达到 Pb 颗粒的熔点时它即成熔化状态，在刀具与切屑及刀具与钢材被加工面之间产生润滑作用，使摩擦因数降低，刀具温度下降，磨损减少。

（3）Ca 的作用　其质量分数通常在 0.001% ~ 0.005% 范围内，能形成高熔点（1300 ~ 1600℃）的 Ca-Si-Al 的复合氧化物（钙铝硅酸盐）附在刀具上，形成薄的具有减摩作用的保护膜，可防止刀具磨损。

（4）P 的作用　其质量分数为 0.05% ~ 0.10%，能形成 Fe-P 化合物，性能硬而脆，有利于切屑折断，但有冷脆倾向。

3. 常用易切削钢

易切削钢的牌号是以汉字"易"或拼音字母"Y"为首，其后的表示法同一般工业用钢。例如，Y40CrSCa 表示 S、Ca 复合的易切削 40Cr 调质钢，它广泛用于各种高速切削自动机床；T10Pb 表示碳的质量分数为 1.0% 的附加易切削元素 Pb 的易切削碳素工具钢，它常用于精密仪表行业中，如制作手表、照相机的齿轮轴等。

应注意以下两点：

1）易切削钢可进行最终热处理，但一般不进行预备热处理，以免损害其切削加工性。

2）易切削钢的冶金工艺要求比普通钢严格，成本较高，故只有针对大批量生产的零件，在必须改善钢材的切削加工性时，采用它才能获得良好的经济效益。

（八）铸钢

铸钢是在冶炼后直接铸造成形而不需锻轧成形的钢种。在实际生产中，一些形状复杂、综合力学性能要求较高的大型零件难以用锻轧方法成形，此时可采用铸钢制造。随着铸造技术的进步和精密铸造技术的发展，铸钢件在组织、性能、精度和表面粗糙度等方面都已接近锻钢件，可在不经切削加工或只需少量切削加工后使用，能大量节约钢材和成本，因此铸钢得到了更加广泛的应用。铸钢中的 w_C = 0.15% ~ 0.60%，为了提高其性能，也可进行热处理（主要是退火、正火，小型铸钢件还可进行淬火、回火）。生产中应用的铸钢主要有以下两种类型：

1. 碳素铸钢

按用途不同可将碳素铸钢分为一般工程用碳素铸钢和焊接结构用碳素铸钢，详见表 3-11。

表 3-11 碳素铸钢的牌号、力学性能及用途

种类与牌号	对应旧牌号	力学性能（≥）					用 途
		R_m /MPa	R_{eL} /MPa	A_5 (%)	Z (%)	KV/J	
一般工程用碳素铸钢	ZG200-400	ZG15	400	200	25	40	30	良好的塑韧性、焊接性能，用于受力不大、要求高韧性的零件
	ZG230-450	ZG25	450	230	22	32	25	一定的强度和较好的韧性及焊接性能，用于受力不大、要求高韧性的零件
	ZG270-500	ZG35	500	270	18	25	22	较高的强韧性，用于受力较大且有一定强韧性要求的零件，如连杆、曲轴
	ZG310-570	ZG45	570	310	15	21	15	较高的强度和较低的韧性，用于载荷较大的零件，如大齿轮、制动轮
	ZG340-640	ZG55	640	340	10	18	10	高的强度、硬度和耐磨性，用于齿轮、棘轮、联轴器、叉头等
焊接结构用碳素铸钢	ZG200-400H	ZG15	400	200	25	40	30	由于碳的质量分数偏下限，故焊接性能优良，其用途基本同于ZG200-400、ZG230-450 和 ZG270-500
	ZG230-450H	ZG20	450	230	22	35	25	
	ZG275-485H	ZG25	485	275	20	35	22	

注：表中力学性能是在正火（或退火）＋回火状态下测定的。

2. 低合金铸钢

它是在碳素铸钢基础上，适当提高 Mn、Si 的质量分数，以发挥其合金化作用，另外还可添加低质量分数的 Cr、Mo 等合金元素，常用牌号有 ZG40Cr、ZG40Mn、ZG35SiMn、ZG35CrMo 和 ZG35CrMnSi 等。低合金铸钢的综合力学性能明显优于碳素铸钢，大多用于承受较重载荷、冲击和摩擦的机械零件，如各种高强度齿轮、水压机工作缸、高速列车车钩等。为充分发挥合金元素作用以提高低合金铸钢的性能，通常应对其进行热处理，如退火、正火、调质和各种表面强化热处理。

（九）超高强度钢

工程上一般把 $R_m > 1500$MPa 的钢称为超高强度钢，它在航空航天工业中使用较为广泛，主要用来制造飞机起落架、机翼大梁、火箭发动机壳体、液体燃料氧化剂贮箱、高压容器以及常规武器的炮筒、枪筒、防弹板等。作为飞行器的构件必须有较轻的自重，有抵抗高速气流的剧烈冲击与耐高温（300～500℃）的能力，还要有能在强烈的腐蚀性介质中工作的能力。

1. 成分及性能特点

此类钢的含碳量范围较宽，$w_C = 0.03\% \sim 0.45\%$，合金元素按少量多元的原则加入钢中。常加的元素有 Cr、Mn、Ni、Si、Mo、V、Nb、Ti、Al。其中，Cr、Mn、Ni 和 Si 能显著地提高钢的淬透性，Si 还可使钢的耐回火性大大提高，导致第一类回火脆性区向高温方向偏移，从而使钢可在较高的温度下回火，有利于塑性、韧性的改善；Mo、V、Ti、Nb、Al 等元素的加入能形成特殊碳化物（Mo_2C、V_4C_3 等）和金属间化合物〔Ni_3Mo、Ni_3Ti、

（Ni·Fe）$_3$、（Ti·Al）等〕使钢产生二次硬化，V、Ti、Nb 等元素还有细化晶粒的作用。

超高强度钢有着与铝合金相近的比强度，因此用它制造飞行器的构件可以使其质量大大减轻。它有足够的耐热性，适应在气动力加热的条件下工作，此外，它还有一定的塑性、冲击韧性及断裂韧性，能抵抗高速气流剧烈而长时间的冲击，加之它有良好的切削性能、焊接性能及价格低于钛合金等优点，使它成为可以替代钛合金用于制造高温（250～450℃）气流条件下工作的飞行器材料。

2. 常用牌号及热处理

按成分和使用性能不同，可将超高强度钢分为三类：低合金超高强度钢、中合金超高强度钢及高合金超高强度钢。

（1）低合金超高强度钢　低合金超高强度钢的抗拉强度一般为 1500～2300MPa，它是由合金调质钢发展而来的，$w_C = 0.30\% \sim 0.45\%$。随着碳的质量分数的增加，钢的抗拉强度明显提高，其大致规律是：$w_C = 0.30\%$，$R_m = 1700 \sim 1800MPa$；$w_C = 0.35\%$，$R_m = 2000 \sim 2100MPa$；$w_C = 0.40\%$，$R_m = 2200 \sim 2300MPa$。钢中合金元素的总质量分数不超过 5%。常加入的合金元素有 Si、Mn、Ni、Cr、Mo、W、V 等，它们的主要作用是提高钢的淬透性和耐回火性及强化马氏体和铁素体，从而提高钢的强度。此外，Mo 还能防止第二类回火脆性，Si 还能使第一类回火脆性出现的温度向高温推移。例如，$w_{Si} = 0.20\% \sim 0.35\%$ 的钢，在 260℃左右出现第一类回火脆性，而 $w_{Si} = 1.45\% \sim 1.80\%$ 的钢在 350℃才开始出现第一类回火脆性。

低合金超高强度钢主要用于制造飞机上一些负荷很大的零件，如主起落架的支柱、轮叉、机翼主梁等。可采用 900℃加热、650℃等温的方式进行预备热处理，以达到改善切削加工性能的目的。为了获得超高的强度，钢的最终热处理不采用调质，而采用淬火后低温回火，钢件在细针状的回火马氏体组织状态下使用。为了减少淬火应力和变形，还可以采用等温淬火处理，其工艺为 900℃加热，置入 280～300℃硝盐中或在 180～280℃下等温，得到下贝氏体或马氏体组织。钢件经精加工后，还应在 200～250℃下加热并保温 2～3h，以消除切削加工应力，减弱钢对应力集中的敏感性。

国内外常用的低合金超高强度钢的牌号、化学成分、热处理规范及力学性能见表 3-12。

（2）中合金超高强度钢　中合金超高强度钢是指在 300～500℃的使用温度下能保持较高比强度与热疲劳强度的钢。从所含的碳量来看，此类钢又分为两个系列，即中合金中碳超高强度钢（是在热作模具钢的基础上发展起来的）与中合金低碳超高强度钢，这里着重介绍前者。此类钢的 $w_C = 0.30\% \sim 0.40\%$，合金元素的总质量分数为 5%～10%，其中以 Cr、Mo 元素为主。这类钢有高的淬透性和抗氧化能力，可以空冷淬火，且在 500～600℃回火时能从马氏体中析出弥散细小的 M_3C 和 MC 型碳化物（如 Mo_2C、VC 等），产生二次硬化效果。

中合金超高强度钢可用于制造超音速飞机中承受中温的强力构件、轴类和螺栓等构件。常用的牌号、化学成分、热处理工艺及力学性能分别见表 3-13、表 3-14 和表 3-15。

（3）高合金超高强度钢　马氏体时效钢是高合金超高强度钢中的一个系列，它是一种以铁-镍为基础的高合金钢，具有极好的强韧性。此类钢的高强度是通过时效处理使金属间化合物从马氏体中析出而获得的。其成分特点是钢中含镍量极高（$w_{Ni} = 18\% \sim 25\%$），而含碳量极低（$w_C < 0.03\%$），并含有 Mo、Ti、Al、Nb 等元素。

表 3-12 国内外常用低合金超高强度钢的化学成分、热处理规范及力学性能

牌号	主要化学成分(质量分数,%) C	Si	Mn	Mo	V	Cr	其他	热处理规范	力学性能 R_m/MPa	R_{eL}/MPa	A_5(%)	Z(%)	a_K/J·cm^{-2}	K_{IC}/MPa·m$^{1/2}$
30CrMnSiNi2A	0.27~0.34	0.9~1.2	1.0~1.3	—	—	0.90~1.20	Ni 1.4~1.8	900℃,油淬+250~300℃回火	1600~1800	—	8~9	35~45	40~60	260~274
40CrMnSiMoV	0.37~0.44	1.2~1.6	0.8~1.2	0.45~0.60	0.07~0.12	1.20~1.50	—	920℃,淬油+200℃回火	1943	—	13.7	45.4	79	203~230
30Si2Mn2MoWV	0.27~0.31	2.0~2.5	1.5~2.0	0.55~0.75	0.05~0.15	—	W 0.4~0.6	950℃,淬油+250℃回火	≥1900	≥1500	10~12	≥25	≥50	≥350
32Si2Mn2MoV	0.31~0.36	1.45~1.75	1.6~1.9	0.35~0.45	0.20~0.35	—	—	920℃,淬油+320℃回火	1845	1580	12.0	46	58	250~280
35Si2MnMoV	0.32~0.36	1.4~1.7	0.9~1.2	0.5~0.6	0.1~0.2	1.0~1.3	—	930℃,淬油+300℃回火	1800~2000	1600~1800	8~10	30~35	50~70	—
40SiMnCrMoVRE	0.38~0.43	1.4~1.7	0.9~1.2	0.35~0.45	0.08~0.18	1.0~1.3	RE 0.15	930℃,淬油+280℃回火	2050~2150	1750~1850	9~14	40~50	70~90	—
GC-19	0.32~0.37	0.8~1.2	0.8~1.2	2.0~2.5	0.4~0.5	1.3~1.7	—	1020℃,淬油+550℃回火两次	1895	1850	10.5	46.5	63	—
40CrNiMoA(AISI4340)	0.38~0.43	0.20~0.35	0.6~0.8	0.2~0.3	—	0.7~0.9	Ni 1.65~2.00	900℃,淬油+230℃回火	1820	1560	8	30	55~75	177~232
AMS6434(美制)	0.31~0.38	0.20~0.35	0.6~0.8	0.3~0.4	0.17~0.23	0.65~0.90	Ni 1.65~2.00	900℃,淬油+240℃回火	1780	1620	12①	33	—	—
300M(美制)	0.41~0.46	1.45~1.80	0.65~0.90	0.3~0.4	≥0.05	0.65~0.95	Ni 1.6~2.0	870℃,淬油+315℃回火	2020	1720	9.5①	34	—	—
D6AC(美制)	0.42~0.48	0.15~0.30	0.6~0.9	0.9~1.1	0.05~0.1	0.9~1.2	Ni 0.4~0.7	880℃,淬油+510℃回火	1700~2080	1500~1600	9~11①	40	—	—
ЭИ643(前苏制)	0.4	0.8	0.7	—	—	1.0	Ni 2.8 W 1.0	910℃,淬油+250℃回火	1600~1900	—	8	35	5	—

① 表示用标距为 50.8mm（2in）的试样测出的断后伸长率。

表 3-13　中合金超高强度钢的牌号及化学成分（质量分数）　　　（%）

牌　　号	C	Si	Mn	Cr	Mo	V
4Cr5MoSiV（美 H11）	0.32 ~ 0.42	0.8 ~ 1.2	≤0.4	4.5 ~ 5.5	1 ~ 1.5	0.3 ~ 0.5
4Cr5MoSiV1（美 H13）	0.32 ~ 0.42	0.8 ~ 1.2	≤0.4	4.5 ~ 5.5	1 ~ 1.5	0.8 ~ 1.1
HST140（英）	0.4	0.35	0.6	5.0	2.0	0.5

表 3-14　中合金超高强度钢的热处理工艺及力学性能（室温）

牌号	热处理工艺	R_m /MPa	R_{eL} /MPa	A (%)	Z (%)	a_K /J·cm^{-2}	硬度 HRC
4Cr5MoSiV	1000℃淬火，580℃二次回火	1745		13.5	45	55	51
4Cr5MoSiV1	1000℃淬火，580℃二次回火	1830	1670	9	28	19	51
HST140	1050℃淬火，600℃回火	2150	1630	13	45	60	—

表 3-15　4Cr5MoSiV 钢在不同温度下的疲劳极限

试样类别	在下列温度时的疲劳极限/MPa				
	室温	300℃	400℃	500℃	600℃
光滑试样	880	680	640	630	610
缺口试样	570	440	430	—	420

　　高合金超高强度钢的热处理分为两步，首先是固溶处理，即加热得到溶入大量合金元素的奥氏体，再冷却成为含有大量合金元素的单相马氏体；第二步是进行时效，即在一定温度下使金属间化合物 [Ni$_3$Mo、Ni$_3$Ti、Ni$_3$Nb、Ni$_3$（Al·Ti）等)] 同马氏体保持一定的晶格联系沉淀析出。

　　研究表明，镍的作用是使钢在加热时获得合金化的单相奥氏体，并保证冷却时马氏体的形成，镍还与钢中加入的其他元素形成金属间化合物。此外，由于超高的镍与超低的碳，使此类钢在空冷的条件下即可得到硬度不高（30 ~ 35HRC）、塑性及韧性都很好的低碳板条马氏体，使其机械加工在此状态下也易进行。

　　根据含镍量不同，马氏体时效钢可分为多种类型，主要用于航空航天上尺寸精度高而其他超高强度钢又难以满足要求的重要构件，如火箭发动机壳体与机匣、空间运载工具的扭力棒悬挂体、高压容器等。典型马氏体时效钢的牌号、化学成分、热处理工艺及力学性能见表 3-16、表 3-17。

表 3-16　典型马氏体时效钢的牌号及化学成分（质量分数）　　　（%）

牌号	C	Si	Mn	Ni	Mo	Ti	Al	其他
Ni18Co9Mo5TiAl（18Ni）	≤0.3	≤0.1	≤0.1	17 ~ 19	4.7 ~ 5.2	0.5 ~ 0.7	0.05 ~ 0.15	Co 8.5 ~ 9.5
Ni20Ti2AlNb（20Ni）	≤0.3	≤0.1	≤0.1	19 ~ 20		1.3 ~ 1.6	0.15 ~ 0.30	Nb 0.3 ~ 0.5
Ni25Ti2AlNb（25Ni）	≤0.3	≤0.1	≤0.1	25 ~ 26		1.3 ~ 1.6	0.15 ~ 0.30	Nb 0.3 ~ 0.5

表 3-17　典型马氏体时效钢的热处理与力学性能

牌号	热处理工艺	R_m /MPa	R_{eL} /MPa	A （%）	Z （%）	a_{KV} /J·cm^{-2}	硬度 HRC	K_{IC} /MPa·m$^{1/2}$
Ni18Co9Mo5TiAl (18Ni)	815℃ 固溶处理 1h 空冷 + 480℃ 时效 3h 空冷	1400 ~ 1500	1350 ~ 1450	14 ~ 16	65 ~ 70	83 ~ 152	46 ~ 48	88 ~ 176
Ni20Ti2AlNb (20Ni)	815℃ 固溶处理 1h 空冷 + 480℃ 时效 3h 空冷	1800	1750	11	45	21 ~ 28		
Ni25Ti2AlNb (25Ni)	815℃ 固溶处理 1h 空冷 + 705℃ 时效 4h + 冷处理 + 435℃ 时效 1h	1900	1800	12	53			

三、工具钢

工具钢是用来制造刃具、模具和量具的钢。按化学成分不同可分为碳素工具钢、低合金工具钢、高合金工具钢等。按用途不同可分为刃具钢、模具钢和量具钢。

（一）刃具钢

刃具钢主要是指用于制造车刀、铣刀、钻头等金属切削刀具的钢种。

1. 典型刃具的工作条件、失效方式及性能要求

刃具切削时承受着压力、弯曲力和摩擦力，同时因摩擦产生热量，使刃部温度升高，有时可达 500 ~ 600℃，此外还承受着一定的冲击和振动。其常见的失效方式为磨损、崩刃或折断，因此对刃具钢提出的性能要求为：①高硬度，一般为 60HRC 以上；②高的耐磨性，由高硬度的基体和其上分布的碳化物的性质、数量、大小和分布来决定；③高的切断抗力，用来承受压缩、扭转、弯曲等力；④高的热硬性，即在高温下保持高硬度的能力（随温度升高出现硬度的下降，是由马氏体的分解、碳化物聚集长大及基体的再结晶引起的，若能提高钢的耐回火性、推迟马氏体分解及利用二次硬化现象都可保证钢的热硬性）；⑤足够的塑性和韧性，防止刃具受冲击或振动时折断或崩刃。

2. 碳素工具钢

（1）化学成分特点　碳的质量分数为 0.65% ~ 1.35%，这种含碳量范围可保证钢淬火后有足够高的硬度。该类钢淬火后硬度相近，但随着含碳量增加，未溶渗碳体增多，使钢的耐磨性增加、韧性下降。

（2）热处理特点　碳素工具钢的预备热处理为球化退火，其目的是降低硬度、改善切削加工性、为后面的淬火做好组织准备。最终热处理是淬火 + 低温回火，淬火温度为 780℃，回火温度为 180℃，组织为回火马氏体 + 粒状渗碳体 + 少量残留奥氏体。

（3）性能特点　碳素工具钢的锻造及切削加工性好，价格最便宜。但缺点是淬透性低，在水中淬透直径小于 15mm，且用水作为冷却介质时易淬裂、变形。另外，其淬火温度范围窄，易过热；其耐回火性也差，只能在 200℃ 以下使用。

因此，碳素工具钢仅用来制造截面较小、形状简单、切削速度较低的刀具，用来加工低硬度材料。

（4）钢种、牌号及用途　碳素工具钢的牌号、化学成分及用途见表 3-18。

表 3-18　碳素工具钢的牌号、化学成分及用途（GB/T 1298—2008）

牌号	化学成分（质量分数，%）			硬　度		用　途　举　例
				供应状态	淬火后	
	C	Si	Mn	HBW（不大于）	HRC（不小于）	
T7、T7A	0.65 ~ 0.74	≤0.35	≤0.40	187	62	承受冲击、韧性较好、硬度适当的工具，如扁铲、手钳、大锤、旋具、木工工具
T8、T8A	0.75 ~ 0.84	≤0.35	≤0.40	187	62	承受冲击、要求较高硬度的工具，如冲头、压缩空气工具、木工工具
T8Mn、T8MnA	0.80 ~ 0.90	≤0.35	0.40 ~ 0.60	187	62	同上，但淬透性较大，可制断面较大的工具
T9、T9A	0.85 ~ 0.94	≤0.35	≤0.40	192	62	韧性中等、硬度高的工具，如冲头、木工工具、凿岩工具
T10、T10A	0.95 ~ 1.04	≤0.35	≤0.40	197	62	不受剧烈冲击、高硬度耐磨的工具，如车刀、刨刀、丝锥、钻头、手锯条
T11、T11A	1.05 ~ 1.14	≤0.35	≤0.40	207	62	同 T10、T10A
T12、T12A	1.15 ~ 1.24	≤0.35	≤0.40	207	62	不受冲击、要求高硬度耐磨的工具，如锉刀、刮刀、精车刀、丝锥、量具
T13、T13A	1.25 ~ 1.35	≤0.35	≤0.40	217	62	同 T12、T12A，要求更耐磨的工具，如刮刀、剃刀

3. 低合金工具钢

（1）化学成分特点　低合金工具钢碳的质量分数为 0.9% ~ 1.1%，以保证高硬度和高耐磨性。常加入的合金化元素为 Cr、Mn、Si、W、V。

合金元素的作用是提高淬透性（Cr、Mn、Si），提高耐回火性（Cr、Si），提高硬度和耐磨性（W、V），细化晶粒，降低过热敏感性（W、V）。

（2）热处理特点　预备热处理为球化退火，最终热处理为淬火 + 低温回火，其组织为回火马氏体 + 未溶碳化物 + 残留奥氏体。

（3）性能特点　与碳素工具钢相比，由于合金元素的加入，提高了淬透性、耐回火性及降低了过热倾向。因此，低合金工具钢可采用油淬，降低了淬火变形开裂倾向；淬火允许加热温度区增大；使用温度范围也可达到 250℃。但相应地成本提高，锻压及切削加工性降低。

（4）钢种、牌号及用途　低合金工具钢的牌号、化学成分、热处理及用途见表 3-19。

低合金工具钢的典型钢种为 9SiCr，它含有提高耐回火性的 Si，经 230 ~ 250℃ 回火后硬度仍不低于 60HRC，使用温度可达 250 ~ 300℃，广泛用于制造各种低速切削的刀具如板牙、丝锥等，也常用作冷冲模。

4. 高速钢

高速钢是指用于制造高速切削刀具的钢，具有很高的热硬性，在高速切削刃部温度达到600℃时，硬度仍无明显下降。

(1) 化学成分特点 高速钢碳的质量分数为 0.7% ~ 1.6%，以保证马氏体基体的高硬度和形成足够数量的碳化物。常加入的合金元素为 W、Mo、Cr、V。

几乎所有高速钢铬的质量分数均为 4% 左右。铬的碳化物（$Cr_{23}C_6$）在淬火加热时几乎全部溶于奥氏体中，可增加过冷奥氏体的稳定性，大大提高钢的淬透性。铬还能提高钢的抗氧化脱碳能力。

钨和钼的作用相似，退火态以 M_6C 形式存在。当加热奥氏体化时，一部分钨、钼溶解进入奥氏体中，淬火后钨、钼存在于马氏体中。在回火时，M_6C 一方面阻止马氏体的分解，使基体在 560℃ 回火时仍处于回火马氏体状态；另一方面，回火温度达到 500℃ 时，开始析出特殊碳化物 W_2C 及 Mo_2C，造成二次硬化，在 560℃ 时硬度达到最高值。这种碳化物在 500 ~ 600℃ 范围内非常稳定，不易聚集长大，从而使钢具有良好的热硬性。而在淬火加热时未溶入奥氏体的碳化物，可阻止奥氏体晶粒长大并提高耐磨性。

高速钢中钨的加入量高达 $w_W = 18\%$，或降低到 $w_W = 6\%$ 再配合加入 $w_{Mo} = 5\%$。

在高速钢中加入少量的钒，主要是起细化奥氏体晶粒并提高钢的耐磨性的作用。VC 非常稳定，极难溶解，硬度很高。

(2) 锻造及热处理特点 高速钢属于莱氏体钢，其铸态组织中含有大量呈鱼骨状分布的粗大共晶碳化物 M_6C（图 3-1a），使钢的韧性明显降低。这些碳化物不能通过热处理来改善其分布，只能依靠锻打来击碎，并通过反复多次的镦粗拔长，使其尽可能均匀分布。高速钢的导热性较差，注意锻后必须缓冷。高速钢锻造后进行球化退火，其显微组织为索氏体和在其上均匀分布的碳化物（图 3-1b）。

高速钢淬火温度的选择应能提高钢的热硬性，要求淬火马氏体中合金化程度高，即淬火加热奥氏体化时碳化物能充分溶解进入到奥氏体中，温度应越高越好；但另一方面，碳化物若全部溶解，奥氏体晶粒会急剧长大，且晶界处易熔化过烧。因此，对于 W18Cr4V 钢，其最佳的淬火温度为 1280℃。由于高速钢导热性差，淬火温度又很高，因此在淬火加热过程中必须预热。对于大型或形状复杂的工具，还要采用两次预热。

淬火方式通常采用油淬或分级淬火。分级淬火可减小变形开裂倾向。高速钢淬火后的组织为淬火马氏体 + 未溶碳化物 + 大量残留奥氏体（图 3-1c）。

为了消除淬火应力，减少残留奥氏体量，以达到所需性能，高速钢通常采用 550 ~ 570℃ 多次回火的方式。因为在 550 ~ 570℃ 时，特殊碳化物 W_2C 或 Mo_2C 呈细小弥散状从马氏体中析出，这些碳化物很稳定，难以聚集长大，从而提高了钢的硬度，即"弥散强化"。

另外，在此温度范围内，由于碳化物也从残留奥氏体中析出，使残留奥氏体中的含碳量及合金元素含量降低，Ms 点升高，在随后冷却时，就会有部分残留奥氏体转变为马氏体，即"二次淬火"，也使钢的硬度升高。由于以上原因，在回火时便出现了硬度回升的"二次硬化"现象。

多次回火的目的主要是为了充分消除残留奥氏体。W18Cr4V 钢在淬火状态有 20% ~ 25% 的残留奥氏体，通过二次淬火可使残留的奥氏体在回火冷却时发生部分转变，但转变难以一次完成，通常经一次回火后剩 10% ~ 15%，经二次回火后剩 3% ~ 5%，三次回火后剩 1% ~ 2%。后一次回火还可消除前一次回火由于奥氏体转变为马氏体所产生的内应力。经过三次回火后，其组织为回火马氏体＋少量碳化物＋未溶碳化物。W18Cr4V 钢的热处理过程如图 3-2 所示。

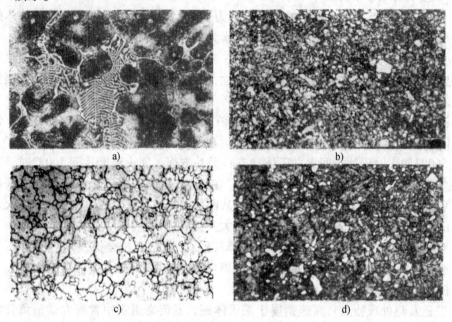

图 3-1　高速钢各加工及热处理阶段的组织（4% 硝酸酒精侵蚀）
a）铸态组织（400×）　b）锻造及球化退火组织（1000×）　c）淬火组织（1000×）
d）淬火回火组织（1000×）

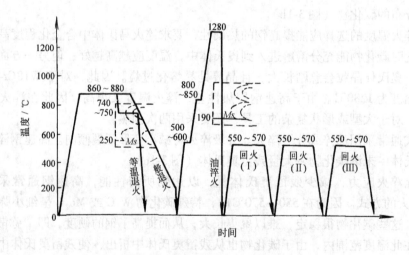

图 3-2　W18Cr4V 钢的热处理过程示意图

（3）性能特点　在高速切削或加工强度高、韧性好的材料时，刀具刃部的温度有时可高达 500℃ 以上，此时一般碳素工具钢和低合金工具钢已不能胜任，因为它们的热硬性较低。高速钢则可用于制造生产率及耐磨性均高的、在比较高的温度下（600℃ 左右）能保持其切削性能和耐磨性的工具。其切削速度比碳素工具钢和低合金工具钢增加 1～3 倍，而耐用性增加 7～14 倍。

（4）钢种、牌号与用途 常用高速钢的牌号、化学成分、热处理及用途见表3-19。常用的高速钢有两种：钨系 W18Cr4V 钢和钨钼系 W6Mo5Cr4V2 钢。这两种钢的组织和性能相似，但 W6Mo5Cr4V2 钢的耐磨性、热塑性和韧性较好些，而 W18Cr4V 钢的热硬性高、热处理脱碳及过热倾向小。

表3-19 常用合金刃具钢的牌号、化学成分、热处理及用途
（GB/T 1299—2000、YB/T 5302—2006、GB/T 9943—2008）

| | 牌号 | 化学成分（质量分数，%） | | | | | 淬火 | | 交货状态硬度 HBW | 用 途 |
		C	Si	Mn	Cr	其他	温度/℃	硬度 HRC		
低合金工具钢	9SiCr	0.85 ~ 0.95	1.20 ~1.60	0.30 ~0.60	0.95 ~1.25		820 ~ 860 油	≥62	241 ~197	丝锥、板牙、钻头、铰刀、齿轮铣刀、冷冲模、轧辊
	8MnSi	0.75 ~ 0.85	0.30 ~0.60	0.80 ~1.10	—		800 ~ 820 油	≥60	≤229	一般多用作木工凿子、锯条或其他刀具
	Cr06	1.30 ~ 1.45	≤0.40	≤0.40	0.50 ~0.70		780 ~ 810 水	≥64	241 ~187	用作剃刀、刀片、刮片、刻刀、外科医疗刀具
	Cr2	0.95 ~ 1.10	≤0.40	≤0.40	1.30 ~1.65		830 ~ 860 油	≥62	229 ~179	低速、材料硬度不高的切削刀具、量规、冷轧辊等
	9Cr2	0.80 ~ 0.95	≤0.40	≤0.40	1.30 ~1.70		820 ~ 850 油	≥62	217 ~179	主要用作冷轧辊、冷冲头及冲头、木工工具等
	W	1.05 ~ 1.25	≤0.40	≤0.40	0.10 ~0.30	W0.80 ~1.20	800 ~ 830 水	≥62	229 ~187	低速切削硬金属的工具，如麻花钻、车刀等
	9Mn2V	0.85 ~ 0.95	≤0.40	1.70 ~2.00	—	V0.10 ~0.25	780 ~ 810 油	≥62	≤229	丝锥、板牙、铰刀、小冲模、冷压模、料膜、剪刀等
	CrWMn	0.90 ~ 1.05	≤0.40	0.80 ~1.10	0.90 ~1.20	W1.20 ~1.60	800 ~ 830 油	≥62	255 ~207	拉刀、长丝锥、量规及形状复杂精度高的冲模、丝杠等

| | 牌号 | 化学成分（质量分数）（%） | | | | | | | | 热处理温度/℃ | | 退火硬度 HBW | 淬火回火 HRC |
		C	Mn	Si	Cr	W	Mo	V	其他	淬火	回火		
高速钢	W18Cr4V （T51841）	0.70 ~0.80	0.10 ~0.40	0.20 ~0.40	3.80 ~4.40	17.50 ~19.00	≤0.30	1.00 ~1.40		1270 ~1285	550 ~570	≤255	≥63
	W6Mo5Cr4V2 （T66541）	0.80 ~0.90	0.15 ~0.40	0.20 ~0.45	3.80 ~4.40	5.00 ~6.75	4.50 ~5.50	1.75 ~2.20		1210 ~1230	540 ~560	≤255	≥63
	W6Mo5Cr4V3	1.00 ~1.10	0.15 ~0.40	0.20 ~0.45	3.75 ~4.50	5.00 ~6.75	4.75 ~6.50	2.25 ~2.75		1200 ~1220	540 ~560	≤255	≥64
	W9Mo3Cr4V （T69341）	0.77 ~0.87	0.20 ~0.40	0.20 ~0.40	3.80 ~4.40	8.50 ~9.50	2.70 ~3.30	1.30 ~1.70		1220 ~1240	540 ~560	≤255	≥63

（5）高速钢的发展方向　随着热处理设备和技术的发展，含 Mo 高速钢的脱碳敏感等问题逐步得到解决，所以近年来发展很快，已逐步取代了 W 系高速钢。目前国外 W-Mo 系高速钢一般占高速钢总用量的 65% ~ 70%。20 世纪 80 年代以后，以 M7（W2Mo9Cr4V2）为主的 Mo 系通用高速钢迅速发展并得到广泛使用。同时，新型高速钢的研究与应用也受到普遍重视。

1）超硬高速钢。是指热处理硬度达 67HRC 以上的高速钢，多为高 C 高 V 并含 Co 钢，如 5F6（W10Mo4Cr4V3Al）、B201（W6Mo5Cr4V5SiNbAl）、Co5Si（W12Mo3Cr4V3Co5Si）等。由于其高的硬度和热硬性，在加工难加工材料和高速切削领域显示出较大优越性。但含 Co 高速钢成本高，高 C 高 V 高速钢的可磨削性差，而且超硬高速钢的切削加工性能和韧性普遍较差，因此各国在进行超硬高速钢成分精细调整和热处理工艺改进的同时，加紧开发高性能且价格低廉的超硬高速钢新品种。

2）时效硬化高速钢。是指通过金属间化合物析出而不是碳化物析出来获得高硬度和热硬性的工具钢，这类钢往往是低碳或"无碳"和高合金度的，几种时效硬化钢的化学成分见表 3-20。

表 3-20　F-W-C 类时效硬化高速钢的化学成分

代号	化学成分（质量分数,%）						硬度 HRC	时效温度 ℃
	C	W	Mo	Co	Cr	其他		
E1（日）	—	35	—	30	—	—	67.5	600
E2（日）	—	30	8	25	—	—	67.5	600
E3（日）		30		25		B 0.5	67.9	600
B11M7K23（前苏联）	0.1	11	7.5	23	0.5	V 0.5，Nb 0.15	67.5	595
B4M12K23（前苏联）	0.1	4	12.5	23	0.5	V 0.5，Nb 0.15	67.5	595
H8K14M18T（前苏联）	0.03	—	17.8	13.8	—	Ni 7.8，Ti 0.6	67.0	520

时效硬化高速钢淬火后得到无碳或低碳的高合金马氏体，其硬度仅为 30 ~ 40HRC，可进行切削加工，加工成刀具后再进行时效获得高硬度，简化了工具制造工艺，并提高了精度。时效硬化高速钢不含碳化物，又不存在共晶转变，钢中的强化相是呈细粒状的金属间化合物，分布也比高速钢中的碳化物均匀，因此其磨削性大大优于传统高速钢，而且时效硬化高速钢的耐回火性比高速钢还高出 100℃ 左右。

时效硬化高速钢特别适于制作尺寸小、形状复杂，要求精度特别高、粗糙度特别低的刀具和超硬精密模具，是解决钛合金等难加工材料的成形切削与精加工的较理想材料，其主要问题是合金度高（高 Co）、价格贵。

3）低合金高速钢。它是以相应的通用高速钢基体成分为基础，采用较低的合金质量分数和较高的碳质量分数来产生二次硬化。而通用高速钢是采用较高的合金质量分数和较低的碳质量分数来产生二次硬化，二者所获得的硬度、强度及热硬性相近（表 3-21），但低合金高速钢具有以下特点：①节约合金元素，W、Mo 的质量分数约为通用高速钢的 1/2，成本低；②碳化物细小，分布较均匀，有较好的工艺性能和综合性能；③热处理淬火温度低，节能；④在中低速切削条件下，其性能与通用高速钢相当。

表 3-21 国产低合金高速钢的性能

牌号	淬火温度 /℃	540℃回火硬度 HRC	热硬性 HRC		抗弯强度 /MPa	冲击韧度 /J·cm⁻²
			600℃×4h	625℃×4h		
301	1180	64.4	62.9	59.0	3600	≈20
F205	1180	66.2	64.4	56.5	3500	45
D101	1180	66.8	62.9	58.3	4700	—
M2	1230	66.3	64.3	60.3	3340	36

高速钢的冶金生产还采用了电渣重熔、快速凝固等新工艺，也都为改善钢的组织和性能起到了很好的作用。

（二）模具钢

模具钢一般分为冷作模具钢和热作模具钢两大类。由于冷作模具钢和热作模具钢的工作条件不同，因而对它们的性能要求有所区别。为了满足其性能要求，必须合理选用钢材，正确制订热处理工艺。

1. 冷作模具钢

（1）冷作模具钢的工作条件、失效方式和性能要求 冷作模具钢是指使金属在冷状态下变形的模具用钢，包括冷冲模、冷挤压模、冷镦模和拉丝模等，其工作温度不超过 200 ~ 300℃。

冷作模具钢在工作时，由于被加工材料的变形抗力较大，模具的工作部分受到强烈的摩擦和挤压，有些还受到很大的冲击力的作用。其常见的失效方式为磨损，也有崩刃或疲劳断裂等现象。因此，冷作模具钢应具有高硬度、高耐磨性、足够的韧性和疲劳抗力。

（2）化学成分特点 冷作模具钢碳的质量分数为 1.3% ~ 2.3%，以便形成足够数量的碳化物来保证高的耐磨性。其主加元素为 Cr，质量分数高达 11% ~ 13%，辅加元素为 Mo、V。

铬的主要作用是提高淬透性和耐回火性，并配合高碳形成大量铬的碳化物分布在马氏体基体上，可提高耐磨性。钼和钒的作用主要是细化奥氏体晶粒，也有提高耐磨性的作用。

（3）锻造及热处理特点 Cr12 型钢属于莱氏体钢，其铸态组织中有网状共晶碳化物，因此要通过轧制将其打碎，并注意改善碳化物分布的不均匀性和偏析。

Cr12 型冷作模具钢的热处理方案有以下两种：

1）一次硬化法。在较低温度（950 ~ 1000℃）下淬火，得到的马氏体晶粒较细，强度韧性较好，再经低温回火（150 ~ 180℃）。该工艺方法简单，热处理变形小，硬度、耐磨性高，适用于重载模具。

2）二次硬化法。在较高温度（1100 ~ 1150℃）下淬火，马氏体较粗大，但溶解进入到奥氏体中的碳化物多，因而马氏体中碳及合金元素含量较高，在随后进行的多次高温回火（510 ~ 520℃）中，可产生二次硬化，热硬性高，但其强度、韧性稍低，工艺较复杂。因而，适用于工作温度较高（400 ~ 450℃）、受载不大或表面要求渗氮的冷作模具。

（4）钢种、牌号及用途 大部分要求不高的冷作模具可用碳素工具钢和低合金工具钢来制造，这两类材料已在前面介绍过。大型冷作模具采用 Cr12 型钢（Cr12 或 Cr12MoV）制造，它们的牌号、化学成分、热处理及性能见表 3-22。

（5）冷作模具钢的发展　新型冷作模具钢与 Cr12MoV 钢相比，其奥氏体合金化程度高，二次硬化效果更为显著，且具有高的强韧性、耐磨性及良好的工艺性能。例如，7Cr7Mo3VSi（代号 LD₁）钢的含碳量与合金元素都高于基体钢，其综合力学性能好，适于制造要求较高强韧性的冷锻及冷冲模具。

9Cr6W3Mo2V2（代号 GM）钢具有最佳的二次硬化能力和抗磨损能力，其冷、热加工和电加工性能良好，硬化能力接近高速钢而强韧性优于高速钢和高铬工具钢，适于制作精密、耐磨的冷冲裁、冷挤、冷剪等模具及高强度螺栓滚丝轮；6CrNiSiMnMoV（代号 GD）钢是一种高强韧性低合金钢，其碳化物偏析小，可以不改锻，直接下料使用，适合制造各类易崩刃、易断裂的冷冲、冷弯及冷镦模具。

2. 热作模具钢

（1）热作模具钢的工作条件、失效方式和性能要求　实际上，热作模具和冷作模具工作时的受力方式是一样的，有冲击力、压应力、拉应力、摩擦力等。不同之处在于冷作模具加工的是冷工件；热作模具加工的是热工件，变形抗力较小，但型腔表面与高温金属接触，可被加热至 300 ~ 400℃，局部达 500 ~ 600℃。热作模具经反复加热、冷却，造成热应力，引起热疲劳裂纹。其常见的失效方式是磨损、塌陷、崩裂及龟裂等，因此对热作模具钢主要的性能要求如下：

1）高的热硬性和高温耐磨性。

2）高的抗氧化能力，高的热强性和足够高的韧性。

3）高的热疲劳抗力。

（2）化学成分特点　热作模具钢碳的质量分数为 0.3% ~ 0.6%，以保证足够的强度和韧性。其合金化主加元素为 Cr、Ni、Mn、Si 等，辅加元素为 Mo、W、V。

合金元素的作用是提高淬透性（Cr、Ni、Mn、Si）；提高耐回火性（Cr、Ni、Mn、Si）；防止第二类回火脆性（Mo、W）；产生二次硬化（W、Mo、V）；阻止奥氏体晶粒长大（W、Mo、V）。

（3）热处理特点　热作模具钢的最终热处理采用淬火 + 高温回火，得到回火索氏体组织，获得良好的综合力学性能。

其实，热作模具钢的化学成分、热处理方式都与调质钢相似，但分属于不同范围，故牌号表示上有差别，例如，40CrNiMo 为调质钢，5CrNiMo 为热作模具钢。

（4）钢种、牌号及用途　用来制造热锻模具的材料为 5CrMnMo、5CrNiMo。5CrNiMo 的淬透性要比 5CrMnMo 好一些。用来制造热挤压模具的材料为 4Cr5MoSiV、4Cr5W2SiV、3Cr2W8V，其淬透性更高，强韧性好，抗氧化和抗热疲劳性都好。

常见热作模具钢的牌号、化学成分及用途见表 3-22。

（5）热作模具钢的发展　随着新技术新工艺的发展，对热作模具钢的性能提出了越来越高的要求，促进了 Cr-Mo 系热作模具钢的发展。其发展方向有以下两种：

1）提高中合金热作模具钢的性能。在 3Cr3Mo3V 钢的基础上适当增减碳和合金元素的质量分数，以达到在保持较好韧性的条件下，提高钢的热稳定性或满足特殊要求的目的。例如，2Cr3Mo2NiVSi（PH）钢是国内研制的析出硬化型热作模具钢，可在淬火、回火后进行机械加工，加工后直接使用。在使用过程中模具表层受热产生碳化物析出，导致二次硬化，硬度可达 48HRC 左右，而心部组织未发生转变。这样，PH 模具可同时具有表层所需要的高温强度和心部的高韧性。

2）发展基体钢。例如，5Cr4W5Mo2V（RM-2）、4Cr3Mo4VN（GR）等，这类钢的 W、Mo 含量较高，明显提高了钢的高温强度和热硬性，又因基体中碳化物量少，故保持有一定韧性。基体钢用于工作条件恶劣的热挤压模、压力机锻模可以有好的效果。

3. 塑料模具钢

塑料制品在工业及日常生活中得到广泛应用，无论热塑性塑料还是热固性塑料（表 3-23），其成型过程都是在加热加压条件下完成的。但一般加热温度不高（150～250℃），成型压力也不大（大多为 40～200MPa），因此塑料模具用钢的常规力学性能要求不高。

表 3-22　常用模具钢的牌号、化学成分、热处理及硬度（GB/T 1299—2000）

| | 牌号 | 化学成分（质量分数，%） | | | | | | | 淬火 | | 交货状态 |
		C	Si	Mn	Cr	W	Mo	V	温度/℃，冷却剂	硬度 HRC	硬度 HBW
冷作模具钢	9Mn2V	0.85 ~0.95	≤0.40	1.70 ~2.00	—	—	—	0.10 ~0.25	780～810，油	≥62	≤229
	CrWMn	0.90 ~1.05	≤0.40	0.80 ~1.10	0.90 ~1.20	1.20 ~1.60	—	—	800～830，油	≥62	255～207
	Cr12	2.00 ~2.30	≤0.40	≤0.40	11.50 ~13.00	—	—	—	950～1000，油	≥60	269～217
	Cr12Mo1V1	1.40 ~1.60	≤0.60	≤0.60	11.00 ~13.00	—	0.70～1.20	0.50～1.10	1000（盐浴）或 1010（炉控气氛）空冷，200 回火	≥59	≤255
	Cr12Mo1V	1.45 ~1.70	≤0.40	≤0.40	11.00 ~12.50	—	0.40 ~0.60	0.15 ~0.32	950～1000，油	≥58	255～207
	Cr5Mo1V	0.95 ~1.05	≤0.50	≤1.00	4.75 ~5.50	—	0.90 ~1.40	0.15 ~0.50	940（盐浴）或 950（炉控气氛）空冷，200 回火	≥60	≤255
	9CrWMn	0.85 ~0.95	≤0.40	0.90 ~1.20	0.50 ~0.80	0.50 ~0.80	—	—	800～830，油	≥62	241～197
	Cr4W2MoV	1.12 ~1.25	0.40 ~0.70	≤0.40	3.50 ~4.00	1.90 ~2.60	0.80 ~1.20	0.80 ~1.10	960～980，油 1020～1040，油	≥60	≤269
	6Gr4W3Mo2VNb （0.20～0.35%Nb）	0.60 ~0.70	≤0.40	≤0.40	3.80 ~4.40	2.50 ~3.50	1.80 ~2.50	0.80 ~1.20	1100～1160，油	≥60	≤255
	6W6Mo5Cr4V	0.55 ~0.65	≤0.40	≤0.60	3.70 ~4.30	6.00 ~7.00	4.50 ~5.50	0.70 ~1.10	1180～1200，油	≥60	≤269
	7CrSiMnMoV	0.65 ~0.75	0.85 ~1.15	0.65 ~1.05	0.90 ~1.20		0.20 ~0.50	0.15 ~0.30	870～900 油或空冷，150 回火	≥60	≤235

（续）

牌号	化学成分（质量分数，%）								淬火温度/℃，冷却剂	交货状态硬度 HBW
	C	Si	Mn	Cr	W	Mo	V	其他		
5CrMnMo	0.05~0.60	0.25~0.60	1.20~1.60	0.06~0.90	—	0.15~0.30			820~850 油	241~197
5CrNiMo	0.50~0.60	≤0.40	0.50~0.80	0.50~0.80		0.15~0.30		Ni 1.40~1.80	830~860 油	241~197
3Cr2W8V	0.35~0.40	≤0.40	≤0.40	2.20~2.70	7.50~9.00		0.20~0.50		1075~1125 油	≤225
5Cr4Mo3SiMnVA1	0.47~0.57	0.80~1.10	0.80~1.10	3.80~4.30	—	2.80~3.40	0.80~1.20	Al 0.30~0.70	1090~1120 油	≤255
3Cr3Mo3W2V	0.32~0.42	0.06~0.90	≤0.65	2.80~3.30	1.20~1.80	2.50~3.00	0.80~1.20		1046~1130 油	≤255
5CrW5Mo2V	0.40~0.50	≤0.40	≤0.40	3.40~4.40	4.50~5.30	1.50~2.10	0.70~1.10		1100~1150 油	≤269
8Cr3	0.75~0.85	≤0.40	≤0.40	3.20~3.80	—	—	—		850~880 油	225~207
4CrMnSiMoV	0.35~0.45	0.80~1.10	0.80~1.10	1.30~1.50	—	0.40~0.60	0.20~0.40		870~930 油	241~197
4Cr3Mo3SiV	0.35~0.45	0.80~1.20	0.25~0.70	3.00~3.75	—	2.00~3.00	0.25~0.75		1010 盐浴或 1020 炉控/空，550 回火	≤229
4Cr5MoSiV	0.33~0.43	0.80~1.20	0.20~0.50	4.75~5.50	—	1.10~1.16	0.30~0.60		1000 盐浴或 1010 炉控/空，550 回火	≤235
4Cr5MoSiV1	0.32~0.45	0.80~1.20	0.20~0.50	4.75~0.50	—	1.10~1.75	0.08~1.20		1000 盐浴或 1010 炉控/空，550 回火	≤235
4Cr5W2VSi	0.32~0.42	0.80~1.20	≤0.40	4.50~5.50	1.60~2.40		0.60~1.00		1032~1050 油	≤229

（热作模具钢）

表 3-23　塑料成型模的工作条件

模具名称	工作条件	特点
热塑性塑料压模	温度 200~250℃、受力大、易磨损、易侵蚀，手工操作时还会受到脱模的冲击和碰撞	压制各种胶木粉，含大量固体填充剂，热压成型，受力较大，磨损较重
热固性塑料注射模	受热、压、磨损，但不严重。部分品种含氯及氟，压制时放出腐蚀性气体，侵蚀型腔表面	通常不含固体填料，以软化态注入型腔，当含玻璃纤维填料时，对型腔的磨损严重

　　然而，伴随着塑料制品向高速化、精密复杂化、多型化和多型腔化的方向发展，对塑料模具钢的要求越来越高，越来越全面。尽管对塑料模具材料的强度、韧性的要求不如冷作模具和热作模具高，但对加工工艺性能却要求很高，如要求材料变形小，易切削，研磨抛光性

能好，表面粗糙度值低，花纹图案的刻蚀性、耐蚀性等均要求较高，而且要求有较好的焊接性能和比较简单的热处理工艺等。

（1）性能要求

1）综合力学性能良好。热固性塑料工作温度为 200～250℃，并在制品中添加云母、石英等磨损材料，要求模具在工作温度下保持力学性能不变，并有足够的抗磨损性能。而塑料成型模具在工作过程中要受到不同的温度、压力侵蚀和磨损作用，因此要求模具材料组织均匀、无网状及带状碳化物出现，热处理过程应具有较小的氧化脱碳及畸变倾向，热处理后应具有一定强度。

2）切削加工性能良好。由于塑性模具形状比较复杂，在制造过程中切削加工成本约占整个模具制造成本的 75%（模具钢成本费仅为 20% 左右），因此必须提高其切削加工性能。

3）预硬化性能好。一般塑性模具形状都比较复杂，要求易加工、变形小，所以多采用预硬化处理后再加工，如采用调质处理，应选用预硬化钢或时效硬化钢等。

4）其他性能要求。较高的冷压性能（采用冷压成形法制造模具时），退火态硬度低、塑性好、冷作硬化倾向小；较高的抛光性能，要求模具表面粗糙度 $Ra = 0.1\mu m$ 以下抛光时模具表面不出现麻点和桔皮状缺陷；还应具有较高的耐蚀性能、表面图案花纹的刻蚀性能等。

（2）塑料模具钢的分类、成分特点、特性及应用 发达工业国家已有适应于各种用途的塑料模具钢系列，我国机械行业标准 JB/T 6057—1992 推荐了普通及常用部分塑料模具钢，但尚不齐全。现仅结合一些研制的新型塑料模具钢，按使用性能作如下分类，见表3-24。

表 3-24 典型塑料模具钢的分类、成分特点、特性及应用

分类	牌号	成分特点	特性	应用
渗碳型	20Cr、12Cr2Ni4、20Cr2Ni4、12CrNi2	低碳，保证心部韧性；Cr、Ni 保证足够淬透性	表硬内韧，具有很高的硬度、耐磨性和适当的耐蚀性	适于要求表硬内韧的塑料模具
淬硬型	40Cr、T10A、CrWMn、9Mn2V、4Cr5MoSiV1、5CrNiMo、5CrMnMo	中、高碳，高强度、耐磨性（W、V）；Cr、Ni、Mn、Si 提高淬透性	高的强度、硬度、耐磨性，足够的韧性及淬透性。有的还有良好的切削加工性能	是用途最为广泛的一类塑料模具钢
预硬型	3Cr2Mo、3Cr2NiMnMo、5CrNiMnMoVSCa、8Cr2MnWMoVS	中（高）碳。中碳 Cr-Mo 系调质钢，添加 Ni、Mn、V、Si 提高淬透性和回火性；中高碳易切削钢，加入 S、Ca 进一步改善切削加工性	对调质钢预调质至 30HRC，直接制模，不需要热处理；对易切削钢则预调质至 36～45HRC，不再热处理，直接制模而切削性良好	广泛用于制造大、中型精密注射模，大、中型注射模
耐蚀型	20Cr13、06Cr18Ni11Ti、40Cr13	低（中）碳，保证耐蚀性；高 Cr，提高耐蚀性	以保证耐蚀性为主，随着含碳量增加，耐蚀性下降	腐蚀介质条件下工作的模具
时效硬化型	25CrNi3MoAl、10Ni3MnCuAl、18Al（250、300、350）	低 C、低 Ni，时效硬化型。经固溶处理后得板条马氏体，经高温回火得回火索氏体。加工后时效	固溶＋高温回火后得回火索氏体，以便于机械加工。在 250℃ 时效，析出 NiAl 相，使硬度升至 40HRC，变形小	适于制造高精度塑料模，还可用冷挤成形法制造复杂型腔模具

（三）量具钢

1. 量具钢的工作条件、失效方式及性能要求

量具钢用于制造各种测量工具，如卡尺、千分尺、量块、塞规等。量具在多次使用中会与工件表面之间有摩擦作用，使量具磨损而失去精确度。另外，由于组织上和应力上的原因，也会引起量具在长期使用和存放中尺寸精度的变化，这种现象称为时效效应。所以，对量具钢的性能要求是：①高的硬度和耐磨性；②高的尺寸稳定性，热处理变形要小，在存放和使用过程中尺寸不发生变化。

2. 化学成分特点

量具钢的化学成分与低合金刃具钢相同，为高碳（$w_C = 0.9\% \sim 1.5\%$）和加入提高淬透性的元素（Cr、W、Mn）等。

3. 热处理特点

为了保证量具的高硬度和高耐磨性，应选择的热处理工艺为淬火 + 低温回火。

在淬火和低温回火状态下，钢中存在以下三种导致尺寸变化的因素：①残留奥氏体转变成马氏体，引起体积膨胀；②马氏体分解，正方度下降，使体积收缩；③残余应力的变化和重新分布，使弹性变形部分转变为塑性变形而引起尺寸变化。因此，为了量具的尺寸稳定，减小时效效应，通常需要有三个附加的热处理工序：淬火之前的调质处理、常规淬火之后的冷处理、常规热处理后的时效处理。

1）调质处理的目的是获得回火索氏体组织。因为回火索氏体组织与马氏体的体积差别较小，能使淬火应力和变形减小，从而有利于降低量具的时效效应。

2）冷处理的目的是为了使残留奥氏体转变为马氏体，减少残留奥氏体量，从而增加量具的尺寸稳定性。冷处理应在淬火后立即进行。

3）时效处理的目的是消除残留应力，稳定马氏体和残留奥氏体，通常在淬火、回火后进行。时效温度一般为 $120 \sim 130$℃，时间为几至几十小时。为了去除在磨削加工中产生的应力，有时还要在 $120 \sim 130$℃保温 8h，进行第二次时效处理。

4. 钢种、牌号与用途

量具钢没有专用钢，常见的量具用钢见表 3-25。

表 3-25 量具用钢的选用举例（GB/T 1299—2000）

用 途	选用牌号举例	
	钢的类别	牌 号
尺寸小、精度不高、形状简单的量规、塞规、样板等	碳素工具钢	T10A、T11A、T12A
精度不高，耐冲击的卡板、样板、钢直尺等	渗碳钢	15、20、15Cr
量块、螺纹塞规、环规、样柱、样套等	低合金工具钢	CrMn、9CrWMn、CrWMn
量块、塞规、样柱等	滚动轴承钢	GCr15
各种要求精度的量具	冷作模具钢	9Mn2V
要求精度和耐腐蚀的量具	不锈钢	40Cr13、95Cr18

四、特殊性能钢

用于制造在特殊工作条件或特殊环境（腐蚀、高温等）下具有特殊性能要求的构件和

零件的钢材，称为特殊性能钢。特殊性能钢一般包括不锈钢、耐热钢、耐磨钢、磁钢等。

（一）不锈钢

不锈钢是不锈耐酸钢的简称，是指在自然环境（大气、水蒸气）或一定工业介质（盐、酸、碱等）中具有高度化学稳定性、能够抵抗腐蚀的一类钢。有时仅把能够抵抗大气腐蚀的钢称为不锈钢，而在某些侵蚀性强烈的介质中抵抗腐蚀的钢称为耐酸钢。

为了理解不锈钢通过合金化及热处理来保证钢的耐蚀性能的原理，首先应了解钢的腐蚀过程及提高钢耐蚀性的途径。

1. 金属腐蚀的基本概念

腐蚀按化学原理分为化学腐蚀和电化学腐蚀。

（1）化学腐蚀 是指金属与化学介质直接产生化学反应而造成的腐蚀，如铁的氧化过程为

$$4Fe + 3O_2 \longrightarrow 2Fe_2O_3$$

其特征是腐蚀产物覆盖在工件的表面，它的结构与性质决定了材料的耐蚀性。若产生的腐蚀膜结构致密、化学稳定性高、能完全覆盖工件表面并且与基体牢固结合，就会有效隔离化学介质和金属，阻止腐蚀的继续进行。因此，提高金属耐化学腐蚀性能的主要措施之一是加入 Si、Cr、Al 等能形成致密保护膜的合金元素进行合金化。

（2）电化学腐蚀 是指金属在腐蚀介质中由于形成原电池，阳极失去电子变成离子溶解进入腐蚀介质中，电子跑向阴极，被腐蚀介质中能够吸收电子的物质所接受，如图 3-3 所示。其产生的条件是有液体腐蚀介质 H_2SO_4，金属或相之间有电位差，能构成原电池的两极并连通或接触，其特征是腐蚀产物在溶液中。因此，提高材料抗电化学腐蚀的能力可以采用以下方法：①减少原电池形成的可能性，使金属具有均匀的单相

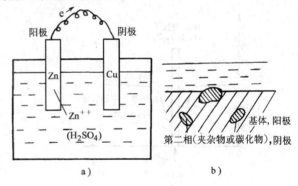

图 3-3 电化学腐蚀过程示意图
a）Zn-Cu 原电池 b）实际金属

组织，并尽可能提高金属的电极电位；②形成原电池时，尽可能减少两极的电极电位差，提高阳极的电极电位；③减少甚至阻断腐蚀电流，使金属"钝化"，即在表面形成致密的、稳定的保护膜，将介质与金属隔离。

2. 不锈钢的工作条件、失效方式及性能要求

金属在大气、海水及酸碱盐介质中工作时，腐蚀会自发地进行。统计表明，全世界每年有15%的钢材在腐蚀中失效。为了提高材料在腐蚀性介质中的工作寿命，人们研究了一系列不锈钢。这些材料除了要求在相应的环境下具有良好的耐蚀性外，还要考虑其受力状态、制造条件，因而要求它们具备下列性能：

1）良好的耐蚀性。

2）良好的力学性能。

3）良好的工艺性能。

4）价格低廉。

3. 化学成分特点

不锈钢碳的质量分数为 0.08% ~ 0.95%，其主加元素为 Cr、Cr-Ni，辅加元素为 Ti、Nb、Mo、Cu、Mn、N。

在不锈钢中，碳的变化范围很大，其选取主要考虑两个方面。一方面从耐蚀性的角度来看，含碳量越低越好，因为碳会与铬形成碳化物 $Cr_{23}C_6$，沿晶界析出，使晶界周围基体严重贫铬，当铬贫化到耐蚀所必需的最低含量（$w_{Cr} \approx 12\%$）以下时，贫铬区迅速被腐蚀，造成沿晶界发展的晶间腐蚀（图 3-4），使金属产生沿晶脆断的危险，大多数不锈钢碳的质量分数为 0.1% ~ 0.2%。另一方面从力学性能的角度来看，含碳量越高，钢的强度、硬度、耐磨性会相应地提高，因而对于要求具有高硬度、高耐磨性的刃具和滚动轴承钢，其 w_C = 0.85% ~ 0.95%，同时要相应提高含铬量，以保证形成碳化物后基体含铬量仍为 $w_{Cr} > 12\%$。

铬是不锈钢中最重要的合金元素。它能按 $n/8$ 规律显著提高基体的电极电位，即当铬的加入量的原子比达到 1/8、2/8、3/8…时，会使钢基体的电极电位产生突变（图 3-5）。铬是缩小奥氏体区的元素，当含铬量达到一定值时，能获得单一的铁素体组织。另外，铬在氧化性介质（如水蒸气、大气、海水、氧化性酸等）中极易钝化，生成致密的氧化膜，使钢的耐蚀性大大提高。

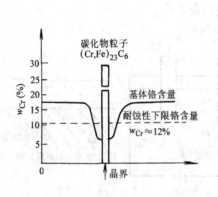

图 3-4　不锈钢（Cr18Ni9）中晶界腐蚀示意图

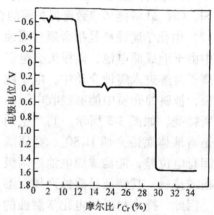

图 3-5　Cr 对 Fe-Cr 合金电极电位的影响

镍为扩大奥氏体区元素，它的加入主要是配合铬调整组织形式，当 $w_{Cr} \leq 18\%$、$w_{Ni} > 8\%$ 时，可获得单相奥氏体不锈钢，称为 18-8 型。在此基础上进行调整，可获得不同组织形式。如果适当提高含铬量，降低含镍量，可获得铁素体 + 奥氏体双相不锈钢；对于原为单相铁素体的 10Cr17，加入质量分数为 2% 的镍后就变为马氏体型不锈钢 14Cr17Ni2；另外，还可得到 17-7 型奥氏体-马氏体超高强度不锈钢。

钛、铌作为与碳的亲和力更强的碳化物形成元素，会优先与碳形成碳化物，使铬保留在基体中，避免晶界贫铬，从而减轻钢的晶间腐蚀倾向。

由于钼、铜的加入，可提高钢在非氧化性酸中的耐蚀性。

锰、氮也为扩大奥氏体区元素，它们的加入是为了部分取代镍，以降低成本。

4. 常用不锈钢

根据成分与组织的不同特点，可将不锈钢分为以下几种类型。

（1）奥氏体型　这类钢的成分范围为 $w_C \leq 0.1\%$、$w_{Cr} \leq 18\%$、$w_{Ni} > 8\%$，有时为了避免

晶间腐蚀，还加入少量 Ti、Nb。其热处理方式为固溶处理（850～950℃加热，水冷），获得单相奥氏体组织，或者再加一个稳定化退火（850～950℃加热，空冷），以避免晶间腐蚀的产生。这类钢的耐蚀性很好，同时也具有优良的塑性、韧性和焊接性，其缺点是强度较低。

（2）铁素体型 这类钢的成分范围为 $w_C < 0.15\%$、$w_{Cr} > 17\%$，加热和冷却时不发生 $\alpha \rightleftharpoons \gamma$ 转变，不能通过热处理改变其组织和性能，通常在退火或正火状态下使用。这类钢具有较好的塑性，强度不高，对硝酸、磷酸有较高的耐蚀性。

（3）马氏体型 这类钢的成分范围为 $w_C = 0.1\% \sim 0.4\%$ 的 Cr13 型、$w_C = 0.8\% \sim 1.0\%$ 的 Cr18 型和 14Cr17Ni2 型。这类材料的淬透性很高，正火可得到马氏体组织，其热处理方式为：12Cr13、20Cr13 为淬火＋高温回火，类似于调质钢，作为结构件使用；30Cr13、40Cr13、95Cr18 为淬火＋低温回火，类似于工具钢，具有高硬度、高耐磨性。马氏体不锈钢具有很好的力学性能，但其耐蚀性、塑性及焊接性稍差。

（4）奥氏体-马氏体沉淀硬化型 这类钢的成分范围为 $w_C = 0.04\% \sim 0.13\%$、$w_{Cr} = 15\% \sim 17\%$、$w_{Ni} = 4\% \sim 8\%$，另外加入少量的 Al、Mo、Ti、Nb 等元素。超低碳的目的是为了保证高的耐蚀性，避免形成碳化物。Al、Mo、Ti、Nb 等的加入是为了与 Ni 形成金属间化合物，产生沉淀硬化。Cr、Ni 及其他元素的配合是为了使钢的 Ms 点在室温至 -78℃ 之间，以便在随后通过冷处理、塑性变形或调整处理使奥氏体转变为马氏体，进一步强化基体。这类材料的热处理方式为固溶处理（950～1050℃，获得奥氏体），再经冷处理、塑性变形或调整处理（750℃加热、空冷或 950℃加热、空冷）使部分奥氏体转变为马氏体，再经过时效处理（400～500℃），析出金属间化合物沉淀强化。这类材料既是不锈钢，又是超高强度钢，用于制造、火箭发动机壳、压力容器等。

常用不锈钢的牌号、化学成分、热处理、力学性能及用途见表 3-26。

表 3-26 常用不锈钢的牌号、化学成分、热处理、力学性能及用途（GB/T 1220—2007）

类别	牌号	化学成分（质量分数，%）			热处理/℃		力学性能（不小于）					用 途
		C	Cr	其他	淬火	回火	R_{eL} /MPa	R_m /MPa	A_5 (%)	Z (%)	硬度 HBW	
马氏体型	12Cr13	0.80 ~0.15	11.50 ~13.50	Si≤1.00 Mn≤1.00	950～1000 油冷	700～750 快冷	345	540	22	55	≥159	
	20Cr13	0.16 ~0.25	12.00 ~14.00	Si≤1.00 Mn≤1.00	920～980 油冷	600～750 快冷	440	640	20	50	≥192	制作抗弱腐蚀介质并承受冲击载荷的零件，如汽轮机叶片、水压机阀、螺栓、螺母等
	30Cr13	0.26 ~0.35	12.00 ~14.00	Si≤1.00 Mn≤1.00	920～980 油冷	600～750 快冷	540	735	12	40	≥217	
	40Cr13	0.36 ~0.45	12.00 ~14.00	Si≤0.60 Mn≤0.80	1050～1100 油冷	200～300 空冷					≥50 HRC	制作具有较高硬度和耐磨性的医疗机械、量具、滚动轴承等
	95Cr18	0.90 ~1.00	17.00 ~19.00	Si≤0.80 Mn≤0.80	1000～1050 油冷	200～300 油、空冷					≥55 HRC	不锈切片机械刀具，剪切刀具，手术刀片，高耐磨、耐蚀件

（续）

类别	牌号	化学成分（质量分数,%）			热处理/℃		力学性能（不小于）					用　途
		C	Cr	其他	淬火	回火	R_{eL}/MPa	R_m/MPa	A_5(%)	Z(%)	硬度 HBW	
铁素体型	10Cr17	≤0.12	16.00~18.00	Si≤1.00 Mn≤1.00	退火780~850 空冷或缓冷		205	450	22	50	≤183	制作硝酸工厂、食品工厂的设备
奥氏体型	06Cr19Ni10	≤0.80	17.00~19.00	Ni8.00~11.00	固溶1010~1150 快冷		205	520	40	60	≤187	具有良好的耐蚀及耐晶间腐蚀性能，为化学工业用的良好耐蚀材料
	12Cr18Ni9	≤0.15	17.00~19.00	Ni8.00~10.00	固溶1010~1150 快冷		205	520	40	60	≤187	制作耐硝酸、冷磷酸、有机酸及盐、碱溶液腐蚀的设备零件

注：1. 表中所列奥氏体不锈钢的 w_{Si}≤1%、w_{Mn}≤2%。

2. 表中所列各钢种的 w_P≤0.035%、w_S≤0.030%。

（二）耐热钢

耐热钢是指在高温下具有高的热化学稳定性和热强性的特殊钢。

1. 耐热钢的工作条件、失效方式和性能要求

耐热钢是在300℃以上（有时高达1200℃）的温度下长期工作。温度升高一方面会带来钢的剧烈氧化，形成氧化皮，使截面不断缩小，最终导致破坏；另一方面会引起强度急剧下降而致破坏。因此，对耐热钢提出的性能要求是：①高的抗氧化性；②高的高温力学性能（抗蠕变性、热强性、热疲劳性、抗热松弛性等）；③组织稳定性高；④膨胀系数小，导热性好；⑤工艺性及经济性好。

2. 提高钢的抗氧化性和热强性的途径

氧化过程是化学腐蚀过程，腐蚀产物即氧化膜覆盖在金属表面，这层膜的结构、性质决定了进一步腐蚀进行的难易程度。在570℃以上，铁的氧化膜主要是 FeO，FeO 结构疏松，保护性差。所以，提高钢的抗氧化性途径是合金化，加入 Cr、Si、Al，通过形成致密稳定的合金氧化膜层，降低甚至阻止氧化膜的扩散，阻止钢的进一步氧化。

金属在高温下所表现的力学性能与室温下大不相同。当温度超过再结晶温度时，除了受机械力的作用产生塑性变形和加工硬化外，同时还可发生再结晶和软化的过程。当工作温度高于金属的再结晶温度时，若工作应力超过金属在该温度下的弹性极限，随着时间的延长金属会发生极其缓慢的变形，这种现象称为"蠕变"。金属的蠕变过程使得由塑性变形引起金属的强化过程在高温下通过原子扩散而迅速消除。因此，在蠕变过程中，两个相互矛盾的过程同时进行，即塑性变形使金属强化和由温度的作用而消除强化。

高温下的强化机制与室温有所不同。高温变形不仅由晶内滑移引起，还有扩散和晶界滑动的贡献。扩散能促进位错运动引起变形，同时本身也能导致变形。高温时晶界强度低，晶粒容易滑动而产生变形。因此，提高金属的热强性可采取以下措施：

（1）固溶强化 基体的热强性首先决定于固溶体的晶体结构。高温时奥氏体的强度高于铁素体，主要是奥氏体结构紧密，扩散较困难，使蠕变难以发生。其次，加入一定量的合金元素 Mo、W、Co 时，因增大了原子间的结合力，也减慢了固溶体中的扩散过程，使热强性提高。

（2）第二相强化 这是提高热强性最有效的方法之一。为了提高强化效果，第二相粒子在高温下应当非常稳定，不易聚集长大，保持高度的弥散分布。耐热钢主要采用难溶碳化物 MC、M_6C、$M_{23}C_6$ 等作强化相；耐热合金则多利用金属间化合物如 $Ni_3(Ti，Al)$ 来强化。

（3）晶界强化 在高温下晶界为薄弱部位，为了提高热强性，应当减少晶界，采用粗晶金属。进一步提高热强性的办法有：①定向结晶，消除与外力垂直的晶界，甚至采用没有晶界的单晶体；②加入微量的 B、Zr 或 RE 等元素以净化晶界和提高晶界强度；③使晶界呈齿状，以阻止晶界滑动等。

3. 常用耐热钢及其热处理

耐热钢按其正火组织可分为马氏体型、铁素体型、奥氏体型、沉淀硬化型。其化学成分、热处理、力学性能及用途见表 3-27。

（1）马氏体型耐热钢 这类钢的淬透性好，空冷就能得到马氏体。它包括两种类型，一类是低碳高铬钢，它是在 Cr13 型不锈钢的基础上加入 Mo、W、V、Ti、Nb 等合金元素，以便强化铁素体，形成稳定的碳化物，提高钢的高温强度。常用的牌号有 14Cr11MoV、15Cr12WMoV 等，它们在 500℃ 以下具有良好的蠕变抗力和优良的消振性，最宜制造汽轮机的叶片，故又称为叶片钢。另一类是中碳铬硅钢，其抗氧化性好、蠕变抗力高，还有较高的硬度和耐磨性。常用的牌号有 42Cr9Si2、40Cr10Si2Mo 等，主要用于制造使用温度低于 750℃ 的发动机排气阀，故又称为气阀钢。此类钢通常是在淬火（1000～1100℃ 加热后空冷或油冷）及高温回火（650～800℃ 空冷或油冷）后获得具有马氏体形态的回火索氏体状态下使用。

（2）铁素体型耐热钢 这类钢在铁素体不锈钢的基础上加入 Al 等合金元素以提高抗氧化性，如 06Cr13Al 等。此类钢的特点是抗氧化性强，但高温强度低，焊接性能差，脆性大，多用于受力不大的加热炉构件。此类钢通常采用正火处理（700～800℃ 加热空冷），得到铁素体组织。

（3）奥氏体型耐热钢 这类钢在奥氏体不锈钢的基础上加入 W、Mo、V、Ti、Nb、Al 等元素，用以强化奥氏体，形成稳定碳化物和金属间化合物，以提高钢的高温强度。此类钢具有高的热强性和抗氧化性，高的塑性和冲击韧性，良好的焊接和冷成形性。主要用于制造工作温度在 600～850℃ 之间的高压锅炉过热器、汽轮机叶片、叶轮、发动机气阀等，常用的牌号有 07Cr19Ni11Ti、45Cr14Ni14W2Mo 等。奥氏体耐热钢一般采用固溶处理（1000～1150℃ 加热后水冷或油冷）或是固溶 + 时效处理，获得单相奥氏体 + 弥散碳化物和金属间化合物的组织。其时效温度应比使用温度高 60～100℃，保温 10h 以上。

（4）沉淀硬化型耐热钢 这类钢的化学成分、热处理及沉淀硬化机理与沉淀硬化型不锈钢相同，这里不再重复。常用沉淀硬化型耐热钢有 05Cr17Ni4Cu4Nb 和 07Cr17Ni7Al，前者用于制造高温燃气涡轮压缩机和透平发动机的叶片和轴等，后者用于制造高温下工作的弹簧、膜片、波纹管等。

表3-27　常用耐热钢的化学成分、热处理、力学性能及用途（GB/T 1221—2007）

类别	牌号	化学成分（质量分数，%）										热处理				力学性能（不小于）						用途举例
		C	Si	Mn	Cr	Ni	Mo	W	V	Ti	其他	淬火温度/℃	冷却剂	回火温度/℃	冷却剂	R_{eL}/MPa	R_m/MPa	A（%）	Z（%）	K/J	HBW	
马氏体型	12Cr13	0.08~0.15	≤1.00	≤1.00	11.50~13.50	≤0.60						950~1000	油	700~750	水	345	540	22	55	78	150	制造800℃以下抗氧化部件及400~450℃工作的汽轮机叶片、阀、螺栓、导管等
	20Cr13	0.16~0.25	≤1.00	≤1.00	12.00~14.00	≤0.60						920~980	油	600~750	油	440	635	20	50	63	192	
	14Cr11MoV	0.11~0.18	≤0.50	≤0.60	10.00~11.50	≤0.60	0.50~0.70		0.25~0.40			1050~1100	空	720~740	空	490	685	16	55	47		制造535~540℃工作的汽机叶片及涡轮叶片和导向叶片等
	15Cr12WMoV	0.12~0.18	≤0.50	0.50~0.90	11.00~13.00	≤0.60	0.50~0.70	0.70~1.10	0.18~0.30			1000~1050	油	680~700	空	585	735	15	45	47		制造550~580℃工作的汽机叶片、涡轮叶片、紧固件及转子和轮盘等
	42Cr9Si2	0.35~0.50	2.00~3.00	≤0.70	8.00~10.00							1020~1040	油	700~780	油	590	885	19	50		183	制造内燃机进气阀和工作温度<700℃的轻负荷发动机排气阀等
	40Cr10Si2Mo	0.35~0.45	1.90~2.60	≤0.70	9.00~10.50		0.70~0.90					1010~1040	油	120~160	空	685	885	10	35			制造燃气涡轮压缩机叶片、淬火台架等
铁素体型	06Cr13Al	≤0.08	≤1.00	≤1.00	11.50~14.50						Al 0.10~0.30	780~830	空炉			177	410	20	60		183	制造燃气涡轮压缩机叶片、退火箱、淬火台架等
	10Cr17	≤0.12	≤1.00	≤1.00	16.00~18.00							780~850	空炉			205	450	22	50		183	制造900℃以下抗氧化部件、散热器、炉用部件、油喷嘴等
	16Cr25N	≤0.20	≤1.00	≤1.50	23.00~27.00						N≤0.25	780~880	水			275	510	20	40		≤201	制造工作温度<1080℃的抗氧化部件、燃烧室等
	022Cr12	≤0.03	≤1.00	≤1.00	11.00~13.00							700~820	空炉			195	360	22	60		183	制造汽车排气阀、锅炉燃净化装置、锅炉燃烧室、喷嘴等

（续）

类别	牌号	化学成分 质量分数,%										热处理				力学性能 不小于						用途举例
		C	Si	Mn	Cr	Ni	Mo	W	V	Ti	其他	淬火温度/℃	冷却剂	回火温度/℃	冷却剂	R_{eL}/MPa	R_m/MPa	A(%)	Z(%)	K/J	HBW	
奥氏体型	16Cr20Ni14Si2	≤0.20	1.50~2.50	≤1.50	19.00~22.00	12.00~15.00						1080~1130	水、油			295	590	35	50		≤187	制造管壁温度<800℃的加热炉管及承受应力的各种炉用构件
	26Cr18Mn12Si2N	0.22~0.30	1.40~2.20	10.50~12.50	17.00~19.00						N 0.22~0.33	1100~1150	水、油			390	685	35	45		≤248	制造工作温度<900℃的加热炉构件如吊挂支架、渗碳炉构件、加热炉传送带、料盘、炉爪等
	45Cr14Ni14W2Mo	0.40~0.50	≤0.80	≤0.70	13.00~15.00	13.00~15.00	0.25~0.40	2.00~2.75				820~850	水、油			315	705	20	35		≤248	制造工作温度<800℃的内燃机重负荷排气阀等
	06Cr15Ni25Ti2MoAlVB	≤0.08	≤1.00	≤2.00	13.50~17.50	24.00~27.00	1.00~1.50		0.10~0.50	1.90~2.35	Al<0.35 B 0.001~0.010	965~995	水、油			590	900	15	18		248	制造耐700℃高温的汽轮机转子、叶片、螺栓、<800℃的涡轮盘、紧固件等
沉淀硬化型	05Cr17Ni4Cu4Nb	≤0.07	≤1.00	≤1.00	15.50~17.50	3.00~5.00					Cu 3.00~5.00 Nb 0.15~0.45	1020~1060℃（水）+470~490℃回火4h(空)				1180	1310	10	40		≤363 375（40HRC）	制造燃气涡轮压缩机叶片、燃气涡轮发动机轴、汽轮机部件等
												1020~1060℃（水）+540~560℃回火4h(空)				1000	1060	12	45		331（35HRC）	
												1020~1060℃（水）+610~630℃回火4h(空)				725	930	16	50		277（28HRC）	
	07Cr17Ni7Al	≤0.09	≤1.00	≤1.00	16.00~18.00	6.50~7.75					Al 0.75~1.50	1000~1100℃（水）+565℃回火				380	1030	20	25		≤229	制造高温弹簧、膜片、固定器波纹管等
												1000~1100℃（水）+955℃回火 90min(空)				960	1140	5			363	
												10min(空)+（-73℃）冷处理8h+510℃回火60min(空)				1030	1230	4	10		388	

（5）耐热钢的发展　随着近代石油化工、电力及动力工业的不断发展，耐热钢及耐热合金的研究和应用得到了迅猛发展。P 型耐热钢主要围绕着在焊接热影响区低熔点杂质元素偏析使钢晶界强度降低的问题，开发了添加稀土、硼等元素的微合金化钢，显著提高了钢材的使用强度及使用寿命。抗氧化钢及奥氏体耐热钢主要围绕抗介质腐蚀和提高使用温度而开发了添加 Al 的 Fe-Ni-Cr-Al 系抗氧化、抗硫介质的钢种。

（三）低温钢

低温钢是指用于工作温度在 0℃ 以下的零件和结构件的钢种。它广泛用于低温下工作的设备，如冷冻设备、制氧设备、石油液化气设备，航天工业用的高能推进剂液氢、液氟等液体燃料的制造、储运装置以及海洋工程、寒冷地区（如北极、南极）开发所用的机械设备等。

1. 性能要求及成分特点

工程上常用的中、低强度结构钢，当其使用温度低于某一温度时，材料的冲击韧度显著下降，这一现象称为韧脆转变，把对应韧度下降的温度称为韧脆转变温度。低温钢主要工作在低温下，因此，衡量它的主要性能指标是低温韧度和韧脆转变温度，即低温冲击韧度越高，韧脆转变温度越低，则其低温韧性越好。

研究表明，影响低温冲击韧度的主要因素有以下两种：

（1）钢的成分　如图 3-6 所示，钢中所含的 C、P、Si 元素使韧脆转变温度升高，尤其是 C、P 的影响更为显著，故其含量必须严格加以控制。通常要求 $w_C \leqslant 0.20\%$、$w_P \leqslant 0.04\%$、$w_{Si} \leqslant 0.60\%$。而 Mn 与 Ni 使韧脆转变温度降低，对低温韧性有利，尤以 Ni 最为显著，当钢中的 Ni 含量增高时，可在很低的温度下保持相对高的冲击韧度。例如，18-8 型奥氏体不锈钢在 −200℃ 时冲击韧度仍在 70J·cm^{-2} 以上。此外，钢中的 V、Ti、Nb、Al 等元素可以细化晶粒，有利于低温韧性的提高。

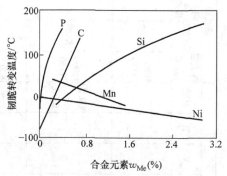

图 3-6　合金元素对韧脆转变温度的影响

（2）晶体结构　一般具有体心立方结构的金属，随着温度的降低，韧性显著降低；而面心立方结构的金属，其韧性随温度的变化则较小。低碳钢的基体是体心立方结构的铁素体，其冲击韧度随温度的降低比面心立方的奥氏体钢及铝、铜等要显著得多。

2. 常用低温钢及其热处理

常用的低温钢有低碳锰钢、镍钢及奥氏体不锈钢，可根据需用的温度进行选择。用 Al 脱氧的低碳锰钢经正火处理后，可在 −45℃ 使用；调质处理后可用于 −60℃；若加入 Ni 及 V、Ti、Nb 和 RE 进一步细化晶粒，其使用温度还可降低，如 09MnNiDR、09Mn2VRE、09MnTiCuRE 正火态就可在 −70℃ 使用。

$w_{Ni} = 9\%$ 的低碳镍钢经二次正火处理或淬火 + 回火处理后，其使用温度可达 −196℃。

奥氏体型低温用钢就是奥氏体不锈钢，此类钢具有良好的低温韧性，使用温度可达 −269℃，其中 06Cr19Ni10、12Cr18Ni9 钢使用最为广泛。我国低温压力容器用低合金钢板的化学成分、力学性能及低温冲击韧性列于表 3-28。

表3-28　低温压力容器用低合金钢板的化学成分、力学性能及低温冲击韧性

（GB 3531—2008）

牌 号	化学成分（质量分数，%）								热处理	钢板厚度 /mm	力学性能			低温冲击韧性	
	C	Si	Mn	Ni	Al	其他	P	S			R_m /MPa	R_{eL} /MPa	A (%)	试验温度 /℃	KV_2 /J
							不大于					不小于			不小于
16MnDR	≤ 0.20	0.15 ~ 0.50	1.20 ~ 1.60		≥0.020		0.025	0.012	正火或正火＋回火	6 ~ 16	490 ~ 620	315	21	−40	34
										>16 ~ 36	470 ~ 600	295			
										>36 ~ 60	460 ~ 590	285		−30	
										>60 ~ 100	450 ~ 580	275			
15MnNiDR	≤ 0.18	0.15 ~ 0.50	1.20 ~ 1.60	0.20 ~ 0.60	≥0.020	V≤0.06	0.025	0.012		6 ~ 16	490 ~ 620	325	20	−45	34
										>16 ~ 36	480 ~ 610	315			
										>36 ~ 60	470 ~ 600	305			
09Mn2VDR	≤ 0.12	0.15 ~ 0.50	1.40 ~ 1.80		≥0.015	V 0.02 ~ 0.06	0.030	0.025		6 ~ 16	440 ~ 570	290	22	−50	34
										>16 ~ 36	430 ~ 560	270			
09MnNiDR	≤ 0.12	0.15 ~ 0.50	1.20 ~ 1.60	0.30 ~ 0.80	≥0.020	Nb≤ 0.04	0.020	0.012		6 ~ 16	440 ~ 570	300	23	−70	34
										>16 ~ 36	430 ~ 560	280			
										>36 ~ 60	430 ~ 560	270			

注：DR为"低容"的汉语拼音首字母。

（四）耐磨钢

1. 耐磨钢的工作条件、失效方式和性能要求

广义地讲，耐磨钢是指用于制造高耐磨零件及构件的一类钢种，如高碳铸钢、Si-Mn 结构钢、高碳工具钢、滚动轴承钢等。但习惯上耐磨钢主要是指在强烈冲击和严重磨损条件下发生冲击硬化，具有很高耐磨能力的钢。例如 ZGMn13，它可以制造如车辆履带、挖掘机铲、破碎机颚板和铁路分道叉等零部件。这类零件常见的失效方式为磨损，有时出现脆断。因此，对耐磨钢的主要性能要求是应有很高的耐磨性和韧性。

2. 化学成分特点

耐磨钢的成分范围为 $w_C = 0.9\% \sim 1.5\%$、$w_{Mn} = 11\% \sim 14\%$，另外，$w_{Si} = 0.3\% \sim 0.8\%$。

高碳是为了保证钢的耐磨性和强度，但过高的碳会在高温下析出碳化物，引起韧性下降。高锰的目的是为了与碳配合保证完全获得奥氏体组织，提高钢的加工硬化速率。加入一定量的硅是为了改善钢的流动性，起到固溶强化作用，并提高钢的加工硬化能力。

由于机械加工困难，耐磨钢基本上都由铸造生产，因此牌号为 ZGMn13，也称为高锰钢。

3. 热处理特点

高锰钢铸件的性质硬而脆，耐磨性也差，不能直接应用。其原因是在铸态组织中存在着沿奥氏体晶界分布的碳化物，因此必须经过热处理。

高锰钢都采用水韧处理，即将钢加热到 1050～1100℃，保温一段时间后，使碳化物全部溶解获得单一奥氏体，然后迅速水淬至室温，使其组织仍保持为单一奥氏体。水韧处理后一般不进行回火，因为加热超过 300℃时会有碳化物析出，使性能变异。

4. 性能特点

奥氏体组织具有很高的韧性，同时在受到强烈的冲击载荷和强大的压力下，不仅表层会迅速产生加工硬化，并且还会诱发马氏体转变，使表面层硬度及耐磨性显著提高，而心部仍保持为原来的高韧性状态。

应当指出，在工作中受力不大的情况下，高锰钢的高耐磨性是发挥不出来的。

第二节　铸　　铁

在铁碳二元合金系中，$w_C > 2.11\%$ 的合金称为铸铁，铸铁中常含有硅、锰等常存元素以及硫、磷等杂质。为了提高铸铁的力学性能或物理、化学性能，可向铸铁中加入一定量的合金元素，从而得到合金铸铁。

与钢相比，铸铁的力学性能如抗拉强度、塑性、韧性等均较低，但具有很高的减摩性及耐磨性、优异的减振性以及低的缺口敏感性。铸铁的生产成本低廉，铸造性能好，且具有优良的切削加工性，因此在工业生产中得到了普遍应用。如果按质量计算，在汽车及拖拉机中，铸铁用量占 50%～70%，在机床和重型机械中占 60%～90%。

一、铸铁的分类

1. 根据碳在铸铁中的存在形式分类

根据碳在铸铁中的存在形式不同，可将铸铁分为以下三类：

（1）灰口铸铁　碳全部或大部分以游离状态的石墨形式存在于铸铁中，其断口呈暗灰色，因此称为灰口铸铁。灰口铸铁是目前应用最为广泛的一类铸铁。

（2）白口铸铁　碳除了少量溶于铁素体以外，其余全部都以 Fe_3C 形式存在于铸铁中，断口呈银白色，因此称为白口铸铁。在这类铸铁组织中存在共晶莱氏体，其组织硬而脆，难以切削加工。所以，白口铸铁很少直接用来制造机械零件，但可利用它硬而耐磨的特性，制成耐磨零件，如球磨机衬板、磨球，磨粉机的磨盘和磨轮等。目前，白口铸铁主要用作炼钢原料和生产可锻铸铁的毛坯。

（3）麻口铸铁　碳一部分以石墨形式存在，另一部分以 Fe_3C 形式存在，其断口夹杂着白亮的渗碳体和暗灰色的石墨，因此称为麻口铸铁。由于麻口铸铁也具有很大的脆性，故在工业上很少使用。

2. 根据铸铁中石墨的形态分类

根据石墨的形态不同，可将铸铁分为灰铸铁（石墨为片状）、可锻铸铁（石墨为团絮状）、球墨铸铁（石墨为球状）和蠕墨铸铁（石墨为蠕虫状）等。

二、铸铁的石墨化及其影响因素

（一）铸铁的石墨化过程

石墨是碳的一种结晶形态，碳的质量分数为 100%，具有简单六方晶格结构。石墨本身的强度、硬度和塑性都非常低，例如，$R_m < 19.6MPa$，硬度为 3HBW。

铸铁在冷却过程中即可以从液态中或奥氏体中直接析出 Fe_3C，也可以直接析出石墨。

已形成的 Fe_3C 在一定条件下也可以分解为铁素体和石墨，即 $Fe_3C \rightarrow 3Fe + G$（石墨）。碳呈 Fe_3C 形式存在还是呈石墨相存在？它们受哪些因素影响？这些便是铸铁的石墨化要回答的问题。

图 3-7 所示为 Fe-G（石墨）系和 $Fe-Fe_3C$ 系的双重相图，图中虚线表示 Fe-G 系，实线表示 $Fe-Fe_3C$ 系，凡是虚线与实线重合的线条（不涉及 Fe_3C 或石墨的那些线）都用实线表示。由图可见，虚线在实线的上方或左上方，表明 Fe-G 系比 $Fe-Fe_3C$ 系更为稳定。

铸铁组织中石墨的形成过程称为石墨化过程。根据 Fe-G 系相图，在极缓慢冷却条件下，铸铁石墨化过程可分为两个阶段：石墨化第一阶段，包括从过共晶铁液中直接析出的初生（一次）石墨、在共晶转变过程中形成的共晶石墨及奥氏体冷却时析出的二次石墨；石墨化第二阶段，包括共析转变过程中形成的共析石墨。

石墨化过程是一个原子扩散过程，一般来说，第一阶段的石墨化温度较高，碳原子容易扩散，故容易进行得完全；而第二阶段的石墨化温度较低，扩散困难些，

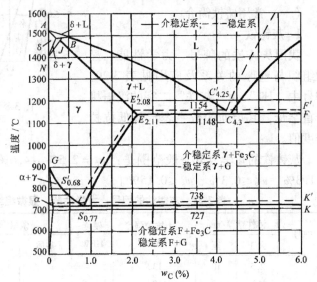

图 3-7 铁碳合金双重相图

往往进行得不充分。当冷速稍大时，第二阶段的石墨化只能部分进行；如果冷速再大些，第二阶段石墨化便完全不能进行。如果第一阶段石墨化充分进行，随着第二阶段石墨化进行的程度不同，可获得的铸铁组织也不同。当第二阶段石墨化进行得充分时，铸铁的组织将由铁素体基体和石墨组成；当第二阶段石墨化部分进行时，将形成以铁素体 + 珠光体为基体，其上分布石墨的组织；当第二阶段石墨化完全被抑制不能进行时，其组织将由珠光体基体和石墨组成。显然，当冷速过快，两个阶段的石墨化均被抑制而不能进行时，则会得到白口铸铁。若第一阶段石墨化部分进行，可得到麻口铸铁。

（二）影响铸铁石墨化的因素

实验表明，铸铁石墨化进行的程度主要取决于冷却速度和化学成分这两方面的因素。

1. 冷却速度的影响

在实际生产中常见到铸件厚壁处为灰铸铁组织，而薄壁处出现白口铸铁组织。这表明在化学成分相同的情况下，铸铁结晶时的冷却速度对其石墨化影响很大。缓慢冷却有利于石墨化的充分进行，易得到灰铸铁；冷却速度加快，不利于石墨化，甚至使石墨化来不及进行，铸铁可能按 $Fe-Fe_3C$ 相图结晶，得到白口铸铁。

2. 化学成分的影响

碳和硅对铸铁的石墨化起着决定性作用，含碳量越多越易形成石墨晶核，而硅有促进石墨成核的作用。实践证明，每增加 1%（质量分数）的硅，共晶点的含碳量相应下降 0.3 个百分点。为了综合考虑碳和硅对铸铁的影响，常将硅量折合成相当的碳量，并把实际含碳量

与折合成的碳量之和称为碳当量。例如，铸铁中实际碳的质量分数为3.2%，硅的质量分数为1.8%，则其碳当量 CE = 3.2% + 1/3 × 1.8% = 3.8%。图3-8综合表示了碳和硅的含量与铸件壁厚对铸铁组织的影响。在实际生产中，在铸件壁厚一定的情况下，常通过调配碳和硅的含量来得到预期的组织。

三、常用普通铸铁

（一）常用铸铁简介

1. 灰铸铁

我国灰铸铁的牌号、力学性能、显微组织与壁厚的关系及应用见表3-29。牌号中"HT"为"灰铁"二字的汉语拼音首字母，其后面的数字表示最低抗拉强度值。

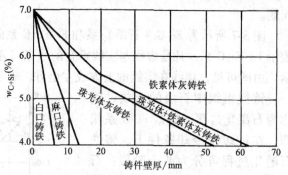

图3-8　铸铁成分（碳硅总量）和铸件壁厚对铸铁组织的影响

灰铸铁的化学成分一般范围是：$w_C = 2.5\% \sim 4.0\%$、$w_{Si} = 1.0\% \sim 3.0\%$、$w_{Mn} = 0.5\% \sim 1.3\%$、$w_P \leqslant 0.3\%$、$w_S \leqslant 0.15\%$。

表3-29　灰铸铁的牌号、力学性能、显微组织与壁厚的关系及应用

牌号	铸件壁厚/mm 大于	铸件壁厚/mm 至	最小抗拉强度/MPa	硬度 HBW	显微组织 基体	显微组织 石墨	应 用
HT100	2.5	10	130	<170	F + P（少）	粗片状	下水管、底座、外罩等
	10	20	100				
	20	30	90				
	30	50	80				
HT150	2.5	10	175	150 ~ 200	F + P	较粗片状	端盖、汽轮泵体、轴承座、阀壳、管子及管路附件、手轮；一般机床底座、床身及其他复杂零件、滑座、工作台等
	10	20	145				
	20	30	130				
	30	50	120				
HT200	2.5	10	220	170 ~ 220	P	中等片状	气缸、齿轮、底架、机体、飞轮、齿条、衬筒；一般机床床身及中等压力（8MPa以下）液压筒、液压泵和阀的壳体等
	10	20	195				
	20	30	170				
	30	50	160				
HT250	1.0	10	270	190 ~ 240	细 P	较细片状	阀壳、液压缸、气缸、联轴器、机体、齿轮、齿轮箱外壳、飞轮、衬筒、凸轮、轴承座等
	10	20	240				
	20	30	220				
	30	50	200				
HT300	10	20	290	210 ~ 260	S 或 T	细小片状	齿轮、凸轮、机床卡盘、剪床、压力机的机身；导板、六角、自动车床及其他重负荷机床的床身；高压液压筒、液压泵和滑阀的壳体等
	20	30	250				
	30	50	230				
HT350	10	20	340	230 ~ 280			
	20	30	290				
	30	50	260				

　　灰铸铁的组织由片状石墨和钢的基体组成，基体可根据共析阶段石墨化（第二阶段石墨化）进行的程度不同分为铁素体、铁素体＋珠光体、珠光体三种。三种基体灰铸铁的显微组织如图 3-9 所示。

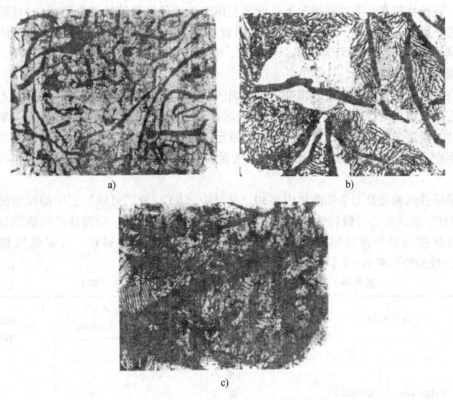

a)　　　　　　　　　　　　　　b)

c)

图 3-9　灰铸铁的显微组织
a）铁素体基体（100×）　b）铁素体＋珠光体基体（200×）　c）珠光体基体（300×）

　　灰铸体的抗拉强度、塑性、韧性和疲劳强度都比钢低得多，其原因有两个方面：一是石墨本身的强度和塑性几乎为零，石墨就像金属基体中的孔洞和裂缝，可以把铸铁看成是含有大量孔洞和裂缝的钢，所以石墨的存在就等于减小了金属基体的有效承载面积；二是石墨割断了金属基体的连续性，石墨本身可看成是一条条裂纹，在外力作用下裂纹尖端将导致严重的应力集中，形成断裂源。灰铸铁的硬度和抗压强度主要决定于基体，因为在压缩载荷下石墨产生的裂纹是闭合的，压缩载荷时铸铁的抗压强度与钢差不多，是抗拉强度的 3～5 倍。石墨很软，对振动传递有削减作用，所以铸铁的减振性能是钢无法比拟的，在所有铸铁中，灰铸铁的减振性最好。灰铸铁还具有很好的耐磨性，在干摩擦的情况下，石墨本身就是润滑剂，能起到减摩作用；在有润滑的摩擦情况下，石墨脱落后的空洞可以吸附和储存润滑油，使工作表面保持良好的润滑条件。基体组织对灰铸铁的力学性能具有重要影响，珠光体灰铸铁的强度、硬度及耐磨性均优于铁素体灰铸铁，孕育铸铁（HT300、HT350）的力学性能是灰铸铁中的佼佼者。孕育铸铁是在浇注前向铁液中加入少量的硅铁、硅钙粉等孕育剂，进行孕育处理，使之得到细片状石墨的灰铸铁。

　　2. 可锻铸铁

在汽车、农业机械上常有一些截面较薄、形状复杂，工作中又受到冲击和振动的零件，如汽车、拖拉机的前后桥壳、减速器壳、转向机构等，这些零件适宜采用铸造法生产，不宜采用锻造法生产。若用灰铸铁制造，则韧性不足；若用铸钢，因其铸造性能差，不易获得合格产品，且价格较高。在这种情况下，就要利用铸铁的优良铸造性能先铸成白口铸铁铸件，然后经过石墨化退火处理，将 Fe_3C 分解为团絮状的石墨，即获得可锻铸铁。由于团絮状石墨对金属基体的割裂作用大为减弱，使强度、塑性、韧性较灰铸铁都有明显提高。但需注意，可锻铸铁并不可锻造。

欲获得可锻铸铁，首先要获得全白口组织的铸铁。如果铸态组织中出现了片状石墨，则在进行石墨化退火时，Fe_3C 分解的石墨将依附在片状石墨上长大，从而得不到团絮状的石墨。为此，要适当降低 C、Si 等促进石墨化的元素含量，但也不能太低，否则会使退火时的石墨化困难，延长退火周期。C、Si 含量的大致范围为：$w_C = 2.0\% \sim 2.6\%$、$w_{Si} = 1.1\% \sim 1.6\%$。

可锻铸铁的牌号及力学性能见表 3-30。牌号中"KT"为"可铁"二字的汉语拼音首字母，"KTH"表示黑心可锻铸铁，"KTZ"表示珠光体可锻铸铁，后面的两组数字分别表示最低抗拉强度和最低伸长率。例如，KTH300-06 表示黑心可锻铸铁，其最低抗拉强度为 300MPa，最低伸长率为 6%。

表 3-30　可锻铸铁的牌号及力学性能 （GB/T 9440—1988）

分类	牌号及分级		试样直径 d/mm	R_m/MPa	R_{eL}/MPa	A（%）($l_0 = 3d$)	硬度 HBW
	A	B			不小于		
黑心可锻铸铁	KTH300-06 KTH350-10	KTH330-08 KTH370-12	12 或 15	300 330 350 370	— — 200 —	6 8 10 12	≤150
珠光体可锻铸铁	KTZ450-06 KTZ550-04 KTZ650-02 KTZ700-02		12 或 15	450 550 650 700	270 340 430 530	6 4 2 2	150 ~ 200 180 ~ 230 210 ~ 260 240 ~ 290

注：1. 试样直径 12mm 只适用于铸件主要壁厚小于 10mm 的铸件。

2. 牌号 KTH300-06 适用于气密性零件。

3. 牌号 B 系列为过渡牌号。

把白口铸铁经高温石墨化退火，完成共晶渗碳体的分解以及随后自奥氏体中析出二次石墨，称为石墨化的第一阶段（可锻铸铁因含 C、Si 较少，石墨化退火前为亚共晶白口铸铁，不存在一次渗碳体）；把奥氏体发生共析转变形成铁素体 + 石墨的阶段称为石墨化的第二阶段（低温退火）。在退火中，如果这两个阶段都进行得很完全，将得到铁素体 + 团絮状石墨组织（图 3-10a），即铁素体可锻铸铁。因其断口心部为铁素体基体上分布大量的石墨而呈灰黑色，表层因退火时脱碳而呈灰白色，故称为黑心可锻铸铁。如果完成了石墨化的第一阶段并析出二次石墨后，以较快速度冷却（出炉空冷），使第二阶段石墨化不能进行，将得到珠光体可锻铸铁（图3-10b）。

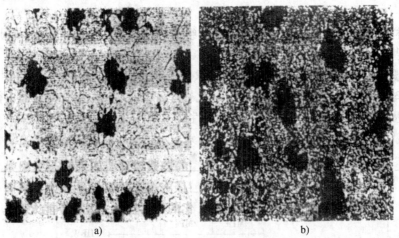

图3-10 可锻铸铁的显微组织

a）铁素体可锻铸铁（250×） b）珠光体可锻铸铁（250×）

铁素体可锻铸铁具有较高的塑性和韧性，且比钢的铸造性能好，所以生产中应用较多。珠光体可锻铸铁的强度和耐磨性比铁素体可锻铸铁高，可用来制造强度和耐磨性要求较高的零件，如曲轴、连杆、齿轮等。

图3-11 所示为可锻铸铁的石墨化退火工艺曲线，由图中可见，加热到 900～980℃时，白口铸铁的组织转变为奥氏体和渗碳体，经充分保温，渗碳体分解成奥氏体加石墨。由于石墨化过程是在固态下进行的，石墨在各个方向上的长大速度几近相似，故石墨呈团絮状。保温后随炉缓冷至 720～770℃，在降温时要不断自奥氏体中析出二次石墨，它将依附在原有的石墨上使其继续长大。在 770～720℃的共析转变

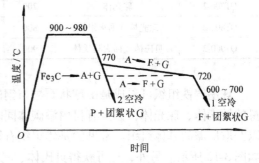

图3-11 可锻铸铁的石墨化退火工艺曲线

温度区间（铸铁可看成是 Fe-C-Si 三元合金，其共析转变为一个温度区间），应以极缓慢的冷却速度（3～5℃/h）通过（图中实线），也可冷至略低于共析转变温度范围作长时间保温（图中虚线），保证奥氏体直接转变为铁素体＋石墨（图3-11 中曲线1），最终得到铁素体可锻铸铁。如果随炉缓冷至 800～880℃，使奥氏体析出二次石墨，然后出炉空冷（图3-11 中曲线2），将抑制共析石墨化的发生，从而得到珠光体可锻铸铁。

3. 球墨铸铁

1948 年问世的球墨铸铁，使铸铁的性能发生了质的飞跃。球墨铸铁是石墨呈球状分布的灰铸铁，简称球铁。与片状石墨和团絮状石墨相比，圆球状石墨对基体的割裂和应力集中作用最小，因此球墨铸铁是各种铸铁中力学性能最好的一种铸铁。球墨铸铁与可锻铸铁相比，还具有生产工艺简单（生产球墨铸铁只要对一定成分的铁液进行适当的处理，即加入球化剂和孕育剂，浇注后铸件内就能直接形成圆球状石墨）、生产周期短（生产可锻铸铁时

的石墨化退火周期即使采取措施仍需 30h 以上）、不受铸件尺寸限制（可锻铸铁的生产过程是先浇注成白口铸铁，为了得到全白口组织，铸件的尺寸不能太厚）等特点。球墨铸铁还可以像钢一样进行各种热处理以改善金属基体组织，进一步提高力学性能，因此，在很多场合下可以代替钢使用。

生产球墨铸铁时必须要进行脱硫处理、球化处理（浇注前必须先向铁液中加入能促使石墨结晶成球状的球化剂）和孕育处理（球化处理后立即加入石墨化元素而进行的处理）。

我国球墨铸铁的牌号、基体组织、力学性能及应用见表 3-31。牌号中"QT"是"球铁"二字的汉语拼音首字母，后面两组数字分别表示其抗拉强度和伸长率的最小值。

表 3-31　球墨铸铁的牌号、基体组织、力学性能及应用

牌　号	基体组织	力学性能				应　用
		R_m /MPa	R_{eL} /MPa	A（%）	硬度 HBW	
		最　小　值				
QT400-18	铁素体	400	250	18	130～180	汽车及拖拉机底盘零件；1600～6400MPa 阀门的阀体和阀盖
QT400-15	铁素体	400	250	15	130～180	
QT450-10	铁素体	450	310	10	160～210	
QT500-7	铁素体＋珠光体	500	320	7	170～230	机油泵齿轮
QT600-3	珠光体＋铁素体	600	370	3	190～270	柴油机及汽油机曲轴；磨床、铣床、车床的主轴；空压机、冷冻机缸体、缸套等
QT700-2	珠光体	700	420	2	225～305	
QT800-2	珠光体或回火组织	800	480	2	245～335	
QT900-2	贝氏体或回火马氏体	900	600	2	280～360	汽车、拖拉机传动齿轮

球墨铸铁组织可看成是由球状石墨与钢的基体所组成。在铸态下，其基体是具有不同数量的铁素体、珠光体，甚至有自由渗碳体同时存在的混合组织。生产中常施以不同的热处理以获取所需的基体组织。常见的基体组织有铁素体、铁素体＋珠光体和珠光体，其显微组织如图 3-12 所示。另外，也可获得贝氏体、马氏体、托氏体、索氏体和奥氏体等基体组织。

球墨铸铁除了有与一般铸铁相似的优良的铸造性能、切削加工性能、耐磨性和消振性外，由于石墨呈球状，对基体的削弱作用小得多，使其强度和塑性有了很大的提高。灰铸铁的抗拉强度最高只有 400MPa，而铸态球墨铸铁的抗拉强度最低水平为 600MPa，经热处理后可达 700～900MPa；而同样是铁素体基体，其塑性与可锻铸铁相比也有很大提高。球墨铸铁的一个突出的优良性能是，屈服强度与抗拉强度的比值（屈强比）约为钢的两倍，因此，对于承受静载荷的零件，可用球墨铸铁代替钢，以减轻机器质量；但球墨铸铁的塑性、韧性比钢差。就球墨铸铁而言，其力学性能取决于石墨的大小和基体的组织。球墨铸铁中石墨球径越大，性能越差；球径越小，性能越好。珠光体球墨铸铁的抗拉强度比铁素体球墨铸铁的高约一倍，伸长率后者是前者的五倍以上；以回火马氏体为基的球墨铸铁具有高强度、高硬度；以下贝氏体为基的球墨铸铁具有良好的综合力学性能。

球墨铸铁将基体强度的利用率提高到 70%～90%，使热处理改变基体的作用大为突出。球墨铸铁可以像钢一样进行各种热处理，从而使其应用范围进一步扩大。

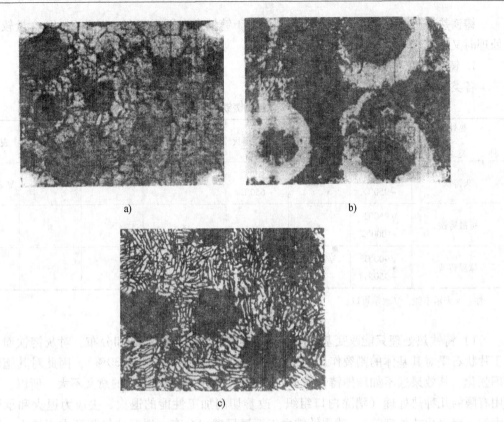

图 3-12　球墨铸铁的显微组织

a）铁素体球墨铸铁（300×）　b）铁素体＋珠光体球墨铸铁（500×）

c）珠光体球墨铸铁（500×）

4. 蠕墨铸铁

自球墨铸铁问世以来，人们就发现了石墨的另一种形态——蠕虫状，但当时被认为是球墨铸铁球化不良的缺陷形式。进入 20 世纪 60 年代中期，人们已认识到具有蠕虫状石墨的铸铁在性能上具有一定的优越性，并逐步将其发展成为独具一格的铸铁——蠕墨铸铁。

蠕墨铸铁的化学成分与球墨铸铁的成分要求基本相似，即高碳、低硫、一定的硅、锰含量。一般的成分范围如下：$w_C = 3.5\% \sim 3.9\%$、$w_{Si} = 2.2\% \sim 2.8\%$、$w_{Mn} = 0.4\% \sim 0.8\%$、$w_P$ 和 w_S 均小于 0.1%（最好为 0.06% 以下）、碳当量为 4.3% ~ 4.6%。

蠕墨铸铁的制取是在具有上述成分的铁液中加入适量的蠕化剂进行蠕化处理后获得的。蠕化处理后还要进行孕育处理，以获得良好的蠕化效果。我国目前采用的蠕化剂主要有稀土镁钛合金、稀土镁硅铁或硅钙合金。

蠕墨铸铁中的石墨是一种介于片状石墨与球状石墨之间的过渡型石墨。其在光学显微镜下的形状似乎也呈片状，但石墨片短而厚，头部较钝、较圆，形似蠕虫状，故得名蠕墨铸铁。

蠕墨铸铁的牌号用"蠕铁"二字的汉语拼音首字母"RuT"加数字表示，其中数字代表最小抗拉强度值。例如，RuT420 表示最小抗拉强度为 420MPa 的蠕墨铸铁。

（二）常用铸铁的热处理

铸铁热处理的基本原理与钢相同，但由于铸铁中有石墨存在，以及 C、Si 含量较高，热处理时又有其独特之处。

1. 铸铁热处理的特点

各类铸铁的热处理特点见表 3-32。

表 3-32　各类铸铁的热处理特点

种　　类 \ 热处理方法	高温退火	低温退火	去应力退火	正火	调质	等温淬火	表面强化
灰铸铁	√ 850℃ ~950℃	×	√ 500℃ ~650℃	×	×	×	√ 表面淬火
可锻铸铁	√ 950℃ ~1000℃	×	×	×	×	×	×
球墨铸铁	√ 900℃ ~950℃	√ 720℃ ~760℃	√	√ 850 ~950℃ （840 ~860℃）	√	√	√

注：×表示不能；√表示可以。

1）铸铁热处理只能改变基体组织，而不能改变石墨的形态和分布。对灰铸铁而言，由于片状石墨对其基体的割裂作用严重而使基体强度利用率低（<30%），因此对其施以热处理强化，其效果远不如球墨铸铁显著，即灰铸铁施以热处理强化的意义不大。所以，只能采用有限的几种热处理（消除白口组织、改善切削加工性能的退火、去应力退火和承受压应力的表面强化热处理等）。球墨铸铁由于石墨呈球状分布，对基体的割裂作用最小，即基体强度的利用率最高，因此可以和钢一样，通过各种热处理方式（如退火、正火、调质、等温淬火、感应淬火和化学热处理等）显著改变其力学性能。

2）铸铁是以 Fe-C-Si 为主的多元铁基合金，其共析转变发生在一个相当宽的温度范围内。在此温度区间，可以存在 F、A 和 G 三相稳定平衡及 F、A 及 Fe_3C 的三相亚稳平衡。在共析温度范围内的不同温度，都对应着 F 和 A 的不同平衡数量。因而，改变加热温度和保温时间，就可以获得不同比例的 F + P 基体组织，从而获得不同的力学性能。

3）铸铁的最大特点是有石墨存在，石墨通过溶解和析出参与热处理相变，控制奥氏体化温度、保温时间和冷却方式，可在较大范围内调整和控制奥氏体及其转变产物的碳含量，因而可以获得不同组织和不同性能。

2. 铸铁的热处理工艺

（1）退火

1）消除应力退火。由于铸铁壁厚不均匀，在冷却和发生组织转变的过程中会产生热应力和组织应力，这些内应力的存在将导致铸铁在服役过程中发生变形，消除应力的方法是退火。消除应力退火通常是将铸件以 50 ~100℃/h 的速度加热到 500 ~550℃，保温 2 ~8h，然后炉冷（灰铸铁）或空冷（球墨铸铁）。

2）消除铸件白口组织以及改善切削加工性能的退火。冷却时，在灰铸铁铸件表层及薄壁处往往会出现白口组织。白口组织硬而脆，不易加工，因此必须采用高温退火的方法消除这些白口组织。此外，球墨铸铁中往往会产生游离渗碳体，也可以通过高温石墨化退火得以消除。退火工艺一般为，将铸件加热至 850 ~950℃，保温 2 ~5h，随炉冷到 500 ~550℃，然后出炉空冷。

（2）正火　为使球墨铸铁获得珠光体型基体组织，并细化晶粒，以提高铸件的力学性能，可以采用正火。有时，正火是为表面淬火做组织上的准备。正火工艺如图 3-13 所示，根据加热温度可分为高温正火（又称为完全奥氏体化正火）和中温正火（又称为不完全奥氏体化正火）。

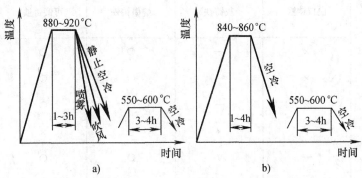

图 3-13　稀土镁球墨铸铁正火工艺曲线

（3）淬火

1）淬火与回火。球墨铸铁与钢一样，经淬火（850 ~ 900℃）加高温回火（550 ~ 600℃）即调质处理后，具有较好的综合力学性能，可代替部分铸钢用来制造一些重要的结构零件，如连杆、曲轴及内燃机车万向轴等。通过淬火与低温回火（140 ~ 250℃），可以得到回火马氏体和少量残留奥氏体的基体组织，使铸件具有很高的硬度（55 ~ 61HRC）和很好的耐磨性，但塑韧性较差，主要用于要求高耐磨性的零件（如滚动轴承套圈）以及柴油机机油泵中要求高耐磨性、高精度的两对偶件（芯套与阀座）等。球墨铸铁淬火与中温回火（350 ~ 550℃）后的基体组织为回火托氏体，具有较高的弹性和韧性，以及良好的耐磨性。

2）等温淬火。它是目前发挥球墨铸铁潜力最有效的一种热处理方法，可以获得高强度和超高强度的铸件，同时仍然具有较高的塑韧性，因而具有良好的综合力学性能和耐磨性。这种工艺适用于综合力学性能要求高且外形又较复杂、热处理易变形开裂的零件，如齿轮、凸轮轴、滚动轴承座圈等。等温淬火工艺为：加热至 840 ~ 930℃，适当保温后，在 230 ~ 290℃盐浴中等温，可以获得具有高强度、高硬度及足够韧性的下贝氏体组织。球墨铸铁齿轮经等温淬火后的力学性能为：$R_m = 1200 ~ 1400MPa$，$a_K = 3.0 ~ 3.6J/cm^2$，硬度为 47 ~ 51HRC。

（4）表面强化

1）表面淬火。对于大型灰铸铁件，如机床床身的导轨，为了提高其耐磨性可采用表面淬火。感应淬火是生产中应用较多的方法。机床导轨需淬硬到 50HRC，淬硬层深 1.1 ~ 2.5mm，可采用高频感应淬火，若淬硬层深要求 3 ~ 4mm，则可采用中频感应淬火。对于某些球墨铸铁件（如在动载荷与摩擦条件下工作的齿轮、曲轴、凸轮轴及主轴等），除了要求具有良好的综合力学性能外，还要求工件表面具有较好的硬度和耐磨性及疲劳强度，也需进行表面淬火，如火焰淬火、中频或高频感应淬火等。

2）化学热处理。对于要求表面耐磨或抗氧化、耐蚀的球墨铸铁等，可进行化学热处理，如软氮化、渗铝、渗硼、渗硫等。

（三）常用铸铁的应用特点

各类常用铸铁的应用特点见表3-33。

表3-33 各类铸铁的应用特点

性能＼铸铁类别	白口铸铁	灰铸铁	蠕墨铸铁	可锻铸铁	球墨铸铁
抗拉强度	×	—	○	○	√
伸长率	×	—	○	○	√
冲击韧度	×	—	○	○	√
磨粒磨损	√	×		×	—
粘着磨损	—	√	○	○	○
减振性能	×	√	○	○	○
铸造工艺性能	—	√	○	—	○
切削加工性能	×	√	○	○	

注：表中√表示优，○表示良，—表示一般，×表示差。

（1）白口铸铁 由于碳以 Fe_3C 形式存在，使其组织表现出硬而脆的性能，因此仅适用于在磨粒磨损工况条件下工作，具有好的耐磨性，如制作犁铧等耐磨件。但由于脆性大，不能用来制作要求具有一定冲击韧度和强度的铸件。

（2）灰铸铁 由于具有良好的铸造工艺性、切削加工性、减振性以及耐磨（粘着磨损）性等，因此广泛用于承压和消振性的床身、箱体、底座类零件等。

（3）球墨铸铁 由于其基体强度利用率高，可通过热处理和合金化调整基体组织，这样，球墨铸铁就表现出各种独特的综合性能：①$R_{r0.2}$可超过任何一种铁碳合金，尤为突出的是其屈强比高，为 0.7～0.8，比碳钢（其正火态仅为 0.3～0.5）几乎高两倍；②疲劳强度亦高（略低于钢），可制造曲轴、凸轮、连杆等承受交变载荷及带肩、带孔型零件；③小能量多次冲击韧度高于钢，目前中小型拖拉机等所使用的曲轴、连杆多用球墨铸铁；④耐磨性、耐蚀性高于钢；⑤塑性、韧性虽低于钢但高于灰铸铁。因此，对于承受静载荷、疲劳载荷的零件，可用球墨铸铁代替碳钢，可以减轻机器重量。例如，珠光体基体的球墨铸铁可用作曲轴、连杆、凸轮轴、齿轮等；而铁素体基体的球墨铸铁可用作汽车的后桥壳、机器的底座等。

球墨铸铁的缺点是生产工艺复杂、操作困难、收缩率大、白口倾向大、对原材料要求严格（特别是 S、P 含量），这在一定程度上也限制了其应用。

（4）可锻铸铁 与灰铸铁相比，它具有较高的强度和韧性，可用于承受冲击和振动的零件，如汽车、拖拉机的后桥壳、管接头、低压阀门、暖气片等。与球墨铸铁相比，可锻铸铁质量稳定、铁液处理简单，尤其是薄壁件，若用球墨铸铁易出现白口组织。所以，可锻铸铁适用于批量生产而形状复杂的薄壁小件。

（5）蠕墨铸铁　它兼有球墨铸铁和灰铸铁的某些优点，逐渐被人们所重视，广泛应用于制造电动机机壳、柴油机缸盖和机座、机床床身、钢锭模、飞轮、排气管、阀门等。

四、特殊性能铸铁

在铸铁中加入某些元素，以形成具有特殊性能的铸铁（又称为合金铸铁），如耐磨铸铁、耐蚀铸铁等。下面对这两种铸铁作一简要介绍。

（一）耐磨铸铁

由耐磨铸铁所制的零件按工作条件大致可分为以下两种类型：一种是在润滑条件下工作，另一种是在无润滑的干摩擦条件下工作。灰铸铁和白口铸铁的耐磨性就属于这两种不同的类型。用灰铸铁制成的摩擦对，如气缸套和活塞环，要求摩擦因数小、磨损量低，彼此不损害对方偶件，一般是在润滑状态下工作。例如，在灰铸铁的基础上提高磷含量，使其达到 $w_P = 0.4\% \sim 0.6\%$，得到高磷铸铁，在高磷铸铁的基础上加入铜和钛，得到的磷铜钛耐磨铸铁等就是常用的这类耐磨铸铁。而白口铸铁多半是在干摩擦情况下，要破坏摩擦对偶而保全自身并具有较长的工作寿命，如球磨机的衬板和磨球等。要想进一步提高白口铸铁的耐磨性，可通过在铸铁中加入 Cr、Ni、Mo、V 等元素提高淬透性，得到铸态下具有马氏体组织的白口铸铁。还可使用 $w_{Mn} = 5\% \sim 7\%$、$w_{Si} = 3.3\% \sim 5\%$ 的中锰合金球墨铸铁，其组织为马氏体 + 贝氏体 + 部分奥氏体 + 碳化物，使其在具有很高硬度和耐磨性的同时又有一定的韧性。

（二）耐蚀铸铁

耐蚀铸铁的耐蚀原理基本上与不锈钢和耐酸钢相同，即①通过向铸铁中加入 Si、Al、Cr、Cu、Ni、P 等合金元素，提高基体的电极电位；②使基体成为单相，尽量减少石墨数量并形成球状石墨，因为这样可以减少微电池数目；③在铸铁表面形成一层致密的保护膜。

耐蚀铸铁可分为高硅耐蚀铸铁、高铝耐蚀铸铁及高铬耐蚀铸铁等。应用最广泛的是高硅耐蚀铸铁，其 $w_{Si} = 15\% \sim 17\%$，金相组织为含硅合金铁素体 + 石墨 + Fe_3Si_2（或 FeSi）。它具有优良的耐酸性，在硝酸、硫酸等有氧酸中均有很好的耐蚀性；但在碱性介质和盐酸、氢氟酸中，由于 SiO_2 保护膜受到破坏而使耐蚀性下降。对于在碱性介质中工作的零件，可采用 Al-Si 合金铸铁。高铬耐蚀铸铁中铬的质量分数高达 $26\% \sim 36\%$，能在铸铁表面形成 Cr_2O_3 保护膜，并能提高基体的电极电位。因此，高铬铸铁不仅具有优良的耐蚀性，同时还具有优异的耐热性，而且力学性能也良好，主要缺点是耗铬量太多。

第三节　有色金属及其合金

把钢铁以外的金属及合金称为有色金属，同时把密度低于 $4.5g/cm^3$ 的金属称为轻金属。因有色金属及其合金具有很多钢铁材料所不具备的特殊性能，如比强度高、导电性好、耐蚀性和耐热性高等性能，使其在航空、航天、航海、机电及仪表等工业中起到重要作用。有色金属材料的种类很多，应用领域宽广，本节仅就在工业中应用较广的铝合金、铜合金、钛合金及其轴承合金作一简要介绍。

一、铝及铝合金

（一）纯铝

铝是自然界蕴藏量最丰富的金属，占地壳质量的 8% 左右。

铝作为一种金属材料具有三大优点，使得它在有色金属中占据非常重要的地位。

1）质量轻、比强度高。铝的密度为 $2.7g/cm^3$，除了镁和铍以外，它是工程金属中最轻的。虽然其强度很低（$R_m = 80 \sim 100MPa$），合金化以后的强度也不及钢，弹性模量只有钢的 1/3，但就比强度、比刚度而言，铝合金较钢有更大的优势，因此，飞机的主框架要选用铝合金。

2）具有良好的导电及导热性。其电导率约为铜的 60%，如果按单位质量计，铝的电导率则超过了铜，在远距离输送的电缆中常代替铜线。

3）耐蚀性好。铝可与大气中的氧迅速作用，在表面生成一层致密的 Al_2O_3 薄膜，保护内部的材料不受环境侵害。

铝具有面心立方晶体结构，结晶后无同素异构转变，表现出极好的塑性，适于冷热加工成形。

工业纯铝中铝的质量分数不小于 99.00%，含有一些杂质，常见杂质元素有铁、硅、铜等。杂质含量越多，其导电性、耐蚀性及塑性降低越多。纯铝的牌号用国际四位字符体系表示。牌号中第一、三、四位为阿拉伯数字，第二位为英文大写字母 A、B 或其他字母（有时也可用数字）。牌号中第一位数为 1，即其牌号用 1××× 表示；第三、四位数为最低铝的质量分数中小数点后面的两位小数。例如，铝的最低质量分数为 99.70%，则第三、四位数为 70。如果第二位的字母为 A，则表示原始纯铝；如果第二位字母为 B 或其他字母，则表示原始纯铝的改型情况，即与原始纯铝相比，元素含量略有改变；如果第二位不是英文字母而是数字时，则表示杂质极限含量的控制情况，0 表示纯铝中杂质极限含量无特殊控制，1～9 则表示对一种或几种杂质极限含量有特殊控制。例如，1A99 表示铝的质量分数为 99.99% 的原始纯铝；1B99 表示铝的质量分数为 99.99% 的改型纯铝，1B99 是 1A99 的改型牌号；1A85 表示铝的质量分数为 99.85% 的原始纯铝；1B85 是 1A85 的改型牌号，表示铝的质量分数为 99.85% 的改型纯铝；1070 表示杂质极限含量无特殊控制、铝的质量分数为 99.70% 的纯铝；1145 表示对一种杂质的极限含量有特殊控制、铝的质量分数为 99.45% 的纯铝；1235 表示对两种杂质的极限含量有特殊控制、铝的质量分数为 99.35% 的纯铝。显然，纯铝牌号中最后两位数字越大，则其纯度越高。纯铝常用牌号有 1A99（原 LG5）、1A97（原 LG4）、1A93（原 LG3）、1A90（原 LG2）、1A85（原 LG1）、1070A（代 L1）、1060（代 L2）、1050A（代 L3）、1035（代 L4）、1200（代 L5）。纯铝的主要用途是配制铝合金，在电气工业中用铝代替铜作导线、电容器等，还可以制作质轻、导热、耐大气腐蚀的器具及包覆材料。

（二）铝合金

在铝中加入合金元素，配制成各种成分的铝合金，再经过冷变形加工或热处理，是提高纯铝强度的有效途径。目前工业上使用的某些铝合金强度已高达 600MPa 以上，且仍保持着密度小、耐蚀性好的特点。

1. 铝合金的分类

根据铝合金的成分和生产工艺特点，通常将铝合金分为变形铝合金和铸造铝合金。所谓变形铝合金，是指合金经熔化后浇成铸锭，再经压力加工（锻造、轧制、挤压等）制成板材、带材、棒材、管材、线材以及其他各种型材，要求具有较高的塑性和良好的工艺成形性能。铸造铝合金则是将熔融的合金液直接浇入铸型中获得成形铸件，要求合金应具有良好的铸造性能，如流动性好、收缩小、抗热裂性高。

在铝中通常加入的合金元素有 Cu、Mg、Zn、Si、Mn 及稀土元素。这些元素在固态铝中的溶解度一般都是有限的，它们与铝所成的相图大都具有二元共晶相图的特点，相图的一般形式如图 3-14 所示。在相图上可以直观划分变形铝合金和铸造铝合金的成分范围，相图上最大饱和溶解度 D 是这两类合金的理论分界线。溶质合金成分低于 D 点的合金，加热时均能形成单相固溶体组织，塑性好，适于压力加工，故划归为变形铝合金。成分位于 D 点右侧的合金熔点低，结晶时发生共晶反应，固态下具有共晶组织，塑性较差，但流动性好，适于铸造，故划归为铸造铝合金。变形铝合金又分为可热处理强化和不可热处理强化两类，凡成

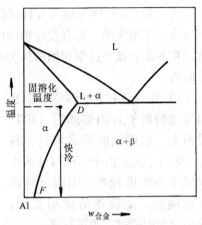

图 3-14　铝合金相图的一般类型

分在 F 点左侧的合金不能进行热处理强化，即为不可热处理强化的铝合金，但它们能通过形变强化（加工硬化）和再结晶处理来调整其组织性能。成分在 F、D 两点之间的铝合金，其固溶体的成分随温度的变化而发生改变，可以通过热处理改性，即属于可热处理强化的铝合金。

2. 铝合金的强化

固态铝无同素异构转变，因此铝合金不能像钢一样借助于相变强化。合金元素对铝的强化作用主要表现为固溶强化、时效强化和细化组织强化。对不可热处理强化的铝合金进行冷变形是这类合金强化的主要方式。

（1）固溶强化　合金元素加入纯铝中后形成铝基固溶体，导致晶格发生畸变，增加了位错运动的阻力，由此提高铝的强度。合金元素的固溶强化能力同其本身的性质及固溶度有关。但由于在一些铝的简单二元合金中，如 Al-Zn、Al-Ag 合金系中，组元间常常具有相似的物理化学性质和原子尺寸，固溶体晶格畸变程度低，导致固溶强化效果不明显。因此，铝的强化不能单纯依靠合金元素的固溶强化作用。

（2）时效强化　时效强化是铝合金强化的一种重要手段，又称为沉淀强化。所谓时效，是指类似于图 3-14 中 F、D 之间成分的铝合金经固溶处理（铝合金加热到单相区保温后，快速冷却得到过饱和固溶体的热处理操作称为固溶处理，也称为淬火）后在室温或较高的环境温度下，随着停留时间的延长其强度、硬度升高，塑性和韧性下降的现象。一般把合金在室温放置过程中发生的时效称为自然时效；而把合金在加热条件下发生的时效称为人工时效。铝合金的时效强化与钢的淬火、回火根本不同，钢淬火后得到含碳过饱和的马氏体组织，强度、硬度显著升高而塑性、韧性急剧降低，回火时马氏体发生分解，强度、硬度降低，塑性和韧性提高；而铝合金固溶处理（淬火）后虽然得到的也是过饱和固溶体，但强度、硬度并未得到提高，塑性和韧性却较好，它是在随后的过饱和固溶体发生分解的过程中出现时效现象的。

研究认为，铝合金的时效强化与其在时效过程中所产生的组织有关。下面以 Al-4% Cu 合金为例说明组织变化与时效的关系。图 3-15 所示为 Al-Cu 合金二元相图，由图中可见，

铜在铝中有较大的固溶度（548℃时为 5.65%），且固溶度随温度下降而减小（室温时为 0.46%）。该合金在室温时的平衡组织为 α + CuAl$_2$（CuAl$_2$ 即为平衡相 θ），加热到固相线以上，第二相 CuAl$_2$ 完全溶入 α 固溶体中，淬火后获得铜在铝中的过饱和固溶体。这种过饱和固溶体是不稳定的，有自发分解的倾向，当给予一定的温度与时间条件时便要发生分解。时效过程基本上就是过饱和固溶体分解（沉淀）的过程，亦即组织转变过程。它包括以下四个阶段：

1）在时效初期，铜原子逐步自发地偏聚于 α 固溶体的 {100} 晶面上，形成铜原子富集区，称为 GP[Ⅰ]区。由于 GP[Ⅰ]区中铜原子的浓度较高，引起点阵的严重畸变，使位错的运动受阻，因而合金的强度、硬度提高。

2）随着时间的延长或温度的提高，在 GP[Ⅰ]区的基础上铜原子进一步偏聚，使 GP 区扩大并有

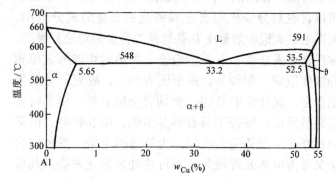

图 3-15　Al-Cu 二元相图

序化，即铝、铜原子按一定方式规则排列，称为 GP[Ⅱ]区。GP[Ⅱ]区可视为中间过渡相，常用 θ″相表示，会使其周围基体产生更大的弹性畸变，使合金得到进一步强化。过渡相的数量越多，弥散度越大，所获得的强化效果就越明显。

3）随着时效过程的进一步发展，铜原子在 GP[Ⅱ]区继续偏聚，并形成过渡相 θ′，此时，α 晶格畸变减轻，合金的硬度开始下降。

4）时效后期，过渡相 θ′完全从母相 α 中脱溶，形成平衡相 θ，使合金的强度、硬度进一步降低，即所谓"过时效"。

综上所述，Al-4% Cu 合金时效的基本过程可以概括为：合金淬火→过饱和 α 固溶体→形成铜原子富集区（GP[Ⅰ]区）→铜原子富集区有序化（GP[Ⅱ]区）→形成过渡相 θ′→析出平衡相 θ（CuAl$_2$）+平衡的 α 固溶体。

除了时效时间外，时效强化效果还受到时效温度、淬火温度、淬火冷却速度等的影响。一般来说，时效温度越高，原子的活动能力越强，沉淀相脱溶的速度越快，达到峰值时效所需的时间越短，峰值硬度较低温时效的低，如图 3-16 所示。淬火温度越高、淬火冷却速度越快，所得到的固溶体过饱和度越大，时效后的强化效果越明显。

（3）细化组织强化　在铝合金中添加微量合金元素以细化组织，这是提高铝合金力学性能的另一种重要手段。细化组织包括细化铝合金固溶体基体和过剩相组织。铸造铝合金中常加入微量元素（变质剂）进行变质处理来细化合金组织，

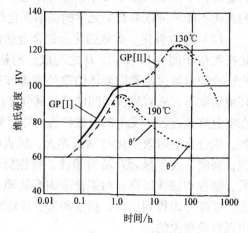

图 3-16　Al-Cu 合金 130℃ 和
190℃ 时效硬化曲线

这种方法既能提高合金强度，又会改善其塑性和韧性。例如，在铝硅合金中加入微量钠、钠盐或锑作变质剂来细化组织，可使合金的塑性和强度显著提高；在变形铝合金中添加微量钛、锆、铍以及稀土等元素，它们能形成难熔化合物，在合金结晶时作为非自发晶核，起到细化晶粒作用，提高合金的强度和塑性。

（4）冷变形强化　对合金进行冷变形，能增加其内部的位错密度，阻碍位错运动，提高合金强度。这为不能热处理强化的铝合金提供了强化的途径和方法。

3. 变形铝合金

变形铝合金均是以压力加工（轧、挤、拉等）方法制成各种型材、棒料、板、管、线、箔等半成品供应，供应状态有退火态、淬火自然时效态、淬火人工时效态等。

依据变形铝合金的主要性能特点可将其分为防锈铝合金（简称防锈铝）、硬铝合金（简称硬铝）、超硬铝合金（简称超硬铝）和锻铝合金（简称锻铝），其中防锈铝合金为不可热处理强化的铝合金，其余三种为可热处理强化的铝合金。变形铝合金的代号采用汉语拼音字母加顺序号表示，代表上述四种变形铝合金的字母分别为 LF（防锈铝）、LY（硬铝）、LC（超硬铝）、LD（锻铝）。常用变形铝合金的牌（代）号、化学成分及力学性能见表 3-34。

表 3-34　常用变形铝合金的牌号（代号）、化学成分及力学性能
（摘自 GB/T 3190—2008）

| 组别 | 牌号（代号） | 化学成分（质量分数，%） | | | | | 直径板厚/mm | 供应状态[1] | 试样状态[1] | 力学性能 | |
		Cu	Mg	Mn	Zn	其他				R_m/MPa	A_{10}（%）
防锈铝	5A05（LF5）	0.10	4.8~5.5	0.30~0.60	0.20	—	≤φ200	BR	BR	265	15
	3A21（LF21）	0.20	—	1.0~1.6	—	—	所有	BR	BR	<167	20
硬铝	2A01（LY1）	2.2~3.0	0.20~0.50	0.20	0.10	Ti:0.15	—		BM BCZ		
	2A11（LY11）	3.8~4.8	0.40~0.80	0.40~0.80	0.30	Ti:0.15	>2.5~4.0	Y	M CZ	<235 373	12 15
	2A12（LY12）	3.8~4.9	1.2~1.8	0.30~0.90	0.30	Ti:0.15	>2.5~4.0	Y	M CZ	≤216 456	14 8
超硬铝	7A04（LC4）	1.4~2.0	1.8~2.8	0.20~0.60	5.0~7.0	Cr:0.10~0.25	0.5~4.0	M	245	10	
							>2.5~4.0	Y	CS	490	7
							φ20~100	BR	BCS	549	6
锻铝	6A02（LD2）	0.20~0.60	0.45~0.90	Mn 或 Cr 0.15~0.35	—	Si:0.5~1.2 Ti:0.15	φ20~150	R	BCS BCZ	304	8
	2A50（LD5）	1.8~2.6	0.40~0.80	0.40~0.80	0.30	Si:0.7~1.2 Ti:0.15	φ20~150	R	BCS BCZ	382	10

[1] 状态：B 为不包铝（无 B 者为包铝）；R 为热加工；M 为退火；C 为淬火；CZ 为淬火＋人工时效；Y 为硬化（冷轧）。

变形铝及铝合金的牌号可直接引用国际四位数字体系牌号表示，未命名为国际四位数字体系牌号的变形铝及铝合金应采用四位字符牌号表示，这两种编号方法见表3-35。

表 3-35　变形铝及铝合金的牌号表示方法（GB/T 16474—2011）

位　　数	国际四位数字体系牌号		四位字符牌号	
	纯铝	铝合金	纯铝	铝合金
第一位	阿拉伯数字，表示铝及铝合金的组别。1：铝的质量分数不小于99.00%的纯铝；2：Al-Cu合金；3：Al-Mn合金；4：Al-Si合金；5：Al-Mg合金；6：Al-Mg-Si合金；7：Al-Zn合金；8：Al-其他合金；9：备用组			
第二位	阿拉伯数字，表示合金元素或杂质极限含量的控制情况。0表示其杂质极限含量无特殊控制；2~9表示对一项或一项以上的单个杂质或合金元素极限含量有特殊控制	阿拉伯数字，表示改型情况。0表示原始合金；2~9表示改型合金	英文大写字母，表示原始纯铝的改型情况。A表示原始纯铝；B~Y（C、I、L、N、O、P、Q、Z除外）表示原始纯铝的改型，其元素含量略有变化	英文大写字母，表示原始合金的改型情况。A表示原始合金；B~Y（C、I、L、N、O、P、Q、Z除外）表示原始合金的改型，其元素含量略有变化
最后两位	阿拉伯数字，表示最低铝的质量分数中小数点后面两位	阿拉伯数字，无特殊意义，仅用来识别同一组中的不同合金	阿拉伯数字，表示最低铝的质量分数中小数点后面两位	阿拉伯数字，无特殊意义，仅用来识别同一组中的不同合金

（1）铝锰合金　这类合金以Mn为主要合金元素，其中还含有适量的Mg和少量的Si和Fe。Mn和Mg可提高合金的耐蚀性和塑性，并起固溶强化作用；Si和Fe主要起固溶强化作用。

铝锰合金锻造退火后为单相固溶体组织，耐蚀性高，塑性好，易于变形加工，焊接性好，但切削性差，不能进行热处理强化，常用冷变形加工产生加工硬化以提高其强度。常用变形铝锰合金的牌号有3A21（原LF21）、3003、3103、3004，其耐蚀性和强度均高于纯铝，用于制造需要弯曲及冲压加工的零件，如油罐、油箱、管道、铆钉等。

（2）铝镁合金　这类合金以Mg为主要合金元素，再加入适量的Mn和少量的Si、Fe等元素。Mg可减小合金的密度，提高耐蚀性和塑性，并起固溶强化作用；Mn可提高合金的耐蚀性和塑性，也起固溶强化作用；Si、Fe主要起固溶强化作用。

和铝锰合金相似，铝镁合金锻造退火后也为单相固溶体组织，其耐蚀性高，塑性好，易于变形加工，焊接性好，但切削加工性差，不能进行热处理强化，常用冷变形加工产生加工硬化以提高其强度。常用变形铝镁合金的牌号有5A03（原LF3）、5A05（原LF5）、5B05（原LF10）、5A06（原LF6），它们的密度比纯铝小，强度比铝锰合金高，有较高的疲劳强度和抗振性，在航空工业中得到广泛应用，如制造管道、容器、铆钉及承受中等载荷的零件。

（3）铝铜合金　这类合金以Cu为主要合金元素，再加入Si、Mn、Mg、Fe、Ni等元素。Cu和Mg形成强化相$CuAl_2$（θ相）或$CuMgAl_2$（S相）而使合金的强度、硬度提高。通常采用自然时效,也可以采用人工时效,自然时效强化过程在五天内完成,其抗拉强度由原来的 280 ~ 300MPa 提高到 380 ~ 470MPa,硬度由 75 ~ 85HBW 提高至 120HBW 左右,而塑性基本保持不变。若在 100 ~ 150℃ 进行人工时效,可在 2 ~ 3h 内加速完成时效强化过程,但比自然时效的强化水平要低些,而且保温时间过长便会引起"过时效",且合金的耐蚀性也不如自然时效的好。在加工和使用这些铝铜合金时,必须注意它的两个缺点:其一是热处理的淬火温度范围窄,例如,2A11 淬火温度为 505 ~ 510℃、2A12 的为 495 ~ 505℃,一般淬火温度范围不超过 ±5℃,必须严格控制,低于规定温度则强化效果降低,高于规定温度则易发生晶界熔化,产生过烧而使零件报废;其二是易产生晶间腐蚀,在海水中尤甚,因而要加以保护,通常是在硬铝表面包覆一层纯度铝。

2A01、2A10、2A11、2A12 在机械工业和航空工业中得到广泛应用。2A01、2A10 中 Mg 和 Cu 的含量低,强度低、塑性好,主要用作铆钉;2A11 和 2A12 中 Mg 和 Cu 的含量较多,时效处理后抗拉强度可分别达到 400MPa 和 470MPa,通常将它们制成板材、型材和管材,主要用作飞机构件、蒙皮或挤压成螺旋桨、叶片等重要部件。

2A14、2A50、2B50 基本上是 Al-Cu-Mg-Si 合金,其中 Mg 和 Si 形成强化相 Mg_2Si。这类合金的热塑性好,适宜进行锻造、挤压、轧制、冲压等工艺加工,主要用于制造要求中等强度、较高塑性及耐蚀性的锻件或模锻件,如喷气发动机的压气机叶轮、导风轮及飞机上的接头、框架、支杆等;2A70、2A80、2A90 基本上是 Al-Cu-Mg-Fe-Ni 合金,其中 Fe 和 Ni 形成耐热强化相 Al_9FeNi。这三种合金的耐热强度依次递减,在 300℃、100h 下的持久强度分别为 45MPa、40MPa、35MPa,主要用于制造在 150 ~ 225℃ 工作的铝合金零件,如发动机的压气机叶片、超音速飞机的蒙皮、隔框、桁架等。应该注意,2A14、2A50、2B50、2A70、2A80、2A90 等合金都是经淬火 + 人工时效后使用,其淬火加热温度为 500 ~ 530℃,人工时效温度为 150 ~ 190℃。淬火后若在室温停留时间过长,由于有 Mg_2Si 自然析出,会显著降低随后的人工时效强化效果。

(4) 铝锌合金 这类合金以 Zn 为主要合金元素,再加入适量的 Mg 和少量的 Cr、Mn 等元素,基本上是 Al-Zn-Cu-Mg 合金,其时效强化相除了 θ 相和 S 相外,主要强化相有 $Mg-Zn_2$(η 相)和 $Al_2Mg_3Zn_3$(T 相)。铝锌合金在时效时产生强烈的强化效果,是时效后强度最高的一种铝合金。铝锌合金的常用牌号为 7A04(原 LC4)和 7A09(原 LC9)。

铝锌合金的热态塑性好,一般经热加工后进行淬火 + 人工时效。其淬火温度为 455 ~ 480℃,人工时效温度为 120 ~ 140℃。7A04 时效后的抗拉强度可达 600MPa,7A09 可达 680MPa。这类铝合金的缺点是耐蚀性差,一般采用 w_{Zn} = 1% 的铝锌合金或纯铝进行包铝,以提高耐蚀性。另外,其耐热性也较差。

铝锌合金主要用作要求质量轻、工作温度不超过 120 ~ 130℃ 的受力较大的结构件,如飞机的蒙皮、壁板、大梁、起落架部件和隔框等,以及光学仪器中受力较大的结构件。

(5) 铝锂合金 铝锂合金是近年来国内外致力研究的一种新型变形铝合金,它是在 Al-Cu 合金和 Al-Mg 合金的基础上加入质量分数为 0.9% ~ 2.8% 的锂和 0.08% ~ 0.16% 的锆而发展起来的。已研制成功的铝锂合金有 Al-Cu-Li 系、Al-Mg-Li 系和 Al-Cu-Mg-Li 系,它们的牌号和化学成分见表 3-36。研究表明,铝锂合金中的强化相有 δ′(Al_3Li)相、θ′($CuAl_2$)相和 T_1(Al_2MgLi)相,它们都有明显的时效强化效果,可以通过热处理(固溶处理 + 时效)来提高铝锂合金的强度。

表 3-36　国内外常用铝锂合金的牌号和化学成分（质量分数）　　　　　　（%）

合金牌号	Li	Cu	Mg	Zr	其他元素
2020	0.9 ~ 1.7	4.0 ~ 5.0	0.03	—	Mn 0.3 ~ 0.8
2090	1.9 ~ 2.6	2.4 ~ 3.0	<0.05	0.08 ~ 0.15	Fe 0.12
1420	1.8 ~ 2.1	—	4.9 ~ 5.5	0.08 ~ 0.15	Mn 0.6
1421	1.8 ~ 2.1	—	4.9 ~ 5.5	0.08 ~ 0.15	Se 0.1 ~ 0.2
2091	1.7 ~ 2.3	1.8 ~ 2.5	1.1 ~ 1.9	0.10	Fe 0.12
8090	2.3 ~ 2.6	1.0 ~ 1.6	0.6 ~ 1.3	0.08 ~ 0.16	Mn 0.1、Fe 0.2
8091	2.4 ~ 2.8	2.0 ~ 2.2	0.5 ~ 1.0	0.08 ~ 0.16	Fe 0.2
CP276	1.9 ~ 2.6	2.5 ~ 3.3	0.2 ~ 0.5	0.04 ~ 0.16	Fe 0.2

　　铝锂合金具有密度低、比强度和比刚度高（优于传统铝合金和钛合金）、疲劳强度较好、耐蚀性和耐热性好等优点，是取代传统铝合金制作飞机和航天器结构件的理想材料，可减轻质量 10% ~ 20%。目前，2090 合金（Al-Cu-Li 系）、1420 合金（Al-Mg-Li 系）和 8090 合金（Al-Cu-Mg-Li 系）已成功用于制造波音飞机、F-15 战斗机、EFA 战斗机、新型军用运输机的结构件及火箭和导弹的壳体、燃料箱等，取得了明显的减重效果。

　　4. 铸造铝合金

　　铸造铝合金中加人的合金元素主要有 Si、Cu、Mg、Mn、Ni、Cr、Zn、RE 等。依合金中主加元素种类的不同，可将铸造铝合金分为 Al-Si 系、Al-Cu 系、Al-Mg 系、Al-RE 系和 Al-Zn 系五大类，其中 Al-Si 系应用最为广泛。铸造铝合金的代号用"铸铝"两字的汉语拼音首字母"ZL"加三位数字表示，第一位数表示合金类别（数字 1 表示 Al-Si 系、2 表示 Al-Cu 系、3 表示 Al-Mg 系、4 表示 Al-Zn 系），后两位数字表示合金顺序号，顺序号不同，化学成分也不一样。常用铸造铝合金的牌号、化学成分、力学性能及用途见表3-37，常用铸造铝合金的铸造方法、热处理状态及力学性能见表3-38。

表 3-37　常用铸造铝合金的牌号、化学成分、力学性能及用途（GB/T 1173—1995）

类别	牌号	代号	化学成分（质量分数,%）					Al	力学性能（不低于）					用　途
			Si	Cu	Mg	Mn	其他		铸造方法	热处理	R_m /MPa	A (%)	硬度 HBW	
铝硅合金	ZAlSi12	ZL102	10.0 ~ 13.0					余量	SB	F	145	4	50	形状复杂的零件，如飞机及仪器零件、抽水机壳体
									J	F	155	2	50	
									SB	T2	135	4	50	
									J	T2	145	2	50	
	ZAlSi9Mg	ZL104	8.0 ~ 10.5		0.17 ~ 0.35	0.2 ~ 0.5			J	T1	195	1.5	65	工作温度为220℃以下形状复杂的零件，如电动机壳体、气缸体
									J	T6	235	2	70	
	ZAlSi5Cu1Mg	ZL105	4.5 ~ 5.5	1.0 ~ 1.5	0.40 ~ 0.60				J	T5	235	0.5	70	工作温度为250℃以下形状复杂的零件，如风冷发动机的气缸头、机匣、液压泵壳体
									J	T7	175	1	65	

（续）

类别	牌号	代号	化学成分（质量分数,%）						力学性能（不低于）					用途
			Si	Cu	Mg	Mn	其他	Al	铸造方法	热处理	R_m/MPa	A（%）	硬度 HBW	
铝硅合金	ZAlSi7Cu4	ZL107	6.5~7.5	3.5~4.5				余量	SJ J	T6 T6	245 275	2 2.5	90 100	强度和硬度较高的零件
	ZAlSi12Cu1Mg1Ni1	ZL109	11.0~13.0	0.5~1.5	0.8~1.3		N 0.8~1.5		J J	T1 T6	195 245	0.5 —	90 100	较高温度下工作的零件,如活塞
	ZAlSi9Cu2Mg	ZL111	8.0~10.0	1.3~1.8	0.4~0.6	0.10~0.35	Ti 0.10~0.35		SB J	T6 T6	255 315	1.5 2	90 100	活塞及高温下工作的其他零件
铝铜合金	ZAlCu5Mn	ZL201		4.5~5.3		0.6~1.0	Ti 0.15~0.35		S S	T4 T5	295 335	8 4	70 90	砂型铸造工件温度为175~300℃的零件,如内燃机气缸头、活塞
	ZAlCu4	ZL203		4.0~5.0					J J	T4 T5	205 225	6 3	60 70	中等载荷、形状比较简单的零件
铝镁合金、铝锌合金	ZAlMg10	ZL301			9.5~11.5				S	T4	280	10	60	大气或海水中工作的零件,承受冲击载荷、外形不太复杂的零件,如舰船配件、氨用泵体等
	ZAlMg5Si1	ZL303	0.8~1.3		4.5~5.5	0.1~0.4			S, J	F	145	1	55	
	ZAlZn11Si7	ZL401	6.0~8.0		0.1~0.3		Zr 9.0~13.0		J	T1	245	1.5	90	
	ZAlZn6Mg	ZL402			0.50~0.65		Cr 0.4~0.6 Zn 5.0~6.5 Ti 0.15~0.25		J	T1	235	4	70	结构形状复杂的汽车、飞机及仪器零件,也可制造日用品

注：J—金属模；S—砂模；B—变质处理；F—铸态；T1—人工时效；T2—退火；T4—固溶处理＋自然时效；T5—固溶处理＋不完全人工时效；T6—固溶处理＋完全人工时效；T7—固溶处理＋稳定化处理。

表 3-38 常用铸造铝合金的力学性能

合金代号	铸造方法	热处理状态	力学性能（不小于）		
			R_m/MPa	A（%）	硬度 HBW
ZL101	J	T5	206	2	60
	S	T5	196	2	60

（续）

合金代号	铸造方法	热处理状态	力学性能（不小于）		
			R_m/MPa	A（%）	硬度　HBW
ZL102	SB、YB	T2	137	1	50
ZL103	S	T5	216	0.5	75
	J	T5	245	0.5	75
ZL104	SB	T6	226	2	70
	J	T6	235	2	70
ZL201	S	T4	294	8	70
	S	T5	333	4	90
ZL203	S	T5	216	3	70
	J	T5	226	3	70
ZL301	S、J	T4	284	9	60
ZL302	S、J	T4	226	1.5	90
ZL303	S、J	—	147	1	55
ZL401	S	T1	167	0.5	75
	J	T1	177	1	75
ZL501	S	—	196	2	80
	J	—	245	1.5	90

注：S—砂型铸造；J—金属型铸造；Y—压力铸造；B—不变质处理；T1—人工时效（铸件快冷后进行，即不进行淬火）；T2—退火；T4—淬火＋自然时效；T5—淬火＋不完全人工时效（时效温度低或时间短）；T6—淬火＋完全人工时效。

（1）Al-Si 系铸造铝合金　Al-Si 系合金是工业上使用最为广泛的铸造铝合金，这是因为该系合金在液态下具有很好的流动性，凝固时的补缩能力强，热裂倾向小。

Al-Si 系铸造铝合金又称为硅铝明，仅由 Al、Si 两组元组成的二元合金称为简单硅铝明（ZL102 即属于简单硅铝明）。图 3-17 所示为 Al-Si 二元合金相图，属于共晶型。在共晶温度时，Si 在 Al 中的最大溶解度只有 1.65%，因而从固溶体中再析出 Si 的数量很少，几乎不产生强化作用，因此简单硅铝明一般被认为是不可热处理强化的铝合金。一般情况下，简单硅铝明铸造后的组织为粗大针状的硅与铝基 α 固溶体构成的共晶体，其间有少量板块状初晶硅（图 3-18）。这种组织的力学性能很差，强度与塑性都很低，不能满足使用要求。为了改善合金的力学性能，通常对这种成分的合金进行变质处理，即在合金中加入微量钠（w_{Na} = 0.005% ~ 0.15%）或钠盐（2/3NaF + 1/3NaCl）。变质处理后，由于共晶点移向右下方，ZL102 合金处于亚共晶区，如图 3-19 所示，故合金中的初晶硅消失，而粗大的针状共晶硅细化成细小条状或点状，并在组织中出现初晶 α 固溶体（图 3-20），因此合金的力学性能大为改善，抗拉强度可由变质前的 130 ~ 140MPa 提高到 170 ~ 180MPa，伸长率由 1% ~ 2% 提高到 3% ~ 8%。但因变质后的强度仍不够高，故通常只用于制造形状复杂、强度要求不高的铸件，如内燃机缸体及缸盖、仪表支架、壳体等。

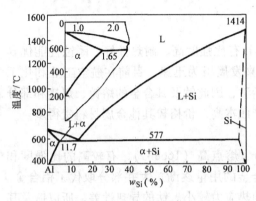

图 3-17　Al-Si 相图

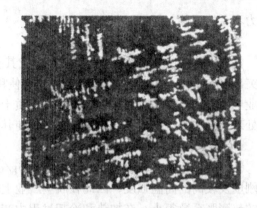

图 3-18　ZL102 合金的铸态组织
（未变质）（100×）

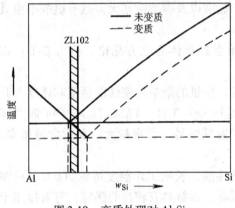

图 3-19　变质处理对 Al-Si
状态图的影响

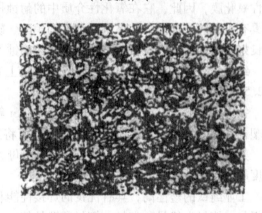

图 3-20　ZL102 合金的铸态组织
（已变质）（100×）

简单硅铝明是不能热处理的，但只要在合金中加入 Cu、Mg、Mn 等合金元素，就构成了复杂硅铝明。由于组织中出现了更多的强化相，如 $CuAl_2$、Mg_2Si 及 Al_2CuMg 等，在变质处理和时效强化的综合作用下，可使复杂硅铝明强度得到很大提高。复杂硅铝明常用来制造气缸体、风扇叶片等形状复杂的铸件。

（2）其他铸造铝合金　除了 Al-Si 系铸造铝合金外，其他几类铸造铝合金也有各自的特点，并广为应用。

Al-Cu 系铸造铝合金是以 Al-Cu 为基的二元或多元合金，由于合金中只含有少量共晶体，故铸造性能不好，耐蚀性及比强度也较一般优质硅铝明低，目前大部分已为其他铝合金所代替。在这类合金中，ZL201 的室温强度和塑性比较好，可制作在 300℃以下工作的零件。

Al-Mg 系铸造铝合金是密度最小、耐蚀性最好、强度最高的铸造铝合金，且抗冲击和切削加工性能良好，但铸造工艺性能和耐热性能较差。该系铸造铝合金常用作承受冲击载荷、振动载荷和耐海水或大气腐蚀、形状较简单的零件或接头。

Al-Zn 系合金是最便宜的一类铸造铝合金，具有较高强度，无特别突出的优点，主要缺点是耐蚀性较差。ZL401 合金中含有较高的 Si，主要用作工作温度不超过 200℃、形状复杂、受力不大的零件。

二、钛及钛合金

钛在地壳中的含量约为 1%，由于钛及其合金具有比强度高、耐热性好、耐蚀性能优异等突出优点，自 1952 年正式作为结构材料使用以来发展极为迅速，目前在航空工业和化工工业中得到了广泛的应用。但钛的化学性质十分活泼，因此钛及其合金的熔铸、焊接和部分热处理均要在真空或惰性气体中进行，致使其生产成本高，价格较其他金属材料贵得多。

(一) 纯钛

钛是一种银白色的金属，密度小（4.5g/cm³）、熔点高（1668℃），有较高的比强度和比刚度及较高的高温强度，因此在航空工业上钛合金的用量逐渐扩大并部分取代了铝合金。钛的热膨胀系数很小，在加热和冷却过程中产生的热应力较小。钛的导热性差，所以钛及其合金的切削、磨削加工性能较差。在 550℃ 以下的空气中，钛的表面很容易形成薄而致密的惰性氧化膜，因此，它在氧化性介质中的耐蚀性比大多数不锈钢更为优良，在海水等介质中也具有极高的耐蚀性；钛在不同浓度的硝酸、硫酸、盐酸以及碱溶液和大多数有机酸中也具有良好的耐蚀性；但氢氟酸对钛有很大的腐蚀作用。

纯钛具有同素异构转变，在 882.5℃ 以上直至熔点具有体心立方晶格，称为 β-Ti；在 882.5℃ 以下具有密排六方晶格，称为 α-Ti。

钛中常见的杂质有 O、N、C、H、Fe、Si 等元素，少量的杂质可使钛的强度和硬度上升而塑性和韧性下降。按杂质的含量不同，可将工业纯钛分为 TA1、TA2、TA3、TA4 四个牌号，其中"T"为"钛"字的汉语拼音首字母，数字为顺序号，数字越大，杂质含量越多，强度越高，塑性越低。

工业纯钛的塑性高，具有优良的焊接性能和耐蚀性能，长期工作温度可达 300℃，可制成板材、棒材、线材、带材、管材和锻件等。它的板材、棒材具有较高的强度，可直接用于飞机、船舶、化工等行业，还可用于制造各种耐蚀并在 300℃ 以下工作且强度要求不高的零件，如热交换器、制盐厂的管道、石油工业中的阀门等。

(二) 钛合金

在钛中加入合金元素形成钛合金，可使工业纯钛的强度获得明显提高。钛合金与纯钛一样，也具有同素异构转变，转变的温度随加入合金元素的性质和含量而定。加入的合金元素通常按其对钛的同素异构转变温度的影响分成三类：①扩大 α 相区，使 α→β 转变温度升高的元素称为 α 相稳定元素，如 Al、O、N、C 等；②扩大 β 相区，使 β→α 转变温度降低的元素称为 β 相稳定元素，根据该类元素与钛所形成的相图不同，又将其细分为 β 同晶型元素（如 Mo、V、Nb、Ta 及 RE 等）和 β 共析型元素（如 Cr、Fe、Mn、Cu、Si 等）；③对相变温度影响不大的元素，称为中性元素，如 Zr、Sn 等。图 3-21 所示为 α 相稳定元素和 β 相稳定元素对钛的同素异构转变温度的影响规律。

在上述三类合金化元素中，α 相稳定元素和中性元素主要对 α-Ti 进行固溶强化，β 相稳定元素对 α-Ti 也有固溶强化作用。由图 3-21b 可以看出，通过调整其成分可改变 α 和 β 相的组成量，从而控制钛合金的性能，该类元素是可热处理强化钛合金中不可缺少的。

按退火状态下的钛合金相组成不同，可将其分为 α 型钛合金、β 型钛合金和 α+β 型钛合金三大类，分别以 TA、TB、TC 加顺序号表示其牌号。

α 型钛合金中主要加入的合金元素是 Al，其次是中性元素 Sn 和 Zr，它们主要起固溶强化作用。这类合金在退火状态下的室温组织是单相 α 固溶体。由于工业纯钛的室温组织也可看做是单相 α 固溶体，因此，α 型钛合金的牌号与工业纯钛相同，均划入 TA 系列。

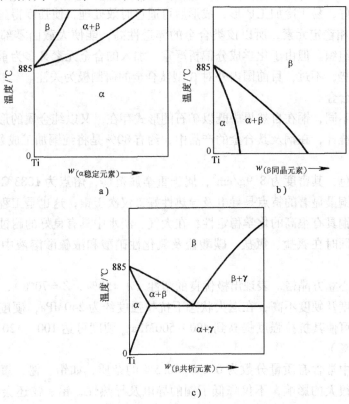

图 3-21 合金元素对钛同素异构转变温度的影响
a）加入 α 稳定元素 b）加入 β 同晶元素 c）加入 β 共析元素

α 型钛合金不能进行热处理强化，热处理对于它们只是为了消除应力或消除加工硬化。该类合金由于含 Al、Sn 量较高，因此耐热性高于合金化程度相同的其他钛合金，在 600℃以下具有良好的热强性和抗氧化能力。另外，α 型钛合金还具有优良的焊接性能。

α + β 型钛合金的退火组织为 α + β，以 TC 加顺序号表示其合金的牌号。这类合金中同时含有 β 相稳定元素（如 Mn、Cr、Mo、V、Fe、Si 等）和 α 相稳定元素（如 Al）。合金中的组织以 α 相为主，β 相的数量通常不超过 30%。该类合金可通过淬火及时效进行强化，热处理强化效果随 β 相稳定元素含量的增加而提高。由于应用在较高温度时淬火加时效后的组织不如退火后的组织稳定，故多在退火状态下使用。α + β 型钛合金的室温强度和塑性高于 α 型钛合金，但焊接性能不如 α 钛合金，组织也不够稳定。α + β 型钛合金的生产工艺比较简单，通过改变成分和选择热处理规范又能在很宽的范围内改变合金的性能，因此，α + β 型钛合金应用比较广泛，其中尤以 TC4（Ti-6% Al-4% V）合金的用途最广、用量最多，其年消耗量占钛合金总用量的 50% 以上。

β 型钛合金以 TB 加顺序号表示其合金的牌号，为了保证合金在退火或淬火状态下为 β 单相组织，在合金中加入了大量的多组元 β 相稳定元素，如 Mo、V、Mn、Cr、Fe 等，同时还加入一定数量的 α 相稳定元素 Al。目前工业上应用的 β 型钛合金主要为亚稳定的 β 钛合金，即在退火状态为 α + β 两相组织，将其加热到 β 单相区后淬火，因 α 相来不及析出而得到过饱和的 β 相，称为亚稳 β 相。由于室温组织是单一的具有体心立方晶格的 β 相，所以该类合金的塑性好，易于冷加工成形，成形后可通过时效处理，使强度得到大幅度提高。由于含有大量的 β 相稳定元素，所以该类合金的淬透性高，能使大截面零部件经热处理后得到均匀的高强度组织。但由于化学成分偏析严重，加入的合金元素又多为重金属，故失去了钛合金的原来优势，不过，目前国内外对 β 型钛合金的研制极为关注。

三、铜及铜合金

与其他金属不同，铜在自然界中既以矿石的形式存在，又以纯金属的形式存在。其应用以纯铜为主。据统计，在铜及其合金的产品中，约有 80% 是将纯铜加工成各种形状供应的。

（一）纯铜

纯铜呈紫红色，其密度为 $8.9 g/cm^3$，属于重金属范畴，熔点为 1083℃，无同素异构转变，无磁性。纯铜最显著的特点是导电及导热性好，仅次于银，这也是工程材料中其他金属无法比拟的。纯铜具有很高的化学稳定性，在大气、淡水中具有良好的耐蚀性，但在海水中的耐蚀性较差，同时在氨盐、氯盐、碳酸盐及氧化性硝酸和浓硫酸溶液中的腐蚀速度会加快。

纯铜具有面心立方晶格，表现出极优良的塑性（$A = 50\%$，$Z = 70\%$），可进行冷热压力加工。纯铜的强度及硬度不高，在退火状态下抗拉强度约为 240MPa，硬度为 40 ~ 50HBW。采用冷变形加工可使其抗拉强度提高到 400 ~ 500MPa，硬度可达 100 ~ 120HBW，但塑性会相应降低（$A < 5\%$）。

在工业纯铜中常含有质量分数为 0.1% ~ 0.5% 的杂质，如铅、铋、氧、硫、磷等，它们对铜的性能有很大的影响，不仅降低了铜的导电及导热性，铅、铋还会与铜形成低熔点（<400℃）共晶体分布在铜的晶界上，当对铜进行热加工时，共晶体发生熔化，造成脆性断裂，即产生"热脆"。而氧、硫也会与铜形成共晶体，虽不会引起热脆，但由于共晶体中的 Cu_2S、Cu_2O 均为脆性化合物，在冷变形加工时易产生破裂，即产生"冷脆"。

工业纯铜的代号以"铜"的汉语拼音首字母"T"加数字表示，数字越大，杂质的含量越高，依纯度可将工业纯铜分为三种：T1（$w_{Cu} > 99.95\%$）、T2（$w_{Cu} > 99.90\%$）、T3（$w_{Cu} > 99.70\%$）。纯铜除了用于配制铜合金和其他合金外，主要用于制作导电、导热及兼具耐蚀性的器材，如电线、电缆、电刷、铜管、散热器和冷凝器零件等。

（二）铜合金

工业纯铜的强度低，尽管通过冷变形加工可使其强度提高，但塑性却急剧下降，因此不适于用作结构材料。为了满足制作结构件的要求，需对纯铜进行合金化，即加入一些如 Zn、Al、Sn、Mn、Ni 等适宜的合金元素。研究表明，这些合金元素在铜中的固溶度均大于 9.4%，可产生显著的固溶强化效果，能够获得强度及塑性都能满足要求的铜合金。

根据化学成分的特点不同，可将铜合金分为黄铜、白铜和青铜三大类。按生产加工方式不同又可将铜合金分为压力加工铜合金（加工铜合金）和铸造铜合金。黄铜是以锌为主要合金元素的铜合金；白铜则是以镍为主要合金元素的铜合金；早期的青铜是铜与锡的合金，现代工业则把除锌和镍以外的其他元素为主要合金元素的铜合金统称为青铜。

1. 加工铜合金

（1）黄铜 黄铜因铜加锌后呈金黄色而得名。简单的 Cu-Zn 合金称为普通黄铜，在普通黄铜中加入 Al、Sn、Pb、Si、Mn、Ni 等元素可制成特殊黄铜。普通黄铜的代号以"黄"字的汉语拼音首字母"H"加数字表示，数字代表铜的质量分数；特殊黄铜的代号以 H + 主加元素符号 + 铜的质量分数 + 主加元素的质量分数来表示。例如，HMn58-2 表示 w_{Cu} = 58%、w_{Mn} = 2%，其余为 Zn 的特殊黄铜。此外，对于铸造生产的黄铜，其代号前需加"铸"字的汉语拼音首字母"Z"。

1）普通黄铜。在普通黄铜中，虽然 Zn 在 Cu 中的最大溶解度可达 39%，但在实际生产的条件下，因冷却较快，致使 w_{Zn} = 32% ~ 35% 时就出现 β 相。所以，普通黄铜的两种最常用的代号 H68 和 H62 分别被称为单相 α 黄铜和两相（α + β）黄铜。工业上之所以选择这两种含锌量，可从锌对黄铜的力学性能的影响曲线（图 3-22）上看出。铜中固溶锌后其强度随含锌量增加而升高的同时，塑性不是随强度的升高而降低，而是在提高，大约在 w_{Zn} = 30% 时强度与塑性达到最佳配合。含锌量继续增加时，虽然强度还在继续增加，但塑性已急剧降低。当 w_{Zn} > 45% 时，强度与塑性都很低，无实用价值。

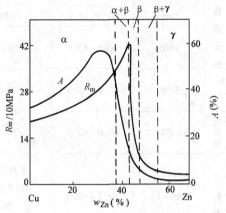

图 3-22　Zn 对 Cu 力学性能的影响（退火）

所以，工业上所用的黄铜一般为 w_{Zn} < 50%。H68 为含锌量高的单相 α 组织，强度较高，塑性特别好，适宜通过冷、热变形加工制成冷冲压或深拉制品，如枪弹壳和炮弹筒等，因此有"弹壳黄铜"之称。H62 的强度高塑性适中，不宜进行冷加工，但可加热到高温进行热加工，可作建筑用黄铜冷凝器、热交换器等。还有一种单相 α 黄铜 H80，因色泽美观，故多用于镀层及装饰品。

2）特殊黄铜。在普通黄铜中加入 Al、Sn、Pb、Si、Mn、Ni 等合金元素，会形成各种特殊黄铜，如铝黄铜、锡黄铜、铅黄铜、锰黄铜等。这些元素的加入除了能提高合金的强度外，其中的 Al、Sn、Mn、Ni 还可提高黄铜的耐蚀性和耐磨性，Si 能改善铸造性能，Pb 可改善切削加工性能。生产中应用较多的是锰黄铜和铝黄铜。常用黄铜的化学成分见表 3-39。

表 3-39　常用加工黄铜的代号、化学成分、产品形状及用途（GB/T 5231—2001）

组别	代　号	化学成分(质量分数,%)			产品形状	用　途
		Cu	Zn	其他		
普通黄铜	H96	95.0 ~ 97.0	余量	Ni 0.5, Fe 0.1	板、带、管、棒、线	冷凝管、散热器管及导电零件
	H90	88.0 ~ 91.0		Ni 0.5, Fe 0.1	板、带、棒、线、管、箔	奖章、双金属片、供水及排气管
	H85	84.0 ~ 86.0		Ni 0.5, Fe 0.1	管	虹吸管、蛇形管、冷却设备制件及冷凝器管
	H80	79.0 ~ 81.0		Ni 0.5, Fe 0.1	板、带、管、棒、线	造纸网、薄壁管
	H70	68.5 ~ 71.5		Ni 0.5, Fe 0.1	板、带、管、棒、线	弹壳、造纸用管、机械和电气用零件

（续）

组别	代 号	化学成分(质量分数,%)			产品形状	用 途
		Cu	Zn	其他		
普通黄铜	H68	67.0~70.0	余量	Ni 0.5,Fe 0.1	板、带、箔、管、棒、线	复杂的冷冲件和深冲件、散热器外壳、导管
	H65	63.5~68.0		Ni 0.5,Fe 0.1	板、带、线、管、箔	小五金、小弹簧及机械零件
	H62	60.5~63.5		Ni 0.5,Fe 0.15	板、带、管、箔、棒、线、型	销钉、铆钉、螺母、垫圈、导管、散热器
	H59	57.0~60.0		Ni 0.5,Fe 0.3	板、带、线、管	机械及电器用零件、焊接件、热冲压件
镍黄铜	HNi65-5	64.0~67.0		Ni 5.0~6.5 Fe 0.15	板、棒	压力计和船舶用冷凝器
铁黄铜	HFe59-1-1	57.0~60.0		Ni 0.5,Fe 0.6~1.2 Mn 0.5~0.8,Pb 0.2 Sn 0.3~0.7 Al 0.1~0.5	板、棒、管	在摩擦及海水腐蚀下工作的零件,如垫圈、衬套等
铅黄铜	HPb63-3	62.0~65.0		Pb 2.4~3.0, Ni 0.5,Fe 0.1	板、带、棒、线	钟表、汽车、拖拉机及一般机器零件
	HPb63-0.1	61.5~63.5		Pb 0.05~0.30 Ni 0.5,Fe 0.15	管、棒	钟表、汽车、拖拉机及一般机器零件

（2）青铜　青铜是铜合金中综合性能最好的合金,因该类合金中最早使用的 Cu-Sn 合金呈青黑色而得名。现代工业把 Cu-Al、Cu-Be、Cu-Pb、Cu-Si 等铜合金也称为青铜,并通常在青铜合金前面冠以主要合金元素的名称,如锡青铜、铝青铜、铍青铜、硅青铜等。青铜的代号以"青"字汉语拼音的字头"Q"加主要合金元素的名称及含量表示。铸造青铜在代号前面加"Z"。

1）锡青铜。锡青铜的力学性能随锡的含量不同而发生明显的变化,如图 3-23 所示。$w_{Sn} < 6\%$ 的锡青铜室温下为 Sn 溶入到 Cu 中的单相 α 固溶体,有良好的塑性。$w_{Sn} > 6\%$ 时,合金组织中出现硬而脆的 δ 相(它是以电子化合物 $Cu_{31}Sn_8$ 为基的固溶体),虽然强度还继续升高,但塑性开始下降。当 $w_{Sn} = 20\%$ 时,组织中出现大量的 δ 相,使合金完全变脆,强度也急剧下降。故工业用锡青铜中大多 w_{Sn} 在 3%~14% 之间。随着含锡量从少到多,锡青铜可分别用于冷变形加工和铸造。一般地说,用于压力加工的锡青铜的 $w_{Sn} = 6\%~7\%$,而 $w_{Sn} > 7\%$ 的锡青铜适宜用作铸造合金。锡青铜的铸造流动性较差,易形成分散缩孔,使铸件的致密度下降;但合金的线收缩率小,适

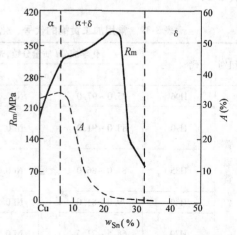

图 3-23　锡含量对锡青铜力学性能的影响

于铸造形状复杂、尺寸要求精确但对致密度要求不太高的铸件。

锡青铜还具有良好的耐蚀性、耐磨性，广泛用于制造蒸汽锅炉、海船的零构件，还用来制造轴承、轴套和齿轮等耐磨零件。

2）铝青铜。铝青铜是铜与铝形成的合金，其强度和塑性同样受到铝含量的影响，如图3-24所示。由该图可知，铝青铜中铝的含量应控制在 $w_{Al} < 12\%$。宜于冷加工的铝青铜其 w_{Al} 一般为 $5\% \sim 7\%$，$w_{Al} = 7\% \sim 12\%$ 时宜于热加工和铸造。铝青铜是无锡青铜中应用最广的青铜，与黄铜和锡青铜相比具有更高的强度、硬度、耐磨性以及耐大气、海水腐蚀的能力；但在热蒸汽中不稳定，铸造和焊接性能较差，主要用来制造耐磨、耐蚀零件。

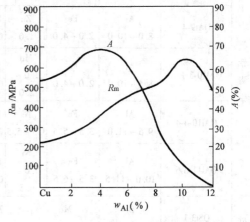

图 3-24　铝含量对铝青铜力学性能的影响

3）铍青铜。工业用铍青铜中大多 w_{Be} 在 $1.7\% \sim 2.5\%$ 之间。因铍在铜中的溶解度随温度降低而急剧减小，所以该合金是典型的时效强化型合金，通过热处理可大幅度提高强度、硬度和弹性。铍青铜是铜合金中性能最好的一种，除具有很高的强度和弹性外，还具有很好的耐磨、耐蚀及耐低温等特性，且导电性、导热性能优良，无磁性，受冲击时不产生火花。因此，铍青铜是工业上用来制造高级弹簧、膜片等弹性元件的重要材料，还可用于制作耐磨、耐蚀零件，航海罗盘仪中的零件及防爆工具等。但铍青铜的生产工艺复杂，价格昂贵，因而又限制了它的应用。几种青铜的代号、成分、产品形状及用途见表3-40。

表 3-40　常用加工青铜的代号、化学成分、产品形状及用途（GB/T 5231—2001）

组别	代　号	化学成分(质量分数,%)				产品形状	用途举例
		主加元素	其他				
锡青铜	QSn4-3	Sn 3.5～4.5	Zn 2.7～3.3	Ni 0.2		板、带、箔、棒、线	弹性元件,化工机械耐磨零件和抗磁零件
	QSn-4-4-2.5	Sn 3.0～5.0	Zn 3.0～5.0	Pb 1.5～3.5	Ni 0.2	板、带	航空、汽车、拖拉机用承受摩擦的零件,如轴套等
	QSn-4-4-4	Sn 3.0～5.0	Zn 3.0～5.0	Pb 3.5～4.5	Ni 0.2	板、带	航空、汽车、拖拉机用承受摩擦的零件,如轴套等
	QSn6.5-0.1	Sn 6.0～7.0	P 0.1～0.25	Ni 0.2	Zn 0.3	板、带、箔、棒、线、管	弹簧接触片,精密仪器中的耐磨零件和抗磁元件
	QSn6.5-0.4	Sn 6.0～7.0	P 0.26～0.4	Ni 0.2	Zn 0.3	板、带、箔、棒、线、管	金属网,弹簧及耐磨零件
铝青铜	QAl5	Al 4.0～6.0	Mn 0.5 Zn 0.5	Ni 0.5	Fe 0.5	板、带	弹簧
	QAl7	Al 6.0～8.5	Ni 0.5 Fe 0.5			板、带	弹簧

注：QSn6.5-0.1 与 QSn6.5-0.4 行中 Cu 余量

（续）

组别	代 号	化学成分(质量分数,%)					产品形状	用 途 举 例
		主加元素	其他					
铝青铜	QAl9-2	Al 8.0~10.0	Mn 1.5~2.5	Zn 1.0	Ni 0.5	Fe 0.5	板、带、箔、棒、线	海轮上的零件,在250℃以下工作的管配件和零件
	QAl9-4	Al 8.0~10.0	Fe 2.0~4.0	Zn 1.0	Mn 0.5	Ni 0.5	管、棒	船舶零件及电气零件
	QAl10-3-1.5	Al 8.5~10.0	Fe 2.0~4.0	Mn 1.0~2.0	Zn 0.5	Ni 0.5	管、棒	船舶用高强度耐蚀零件,如齿轮、轴承等
	QAl10-4-4	Al 9.5~11.0	Fe 3.5~5.5	Ni 3.5~5.5	Mn 0.3	Zn 0.5	管、棒	高强度耐磨零件和400℃以下工作的零件,如齿轮、阀座等
	QAl11-6-6	Al 10.0~11.5	Fe 3.5~6.5	Ni 5.0~6.5	Mn 0.5	Zn 0.6	棒	高强度耐磨零件和500℃以下工作的零件
硅青铜	QSi3-1	Si 2.70~3.5	Mn 1.0~1.5	Zn 0.5			板、带、箔、棒、线、管	弹簧、耐蚀零件以及蜗轮、蜗杆、齿轮、制动杆等
	QSi1-3	Si 0.6~1.1	Ni 2.4~3.4	Mn 0.1~0.4			棒	发动机和机械制造中的结构零件,300℃以下的摩擦零件
铍青铜	QBe2	Be 1.80~2.10	Ni 0.2~0.5				板、带、棒	重要的弹簧和弹性元件,耐磨零件以及高压、高速、高温轴承
	QBe1.9	Be 1.85~2.10	Ni 0.2~0.4	Ti 0.10~0.25			板、带	各种重要的弹簧和弹性元件,可代用QBe2.5
	QBe1.7	Be 1.60~1.85	Ni 0.2~0.4	Ti 0.10~0.25			板、带	各种重要的弹簧和弹性元件,可代用QBe2.5

注: Cu 余量

　　（3）白铜　白铜是 $w_{Ni} < 50\%$ 的 Cu-Ni 合金。铜与镍可以任意比例互溶,这是罕见的冶金现象,故白铜合金的组织均呈单相,所以白铜不能热处理强化,它的强化方式主要是固溶强化和加工硬化。

　　白铜又可分为简单白铜和特殊白铜。Cu-Ni 二元合金称为简单白铜,其代号以"白"字的汉语拼音首字母"B"加镍含量表示;在简单白铜合金的基础上添加其他合金元素的铜镍合金称为特殊白铜,其代号以"B" + 特殊元素的化学符号 + 镍的质量分数 + 特殊合金元素的质量分数来表示。

　　简单白铜的最大特点是在各种腐蚀介质如海水、有机酸和各种盐溶液中具有高的化学稳定性及优良的冷、热加工性能,主要用于制造在蒸汽和海水环境中工作的精密仪器仪表零件、冷凝器和热交换器,常用合金的代号为 B5、B19 和 B30 等。特殊白铜主要为锌白铜和锰白铜。锰白铜具有电阻高和电阻温度系数小的特点,是制造低温热电偶、热电偶补偿导线及变阻器和加热器的理想材料。最常用的特殊白铜是称为康铜的锰白铜 BMn40-1.5 和称为考铜的锰白铜 BMn43-0.5 等。

　　2. 铸造铜合金

用于制造铸件的铜合金称为铸造铜合金。铸造铜合金包括铸造黄铜和铸造青铜，其牌号表示方法是：Z（"铸"字的汉语拼音首字母）+铜元素的化学符号+主加元素的化学符号及平均质量分数+其他合金元素的化学符号及平均质量分数。例如，ZCuZn38 表示 w_{Zn} = 38%、余量为铜的铸造黄铜，即 38 黄铜；ZCuZn40Mn2 表示 w_{Zn} = 40%、w_{Mn} = 2%、余量为铜的铸造锰黄铜，即 40-2 锰黄铜；ZCuSn5Zn5Pb5 表示 w_{Sn} = 5%、w_{Zn} = 5%、w_{Pb} = 5%、余量为铜的铸造锡青铜，即 5-5-5 锡青铜。

（1）铸造黄铜 和加工黄铜一样，在铸造黄铜中除了含有主要加入元素 Zn 以外，还常加入 Al、Mn、Pb、Si 等元素，相应地称为铝黄铜、锰黄铜、铅黄铜、硅黄铜，这些合金元素都可以提高铸造黄铜的强度和耐蚀性，同时 Pb 还可以改善切削加工性，Si 还可以改善铸造性能。

铸造黄铜具有良好的铸造性能和切削加工性能并可以焊接，其铸造性能特点是结晶温度范围较窄，分散缩孔少，铸件致密性好，熔液流动性好，偏析倾向小。此外，铸造黄铜具有较高的力学性能，在空气、淡水、海水中有好的耐蚀性。常用的牌号有 ZCuZn25Al6Fe3Mn3、ZCuZn38Mn2Pb2、ZCuZn40Mn3Fe1、ZCuZn33Pb2、ZCuZn16Si4，主要用于制造机械、船舶及仪表上的耐磨、耐蚀零件，如蜗轮、螺母、滑块、衬套、螺旋桨、泵、阀体、管接头、轴瓦等。

（2）铸造青铜 和加工青铜一样，铸造青铜根据主要加入元素 Sn、Pb、Al 等，分别称为锡青铜、铅青铜、铝青铜等。

1）锡青铜。铸造锡青铜具有良好的铸造性能和切削加工性能，其铸造性能特点是结晶温度范围较宽，凝固时体积收缩率小，有利于获得形状精确与复杂结构的铸件。但其熔液流动性差，偏析倾向大，易产生分散缩孔而使铸件的致密性较低。此外，铸造锡青铜具有较好的减摩性、耐磨性和耐蚀性，在海水、蒸汽、淡水中的耐蚀性超过铸造黄铜。常用铸造锡青铜有 ZCuSn3Zn8Pb6Ni1、ZCuSn5Pb5Zn5、ZCuSn10P1、ZCuSn10Zn2，主要用于制造耐磨及耐蚀零件，如轴瓦、衬套、蜗轮、齿轮、阀门、管配件等。

2）铅青铜。铸造铅青铜具有良好的自润滑性能、较高的耐磨和耐蚀性能，在稀硫酸中耐蚀性好。此外，铅青铜还具有优良的切削加工性，但铸造性能较差。常用铸造铅青铜有 ZCuPb10Sn10 和 ZCuPb15Sn8，主要用于制造滑动轴承、双金属轴瓦等。

3）铝青铜。铸造铝青铜具有良好的铸造性能、高的强度和硬度及良好的耐磨性，在大气、淡水、海水中有良好的耐蚀性。铝青铜可以焊接，但不易钎焊。铸造铝青铜常用牌号有 ZCuAl8Mn13Fe3、ZCuAl8Mn13Fe3Ni2，主要用于制造要求强度高、耐磨、耐腐蚀的重要铸件，如船舶螺旋桨、高压阀体、泵体、蜗轮、齿轮、法兰、衬套等。

常用铸造铜合金的牌号、化学成分、力学性能及用途见表 3-41。

表 3-41 常用铸造铜合金的牌号、化学成分、力学性能及用途（GB/T 1176—1987）

牌 号 (名称)	化学成分(质量分数,%)		铸造方法	力学性能(不低于)			用 途
	主加元素	其他		R_m /MPa	A (%)	硬度 HBW	
ZCuSn3Zn8Pb6Ni1 (3-8-6-1 锡青铜)	Sn 2.0~4.0	Zn 6.0~9.0 Pb 4.0~7.0 Ni 0.5~1.5 Cu 余量	S	175	8	590	在各种液体燃料、海水、淡水和蒸汽(≤225℃)中工作的零件，压力不大于 2.5MPa 的阀门和管配件
			J	215	10	685	

（续）

牌　号 (名称)	化学成分（质量分数，%）		铸造方法	力学性能（不低于）			用　途
	主加元素	其他		R_m /MPa	A (%)	硬度 HBW	
ZCuSn3Zn11Pb4 (3-11-4 锡青铜)	Sn 2.0 ~ 4.0	Zn 9.0 ~ 13.0 Pb 3.0 ~ 6.0 Cu 余量	S J	175 215	8 10	590 590	在海水、淡水、蒸汽中工作的压力不大于 2.5MPa 的管配件
ZCuSn5Pb5Zn5 (5-5-5 锡青铜)	Sn 4.0 ~ 6.0	Zn 4.0 ~ 6.0 Pb 4.0 ~ 6.0 Cu 余量	S J	200 200	13 13	590[1] 590[1]	在较高负荷、中等滑动速度下工作的耐磨及耐蚀零件，如轴瓦、衬套、缸套、活塞离合器、泵件压盖以及蜗轮等
ZCuSn10P1 (10-1 锡青铜)	Sn 9.0 ~ 11.5	P 0.5 ~ 1.0 Cu 余量	S J	220 310	3 2	785[1] 885[1]	用于高负荷（20MPa 以下）和高滑动速度（8m/s）下工作的耐磨零件，如连杆、衬套、轴瓦、齿轮、蜗轮等
ZCuSn10Pb5 (10-5 锡青铜)	Sn 9.0 ~ 11.0	Pb 4.0 ~ 6.0 Cu 余量	S J	195 245	10 10	685 685	结构材料，耐蚀、耐酸的配件以及破碎机衬套、轴瓦等
ZCuSn10Zn2 (10-2 锡青铜)	Sn 9.0 ~ 11.0	Zn 1.0 ~ 3.0 Cu 余量	S J	240 245	12 6	685[1] 785[1]	在中等及较高负荷和小滑动速度下工作的重要管配件，以及阀、旋塞、泵体、齿轮、叶轮和蜗轮等
ZCuPb10Sn10 (10-10 铅青铜)	Pb 8.0 ~ 11.0	Sn 9.0 ~ 11.0 Cu 余量	S J	180 220	7 5	635[1] 685[1]	表面压力高，又存在侧压的滑动轴承，如轧辊、车辆用轴承、负荷峰值 60MPa 的受冲击的零件及内燃机的双金属轴瓦等
ZCuPb15Sn8 (15-8 铅青铜)	Pb 13.0 ~ 17.0	Sn 7.0 ~ 9.0 Cu 余量	S J	170 200	5 6	590[1] 635[1]	表面压力高，又存在侧压的轴承，冷轧机的铜冷却管，耐冲击负荷达 50MPa 的零件，内燃机双金属轴瓦、活塞销套等
ZCuPb17Sn4Zn4 (17-4-4 铅青铜)	Pb 14.0 ~ 20.0	Sn 3.5 ~ 5.0 Zn 2.0 ~ 6.0 Cu 余量	S J	150 175	5 7	540 590	一般耐磨件，高滑动速度的轴承
ZCuPb20Sn5 (20-5 铅青铜)	Pb 18.0 ~ 23.0	Sn 4.0 ~ 6.0 Cu 余量	S J	150 150	5 6	440[1] 540[1]	高滑动速度的轴承，耐腐蚀零件，负荷达 70MPa 的活塞销套等
ZCuPb30 (30 铅青铜)	Pb 27.0 ~ 33.0	Cu 余量	J			245	高滑动速度的双金属轴瓦、减摩零件等

（续）

牌号（名称）	化学成分（质量分数，%）		铸造方法	力学性能（不低于）			用途
	主加元素	其他		R_m/MPa	A（%）	硬度 HBW	
ZCuAl8Mn13Fe3（8-13-3 铝青铜）	Al 7.0~9.0	Fe 2.0~4.0 Mn 12.0~14.5 Cu 余量	S	600	15	1570	重型机械用轴套以及只要求强度高、耐磨、耐压的零件，如衬套、法兰、阀体、泵体等
			J	650	10	1665	
ZCuAl8Mn13Fe3Ni2（8-13-3-2 铝青铜）	Al 7.0~8.5	Ni 1.8~2.5 Fe 2.5~4.0 Mn 11.5~14.0 Cu 余量	S	645	20	1570	要求强度高、耐蚀的重要铸件，如船舶螺旋桨、高压阀体，以及耐压、耐磨零件，如蜗轮、齿轮等
			J	670	18	1665	
ZCuAl9Mn2（9-2 铝青铜）	Al 8.0~10.0	Mn 1.5~2.5 Cu 余量	S	390	20	835	管路配件和要求不高的耐磨件
			J	440	20	930	

牌号（名称）	化学成分（质量分数，%）		铸造方法	力学性能（不低于）			用途
	Cu	其他		R_m/MPa	A（%）	硬度 HBW[2]	
ZCuZn38（38 黄铜）	60.0~63.0	Zn 余量	S	295	30	590	一般结构件的耐蚀零件，如法兰、阀座、支架、手柄和螺母等
			J	295	30	685	
ZCuZn25Al6Fe3Mn3（25-6-3-3 铝黄铜）	60.0~66.0	Al 4.5~7.0 Fe 2.0~4.0 Mn 1.5~4.0 Zn 余量	S	725	10	1570[1]	高强度耐磨零件，如桥梁支承板、螺母、螺杆、耐磨板、滑块和蜗轮等
			J	740	7	1665[1]	
ZCuZn26Al4Fe3Mn3（26-4-3-3 铝黄铜）	60.0~66.0	Al 2.5~5.0 Fe 1.5~4.0 Mn 1.5~4.0 Zn 余量	S	600	18	1175[1]	要求强度高、耐蚀的零件
			J	600	18	1275[1]	
ZCuZn31Al2（31-2 铝黄铜）	66.0~68.0	Al 2.0~3.0 Zn 余量	S	295	12	785	适用于压力铸造，如电动机、仪表等压铸件，以及造船和机械制造业的耐蚀零件
			J	390	15	885	
ZCuZn38Mn2Pb2（38-2-2 锰黄铜）	57.0~65.0	Pb 1.5~2.5 Mn 1.5~2.5 Zn 余量	S	245	10	685	一般用途的结构件，船舶、仪表等外型简单的铸件如套筒、衬套、轴瓦、滑块等
			J	345	18	785	
ZCuZn40Mn2（40-2 锰黄铜）	57.0~60.0	Mn 1.0~2.0 Zn 余量	S	345	20	785	在空气、淡水、海水、蒸汽（<300℃）和各种液体燃料中工作的零件和阀体、阀杆、泵、管接头等
			J	390	25	885	
ZCuZn40Mn3Fe1（40-3-1 锰黄铜）	53.0~58.0	Mn 3.0~4.0 Fe 0.5~1.5 Zn 余量	S	440	18	980	耐海水腐蚀的零件，以及300℃以下工作的管配件，制造船舶螺旋桨等大型铸件
			J	490	15	1080	
ZCuZn33Pb2（33-2 铅黄铜）	63.0~67.0	Pb 1.0~3.0 Zn 余量	S	180	12	490[1]	煤气和给水设备的壳体，机器制造业、电子技术、精密仪器和光学仪器的部分构件和配件

（续）

| 牌　号
（名称） | 化学成分（质量分数，%） | | 铸造
方法 | 力学性能（不低于） | | | 用　途 |
	Cu	其他		R_m /MPa	A （%）	硬度 HBW[②]	
ZCuZn40Pb2 （40-2 铅黄铜）	58.0~63.0	Pb 0.5~2.5 Al 0.2~0.8 Zn 余量	S	220	15	785[①]	一般用途的耐磨及耐蚀零 件，如轴套、齿轮等
			J	280	20	885[①]	
ZCuZn16Si4 （16-4 硅黄铜）	79.0~81.0	Si 2.5~4.5 Zn 余量	S	345	15	885	接触海水工作的管配件， 以及水泵、叶轮、旋塞和在空 气、淡水中工作的零部件
			J	390	20	980	

① 该数据为参考值。

② 布氏硬度试验力的单位为牛顿。

3. 铜合金的进展

新型铜合金包括弥散强化型高导电铜合金、高弹性铜合金、复层铜合金、铜基形状记忆合金和球焊铜丝等。弥散强化型高导电铜合金的典型合金为氧化铝弥散强化铜合金和 TiB_2 弥散强化铜合金，具有高导电性、高强度、高耐热性等性能，可用作大规模集成电路引线框以及高温微波管。高弹性铜合金的典型合金为 Cu-Ni-Sn 合金和沉淀强化型 Cu4NiSiCrAl 合金。复层铜合金和铜基形状记忆合金是功能材料。球焊铜丝可代替半导体连接用球焊金丝。

四、镁及镁合金

镁及镁合金是目前国内外重新认识并积极开发的一种新型材料，是 21 世纪最具生命力的新型环保材料。镁是地壳中第三丰富的金属元素，其储量占地壳的 2.5%，仅次于铝和铁（铝为 8.8%，铁为 5.1%）。镁及镁合金具有以下特点：

1）质量轻。镁及镁合金是世界上实际应用中质量最轻的金属结构材料，其密度是铝的 2/3、钢铁的 1/4。

2）比强度和比刚度高，镁的比强度和比刚度均优于钢和铝合金。

3）弹性模量小，刚度好，抗振力强，长期使用不易变形。

4）对环境无污染，可回收性能好，符合环保要求。

5）抗电磁干扰及屏蔽性好。

6）色泽鲜艳美观，并能长期保持完好如新。

7）具有极高的压铸生产率，尺寸收缩小，且具有优良的脱模性能。

镁及镁合金的研究和发展还很不充分，其应用也很有限。镁及镁合金作为结构件的最大应用是铸件，其中 90% 以上是压铸件。

限制镁及镁合金广泛应用的主要问题是：①由于镁元素极为活泼，镁合金在熔炼和加工过程中容易氧化燃烧，因此，镁合金的生产难度较大；②镁合金的生产技术还不够成熟与完善，特别是镁合金的成形技术还有待进一步发展；③镁合金的耐蚀性较差；④现有工业镁合金的高温强度及蠕变性能较低，限制了镁合金在高温（150~350℃）场合的应用；⑤镁合金的常温力学性能，特别是强度、塑性、韧性还有待进一步提高；⑥镁合金的合金系列相对较少，变形镁合金的研究开发严重滞后，不能适应不同场合的需要。

（一）工业纯镁

纯镁为银白色，密度为 1.74g/cm^3，属于轻金属，具有密排六方结构，熔点为 649℃，在空气中易氧化，高温下（熔融态）可燃烧，耐蚀性较差，在潮湿大气、淡水、海水和绝大多数酸、盐溶液中易受腐蚀，弹性模量小，吸振性好，可承受较大的冲击和振动载荷，但强度低、塑性差，不能用作结构材料。纯镁主要用于制作镁合金、铝合金等，也可用作化工槽罐、地下管道及船体等阴极保护的阳极，以及化工、冶金的还原剂，还可用于制作照明弹、燃烧弹、镁光灯和烟火等。此外，镁还可制作储能材料 MgH_2，$1m^3$ 的 MgH_2 可蓄能 $19 \times 10^9 J$。纯镁的牌号以 Mg 加数字的形式表示，数字表示 Mg 的质量分数，如 Mg99.95。

（二）镁合金

纯镁的强度低、塑性差，不能制作受力结构件，只能用作合金的原材料。在纯镁中加入合金元素就构成镁合金，其力学性能可以有较大提高。常用合金元素有 Al、Zn、Mn、Zr、Li 及 RE 等。Al 和 Zn 固溶于 Mg 中可产生固溶强化，且与 Mg 形成 $Mg_{17}A_{12}$ 及 MgZn 等强化相，并可通过时效强化和第二相强化提高镁合金的强度及塑性；Mn 可以提高合金的耐热性和耐蚀性，改善合金的焊接性能；Zn 和 RE 可以细化镁合金的晶粒，通过细晶强化提高合金的强度和塑性，并减少热裂倾向，改善合金的铸造性能和焊接性能；Li 可以减轻镁合金的质量。

按照镁合金的成分和生产工艺特点，可将镁合金分为变形镁合金和铸造镁合金两大类。

1. 变形镁合金

变形镁合金均以压力加工（轧、挤、拉等）方法制成各种半成品供货，如板材、棒材、管材、线材等，其供货状态有退火态、人工时效态等。

镁合金牌号以英文字母加数字再加英文字母的形式表示。前面的英文字母是其最主要的合金组成元素代号（元素代号符合表 3-42 的规定）；其后的数字表示最主要的合金组成元素的大致含量；最后面的英文字母为标识代号，用以标识各具体组成元素相异或元素含量有微小差别的不同合金。

表3-42 合金组成元素代号

元素代号	元素名称	元素代号	元素名称	元素代号	元素名称	元素代号	元素名称
A	铝	F	铁	M	锰	S	硅
B	铋	G	钙	N	镍	T	锡
C	铜	H	钍	P	铅	W	钇
D	镉	K	锆	Q	银	Y	锑
E	稀土	L	锂	R	铬	Z	锌

示例1：

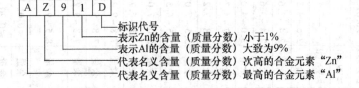

A	Z	9	1	D

——标识代号
——表示Zn的含量（质量分数）小于1%
——表示Al的含量（质量分数）大致为9%
——代表名义含量（质量分数）次高的合金元素"Zn"
——代表名义含量（质量分数）最高的合金元素"Al"

示例2：

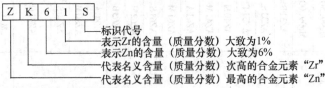

Z	K	6	1	S

——标识代号
——表示Zr的含量（质量分数）大致为1%
——表示Zn的含量（质量分数）大致为6%
——代表名义含量（质量分数）次高的合金元素"Zr"
——代表名义含量（质量分数）最高的合金元素"Zn"

变形镁及镁合金的牌号和化学成分见表 3-43。

表3-43　变形镁及镁合金牌号和化学成分

合金组别	牌号	Mg	Al	Zn	Mn	Ce	Zr	Si	Fe	Ca	Cu	Ni	Ti	Be	其他元素 单个	其他元素 总计
Mg	Mg99.95	≥99.95	≤0.01	—	≤0.004	—	—	≤0.005	≤0.003	—	—	≤0.001	≤0.01	—	≤0.005	≤0.05
	Mg99.50	≥99.50	—	—	—	—	—	—	—	—	—	—	—	—	—	≤0.50
	Mg99.00	≥99.00	—	—	—	—	—	—	—	—	—	—	—	—	—	≤1.0
MgAlZn	AZ31B	余量	2.5~3.5	0.60~1.4	0.20~1.0	—	—	≤0.08	≤0.003	—	≤0.01	≤0.001	—	—	≤0.05	≤0.30
	AZ31S	余量	2.4~3.6	0.50~1.50	0.15~0.40	—	—	≤0.10	≤0.005	—	≤0.05	≤0.005	—	—	≤0.05	≤0.30
	AZ31T	余量	2.4~3.6	0.50~1.5	0.05~0.40	—	—	≤0.10	≤0.05	—	≤0.05	≤0.005	—	—	≤0.05	≤0.30
	AZ40M	余量	3.0~4.0	0.20~0.80	0.15~0.50	—	—	≤0.10	≤0.05	≤0.04	≤0.05	≤0.005	—	≤0.01	≤0.01	≤0.30
	AZ41M	余量	3.7~4.7	0.80~1.4	0.30~0.60	—	—	≤0.10	≤0.05	—	≤0.05	≤0.005	—	≤0.01	≤0.01	≤0.30
	AZ61A	余量	5.8~7.2	0.40~1.5	0.15~0.50	—	—	≤0.10	≤0.005	—	≤0.05	≤0.005	—	—	≤0.01	≤0.30
	AZ61M	余量	5.5~7.0	0.50~1.5	0.15~0.50	—	—	≤0.10	≤0.05	—	≤0.05	≤0.005	—	≤0.01	≤0.01	≤0.30
	AZ61S	余量	5.5~6.5	0.50~1.5	0.15~0.40	—	—	≤0.10	≤0.005	—	≤0.05	≤0.005	—	≤0.01	≤0.05	≤0.30
	AZ62M	余量	5.0~7.0	2.0~3.0	0.20~0.50	—	—	≤0.10	≤0.05	—	≤0.05	≤0.005	—	≤0.01	≤0.01	≤0.30
	AZ63B	余量	5.3~6.7	2.5~3.5	0.15~0.60	—	—	≤0.08	≤0.003	—	≤0.01	≤0.001	—	—	≤0.01	≤0.30
	AZ80A	余量	7.8~9.2	0.20~0.80	0.12~0.50	—	—	≤0.10	≤0.005	—	≤0.05	≤0.005	—	—	≤0.05	≤0.30
	AZ80M	余量	7.8~9.2	0.20~0.80	0.15~0.50	—	—	≤0.10	≤0.05	—	≤0.05	≤0.005	—	≤0.01	≤0.01	≤0.30
	AZ80S	余量	7.8~9.2	0.20~0.80	0.12~0.40	—	—	≤0.10	≤0.005	—	≤0.05	≤0.005	—	≤0.01	≤0.05	≤0.30
	AZ91D	余量	8.5~9.5	0.45~0.90	0.17~0.40	—	—	≤0.08	≤0.004	—	≤0.025	≤0.001	—	0.0005~0.003	≤0.01	≤0.30
MgMn	M1C	余量	≤0.01	—	0.50~1.3	—	—	≤0.05	≤0.01	—	≤0.01	≤0.001	—	—	≤0.05	≤0.30
	M2M	余量	≤0.20	≤0.30	1.3~2.5	—	—	≤0.10	≤0.05	—	≤0.05	≤0.007	—	≤0.01	≤0.01	≤0.20
	M2S	余量	—	—	1.2~2.0	—	—	≤0.10	≤0.05	—	≤0.05	≤0.01	—	—	≤0.05	≤0.30
MgZnZr	ZK61M	余量	≤0.05	5.0~6.0	0.10	—	0.30~0.90	≤0.05	≤0.05	—	≤0.05	≤0.005	—	≤0.01	≤0.01	≤0.30
	ZK61S	余量	—	4.8~6.2	—	—	0.45~0.80	—	—	—	—	—	—	—	≤0.05	≤0.30
MgMnRE	ME20M	余量	≤0.20	≤0.30	1.3~2.2	0.15~0.35	—	≤0.10	≤0.05	—	≤0.05	≤0.007	—	≤0.01	≤0.01	≤0.30

2. 铸造镁合金

铸造镁合金分为高强度铸造镁合金和耐热铸造镁合金。其牌号由 ZMg + 主要合金元素的化学符号及其平均质量分数组成。如果合金元素的平均质量分数小于 1%，则合金后不标数字；如果合金元素的平均质量分数大于 1%，则合金元素后标明整数。例如，ZMgZn5Zr 表示 w_{Zn} = 5%、w_{Zr} < 1% 的铸造镁合金。铸造镁合金的代号用"铸镁"的汉语拼音首字母 ZM + 顺序号表示，如 ZM3 等，其化学成分见表 3-44。

表3-44 铸造镁合金的化学成分（GB/T 1177—1991）

合金牌号	合金代号	化学成分[1]（质量分数,%）										
		Zn	Al	Zr	RE	Mn	Ag	Si	Cu	Fe	Ni	杂质总量
ZMgZn5Zr	ZM1	3.5 ~ 5.5	—	0.5 ~ 1.0				—	0.10	—		0.30
ZMgZn4RE1Zr	ZM2	3.5 ~ 5.0	—	0.5 ~ 1.0	0.75[2] ~ 1.75			—	0.10	—		0.30
ZMgRE3ZnZr	ZM3	0.2 ~ 0.7		0.4 ~ 1.0	2.5[2] ~ 4.0			—	0.10	—		0.30
ZMgRE3Zn2Zr	ZM4	2.0 ~ 3.0		0.5 ~ 1.0	2.5[2] ~ 4.0			—	0.10	—	0.01	0.30
ZMgAl8Zn	ZM5	0.2 ~ 0.8	7.5 ~ 9.0			0.15 ~ 0.50		0.30	0.20	0.05		0.50
ZMgRE2ZnZr	ZM6	0.2 ~ 0.7		0.4 ~ 1.0	2.0[3] ~ 2.8			—	0.10	—		0.30
ZMgZn8AgZr	ZM7	7.5 ~ 9.0		0.5 ~ 1.0			0.6 ~ 1.2	—	0.10	—		0.30
ZMgAl10Zn	ZM10	0.6 ~ 1.2	9.0 ~ 10.2			0.1 ~ 0.5		0.30	0.20	0.05		0.50

① 合金可加入 Be，w_{Be} ≤ 0.002%。

② w_{Ce} ≥ 45% 的铈混合稀土金属，其中稀土金属总量不小于 98%。

③ w_{Nd} ≥ 85% 的钕混合稀土金属，其中 $w_{Nd} + w_{Pr}$ ≥ 95%。

（1）**高强度铸造镁合金** 该类合金主要有 Mg-Al-Zn 系和 Mg-Zn-Zr 系，Mg-Al-Zn 系包括 ZMgAl18Zn（ZM5）、ZMgAl10Zn（ZM10）等；Mg-Zn-Zr 系包括 ZMgZn5Zr（ZM1）、ZMgZn4RE1Zr（ZM2）、ZMgZn8AgZr（ZM7），此类合金具有较高的室温强度、良好的塑性和铸造性能，适于铸造各种类型的零（构）件，其缺点是耐热性差，使用温度不能超过 150℃。航空和航天工业中应用最广的高强度铸造镁合金是 ZM5（ZMgAl8Zn），在固溶处理或固溶处理加人工时效状态下使用，用于制造飞机、发动机、卫星及导弹仪器舱中承受较高载荷的结构件或壳体。

（2）**耐热铸造镁合金** 该类合金为 Mg-RE-Zr 系合金，主要包括 ZMgRE3ZnZr（ZM3）、ZMgRE3Zn2Zr（ZM4）、ZMgRE2ZnZr（ZM6）。这些合金具有良好的铸造性能，热裂倾向小，铸造致密性高，耐热性好，长期使用温度为 200 ~ 250℃，短时使用温度可达 300 ~ 350℃，其缺点是室温强度和塑性较低。耐热铸造镁合金主要用于制作飞机和发动机上形状复杂且要求耐热性的结构件。

近年来，国内外研究者为了提高铸造镁合金的使用性能和工艺性能，正致力于研究铸造稀土镁合金、铸造高纯耐蚀镁合金、快速凝固镁合金及铸造镁合金基复合材料，以扩大铸造镁合金在航空及航天工业中的应用。

五、轴承合金

滑动轴承是汽车、拖拉机、机床及其他机器中的重要部件。轴承合金是制造滑动轴承中的轴瓦及内衬的材料。轴承支撑着轴，当轴旋转时，轴瓦和轴发生强烈的摩擦，并承受轴颈传给的周期性载荷。因此，轴承合金应具有以下性能：

1）足够的强度和硬度，以承受轴颈较大的单位压力。

2）足够的塑性和韧性、高的疲劳强度，以承受轴颈的周期性载荷，并抵抗冲击和振动。

3）良好的磨合能力，使其与轴能较快地紧密配合。

4）高的耐磨性，与轴的摩擦因数小，并能保留润滑油，减轻磨损。

5）良好的耐蚀性、导热性，较小的膨胀系数，防止因摩擦升温而发生咬合。

为了满足上述性能要求，轴承合金的组织最好是在软（硬）基体上分布着硬（软）质点，当轴在轴瓦中转动时，软基体（或软质点）被磨损而凹陷，硬质点（或硬基体）因耐磨而相对凸起。凹陷部分可保持润滑油，凸起部分可支持轴的压力，并使轴与轴瓦的接触面积减小，从而保证了近乎理想的摩擦条件和极低的摩擦因数。另外，软基体（或软质点）还能起到嵌藏外来硬质点的作用，以免划伤轴颈。

按照化学成分可将常用轴承合金分为锡基、铅基、铝基、铜基与铁基等数种。使用最多的是锡基与铅基轴承合金，它们又称为巴氏合金。巴氏合金的牌号表示方法为：Z（“铸”字的汉语拼音首字母）+基本元素符号+主加元素符号+主加元素含量+辅加元素含量。例如，ZSnSb11Cu6 表示主加元素锑的成分为 $w_{Sb} = 11\%$，辅加元素铜的成分为 $w_{Cu} = 6\%$，余量为锡。

锡基轴承合金具有软基体上分布着硬质点的组织特征，其软基体由锑在锡中的 α 固溶体组成，硬质点有以锡、锑化合物 SnSb 为基的固溶体及锡与铜形成的化合物 Cu_6Sn_5，如图3-25 所示。此类合金的导热性、耐蚀性及工艺性良好，尤其是摩擦因数与膨胀系数较小，抗咬合能力强，所以广泛用于制作航空发动机、汽轮机、内燃机等大型机器中的高速轴承。

铅基轴承合金同样也具有软基体上分布着硬质点的组织特征，其软基体由（α + β）共晶体组成，α 为锑溶于铅的固溶体，β 为铅溶于锑的固溶体，硬质点的组成与锡基合金相同，如图3-26 所示。此类合金的含锡量低，制造成本低廉，但其力学性能及导热、耐蚀、减摩等性能均比锡基合金差，主要用于制作汽车、轮船、柴油机、减速器等中、低速运转的轴承。

图3-25　ZSnSb11Cu6 的显微组织（200×）

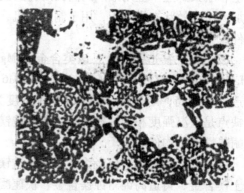

图3-26　ZPbSb16Sn16Cu2 的显微组织（200×）

除了上述巴氏合金外，还有 ZCuPb30 及 ZCuSn10Pb1 两类青铜常用作轴承材料。它们又称为铜基轴承合金，具有硬基体上分布着软质点的组织特征，有着比巴氏合金更高的承载能力、疲劳强度及耐磨性，可直接用作高速、高载荷下的发动机轴承。

几种常用轴承合金的牌号、化学成分、硬度及用途见表3-45。

表3-45 铸造轴承合金的牌号、化学成分、硬度及用途（GB/T 1174—1992）

种类	牌号	化学成分(质量分数,%)								杂质总量(不大于)	硬度 HBW(不小于)	用途
		Sn	Pb	Cu	Zn	Al	Sb	As	其他			
锡基	ZSnSb12Pb10Cu4	余量	9.0~11.0	2.5~5.0			11.0~13.0	0.1	Fe 0.1	0.55	29	性硬、耐压,适用于一般发动机的主轴承,但不适用于高温部件
	ZSnSb11Cu6		0.35	5.5~6.5			10.0~12.0	0.1	Fe 0.1	0.55	27	较硬,适用于功率较大的高速汽轮机和涡轮机、涡轮压缩机、涡轮泵及高速内燃机等的轴承
	ZSnSb8Cu4		0.35	3.0~4.0			7.0~8.0	0.1	Fe 0.1	0.55	24	韧性与ZSnSb4Cu4相同,适用于一般大型机械轴承及轴衬
	ZSnSb4Cu4		0.35	4.0~5.0			4.0~5.0	0.1		0.50	20	耐蚀、耐热、耐磨,适用于涡轮机及内燃机高速轴承及轴衬
铅基	ZPbSb16Sn16Cu2	15.0~17.0	余量	1.5~2.0	0.15		15.0~17.0	0.3	Bi 0.1 Fe 0.1	0.60	30	轻负荷高速轴衬,如汽车、轮船、发动机等的轴衬
	ZPbSb15Sn5Cu3Cd2	5.0~6.0		2.5~3.0	0.15		14.0~16.0	0.6~1.0	Cd 1.75~2.25	0.40	32	重负荷柴油机轴衬
	ZPbSb15Sn10	9.0~11.0	余量	0.7			14.0~16.0	0.6	Bi 0.1 Fe 0.1	0.45	24	中负荷中速机械轴衬
	ZPbSb15Sn5	4.0~5.5		0.5~1.0	0.15	—	14.0~15.5	0.2	Bi 0.1 Fe 0.1	0.75	20	汽车和拖拉机的发动机轴衬
	ZPbSb10Sn6	5.0~7.0		0.7			9.0~11.0	0.25	Bi 0.1 Fe 0.1	0.70	18	重负荷高速机械轴衬
铜基	ZCuSn5Pb5Zn5	4.0~6.0	4.0~6.0	余量	4.0~6.0		0.25		Ni 2.5 Fe 0.3	0.70	60	高强度,适用于中速及受较大固定载荷的轴承,如电动机、泵及机床用轴瓦

（续）

| 种类 | 牌 号 | 化学成分（质量分数，%） | | | | | | | | 杂质总量（不大于） | 硬度HBW（不小于） | 用 途 |
		Sn	Pb	Cu	Zn	Al	Sb	As	其他			
铜基	ZCuSn10P1	9.0~11.5	0.25	余量					P 0.5~1.0	0.70	90	高强度,适用于中速及受较大固定载荷的轴承,如电动机、泵及机床用轴瓦
	ZCuPb15Sn8	7.0~9.0	13.0~17.0		2.0		0.50		Ni 2.0 Fe 0.25	1.0	65	高耐磨性、高导热性,适用于高速、高温(350℃)、重负荷下工作的轴承,如航空发动机及高速柴油机等的轴瓦
	ZCuPb30	1.0	27.0~33.0				0.20		Mn0.3	1.0	25	
	ZCuAl10Fe3	0.3	0.2		0.4	8.5~11.0			Fe 2.0~4.0 Ni 3.0 Mn 1.0	1.0	110	高强度,适用于中速及受较大固定载荷的轴承
铝基	ZAlSn6Cu1Ni1	5.5~7.0		0.7~1.3		余量			Fe 0.7 Si 0.7 Ni 0.7~1.3	1.5	40	耐磨、耐热、耐蚀,适用于高速、重载发动机轴承

第四章　高分子材料

第一节　工程塑料

一、塑料的组成与分类

（一）塑料的组成

塑料就是在玻璃态下使用的、具有可塑性的高分子材料，它是以树脂为主要组分，加入各种添加剂，可塑制成型的材料。

1. 树脂

树脂是塑料的主要组分，它胶粘着塑料中的其他一切组成部分，并使其具有成型性能。树脂的种类、性质以及它在塑料中占有的比例大小对塑料的性能起着决定性的作用。因此，绝大多数塑料就是以所用树脂命名的。

2. 添加剂

为改善塑料的某些性能而必须加入的物质称为添加剂。按加入目的及作用不同，可以把添加剂分为以下几类：

（1）填料　为改善塑料的某些性能（如强度等），扩大其应用范围，降低成本而加入的一些物质称为填料。它在塑料中占有相当大的比例，可达 20% ~ 50%。例如，加入铝粉可提高光反射能力和防老化；加入二硫化钼可提高润滑性；加入石棉粉可提高耐热性等。

（2）增塑剂　用来提高树脂的可塑性与柔顺性的物质称为增塑剂。常用低熔点的低分子化合物（甲酸酯类、磷酸酯类）来增加大分子链间的距离，以降低分子间作用力，从而达到增加大分子链的柔顺性的目的。

（3）固化剂　加入后可在聚合物中生成横跨链，使分子交联，并由受热可塑的线型结构变成体型结构的热稳定塑料的一类物质称为固化剂（如在环氧树脂中加入乙二胺等）。

（4）稳定剂　提高树脂在受热和光作用时的稳定性，防止过早老化，延长使用寿命的一类物质称为稳定剂。常用稳定剂有硬脂酸盐、铅的化合物及环氧化合物等。

（5）润滑剂　为防止在塑料成型过程中粘在模具或其他设备上而加入的，同时可使制品表面光亮美观的物质称为润滑剂（如硬脂酸等）。

（6）着色剂　为使塑料制品具有美观的颜色并满足使用要求而加入的染料称为着色剂。

（7）其他　发泡剂、催化剂、阻燃剂、抗静电剂等。

（二）塑料的分类

1. 按树脂特性分类

1）依树脂受热时的行为可分为热塑性塑料和热固性塑料。

2）依树脂合成反应的特点可分为聚合塑料和缩合塑料。

2. 按塑料的应用范围分类

（1）通用塑料　是指产量大、价格低、用途广的塑料，主要包括聚烯烃类塑料、酚醛塑料和氨基塑料。它们占塑料总产量的 3/4 以上，大多数用于生活制品。

（2）工程塑料　作为结构材料在机械设备和工程结构中使用的塑料。它们的力学性能较高，耐热性、耐蚀性也较好，是当前大力发展的塑料（如聚酰胺等）。

（3）特种塑料　用于特定场合及具有某些特殊性能的塑料，如医用塑料、耐高温塑料等。这类塑料产量少、价格高，只用于特殊需要的场合。

二、塑料制品的成型与加工

（一）塑料制品的成型

塑料的成型工艺形式多种多样，主要有注射成型、模压成型、浇注成型、挤压成型、吹塑成型、真空成型等。

1. 注射成型

注射成型在专门的注射机上进行，如图 4-1 所示。将颗粒或粉状塑料置于注射机的机筒内加热熔融，以推杆或旋转螺杆施加压力，使熔融塑料自机筒末端的喷嘴以较大的压力和速度注入闭合模具型腔内成型，然后冷却脱模，即可得到所需形状的塑料制品。注射成型是热塑性塑料的主要成型方法之一，近年来也有用于热固性塑料的成型。此法生产率很高，可以实现高度机械化和自动化生产，制品尺寸精确，可以生产形状复杂、壁薄和带金属嵌件的塑料制品，适用于大批量生产。

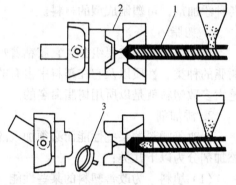

图 4-1　注射成型示意图
1—注射机　2—模具　3—制品

2. 模压成型

模压成型是塑料成型中最早使用的一种方法，如图 4-2 所示。将粉状、粒状或片状塑料放在金属模具中加热软化，在液压机的压力下充满模具成型，同时发生交联反应而固化，脱模后即得压塑制品。模压成型通常用于热固性塑料的成型，有时也用于热塑性塑料，如聚四氟乙烯由于熔液粘度极高，几乎没有流动性，故也采用压模法成型。模压成型特别适用于形状复杂或带有复杂嵌件的制品，如电器零件、电话机件、收音机外壳、钟壳或生活用具等。

3. 浇注成型

浇注成型又称为浇塑法，类似于金属的浇注成型，包括静态铸型、嵌铸型和离心铸型等方式。它是在液态的热固性或热塑性树脂中加入适量的固化剂或催化剂，然后浇入模具型腔中，在常压或低压下，常温或适当加热条件下固化或冷却凝固成型。这种方法设备简单，操作方便，成本低，便于制作大型制件；但生产周期长，收缩率较大。

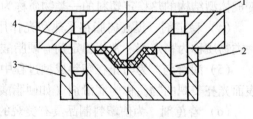

图 4-2　模压成型示意图
1—上模　2、4—导柱　3—下模

4. 挤压成型

挤压成型又称为挤塑成型，它与金属型材挤压的原理相同。将原料放在加压筒内加热软化，通过加压筒中的螺旋杆的挤压力，使塑料通过不同型孔或口模连续地挤出，以获得不同形状的型材，如管、棒、条、带、板及各种异型断面型材。挤压成型用于热塑性塑料各种型材的生产，一般需经二次加工才能制成零件。

此外，还有吹塑、层压、真空成型、模压烧结等成型方法，以适应不同品种塑料和制品的需要。

（二）塑料的加工

塑料加工是指塑料成型后的再加工，亦称为二次加工，其主要工艺方法有机械加工、连接和表面处理。

1. 机械加工

塑料具有良好的切削加工性，其机械加工与金属的切削工艺方法及设备相同，只是由于塑料的切削工艺性能与金属不同，因此所用的切削工艺参数与刀具几何形状及操作方法与金属切削有所差异。可用金属切削机床对塑料进行车、铣、刨、磨、钻及抛光等各种形式的机加工，但由于塑料的散热性差、弹性大，加工时容易引起工件的变形和表面粗糙，有时可能出现分层、开裂，甚至崩落或伴随发热等现象。因此，要求切削刀具的前角与后角要大，刃口要锋利，切削时要充分冷却，装夹时不宜过紧，切削速度要高，进给量要小，以获得光洁的表面。

2. 连接

塑料间、塑料与金属或其他非金属的连接，除了采用一般的机械连接方法外，还有热熔接、溶剂粘接、胶粘剂粘接等方法。

3. 表面处理

为了改善塑料制品的某些性能、美化其表面、防止老化、延长使用寿命，通常对塑料进行表面处理。表面处理的主要方法包括涂漆、镀金属（铬、银、铜等）。镀金属可以采用喷镀或电镀方法。

三、塑料的性能特点

1）相对密度小。一般塑料的相对密度为 0.9 ~ 2.3，因此比强度高，这种性能对运输交通工具来说是非常有用的。

2）耐蚀性能好。塑料对一般化学药品都有很强的抵抗能力，如聚四氟乙烯在煮沸的王水中也不受影响。

3）电绝缘性能好。塑料的电绝缘性能好，因此大量应用在电机、电器、无线电和电子工业中。

4）减摩及耐磨性好。塑料的摩擦因数较小，并耐磨，可制作轴承、齿轮、活塞环、密封圈等。它在无润滑油的情况下也能有效地进行工作。

5）有消音吸振性。用塑料制作传动摩擦零件可减小噪声、改善环境。

6）刚性差。塑料的弹性模量只有钢铁材料的 1/100 ~ 1/10。

7）强度低。塑料的强度只有 30 ~ 100MPa，用玻璃纤维增强的尼龙也只有 200MPa，相当于铸铁的强度。

8）耐热性低。大多数塑料只能在 100℃ 以下使用，只有少数几种可以在超过 200℃ 的环境下使用。

9）膨胀系数大、热导率小。塑料的线膨胀系数是钢铁的 10 倍，因而塑料与钢铁结合较为困难。塑料的热导率只有金属的 1/600 ~ 1/200，因而散热不好，不利于作摩擦零件。

10）蠕变温度低。金属在高温下才发生蠕变，而塑料在室温下就会有蠕变出现，称为冷流。

11）有老化现象。

12）在某些熔剂中会发生溶胀或应力开裂。

四、常用工程塑料

（一）常用热塑性塑料

1. 聚酰胺（尼龙、锦纶、PA）

聚酰胺是最早发现能够承受载荷的热塑性塑料，在机械工业中应用比较广泛。各种尼龙的性能见表4-1。

表 4-1　各种尼龙的性能

名　　称	尼龙 6	尼龙 66	尼龙 610	尼龙 1010
相对密度	1.13 ~ 1.15	1.14 ~ 1.15	1.08 ~ 1.09	1.04 ~ 1.06
拉伸强度/MPa	54 ~ 78	57 ~ 83	47 ~ 60	52 ~ 55
压缩强度/MPa	60 ~ 90	90 ~ 120	70 ~ 90	55
弯曲强度/MPa	70 ~ 100	100 ~ 110	70 ~ 100	82 ~ 89
伸长率（%）	150 ~ 250	60 ~ 200	100 ~ 240	100 ~ 250
弹性模量/MPa	830 ~ 2600	1400 ~ 3300	1200 ~ 2300	1600
熔点/℃	215 ~ 223	265	210 ~ 223	200 ~ 210
吸水率（%），24h	1.9 ~ 2.0	1.5	0.5	0.39

尼龙6、尼龙66、尼龙610、尼龙1010、铸型尼龙和芳香尼龙是常应用于机械工业中的几种类型。由于尼龙的强度较高，耐磨性及自润滑性好，且耐油、耐蚀、消声、减振，因此被大量用于制造小型零件（齿轮、蜗轮等），可替代有色金属及其合金。但尼龙容易吸水，吸水后其性能及尺寸将发生很大变化，使用时应特别注意。

铸型尼龙（MC尼龙）是通过简便的聚合工艺使单体直接在模具内聚合成型的一种特殊尼龙。它的力学性能、物理性能比一般尼龙更好，可制造大型齿轮、轴套等。

芳香尼龙具有耐磨、耐辐射及很好的电绝缘性等优点，在95%的相对湿度下其性能不受影响，能在200℃长期使用，是尼龙中耐热性最好的品种。它可用于制作高温下耐磨的零件、H级绝缘材料和宇宙服等。

2. 聚甲醛（POM）

聚甲醛是以线型结晶高聚物聚甲醛树脂为基的塑料，可分为均聚甲醛、共聚甲醛两种类型，其性能见表4-2。

聚甲醛的结晶度可达75%，有明显的熔点，具有高强度、高弹性模量等优良的综合力学性能。其强度与金属相近，摩擦因数小并有自润滑性，因而耐磨性好；同时它还具有耐水、耐油、耐化学腐蚀及绝缘性好等优点。其缺点是热稳定性差，易

表 4-2　聚甲醛的性能

名　　称	均聚甲醛	共聚甲醛
相对密度	1.43	1.41
结晶度（%）	75 ~ 85	70 ~ 75
熔点/℃	175	165
拉伸强度/MPa	70	62
弹性模量/MPa	2900	2800
伸长率（%）	15	12
压缩强度/MPa	125	110
弯曲强度/MPa	980	910
吸水率（%），24h	0.25	0.22

燃，长期在大气中曝晒会老化。

聚甲醛塑料价格低廉，且性能优于尼龙，故可代替有色金属和合金，并逐步取代尼龙制作轴承、衬套等。

3. 聚砜（PSF）

聚砜是以透明微黄色的线型非晶态高聚物聚砜树脂为基的塑料，其性能见表4-3。

表 4-3 聚砜的性能

项 目	相对密度	吸水率（%），24h	拉伸强度/MPa	伸长率（%）	弹性模量/MPa	压缩强度/MPa	弯曲强度/MPa
数值	1.24	0.12~0.22	85	20~100	2500~2800	87~95	105~125

聚砜的强度高、弹性模量大、耐热性好，最高使用温度可达150~165℃，蠕变抗力高，尺寸稳定性好。其缺点是耐溶剂性差，主要用于制作要求高强度、耐热、抗蠕变的结构件、仪表零件和电气绝缘零件，如精密齿轮、凸轮、真空泵叶片、仪器仪表壳体、仪表盘、电子计算机的积分电路板等。此外，聚砜具有良好的可电镀性，可通过电镀金属制成印制电路板和印制电路薄膜。

4. 聚碳酸酯（PC）

聚碳酸酯是以透明的线型部分结晶高聚物聚碳酸酯树脂为基的新型热塑性工程塑料，其性能见表4-4。

表 4-4 聚碳酸酯的性能

项 目	拉伸强度/MPa	弹性模量/MPa	伸长率（%）	压缩强度/MPa	弯曲强度/MPa	熔点/℃	使用温度/℃
数值	66~70	2200~2500	≈100	83~88	106	220~230	-100~140

聚碳酸酯的透明度为86%~92%，被誉为"透明金属"。它具有优异的冲击韧性和尺寸稳定性，有较高的耐热性和耐寒性，使用温度范围为-100~+130℃，有良好的绝缘性和加工成型性。其缺点是化学稳定性差，易受碱、胺、酮、酯、芳香烃的侵蚀，在四氯化碳中会发生"应力开裂"现象。它主要用于制造高精度的结构零件，如齿轮、蜗轮、蜗杆、防弹玻璃、飞机挡风罩、座舱盖和其他高级绝缘材料。例如，波音747飞机上有2500个零件用聚碳酸酯制造，质量达2t。

5. ABS塑料

ABS塑料是以丙烯腈（A）、丁二烯（B）、苯乙烯（S）的三元共聚物ABS树脂为基的塑料，可分为不同级别，其性能见表4-5。

表 4-5 ABS塑料的性能

级别（温度）	超高冲击型	高、中冲击型	低冲击型	耐热型
相对密度	1.05	1.07	1.07	1.06~1.08
拉伸强度/MPa	35	63	21~28	53~56
拉伸弹性模量/MPa	1800	2900	700~1800	2500
压缩强度/MPa			18~39	70
弯曲强度/MPa	62	97	25~46	84
吸水率（%），24h	0.3	0.3	0.2	0.2

ABS塑料兼有聚丙烯腈的高化学稳定性和高硬度、聚丁二烯的橡胶态韧性和弹性及聚苯乙烯的良好成型性。故ABS塑料具有较高的强度和冲击韧性、良好的耐磨性和耐热性、较高的化学稳定性和绝缘性，以及易成型、机械加工性好等优点。其缺点是耐高低温性能差，易燃、不透明。

ABS塑料应用较广，主要用于制造齿轮、轴承、仪表盘壳、冰箱衬里以及各种容器、管道、飞机舱内装饰板、窗框、隔声板等。

6. 聚四氟乙烯（PTFE、特氟隆）

聚四氟乙烯是以线型晶态高聚物聚四氟乙烯为基的塑料，其性能见表4-6。

表4-6　聚四氟乙烯

项　　目	相对密度	吸水率 (%)，24h	拉伸强度 /MPa	伸长率 (%)	弹性模量 /MPa	压缩强度 /MPa	弯曲强度 /MPa
数值	2.1~2.2	<0.005	14~15	250~315	400	42	11~14

聚四氟乙烯的结晶度为55%~75%，熔点为327℃，具有优异的耐化学腐蚀性，不受任何化学试剂的侵蚀，即使在高温下及强酸、强碱、强氧化剂中也不受腐蚀，故有"塑料之王"之称。它还具有较突出的耐高温和耐低温性能，在-195~+250℃范围内长期使用其力学性能几乎不发生变化。它的摩擦因数小（0.04），有自润滑性，吸水性低，在极潮湿的条件下仍能保持良好的绝缘性。但其硬度及强度低，尤其压缩强度不高，且成本较高。

聚四氟乙烯主要用于制作减摩密封件、化工机械中的耐腐蚀零件及在高频或潮湿条件下的绝缘材料，如化工管道、电气设备、腐蚀介质过滤器等。

7. 聚甲基丙烯酸甲酯（PMMA、有机玻璃）

聚甲基丙烯酸甲酯是目前最好的透明材料，透光率达92%以上，比普通玻璃好。它的相对密度小（1.18），仅为玻璃的一半，还具有较高的强度和韧性、不易破碎、耐紫外线和防大气老化、易于加工成型等优点。但其硬度不如玻璃高，耐磨性差，易溶于有机溶剂。另外，它的耐热性差（使用温度不能超过180℃），导热性差，膨胀系数大。其主要用途是制作飞机座舱盖、炮塔观察孔盖、仪表灯罩及光学镜片，亦可作防弹玻璃、电视和雷达标图的屏幕、汽车风窗玻璃、仪器设备的防护罩等。

（二）常用热固性塑料

热固性塑料的种类有很多，大都是经过固化处理获得的。所谓固化处理，是指在树脂中加入固化剂并压制成型，使其由线型聚合物变成体型聚合物的过程，其性能见表4-7。

1. 酚醛塑料

酚醛塑料是以酚醛树脂为基，加入木粉、布、石棉、纸等填料经固化处理而形成的交联型热固性塑料。它具有较高的强度和硬度，较高的耐热性、耐磨性、耐蚀性及良好的绝缘性，广泛用于机械、电器、电子、航空、船舶、仪表等工业中，如齿轮、耐酸泵、雷达罩、仪表外壳等。

2. 环氧塑料（EP）

环氧塑料是以环氧树脂为基，加入各种添加剂经固化处理形成的热固性塑料。它具有比强度高，耐热性、耐蚀性、绝缘性及加工成型性好的特点，缺点是价格昂贵，主要用于制作模具、精密量具、电气及电子元件等重要零件。

表 4-7 主要热固性塑料的性能

名 称	酚醛塑料	脲醛塑料	三聚氰胺塑料	环氧塑料	有机硅塑料	聚氨酯塑料
吸水率（%），24h	0.01 ~ 1.20	0.4 ~ 0.8	0.08 ~ 0.14	0.03 ~ 0.20	2.5mg/cm^2	0.02 ~ 1.50
耐热温度/℃	100 ~ 150	100	140 ~ 145	130	200 ~ 300	
拉伸强度/MPa	32 ~ 63	38 ~ 91	38 ~ 49	15 ~ 70	32	12 ~ 70
弹性模量/MPa	5600 ~ 35000	7000 ~ 10000	13600	21280	11000	700 ~ 7000
压缩强度/MPa	80 ~ 210	175 ~ 310	210	54 ~ 210	137	140
弯曲强度/MPa	50 ~ 100	70 ~ 100	45 ~ 60	42 ~ 100	25 ~ 70	5 ~ 31
成型收缩率（%）	0.3 ~ 1.0	0.4 ~ 0.6	0.2 ~ 0.8	0.05 ~ 1.00	0.5 ~ 1.0	0 ~ 2.0

常用工程塑料的性能及应用见表 4-8。

表 4-8 常用工程塑料的性能及应用

名称（代号）	密度 /g·cm^{-3}	拉伸强度 /MPa	缺口冲击韧度 /J·cm^{-2}	特 点	应用举例
聚酰胺（尼龙、PA）	1.14 ~ 1.16	55.9 ~ 81.4	0.38	坚韧、耐磨、耐疲劳、耐油、耐水、抗霉菌、无毒、吸水性大	轴承、齿轮、凸轮、导板、轮胎帘布等
聚甲醛（POM）	1.43	58.8	0.75	具有良好的综合性能，强度、刚度、冲击韧性、抗疲劳、抗蠕变等性能均较高，耐磨性好，吸水性小，尺寸稳定性好	轴承、衬垫、齿轮、叶轮、阀、管道、化学容器
聚砜（PSF）	1.24	84	0.69 ~ 0.79	具有优良的耐热、耐寒、抗蠕变及尺寸稳定性，耐酸、碱及高温蒸汽，具有良好的可电镀性	精密齿轮、凸轮、真空泵叶片、仪表壳、仪表盘、印制电路板等
聚碳酸酯（PC）	1.20	58.5 ~ 68.6	6.3 ~ 7.4	具有突出的冲击韧性及良好的力学性能，尺寸稳定性好，无色透明、吸水性小、耐热性好、不耐碱、酮、芳香烃，有应力开裂倾向	齿轮、齿条、蜗轮、蜗杆、防弹玻璃、电容器等
共聚丙烯腈-丁二烯-苯乙烯（ABS）	1.02 ~ 1.08	34.3 ~ 61.8	0.6 ~ 5.2	较好的综合性能，耐冲击，尺寸稳定性好	齿轮、轴承、仪表盘壳、窗框、隔音板等

（续）

名称 （代号）	密度 /g·cm⁻³	拉伸强度 /MPa	缺口冲击韧度 /J·cm⁻²	特　点	应用举例
聚四氟乙烯 （F-4）	2.11~2.19	15.7~30.9	1.6	优异的耐腐蚀，耐老化及电绝缘性，吸水性小，可在-195℃~+250℃长期使用。但加热后粘度大，不能注射成型	化工管道泵、内衬、电气设备隔离防护屏等
聚甲基丙烯酸甲酯 （有机玻璃、PMMA）	1.19	60~70	1.2~1.3	透明度高，密度小，高强度，韧性好，耐紫外线和防大气老化，但硬度低，耐热性差，易溶于极性有机溶剂	光学镜片、飞机座舱盖、窗玻璃、汽车风窗、电视屏幕等
酚醛塑料 （PF）	1.24~2.00	35~140	0.06~2.17	力学性能变化范围宽，耐热性、耐磨性、耐蚀性能好，具有良好的绝缘性	齿轮、耐酸泵、刹车片、仪表外壳、雷达罩等
环氧塑料 （EP）	1.1	69	0.44	比强度高，耐热性、耐腐蚀性、绝缘性能好，易于加工成型，但成本较高	模具、精密量具，电气和电子元件等

五、塑料在机械工程中的应用

塑料在工业上的应用比金属材料历史要短得多，因此，塑料的选材原则、方法与过程基本是参照金属材料的作法。根据各种塑料的使用和工艺性能特点，结合具体的塑料零件结构设计进行合理选材，尤其应注意工艺和实验结果，综合评价，最后确定选材方案。以下介绍几种机械上常用零件的塑料选材。

1. 一般结构件

一般结构件包括各类机械上的外壳、手柄、手轮、支架、仪器仪表的底座、罩壳、盖板等，这些构件使用时负荷小，通常只要求一定的机械强度和耐热性。因此，一般选用价格低廉、成型性好的塑料，如聚氯乙烯、聚乙烯、聚丙烯、聚苯乙烯、ABS等。若制品常与热水或蒸汽接触或稍大的壳体构件要求有刚性时，可选用聚碳酸酯、聚砜；如要求透明的零件，可选用有机玻璃、聚苯乙烯或聚碳酸酯等。

2. 普通传动零件

普通传动零件包括机器上的齿轮、凸轮、蜗轮等，这类零件要求有较高的强度、韧性、耐磨性和耐疲劳性及尺寸稳定性。可选用的材料有尼龙、MC尼龙、聚甲醛、聚碳酸酯、夹布酚醛、增强增塑聚酯、增强聚丙烯等，如为大型齿轮和蜗轮，可选用MC尼龙浇注成型；需要高的疲劳强度时选用聚甲醛；在腐蚀性介质中工作时可选用聚氯醚；用聚四氟乙烯充填的聚甲醛可用于有重载摩擦的场合。

3. 摩擦零件

摩擦零件主要包括轴承、轴套、导轨和活塞环等，这类零件要求强度一般，但要具有小的摩擦因数和良好的自润滑性，要求一定的耐油性和热变形温度，可选用的塑料有低压聚乙烯、尼龙 1010、MC 尼龙、聚氯醚、聚甲醛、聚四氟乙烯。由于塑料的热导率低，线胀系数大，因此，只有在低负荷、低速条件下才适宜选用。

4. 耐蚀零件

耐蚀零件主要应用在化工设备上，在其他机械工程结构中应用也很广泛。由于不同的塑料品种其耐蚀性能各不相同，因此要依据所接触的不同介质来选择，全塑结构的耐蚀零件还要求较高的强度和热变形性能。常用耐蚀塑料有聚丙烯、硬聚氯乙烯、填充聚四氟乙烯、聚全氟乙丙烯、聚三氟氯乙烯等。有的耐蚀工程结构采用塑料涂层结构或多种材料的复合结构，既保证了工作面的耐蚀性，又提高了支撑强度，并能节约材料。通常选用热膨胀系数小、粘附性好的树脂及其玻璃钢作衬里材料。

5. 电器零件

塑料用作电器零件，主要是利用其优异的绝缘性能（除了填充导电性填料的塑料）。用于工频低压下的普通电器元件的塑料有酚醛塑料、氨基塑料、环氧塑料等；用于高压电器的绝缘材料要求耐压强度高、介电常数小、抗电晕及优良的耐候性，常用塑料有交联聚乙烯、聚碳酸酯、氟塑料和环氧塑料等；用于高频设备中的绝缘材料有聚四氟乙烯、聚全氟乙丙烯及某些纯碳氢的热固性塑料，也可选用聚酰亚胺、有机硅树脂、聚砜、聚丙烯等。

第二节　橡胶与合成纤维

一、橡胶

（一）橡胶的组成

橡胶是以高分子化合物为基础的、具有显著高弹性的材料，它是以生胶为原料加入适量的配合剂而形成的高分子弹性体。

1. 生胶

生胶是橡胶制品的主要组分，其来源可以是天然的，也可以是合成的。生胶在橡胶制备过程中不但起着粘接其他配合剂的作用，而且是决定橡胶制品性能的关键因素。所使用的生胶种类不同，则橡胶制品的性能亦不同。

2. 配合剂

配合剂是为了提高和改善橡胶制品的各种性能而加入的物质，主要有硫化剂、硫化促进剂、防老剂、软化剂、填充剂、发泡剂及着色剂等。

（二）橡胶的性能特点

橡胶最显著的性能特点是具有高弹性，其主要表现为在较小的外力作用下就能产生很大的变形，且当外力去除后又能很快恢复到近似原来的状态；高弹性的另一个表现为其宏观弹性变形量可高达 100% ~ 1000% 。同时橡胶具有优良的伸缩性和可贵的积储能量的能力，良好的耐磨性、绝缘性、隔声性和阻尼性，一定的强度和硬度。因此，橡胶成为常用的弹性材料、密封材料、减振防振材料、传动材料、绝缘材料。

（三）橡胶的分类

按原料来源不同可将橡胶分为天然橡胶和合成橡胶两大类；按应用范围不同又可分为通

用橡胶与特种橡胶两类。天然橡胶是橡树上流出的乳胶经加工而制成的；合成橡胶是通过人工合成制得的具有与天然橡胶相近性能的一类高分子材料。通用橡胶是指用于制造轮胎、工业用品、日常用品等量大面广的橡胶；特种橡胶是指用于制造在特殊条件（高温、低温、酸、碱、油、辐射等）下使用的零部件的橡胶。

（四）常用橡胶材料

1. 天然橡胶

天然橡胶是从天然植物中采集出来的一种以聚异戊二烯为主要成分的天然高分子化合物。它具有较高的弹性、较好的力学性能、良好的电绝缘性及耐碱性，是一类综合性能较好的橡胶。其缺点是耐油、耐溶胶较差，耐臭氧老化性差，不耐高温及浓强酸。天然橡胶主要用于制造轮胎、胶带、胶管等。

2. 通用合成橡胶

（1）丁苯橡胶　它是由丁二烯和苯乙烯共聚而成的，其耐磨性、耐热性、耐油及抗老化性均比天然橡胶好，并能以任意比例与天然橡胶混用，价格低廉。缺点是生胶强度低、粘接性差、成型困难、硫化速度慢，制成的轮胎弹性不如天然橡胶。丁苯橡胶主要用于制造汽车轮胎、胶带、胶管等。

（2）顺丁橡胶　它是由丁二烯聚合而成的，其弹性、耐磨性、耐热性、耐寒性均优于天然橡胶，是制造轮胎的优良材料。缺点是强度较低、加工性能差、抗撕性差。顺丁橡胶主要用于制造轮胎、胶带、弹簧、减振器、电绝缘制品等。

（3）氯丁橡胶　它是由氯丁二烯聚合而成的。氯丁橡胶不仅具有可与天然橡胶相比的高弹性、高绝缘性、较高强度和高耐碱性，而且具有天然橡胶和一般通用橡胶所没有的优良性能，如耐油、耐溶剂、耐氧化、耐老化、耐酸、耐热、耐燃烧、耐挠曲等性能，故有"万能橡胶"之称。其缺点是耐寒性差、密度大，生胶稳定性差。氯丁橡胶应用广泛，它既可作通用橡胶，又可作特种橡胶。由于其耐燃烧，可用于制作矿井的运输带、胶管、电缆；也可作高速 V 带及各种垫圈等。

（4）乙丙橡胶　它是由乙烯与丙烯共聚而成的，具有结构稳定、抗老化能力强，绝缘性、耐热性及耐寒性好，在酸、碱中耐蚀性好等优点。其缺点是耐油性差、粘着性差、硫化速度慢。乙丙橡胶主要用于制作轮胎、蒸汽胶管、耐热输送带、高压电线管套等。

3. 特种合成橡胶

（1）丁腈橡胶　它是由丁二烯与丙烯腈聚合而成的，其耐油性好、耐热、耐燃烧、耐磨、耐碱、耐有机溶剂，抗老化。其缺点是耐寒性差，其脆化温度为 $-10℃ \sim -20℃$，耐酸性和绝缘性差。丁腈橡胶主要用于制作耐油制品，如油箱、储油槽、输油管等。

（2）硅橡胶　它是由二甲基硅氧烷与其他有机硅单体共聚而成的。硅橡胶具有良好的耐热性和耐寒性，在 $-100℃ \sim 350℃$ 范围内能够保持良好弹性，抗老化能力强、绝缘性好。其缺点是强度低，耐磨性及耐酸性差，价格较贵。硅橡胶主要用于飞机和宇航中的密封件、薄膜、胶管和耐高温的电线、电缆等。

（3）氟橡胶　它是以碳原子为主链，含有氟原子的聚合物。其化学稳定性高、耐蚀性能居各类橡胶之首，耐热性好，最高使用温度为 300℃。其缺点是价格昂贵，耐寒性差，加工性能不好。氟橡胶主要用于国防和高技术产品中的密封件，如火箭、导弹的密封垫圈及化工设备中的衬里等。常用橡胶的种类、性能和用途见表4-9。

表 4-9 常用橡胶的种类、性能和用途

性能	通用橡胶						特种橡胶				
	天然橡胶 NR	丁苯橡胶 SBR	顺丁橡胶 HR	丁基橡胶 HR	氯丁橡胶 CR	乙丙橡胶 EPDM	聚氨酯 UR	丁腈橡胶 NBR	氟橡胶 FPM	硅橡胶	聚硫橡胶
拉伸强度/MPa	25~30	15~20	18~25	17~21	25~27	10~25	20~35	15~30	20~22	4~10	0~15
伸长率(%)	650~900	500~800	450~800	650~800	800~1000	400~800	300~800	300~800	100~500	50~500	100~700
抗撕性	好	中	中	中	好	好	中	中	中	差	差
使用温度上限/°C	<100	80~120	120	120~170	120~150	150	80	120~170	300	-100~300	80~130
耐磨性	中	好	好	中	中	中	好	中	中	差	差
回弹性	好	中	好	中	中	中	中	中	中	差	差
耐油性				中	好		好	好	好		好
耐碱性				好	好		差		好		
耐老化				好	高	好			好	高	
成本		高			高				高	高	
使用性能	高强、绝缘、防振	耐磨	耐磨、耐寒	耐酸、耐碱、气密、防振、绝缘	耐酸、耐碱、耐燃	耐水、绝缘	高强、耐磨	耐油、气密	耐油、酸、耐碱、耐热、真空	耐热、绝缘	耐油、耐酸碱
工业应用举例	通用制品、轮胎	通用制品、胶布、胶板、轮胎	轮胎、耐寒胎、运输带	内胎、化工衬里、防振器	水、管道、胶管、胶带	汽车配件、散热管、电绝缘件	实心胎胶、辊、耐磨件	耐油垫圈、油管	化工衬里、高级密封件、高真空胶件	耐高温、电绝缘件、零件、绝缘用	丁腈改性用

二、合成纤维

能够保持长度比本身直径大 100 倍的均匀条状或丝状的高分子材料均称为纤维，它可分为天然纤维和化学纤维两种类型。化学纤维又包括人造纤维和合成纤维。人造纤维是用自然界的纤维加工制成的，如"人造丝"、"人造绵"的粘胶纤维和硝化纤维、醋酸纤维等；合成纤维是以石油、煤、天然气为原料制成的，它发展很快，产量最多的有以下六大品种（占 90%）：

（1）涤纶 又叫的确良，具有高强度、耐磨、耐蚀，易洗快干等优点，是很好的衣料纤维。

（2）尼龙 在我国又称为锦纶，其强度大、耐磨性好、弹性好，主要缺点是耐光性差。

（3）腈纶 在国外称为奥纶、开米司纶，它柔软、轻盈、保暖，有人造羊毛之称。

（4）维纶 维纶的原料易得，成本低，性能与棉花相似且强度高；缺点是弹性较差，织物易皱。

（5）丙纶 是后起之秀，发展快，纤维以轻、牢、耐磨著称；缺点是可染性差，且晒时易老化。

（6）氯纶 难燃、保暖、耐晒、耐磨，弹性也好，由于染色性差，热收缩大，限制了它的应用。

第三节 合成胶粘剂和涂料

一、合成胶粘剂

1. 胶接特点

用胶粘剂把物品连接在一起的方法称为胶接，也称为粘接。和其他连接方法相比，它有以下特点：

1）整个胶接面都能承受载荷，因此强度较高，而且应力分布均匀，避免了应力集中，耐疲劳强度好。

2）可连接不同种类的材料，而且可用于薄形零件、脆性材料以及微型零件的连接。

3）胶接结构质量轻，表面光滑美观。

4）具有密封作用，而且胶粘剂电绝缘性好，可以防止金属发生电化学腐蚀。

5）胶接工艺简单，操作方便。

2. 胶粘剂的组成

胶粘剂有天然胶粘剂和合成胶粘剂之分，也可分为有机胶粘剂和无机胶粘剂。其主要组成除了基料（一种或几种高聚物）外，尚有固化剂、填料、增塑剂、增韧剂、稀释剂、促进剂及着色剂。

3. 常用胶粘剂

（1）环氧胶粘剂 基料主要使用环氧树脂，我国使用最广的是双酚 A 型。它的性能较全面，应用广，俗称"万能胶"。为了满足各种需要，有很多配方。

（2）改性酚醛胶粘剂 酚醛树脂胶的耐热性、耐老化性好，粘接强度也高，但脆性大、固化收缩率大，常加其他树脂改性后使用。

（3）聚氨酯胶粘剂 它的柔韧性好，可低温使用，但不耐热、强度低，通常作非结构胶使用。

（4）α-氰基丙烯酸酯胶　它是常温快速固化胶粘剂，又称为"瞬干胶"。其粘接性能好，但耐热性和耐溶性较差。

（5）厌氧胶　这是一种常温下有氧时不能固化，当排掉氧后即能迅速固化的胶。它的主要成分是甲基丙烯酸的双酯，根据使用条件加入引发剂。厌氧胶具有良好的流动性和密封性，其耐蚀性、耐热性、耐寒性均比较好，主要用于螺纹的密封，因强度不高仍可拆卸。厌氧胶也可用于堵塞铸件砂眼和构件细缝。

（6）无机胶粘剂　高温环境要用无机胶粘剂，有的可在1300℃下使用，胶接强度高，但脆性大，它的种类很多，机械工程中多用磷酸-氧化铜无机胶。

4. 胶粘剂的选择

为了得到最好的胶接结果，必须根据具体情况选用适当的胶粘剂成分，万能胶粘剂是不存在的。胶粘剂的选用要考虑被胶接材料的种类、工作温度、胶接的结构形式以及工艺条件、成本等。

二、涂料

1. 涂料的作用

涂料就是通常所说的油漆，是一种有机高分子胶体的混合溶液，涂在物体表面上能干结成膜。涂料的作用有以下几点。

（1）保护作用　避免外力碰伤、摩擦，也能防止大气、水等的腐蚀。

（2）装饰作用　使制品表面光亮美观。

（3）特殊作用　可作标志用，如管道、气瓶和交通标志牌等。用作船底漆可防止微生物附着，保护船体光滑，减少行进阻力。另外还有绝缘涂料、导电涂料、抗红外线涂料、吸收雷达涂料、示温涂料以及医院手术室用的杀菌涂料等。

2. 涂料的组成

（1）粘结剂　粘结剂是涂料的主要成膜物质，它决定了涂层的性质。过去主要使用油料，现在使用合成树脂。

（2）颜料　颜料也是涂膜的组成部分，它不仅使涂料着色，而且能提高涂膜的强度、耐磨性、耐久性和防锈能力。

（3）溶剂　溶剂用以稀释涂料，便于加工，干结后挥发。

（4）其他辅助材料　如催干剂、增塑剂、固化剂、稳定剂等。

3. 常用涂料

（1）酚醛树脂涂料　应用最早，有清漆、绝缘漆、耐酸漆、地板漆等。

（2）氨基树脂涂料　涂膜光亮、坚硬，广泛用于电风扇、缝纫机、化工仪表、医疗器械、玩具等各种金属制品。

（3）醇酸树脂涂料　涂膜光亮、保光性强、耐久性好，适用于作金属底漆，也是良好的绝缘涂料。

（4）聚氨酯涂料　综合性能好，尤其是耐磨性和耐蚀性好，适用于列车、地板、舰船甲板、纺织用的纱管以及飞机外壳等。

（5）有机硅涂料　耐高温性能好，也耐大气腐蚀、耐老化，适于高温环境下使用。

为了拓宽高分子材料在机械工程中的应用，人们用物理及化学方法对现有的高分子材料进行改性，积极探索及研制性能优异的新的高分子材料（纳米塑料），采用新的工艺技术制取以高分子材料为基的复合材料，从而提高了其使用性能。同时人们利用纳米技术解决了"白色污染"问题，将可降解的淀粉和不可降解的塑料通过超微粉碎设备粉碎至"纳米级"后，进行物理共混改性。使用这种新型原料，可生产出100%降解的农用地膜、一次性餐具、各种包装袋等类似产品。农用地膜经4~5年的大田实验表明：在70~90天内淀粉完全降解为水和二氯化碳，塑料则变成对土壤和空气无害的细小颗粒，并在17个月内地膜完全降解为水和二氧化碳，这是彻底解决白色污染的实质性突破。

功能高分子材料是近年来发展较快的领域。一批具有光、电、磁等物理性能的高分子材料被相继开发，应用在计算机、通信、电子、国防等工业部门；与此同时，生物高分子材料在医学、生物工程方面也获得较大进展。可以预计，未来高分子材料将在高性能化、高功能化及生物化方面发挥日益显著的作用。

第五章 陶瓷材料

第一节 概　述

陶瓷是陶器与瓷器的总称，它是一种既古老而又现代的工程材料，同时也是人类最早利用自然界所提供的原料制造而成的材料，亦称为无机非金属材料。陶瓷材料由于具有耐高温、耐腐蚀、硬度高、绝缘等优点，在现代宇航、国防等高科技领域得到越来越广泛的应用。

陶瓷材料的发展经历了三次重大飞跃。旧石器时代的人们只会采集天然石料加工成器皿和工件。经历了漫长的发展和演变过程后，以粘土、石英、长石等矿物原料配制而成的瓷器才登上了历史的舞台。从陶器发展到瓷器，是陶瓷发展史上的第一次重大飞跃。由于低熔点的长石和粘土等成分配合，在焙烧过程中形成了流动性很好的液相，冷却后成为玻璃态，形成釉，使瓷器更加坚硬、致密和不透水。从传统陶瓷到先进陶瓷，是陶瓷发展史上的第二次重大飞跃，这一过程始于20世纪40~50年代，目前仍在不断发展。当然，传统陶瓷与先进陶瓷之间并无绝对的界线，但二者在原材料、制备工艺、产品显微结构等许多方面确有相当大的差别（表5-1）。从先进陶瓷发展到纳米陶瓷将是陶瓷发展史上的第三次重大飞跃，陶瓷科学家还需在诸如纳米粉体的制备、成型、烧结等许多方面进行艰苦的工作，预期21世纪在这一方面将取得重大突破，有可能解决陶瓷的致命弱点——脆性问题。陶瓷研究发展的三次飞跃如图5-1所示。

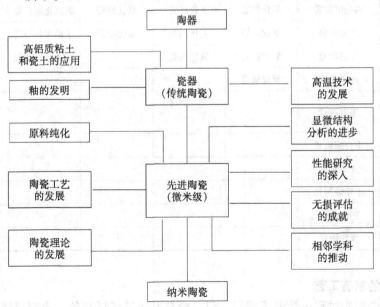

图 5-1　陶器发展的三次飞跃

表 5-1 传统陶瓷和先进陶瓷的对比

类 别	传统陶瓷	先进陶瓷
原料	天然原料	人造原料
成型烧结	浇浆铸造、陶土制坯窑	橡皮压床、热等静压机、热压机
产品	陶器、砖	涡轮、核反应堆、汽车件、机械件人工骨
组织	光学显微镜显微照片	电子显微镜电子显微照片

一、陶瓷的分类

陶瓷种类繁多，性能各异，按其原料来源不同可分为普通陶瓷（传统陶瓷）和特种陶瓷（先进陶瓷）。普通陶瓷是以天然硅酸盐矿物为原料（粘土、长石、石英），经过原料加工、成型、烧结而成，因此这种陶瓷又叫硅酸盐陶瓷。特种陶瓷是采用纯度较高的人工合成化合物（如 Al_2O_3、ZrO_2、SiC、Si_3N_4、BN），经配料、成型、烧结而制得。陶瓷按用途可分为日用陶瓷和工业陶瓷，工业陶瓷又可分为工程陶瓷和功能陶瓷。按化学组成可分为氮化物陶瓷、氧化物陶瓷、碳化物陶瓷等。陶瓷按性能可分为高强度陶瓷、高温陶瓷、耐酸陶瓷等，见表 5-2。

表 5-2 陶瓷的种类

普通陶瓷	特种陶瓷					
	按性能分类	按化学组成分类				
		氧化物陶瓷	氮化物陶瓷	碳化物陶瓷	复合瓷	金属陶瓷
日用陶瓷	高强度陶瓷	氧化铝瓷	氮化硅瓷	碳化硅瓷	氧氮化硅铝瓷	
建筑陶瓷	高温陶瓷	氧化锆瓷	氮化铝瓷	碳化硼瓷	镁铝尖晶石瓷	
绝缘陶瓷	耐磨陶瓷	氧化镁瓷	氮化硼瓷		锆钛酸铝镧瓷	
化工陶瓷	耐酸陶瓷	氧化铍瓷				
多孔陶瓷（过滤陶瓷）	压电陶瓷					
	电介质陶瓷					
	光学陶瓷					
	半导体陶瓷					
	磁性陶瓷					
	生物陶瓷					

二、陶瓷的制造工艺

陶瓷的生产制作过程虽然各不相同，但一般都要经过坯料制备、成型与烧结三个阶段。

1. 坯料制备

当采用天然的岩石、矿物、粘土等物质作原料时，一般要经过原料粉碎——精选（去掉杂质）——磨细（达到一定粒度）——配料（保证制品性能）——脱水（控制坯料水分）——炼坯、陈腐（去除空气）等过程。

当采用高纯度可控的人工合成的粉状化合物作原料时，如何获得成分、纯度、粒度均达到要求的粉状化合物是坯料制备的关键。制取微粉的方法有机械粉碎法、溶液沉淀法、气相沉积法等。

原料经过坯料制备后，依成型工艺的要求，可以是粉料、浆料或可塑泥团。

2. 成型

陶瓷制品的成型方法有很多，主要有以下三类：

（1）可塑法　可塑法又称为塑性料团成型法，它是在坯料中加入一定量的水或塑化剂，使其成为具有良好塑性的料团，然后利用料团的可塑性通过手工或机械成型。常用的工艺有挤压和车坯成型。

（2）注浆法　注浆法又称为浆料成型法，它是先把原料配制成浆料，然后注入模具中成型，分为一般注浆成型和热压注浆成型。

（3）压制法　压制法又称为粉料成型法，它是将含有一定水分和添加剂的粉料在金属模中用较高的压力压制成型（和粉末冶金成型方法相同）。

3. 烧结

未经烧结的陶瓷制品称为生坯。生坯是由许多固相粒子堆积起来的聚积体，颗粒之间除了点接触外，尚存在许多空隙，因此没有多大强度，必须经过高温烧结后才能使用。生坯经初步干燥后即可送去烧结。烧结是指生坯在高温加热时发生一系列物理和化学变化（水的蒸发，硅酸盐分解，有机物及碳化物的气化，晶体转型及熔化），并使生坯体积收缩，强度、密度增加，最终形成致密、坚硬的具有某种显微结构烧结体的过程。烧结后颗粒由点接触变为面接触，粒子间也将产生物质的转移。这些变化均需一定的温度和时间才能完成，所以烧结的温度较高，所需的时间也较长。常见的烧结方法有热压或热等静压法、液相烧结法、反应烧结法。

第二节　常用工程结构陶瓷材料

一、普通陶瓷

普通陶瓷是用粘土（$Al_2O_3 \cdot 2SiO_2 \cdot H_2O$）、长石（$K_2O \cdot Al_2O_3 \cdot 6SiO_2$；$Na_2O \cdot Al_2O_3 \cdot 6SiO_2$）、石英（$SiO_2$）为原料，经配料、成型、烧结而制成。组织中主晶相为莫来石（$3Al_2O_3 \cdot SiO_2$），占25%～30%；次晶相为SiO_2，玻璃相占35%～60%；气相占1%～3%。其中玻璃相是以长石为溶剂，在高温下溶解一定量的粘土和石英后经凝固而形成的。这类陶瓷质地坚硬，不会氧化生锈，不导电，能耐1200℃高温，加工成型性好，成本低廉。其缺点是因含有较多的玻璃相，故强度较低，且在高温下玻璃相易软化，所以其耐高温性能及绝缘性能不如特种陶瓷。

普通陶瓷产量大，广泛应用于电气、化工、建筑、纺织等工业部门，用来制作工作温度低于200℃的耐蚀器皿和容器、反应塔管道、供电系统的绝缘子、纺织机械中的导纱零件等。

二、特种陶瓷

特种陶瓷是用于特定场合并具有特殊性能的陶瓷，主要有氧化物陶瓷、氮化物陶瓷、碳化物陶瓷及硼化物陶瓷。

（一）氧化物陶瓷

1. 氧化铝陶瓷

氧化铝陶瓷是以 Al_2O_3 为主要原料，以刚玉（$\alpha\text{-}Al_2O_3$）为主要矿物质组成的一种相当重要的陶瓷材料。

Al_2O_3 陶瓷通常以配料或基体中 Al_2O_3 的含量来分类。习惯上把 Al_2O_3 含量在99%左右的陶瓷称为"99瓷"；含量在95%和90%左右的陶瓷依次称为"95瓷"和"90瓷"；含量在85%以上的陶瓷通常称为高铝瓷；含量在99%以上的陶瓷称为刚玉瓷或纯刚玉瓷。氧化铝陶瓷中 Al_2O_3 含量越高，玻璃相越少，气孔也越少，其性能越好，但工艺复杂，成本高。

Al_2O_3 陶瓷，特别是高铝瓷的机械强度极高，导热性能良好，绝缘强度及电阻率高，介质损耗低，介电常数一般在8~10之间，电性能随温度和频率的变化比较稳定。氧化铝陶瓷具有以下优点：①强度比普通陶瓷高2~3倍，有的甚至高5~6倍；②硬度高，仅次于金刚石、碳化硼、立方氮化硼和碳化硅；③有很好的耐磨性；④耐高温性能好，含 Al_2O_3 高的刚玉瓷有高的蠕变抗力，能在1600℃高温下长期工作；⑤耐蚀性及绝缘性好。缺点是脆性大，抗热振性差，不能承受环境温度的突然变化。主要用于制作内燃机的火花塞、火箭和导弹流罩、轴承、切削刀具，以及石油及化工用泵的密封环、纺织机上的导线器、熔化金属的坩埚及高温热电偶套管等。Al_2O_3 陶瓷在电子技术领域中广泛用作真空电容器的陶瓷管壳，大功率栅控金属陶瓷管、微波管的陶瓷管壳、微波管输能窗的陶瓷组件、各种陶瓷基板（包括多层布线基板）及半导体集成电路陶瓷封装管壳等。

2. 氧化锆陶瓷

ZrO_2 陶瓷属于新型陶瓷，由于它具有十分优异的物理及化学性能，不仅在科研领域已经成为研究热点，而且在工业生产中也得到了广泛的应用，是耐火材料、高温结构材料和电子材料的重要原料。在各种金属氧化物陶瓷材料中，ZrO_2 的高温热稳定性和隔热性能最好，最适宜作陶瓷涂层和高温耐火制品。以 ZrO_2 为主要原料的锆英石基陶瓷颜料是高级釉料的重要成分。ZrO_2 的热导率在常见的陶瓷材料中最低，而热膨胀系数又与金属材料较为接近，因此成为重要的结构陶瓷材料；特殊的晶体结构又使之成为重要的电子材料。ZrO_2 的相变增韧等特性，使之成为塑性陶瓷材料的宠儿；良好的力学性能和热物理性能，使它能够成为金属基复合材料中性能优异的增强相。目前在各种金属氧化物陶瓷中，ZrO_2 的重要作用仅次于 Al_2O_3。

由于氧化锆的熔点高达2700℃，耐热性、耐蚀性优良，热导率在常见的陶瓷材料中最低，热膨胀系数又最大，与金属材料较为接近。完全稳定化氧化锆（FSZ）易产生较高的热应力，部分稳定氧化锆（PSZ）的强度高、脆性低、断裂韧度较高，被认为是发动机上最有前途的陶瓷材料。美国康明斯公司已有该种产品面世，日本也有许多用 ZrO_2 陶瓷制造的发动机部件。目前使用得最多的含氧化锆陶瓷系列有氧化锆增韧氧化铝（ZTA）、部分稳定氧化锆（PSZ）、四方氧化锆多晶体（TZP），这三种陶瓷都具有高的强度和良好的韧性。优良的性能起源于四方氧化锆经受应力诱导相变转变为单斜相相变，该相变同时伴有体积膨胀，这种现象称为相变增韧。相变增韧 ZrO_2 陶瓷是一种极有发展前途的新型结构陶瓷，它主要

是利用 ZrO_2 相变特性来提高陶瓷材料的断裂韧度和弯曲强度，使其具有优良的力学性能、低的热导率和良好的抗热震性。它还可以用来显著提高脆性材料的韧性和强度，是复合材料和复合陶瓷中重要的增韧剂。近来，具有各种优良性能的陶瓷和以 ZrO_2 为相变增韧物质的复合陶瓷迅速发展，在工业和科学技术的许多领域获得了日益广泛的应用。

3. 氧化镁/钙陶瓷

氧化镁/钙陶瓷通常是由热白云石（镁/钙的碳酸盐）矿石除去 CO_2 而制成的，其特点是能抗各种金属碱性渣的作用，因而常用作炉衬的耐火砖。但这种陶瓷的缺点是热稳定性差，MgO 在高温下易挥发，CaO 甚至在空气中就易水化。

4. 氧化铍陶瓷

除了具备一般陶瓷的特性外，氧化铍陶瓷最大的特点是导热性好，因而具有很高的热稳定性。虽然其强度性能不高，但抗热冲击性较高。由于氧化铍陶瓷消散高辐射的能力强、热中子阻尼系数大，所以经常用于制造坩埚，还可作真空陶瓷和原子反应堆陶瓷等。另外，气体激光管、晶体管热片和集成电路的基片和外壳等也多用该种陶瓷制造。

5. 氧化钍/铀陶瓷

氧化钍/铀陶瓷是具有放射性的一类陶瓷，具有极高的熔点和密度，多用于制造熔化铑、铂、银和其他金属的坩埚及动力反应堆中的放热元件等。ThO_2 陶瓷还可用于制造电炉构件。

常见氧化物陶瓷的基本性能见表 5-3。

表 5-3 常见氧化物陶瓷的基本性能

氧化物	熔点 /℃	理论密度 /g·cm^{-3}	强度/MPa			弹性模量 /10^{3}MPa	莫氏 硬度	线胀系数 /10^{-6}℃$^{-1}$	无气孔时的 热导率/W· (m·K)$^{-1}$	体积电阻率 /Ω·m	抗氧 化性	热稳 定性	耐蚀 能力
			拉伸	弯曲	压缩								
Al_2O_3	2050	3.99	255	147	2943	375	9	8.4	28.8	10^{14}	中等	高	高
ZrO_2	2715	5.60	147	226	2060	169	7	7.7	1.7	10^2 (1000℃)	中等	低	高
BeO	2570	3.02	98	128	785	304	9	10.6	209	10^{12}	中等	高	中等
MgO	2800	3.58	98	108	1373	210	5~6	15.6	34.5	10^{13}	中等	低	中等
CaO	2570	3.35		78			4~5	13.8	14	10^{12}	中等	低	中等
ThO_2	3050	9.69	98		1472	137	6.5	10.2	8.5	10^{11}	中等	低	高
UO_2	2760	10.96			961	161	3.5	10.5	7.3	10 (800℃)	中等		

（二）氮化物陶瓷

1. 氮化硅陶瓷

氮化硅陶瓷是以 Si_3N_4 为主要成分的陶瓷，Si_3N_4 为主晶相。按制造工艺不同可将氮化硅陶瓷分为热压烧结氮化硅（β-Si_3N_4）陶瓷和反应烧结氮化硅（α-Si_3N_4）陶瓷。热压烧结氮化硅陶瓷组织致密，气孔率接近于零，强度高。反应烧结氮化硅陶瓷是以 Si 粉或 Si-SiN_4 粉为原料，压制成型后经氮化处理而得到的。因其有20%~30%的气孔，故强度不及热压烧结氮化硅陶瓷，但与95陶瓷相近。氮化硅陶瓷具有以下优点：①硬度高，摩擦因数小，只有0.1~0.2；②具有自润滑性，可以在没有润滑剂的条件下使用；③蠕变抗力高，热膨胀系数小，抗热震性能在陶瓷中最佳，比 Al_2O_3 陶瓷高2~3倍；④化学稳定性好，能够抗氢氟酸以外的各种无机酸和碱溶液的侵蚀，也能抵抗熔融非铁金属的侵蚀。此外，由于氮化硅为共价晶体，因此具有优异的电绝缘性能。

反应烧结氮化硅陶瓷因在氮化过程中可进行机加工，主要用于制作形状复杂、尺寸精度高、耐热、耐蚀、耐磨及绝缘制品，如石油、化工泵的密封环、高温轴承、热电偶导管等。热压烧结氮化硅陶瓷只用于制作形状简单的耐磨及耐高温零件，如切削刀具等。

近年来在氮化硅中添加一定数量的 Al_2O_3 过渡新型陶瓷材料，成为赛纶（Sialon）陶瓷。它可采用常压烧结方法就能达到接近热压烧结氮化硅陶瓷的性能，是目前强度最高并具有优异化学稳定性、耐磨性和热稳定性的陶瓷。

2. 氮化硼陶瓷

氮化硼陶瓷的主晶相是 BN，属于共价晶体，其晶体结构与石墨相仿，为六方晶格，故有白石墨之称。氮化硼陶瓷具有以下优点：①良好的耐热性和导热性，其热导率与不锈钢相当；②热膨胀系数小（比其他陶瓷及金属均低得多），故其抗热震性和热稳定性均好；③绝缘性好，在2000℃的高温下仍是绝缘体；④化学稳定性高，能抵抗铁、铝、镍等熔融金属的侵蚀；⑤硬度较其他陶瓷低，可进行切削加工；⑥有自润滑性。这类陶瓷常用于制作热电偶套管、熔炼半导体及金属的坩埚、冶金用高温容器和管道、玻璃制品成型模、高温绝缘材料等。此外，由于 BN 有很大的中子吸收截面，可用作核反应堆中吸收热中子的控制棒。立方氮化硼由于其硬度高，在1925℃高温下不会氧化，已成为金刚石的代用品。

（三）碳化物陶瓷

碳化物陶瓷包括碳化硅、碳化铈、碳化钼、碳化铌、碳化钛、碳化钨、碳化钽、碳化钒、碳化锆、碳化铪等。该类陶瓷的突出特点是具有很高的熔点、硬度（接近于金刚石）和耐磨性（特别是在侵蚀性介质中），缺点是耐高温氧化能力差（900~1000℃）、脆性极大。

1. 碳化硅陶瓷

碳化硅陶瓷在碳化物陶瓷中应用最为广泛。其密度为 $3.2g \cdot cm^{-3}$，弯曲强度和压缩强度分别为200~250MPa 和1000~1500MPa，硬度为莫氏9.2（高于氧化物陶瓷中最高的刚玉和氧化铍的硬度）。该种材料热导率很高，但热膨胀系数很小，并且在900~1300℃时会慢慢氧化。

碳化硅陶瓷通常用于制作加热元件、石墨表面保护层及砂轮和磨料等。将由有机粘结剂粘接的碳化硅陶瓷加热至1700℃后加压成型时，有机粘结剂被烧掉，碳化物颗粒间呈晶态粘接，从而形成高强度、高致密度、高耐磨性和高耐化学侵蚀的耐火材料。

2. 碳化硼陶瓷

碳化硼陶瓷的硬度极高，抗磨粒磨损能力很强，熔点高达2450℃左右，但在高温下会快速氧化，并与热或熔融黑色金属发生反应，因此其使用温度限定在980℃以下。其主要用途是制作磨料，有时用于超硬质工具材料。

3. 其他碳化物陶瓷

碳化铈、碳化钼、碳化铌、碳化钽、碳化钨和碳化锆陶瓷的熔点和硬度都很高，通常在2000℃以上的中性或还原性气氛中作高温材料；碳化铌、碳化钛等甚至可用于2500℃以上的氮气气氛。在各类碳化物陶瓷中，碳化铪的熔点最高，达2900℃。

　　（四）硼化物陶瓷

　　最常见的硼化物陶瓷包括硼化铬、硼化钼、硼化钛、硼化钨和硼化锆等，其特点是高硬度，同时具有较好的耐化学侵蚀能力。其熔点范围为1800～2500℃，与碳化物陶瓷相比，硼化物陶瓷具有较高的抗高温氧化性能，使用温度达1400℃。硼化物陶瓷主要用作高温轴承、内燃机喷嘴、各种高温器件、处理熔融非铁金属的器件等，此外还用作电触点材料。

　　常用工程结构陶瓷的种类、性能及应用见表5-4。

表5-4　常用工程结构陶瓷的种类、性能及应用

	名称	密度 /g·cm^{-3}	弯曲强度 /MPa	拉伸强度 /MPa	压缩强度 /MPa	膨胀系数 /10^{-6}℃$^{-1}$	应用举例
普通陶瓷	普通工业陶瓷	2.3～2.4	65～85	26～36	460～680	3～6	绝缘子、绝缘的机械支撑件、静电纺织导纱器
	化工陶瓷	2.1～2.3	30～60	7～12	80～140	4.5～6	受力不大、工作温度低的酸碱容器、反应塔、管道
特种陶瓷	氧化铝陶瓷	3.2～3.9	250～450	140～250	1200～2500	5～6.7	内燃机火花塞、轴承、化工、石油用泵的密封环、火箭和导弹流罩、坩埚、热电偶套管、刀具等
	氮化硅陶瓷 反应烧结 热压烧结	2.4～2.6 3.10～3.18	166～206 490～590	141 150～275	1200	2.99 3.28	耐磨、耐腐蚀、耐高温零件，如石油及化工泵的密封环、电磁泵管道、阀门、热电偶套管、转子发动机刮片，高温轴承，刀具等
	氮化硼陶瓷	2.15～2.2	53～109	25（1000℃）	233～315	1.5～3	坩埚、绝缘零件、高温轴承、玻璃制品成型模等
	氮化镁陶瓷	3.0～3.6	160～280	60～80	780	13.5	熔炼Fe、Cu、Mo、Mg等金属的坩埚及熔化高纯度U、Th及其合金的坩埚
	氮化铍陶瓷	2.9	150～200	97～130	800～1620	9.5	高绝缘电子元件、核反应堆中子减速剂和反射材料、高频电炉坩埚
	氮化锆陶瓷	5.5～6.0	1000～1500	140～500	144～2100	4.5～11	熔炼Pt、Pd、Ph等金属的坩埚、电极等

第三节　金属陶瓷（硬质合金）

　　金属陶瓷是以金属氧化物（如 Al_2O_3、ZrO_2 等）或金属碳化物（如 TiC、WC、TaC、NbC 等）为主要成分，再加入适量的金属粉末（如 Co、Cr、Ni、Mo 等），通过粉末冶金方法制成的具有金属某些性质的陶瓷，它是制造金属切削刀具、模具和耐磨零件的重要材料。

　　一、粉末冶金方法及其应用

　　金属材料一般经过熔炼和铸造方法生产出来，但是对于高熔点的金属和金属化合物，采用上述方法制取是很困难而又不经济的。20世纪初研制了一种粉末，经压制成型并经烧结而制成零件或毛坯，这种方法称为粉末冶金法，其实质是陶瓷生产工艺在冶金中的应用。

粉末冶金法不但是一种可以制造具有特殊性能金属材料的加工方法，而且也是一种精密度高、无切屑加工的方法。近年来，粉末冶金技术和生产迅速发展，在机械、高温金属、电器电子行业的应用日益广泛。

粉末冶金的应用主要有以下几个方面：

（1）减摩材料　应用最早的是含油轴承，将这种滑动轴承浸在润滑油中，利用粉末冶金的多孔性，其毛细孔可吸附大量润滑油（一般含油率为质量分数 12% ~ 30%）。含油轴承有自润滑作用，一般作为中速、轻载的轴承，特别适宜不能经常加油的轴承，如纺织机械、食品机械、家用电器等所用轴承，在汽车、拖拉机、机床中也有应用。常用含油轴承有铁基（如 Fe + G、Fe + S + G 等）和铜基（如 Cu + Sb + Pb + Zn + G 等）两大类。

（2）结构材料　它是以碳钢或合金钢的粉末为原料，采用粉末冶金方法制造结构零件。这种制品的精度较高、表面光洁（径向精度 2 ~ 4 级、表面粗糙度 $Ra = 1.6 ~ 0.20 \mu m$），不需或少需切削加工即为成品零件。制品可通过热处理和后处理来提高强度和耐磨性，可制造液压泵齿轮、电钻齿轮、凸轮、衬套及各类仪表零件，是一种少、无切屑新工艺材料。

（3）高熔点材料　一些高熔点的金属和金属化合物如 W、Mo、WC、TiC 等，其熔点都在 2000℃以上，用熔炼和铸造方法生产比较困难，而且难以保证纯度和冶金质量，可通过粉末冶金生产，如各种金属陶瓷、钨丝及 Mo、Ta、Nb 等难熔金属和高温合金。

此外，粉末冶金还可用于制造特殊电磁性能材料，包括①硬磁材料、软磁材料；②多孔过滤材料，用于空气的过滤、水的净化、液体燃料和润滑油的过滤等；③假合金材料，如钨-铜、铜-石墨系等电接触材料，这类材料的组元在液态下互不溶解或各组元的密度相差悬殊，只有通过粉末冶金法制取合金。

由于设备和模具的限制，粉末冶金还只能生产尺寸有限和形状不很复杂的制品。由于烧结零件的韧性较差，故生产效率较低，成本较高。

二、金属陶瓷

硬质合金是金属陶瓷的一种，它是以金属碳化物（如 WC、TiC、TaC 等）为基体，再加入适量金属粉末（如 Co、Ni、Mo 等）作粘结剂而制成的具有金属性质的粉末冶金材料。

（一）硬质合金的性能特点

1）高硬度、耐磨性好、高热硬性，这是硬质合金的主要性能特点。由于硬质合金是以高硬度、高耐磨性和高热稳定性的碳化物作为骨架，起到坚硬耐磨作用，所以，在常温下硬度可达 86 ~ 93HRA（相当于 69 ~ 81HRC），热硬性可达 900 ~ 1000℃。故作切削刀具使用时，其耐磨性、寿命和切削速度都比高速钢显著提高。

2）压缩强度及弹性模量高，压缩强度可高达 6000MPa，高于高速钢；但弯曲强度低，只有高速钢的 1/3 ~ 1/2。其弹性模量很高，为高速钢的 2 ~ 3 倍；但它的韧性很差，冲击韧度仅为 2.5 ~ 6J/cm^2，为淬火钢的 30% ~ 50%。

此外，硬质合金还有良好的耐蚀性和抗氧化性，其热膨胀系数比钢低。抗弯强度低、脆性大、导热性差是硬质合金的主要缺点，因此在加工及使用过程中要避免冲击和温度急剧变化。

硬质合金由于硬度高，不能用一般的切削方法加工，只有采用电加工（电火花、线切割）和专门的砂轮磨削。一般是将一定形状和规格的硬质合金制品，通过粘接、钎焊或机械装夹等方法固定在钢制刀体或模具体上使用。

（二）硬质合金的分类、编号和应用

1. 硬质合金的分类及编号

常用硬质合金按成分和性能特点分为三类，其代号、化学成分及性能见表5-5。

表5-5　常用硬质合金的代号、化学成分及性能

| 类　别 | 代号[①] | 化学成分（质量分数,%） | | | | 物理及力学性能 | | |
		WC	TiC	TaC	Co	密度 /g·cm^{-3}	硬度 HRA（不低于）	弯曲强度 /MPa（不低于）
钨钴类合金	YG3X	96.5		<0.5	3	15.0~15.3	91.5	1100
	YG6	94			6	14.6~15.0	89.5	1450
	YG6X	93.5		<0.5	6	14.6~15.0	91	1400
	YG8	92			8	14.5~14.9	89	1500
	YG8C	92			8	14.5~14.9	88	1750
	YG11C	89			11	14.0~14.4	86.5	2100
	YG15	85			15	13.9~14.2	87	2100
	YG20C	80			20	13.4~13.8	82~84	2200
	YG6A	91		3	6	14.6~15.0	91.5	1400
	YG8A	91		<1.0	8	14.5~14.9	89.5	1500
钨钴钛类合金	YT5	85	5		10	12.5~13.2	89	1400
	YT15	79	15		6	11.0~11.7	91	1150
	YT30	66	30		4	9.3~9.7	92.5	900
通用合金	YW1	84	6	4	6	12.8~13.3	91.5	1200
	YW2	82	6	4	8	12.6~13.0	90.5	1300

① 代号中的 X 代表细颗粒合金；C 代表粗颗粒合金；A 代表含有少量 TaC 的合金；其他为一般颗粒合金。

（1）钨钴类硬质合金　此类合金由碳化钨和钴组成，常用代号有 YG3、YG6、YG8 等。代号中"YG"为"硬、钴"两字的汉语拼音首字母，后面的数字表示钴质量分数。例如，YG6 表示 w_{Co} =6%、余量为碳化钨的钨钴类硬质合金。

（2）钨钴钛类硬质合金　此类合金由碳化钨、碳化钛和钴组成，常用代号有 YT5、YT15、YT30 等。代号中"YT"为"硬、钛"两字的汉语拼音首字母，后面的数字表示碳化钛的质量分数。例如，YT15 表示 w_{TiC} =15%、余量为碳化钨及钴的钨钴钛类硬质合金。

硬质合金中碳化物的含量越多、钴含量越少，则硬质合金的硬度、热硬性及耐磨性越高，但强度及韧性越低。当含钴量相同时，钨钴钛合金由于含有碳化钛，故硬度、耐磨性较高，同时，由于这类合金表面会形成一层氧化钛薄膜，切削时不易粘刀，故有较高的热硬性，但其强度和韧性比钨钴合金低。

（3）通用硬质合金　此类合金是在成分中添加 TaC 或 NbC 来取代部分 TiC，其代号用

"硬、万"两字的汉语拼音首字母"YW"加顺序号表示，如 YW1、YW2。它的热硬性高（>1000℃），其他性能介于钨钴类与钨钴钛类合金之间。这种合金既能加工钢材，又能加工铸铁和有色金属，故称为通用或万能硬质合金。

2. 硬质合金的应用

在机械制造中，硬质合金主要用于制造切削刀具、冷作模具、量具和耐磨零件。

钨钴类合金刀具主要用来切削加工产生断续切屑的脆性材料，如铸铁、有色金属、胶木及其他非金属材料；钨钴钛类合金主要用来切削加工韧性材料，如各种钢。在同类硬质合金中，由于含钴量多的硬质合金韧性好些，适宜粗加工，含钴量少的适宜精加工。

通用硬质合金既可切削脆性材料，又可切削韧性材料，特别是对于不锈钢、耐热钢、高锰钢等难以加工的钢材，其切削加工效果更好。

硬质合金也用于冷拔模、冷冲模、冷挤压模及冷镦模；在量具的易磨损工作面上镶嵌硬质合金，使量具的使用寿命和可靠性都得到提高；许多耐磨零件，如机床顶尖、无心磨导杠和导板等，也都应用硬质合金。硬质合金是一种贵重的刀具材料。

（三）钢结硬质合金

钢结硬质合金是一种新型硬质合金，它是以一种或几种碳化物（WC、TiC）等为硬化相，以合金钢（高速钢、铬钼钢）粉末为粘结剂，经配料、压型、烧结而成的。

钢结硬质合金具有与钢一样的可加工能力，可以锻造、焊接和热处理。其锻造退火后的硬度为 40～45HRC，这时能用一般切削加工方法对其进行加工。加工成工具后，经过淬火＋低温回火处理，硬度可达 69～73HRC。用它制作刃具，其寿命与钨钴类合金差不多，而大大超过合金工具钢，可以制造各种复杂的刀具，如麻花钻、铣刀等，也可以制造在较高温度下工作的模具和耐磨零件。

脆性大、韧性低、难以加工成型是制约工程结构陶瓷发展及应用的主要原因。近年来，国内外都在陶瓷的成分设计、改变组织结构、创建新的工艺等方面加强了研究，以期达到增韧及扩大品种的目的。"利用 ZrO_2 进行相变增韧"、"纤维补强增韧"以及应用特殊工艺及方法制造"微米陶瓷"及"纳米陶瓷"等增韧技术都取得了一定进展。用纳米陶瓷材料可制得"摔不碎的酒杯"或"摔不碎的碗"，这无疑会使结构陶瓷在工程结构中的应用范围进一步扩大。

在结构陶瓷发展的同时，种类繁多、性能各异的功能陶瓷也在不断涌现。导电陶瓷、压电陶瓷、快离子导体陶瓷、光学陶瓷（如光导纤维、激光材料）、敏感陶瓷（如光敏、气敏、压敏、热敏、湿敏陶瓷）、激光陶瓷、超导陶瓷、陶瓷集成等陶瓷材料在各个领域中正发挥着巨大的作用。

第六章 复合材料

第一节 概　　述

一、复合材料的概念

随着现代机械、电子、化工、国防等工业的发展及航天、信息、能源、激光、自动化等高科技的进步，对材料性能的要求越来越高。除了要求材料具有高的比强度、高的比模量、耐高温、耐疲劳等性能外，还对材料的耐磨性、尺寸稳定性、减振性、无磁性、绝缘性等提出特殊要求，甚至有些构件要求材料同时具有相互矛盾的性能，如要求材料既导电又绝缘、强度比钢好而弹性又比橡胶强，并能焊接等。这对单一的金属、陶瓷及高分子材料来说是无能为力的。若采用复合技术，把一些具有不同性能的材料复合起来，取长补短，就能实现这些性能要求，于是现代复合材料应运而生。

所谓复合材料，是指由两种或两种以上不同性质的材料，通过不同的工艺方法人工合成的，各组分间有明显界面且性能优于各组成材料的多相材料。为了满足性能要求，人们在不同的非金属之间、金属之间以及金属与非金属之间进行"复合"，使其既保持组成材料的最佳特性，同时又具有组合后的新性能。有些性能往往超过各组成材料的性能总和，从而充分发挥了材料的性能潜力。复合已成为改善材料性能的一种手段，复合材料已引起人们的重视，新型复合材料的研制和应用也越来越广泛。

二、复合材料的分类

1. 按照基体材料分类

（1）非金属基复合材料　它又可分为：①无机非金属基复合材料，如陶瓷基、水泥基复合材料等；②有机非金属基复合材料，如塑料基、橡胶基复合材料。

（2）金属基复合材料　如铝基、铜基、镍基、钛基复合材料等。

2. 按照增强材料分类

（1）纤维增强复合材料　如纤维增强塑料、纤维增强橡胶、纤维增强陶瓷、纤维增强金属等。

（2）粒子增强复合材料　如金属陶瓷、烧结弥散硬化合金等。

（3）叠层复合材料　如双层金属复合材料（巴氏合金-钢轴承材料）、三层复合材料（钢-铜-塑料复合无油滑动轴承材料）。

在上述三类增强材料中，以纤维增强复合材料发展最快、应用最广。复合材料的分类见表6-1。

三、复合材料的命名

（1）以基体为主命名　强调基体时以基体为主来命名，如金属复合材料等。

（2）以增强材料为主命名　强调增强材料时以增强材料为主来命名，如碳纤维增强复合材料。

表 6-1　复合材料的种类

增强体		基 体							
		金属	无机非金属				有机非金属		
			陶瓷	玻璃	水泥	碳素	木材	塑料	橡胶
金属		金属基 复合材料	陶瓷基 复合材料	金属网 嵌玻璃	钢筋 水泥	无	无	金属丝 增强材料	金属丝 增强橡胶
无机非金属	陶瓷 { 纤维 粒料	金属基 超硬合金	增强陶瓷	陶瓷增 强玻璃	增强 水泥	无	无	陶瓷纤维 增强塑料	陶瓷纤维 增强橡胶
	碳素 { 纤维 粒料	碳纤维 增强合金	增强陶瓷	陶瓷增 强玻璃	增强 水泥	碳纤增强碳 复合材料	无	碳纤维 增强塑料	碳纤碳黑 增强橡胶
	玻璃 { 纤维 粒料	无	无	无	增强 水泥	无	无	玻璃纤维 增强塑料	玻璃纤维 增强橡胶
有机非金属	木材	无	无	无	水泥 木丝板	无	无	纤维板	无
	高聚物纤维	无	无	无	增强 水泥	无	塑料合板	高聚物纤维 增强塑料	高聚物纤维 增强橡胶
	橡胶胶粒	无	无	无	无	无	橡胶合板	高聚物合金	高聚物合金

（3）基体与增强材料并用　这种命名法常用以指某一具体复合材料，一般将增强材料名称放在前面，基体材料的名称放在后面，最后加复合材料而成。例如，C/Al 复合材料即为碳纤维增强铝合金复合材料。

（4）以商业名称命名　如玻璃钢即为玻璃纤维增强树脂基复合材料。

第二节　复合材料的增强机制及性能

一、复合材料的增强机制

1. 纤维增强复合材料的增强机制

纤维增强复合材料由高强度、高弹性模量的连续（长）纤维或不连续（短）纤维与基体（树脂或金属、陶瓷等）复合而成。复合材料受力时，高弹性、高模量的增强纤维承受大部分载荷，而基体主要作为媒介，传递和分散载荷。

单向纤维增强复合材料的断裂强度 σ_c 和弹性模量 E_c 与各组分材料的性能关系如下

$$\sigma_c = k_1 [\sigma_f V_f + \sigma_m (1 - V_f)]$$

$$E_c = k_2 [E_f V_f + E_m (1 - V_f)]$$

式中，σ_f、E_f 分别为纤维的断裂强度和弹性模量；σ_m、E_m 分别为基体材料的强度和弹性模量；V_f 为纤维的体积分数；k_1、k_2 为常数，主要与界面强度有关。纤维与基体界面的结合强度还与纤维的排列、分布方式及断裂形式有关。

为了达到强化目的，必须满足下列条件：

1）增强纤维的强度及弹性模量应远远高于基体，以保证复合材料受力时主要由纤维承受外加载荷。

2）纤维和基体之间应有一定结合强度，这样才能保证基体所承受的载荷能通过界面传递给纤维，并防止脆性断裂。

3）纤维的排列方向要和构件的受力方向一致，这样才能发挥增强作用。

4）纤维和基体之间不能发生使结合强度降低的化学反应。

5）纤维和基体的热膨胀系数应匹配，不能相差过大，否则在热胀冷缩过程中会使纤维与基体的结合强度降低。

6）纤维所占的体积分数、纤维长度 L 和直径 d 及长径比 L/d 等必须满足一定要求，一般是纤维所占的体积分数越高，纤维越长、越细，增强效果越好。

2. 粒子增强复合材料的增强机制

粒子增强复合材料按照颗粒尺寸大小和数量多少可分为：①弥散强化复合材料，其粒子直径 d 一般为 $0.01 \sim 0.1\mu m$，粒子体积分数 φ_V 为 $1\% \sim 15\%$；②颗粒增强复合材料，它的 d 为 $1 \sim 50\mu m$，$\varphi_V > 20\%$。

（1）弥散强化复合材料的增强机制　这类复合材料就是将一种或几种材料的颗粒（$d < 0.1\mu m$）弥散并均匀分布在基体材料内所形成的材料。其增强机制是：在外力的作用下，复合材料的基体将主要承受载荷，而弥散均匀分布的增强粒子将阻碍基体塑性变形的位错运动（如金属基体的绕过机制）或分子链运动（高聚物基体时）。增强粒子大都是氧化物等化合物，其熔点、硬度较高，化学稳定性好，所以粒子加入后，不但使常温下材料的强度、硬度有较大提高，而且使高温下材料的强度下降幅度减小，即弥散强化复合材料的高温强度高于单一材料。强化效果与粒子直径及体积分数有关，质点尺寸越小、体积分数越高，强化效果越好。通常 $d = 0.01 \sim 0.1\mu m$，$\varphi_V = 1\% \sim 15\%$。

（2）颗粒增强复合材料的增强机制　这类复合材料是用金属或高分子聚合物为粘接剂，把具有耐热性好、硬度高但不耐冲击的金属氧化物、碳化物、氮化物粘接在一起而形成的材料。这类材料的性能既具有陶瓷的高硬度及耐热性，又具有脆性小、耐冲击等优点，显示了突出的复合效果。但是，由于强化相的颗粒比较大（$d > 1\mu m$），它对位错的滑移（金属基）和分子链运动（聚合物基）已没有多大的阻碍作用，因此强化效果并不显著。颗粒增强复合主要目的不是为了提高材料强度，而是为了改善材料的耐磨性或综合的力学性能。

二、复合材料的性能特点

复合材料虽然种类繁多，性能各异，但不同类型的复合材料却有一些相同的性能特点。

（1）比强度和比模量高　材料的强度和弹性模量与密度的比值分别称为比强度和比模量，它们是衡量材料承载能力的一个重要指标。比强度越高，在同样强度下，同一零件的自重越小；比模量越大，在质量相同的条件下零件的刚度越大。这一点对高速运动的机械及要求减轻自重的构件是非常重要的。表6-2列出了一些金属与纤维增强复合材料性能的比较，由表中可见，复合材料都具有较高的比强度和比模量，尤其是碳纤维-环氧树脂复合材料，其比强度比钢高7倍，比模量比钢大3倍。

表 6-2　金属与纤维增强复合材料性能比较

性能 材料	密度 /g·cm⁻³	抗拉强度 /10³MPa	弹性模量 /10⁵MPa	比强度 /10⁶N·m·kg⁻¹	比模量 /10⁸N·m·kg⁻¹
钢	7.8	1.03	2.10	0.13	27
铝	2.8	0.47	0.75	0.17	27
钛	4.5	0.96	1.14	0.21	25
玻璃钢	2.0	1.06	0.40	0.53	20
高强碳纤维-环氧	1.45	1.50	1.40	1.03	97
高强碳纤维-环氧	1.6	1.07	2.40	0.67	150
硼纤维-环氧	2.1	1.38	2.40	0.66	100
有机纤维 PRO-环氧	1.4	1.40	0.80	1.00	57
SiC 纤维-环氧	2.2	1.09	1.02	0.50	46
硼纤维-铝	2.65	1.00	2.00	0.38	75

（2）良好的抗疲劳性能　由于纤维增强复合材料特别是纤维-树脂复合材料对缺口应力集中敏感性小，而且纤维和基体界面能够阻止疲劳裂纹扩展和改变裂纹扩展方向，因此复合材料具有较高的疲劳极限。实验表明，碳纤维增强复合材料的疲劳极限可达抗拉强度的70%～80%，而金属材料的疲劳极限只有其抗拉强度的40%～50%。

（3）破断安全性好　纤维复合材料中有大量独立的纤维，平均每平方厘米面积上有几千到几万根。当纤维复合材料构件由于超载或其他原因使少数纤维断裂时，载荷就会重新分配到其他未断裂的纤维上，因而构件不致在短期内突然断裂，故破断安全性好。

（4）优良的高温性能　大多数增强纤维在高温下仍能保持高的强度，用它增强金属和树脂基体时能显著提高它们的耐高温性能。例如，铝合金的弹性模量在400℃时大幅度下降并接近于零，强度也明显降低，而经碳纤维、硼纤维增强后，在同样温度下其强度和弹性模量仍能保持室温下的水平，明显起到了增强高温性能的作用。几种增强纤维的强度与温度的变化关系如图6-1所示。

（5）减振性好　因为结构的自振频率与材料的比模量平方根成正比，而复合材料的比模

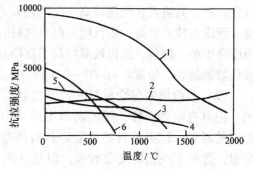

图6-1　几种增强纤维的强度随温度的变化
1—氧化铝晶须　2—碳纤维　3—钨纤维
4—碳化硅纤维　5—硼纤维　6—钠玻璃纤维

量高，其自振频率也高，这样可以避免构件在工作状态下产生共振，而且纤维与基体界面能吸收振动能量，即使产生了振动也会很快地衰减下来，所以纤维增强复合材料具有很好的减振性能。例如，采用尺寸和形状相同而材料不同的梁进行振动试验时，金属材料制作的梁停止振动的时间为9s，而碳纤维增强复合材料制作的梁只需2.5s。

第三节　常用复合材料

一、纤维增强复合材料

1. 常用增强纤维

纤维增强复合材料中常用的纤维有玻璃纤维、碳纤维、硼纤维、碳化硅纤维、Kevlar 有机纤维等，这些纤维除了可增强树脂之外，其中碳化硅纤维、碳纤维、硼纤维还可以增强金属和陶瓷。常用增强纤维与金属丝性能的比较见表 6-3。

表 6-3 常用增强纤维与金属丝的性能比较

性能 纤维材料	密度 $/g \cdot cm^{-3}$	抗拉强度 $/10^3 MPa$	弹性模量 $/10^5 MPa$	比强度 $/10^6 N \cdot m \cdot kg^{-1}$	比模量 $/10^8 N \cdot m \cdot kg^{-1}$
无碱玻纤维	2.55	3.40	0.71	1.40	29
高强度碳纤维（Ⅱ型）	1.74	2.42	2.16	1.80	130
高模量碳纤维（Ⅰ型）	2.00	2.23	3.75	1.10	210
Kevlar49	1.44	2.80	1.26	1.94	875
硼纤维	2.36	2.75	3.82	1.20	160
SiC 纤维（钨芯）	2.69	3.43	4.80	1.27	178
钢丝	7.74	4.20	2.00	0.54	26
钨丝	19.40	4.10	4.10	0.21	21
钼丝	10.20	2.20	3.60	0.22	36

（1）玻璃纤维　玻璃纤维是将熔化的玻璃以极快的速度拉成细丝而制得。按玻璃纤维中 Na_2O 和 K_2O 的含量不同，可将其分为无碱纤维（碱的质量分数小于 2%）、中碱纤维（碱的质量分数为 2% ~ 12%）、高碱纤维（碱的质量分数大于 12%）。随着含碱量的增加，玻璃纤维的强度、绝缘性、耐蚀性降低，因此高强度复合材料多采用无碱玻璃纤维。

玻璃纤维的特点是：①强度高，其抗拉强度可达 1000 ~ 3000MPa；②弹性模量比金属低得多，为 $(3 \sim 5) \times 10^4 MPa$；③密度小，为 $2.5 \sim 2.7 g/cm^3$，与铝相近，是钢的 1/3；④比强度、比模量比钢高；⑤化学稳定性好；⑥不吸水、不燃烧、尺寸稳定、隔热、吸声、绝缘等。玻璃纤维的缺点是脆性较大、耐热性低，在 250℃ 以上即开始软化。由于玻璃纤维价格便宜、制作方便，是目前应用最多的增强纤维。

（2）碳纤维　碳纤维是将人造纤维（粘胶纤维、聚丙烯腈纤维等）在 200 ~ 300℃ 空气中加热并施加一定张力进行预氧化处理，然后在氮气的保护下于 1000 ~ 1500℃ 的高温中进行碳化处理而制得的。它的 $w_C = 85\% \sim 95\%$，由于具有高强度，因而称为高强度碳纤维，也称为 Ⅱ 型碳纤维。这种碳纤维是由许多石墨晶体组成的多晶材料，其结构如图 6-2 所示。

如果将碳纤维在 2500 ~ 3000℃ 高温的氩气中进行石墨化处理，就可获得 $w_C = 98\%$ 以上的碳纤维。这种碳纤维中的石墨晶体层面都规则地沿纤维方向排列，具有高的弹性模量，故又称为石墨纤维或高模量碳纤维，也称为 Ⅰ 型碳纤维。

与玻璃纤维相比，碳纤维具有以下优点：①密度小（$1.33 \sim 2.0 g/cm^3$）；②弹性模量高（$2.8 \times 10^5 \sim 4 \times 10^5 MPa$），为玻璃纤维的 4 ~ 6 倍；③高温及低温性能好，

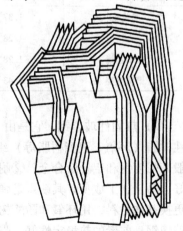

图 6-2　碳纤维结构图

在1500℃以上的惰性气体中强度仍保持不变，在 -180℃下脆性也不增加；④导电性好、化学稳定性高、摩擦因数小、自润湿性能好。碳纤维的缺点是脆性大、易氧化、与基体结合力差，必须用硝酸对纤维进行氧化处理以增加结合力。

（3）硼纤维　它是用化学沉积法将非晶态的硼涂覆到钨丝或碳丝上而制得的，具有高熔点（2300℃）、高强度（2450~2750MPa）、高弹性模量（$3.8 \times 10^5 \sim 4.9 \times 10^5$MPa），其弹性模量是无碱玻璃纤维的5倍，与碳纤维相当，在无氧条件下的1000℃时其模量值也不变。此外，它还具有良好的抗氧化性及耐蚀性。硼纤维的缺点是密度大、直径较粗及生产工艺复杂、成本高、价格昂贵，所以它在复合材料中的应用远不及玻璃纤维和碳纤维广泛。

（4）碳化硅纤维　它是用碳纤维作底丝，通过气相沉积法而制得的。它具有高熔点、高强度（平均抗拉强度达3090MPa）、高弹性模量（1.96×10^5MPa）。其突出特点是具有优良的高温强度，在1100℃时其强度仍高达2100MPa。碳化硅纤维主要用于增强金属及陶瓷。

（5）Kevlar有机纤维（芳纶、聚芳酰胺纤维）　目前世界上生产的芳纶纤维是由对苯二胺和对苯甲酰为原料，采用"液晶纺丝"和"干湿法纺丝"等新技术制得。其最大的特点是：①比强度及比模量高，其强度可达2800~3700MPa，比玻璃纤维高45%；②密度小，只有1.45g/cm³，是钢的1/6；③耐热性比玻璃纤维好，能在290℃长期使用。此外，它还具有优良的抗疲劳性、耐蚀性、绝缘性和加工性，且价格便宜。其主要纤维种类有Kevlar29、Kevlar49和我国的芳纶Ⅱ纤维。

2. 纤维-树脂复合材料

（1）玻璃纤维-树脂复合材料　亦称为玻璃纤维增强塑料，或称为玻璃钢。按树脂性质可将其分为玻璃纤维增强热塑料（即热塑性玻璃钢）和玻璃纤维增强热固体塑料（即热固性玻璃钢）。

1）热塑性玻璃钢。它是由20%~40%的玻璃纤维和60%~80%的热塑性树脂（如尼龙、ABS等）组成的，具有高强度和高冲击韧度、良好的低温性能及低的热膨胀系数。热塑性玻璃钢的性能见表6-4。

表6-4　几种热塑性玻璃钢的性能

性　能 基体材料	密度 /g·cm⁻³	抗拉强度 /MPa	弯曲弹性模量 /10²MPa	热膨胀系数 /10⁻⁵℃⁻¹
尼龙60	1.37	182	91	3.24
ABS	1.28	101.5	77	2.88
聚苯乙烯	1.28	94.5	91	3.42
聚碳酸酯	1.43	129.5	84	2.34

2）热固性玻璃钢。它是由60%~70%的玻璃纤维（或玻璃布）和30%~40%的热固性树脂（环氧、聚酯树脂等）组成的。主要优点是：①密度小、强度高，其比强度超过一般高强度钢和铝及钛合金；②耐蚀性、绝缘性、绝热性好；③吸水性低、防磁、微波穿透性好，易于加工成型。其缺点是弹性模量低，热稳定性不高，只能在300℃以下工作。为此可更换基体材料，用环氧和酚醛树脂混溶后作基体，或用有机硅和酚醛树脂混溶后作基体制成玻璃钢。前者的热稳定性好、强度高；后者耐高温，可作耐高温结构材料。热固性玻璃钢的性能见表6-5。

表 6-5　几种热固性玻璃钢的性能

性能 基体材料	密度 /g·cm^{-3}	抗拉强度 /MPa	弯曲弹性模量 /10^{2}MPa	热膨胀系数 /10^{-5}℃$^{-1}$
聚酯	1.7～1.9	180～350	210～250	210～350
环氧	1.8～2.0	70.3～298.5	180～300	70.3～470
酚醛	1.6～1.85	70～280	100～270	270～1100

玻璃钢主要制作要求自重轻的受力构件及无磁性、绝缘、耐腐蚀的零件。例如，直升飞机的机身、螺旋桨、发动机叶轮，火箭导弹发动机的壳体、液体燃料箱，轻型舰船（特别适于制作扫雷艇），机车、汽车的车身、发动机罩，重型发电机的护环、绝缘零件，以及化工容器及管道等。

(2) 碳纤维-树脂复合材料　亦称为碳纤维增强塑料，最常用的是碳纤维与聚酯、酚醛、环氧、聚四氟乙烯等树脂组成的复合材料。其性能优于玻璃钢，具有高强度、高弹性模量、高比强度和比模量。例如，碳纤维-环氧树脂复合材料的上述四项指标均超过了铝合金、钢和玻璃钢。此外，碳纤维-树脂复合材料还具有优良的抗疲劳性能、耐冲击性能、自润滑性、减摩耐磨性、耐蚀性及耐热性。缺点是纤维与基体结合力低，材料在垂直于纤维方向上的强度和弹性模量较低。其用途与玻璃钢相似，如飞机机身、螺旋桨、尾翼、卫星壳体、宇宙飞船外表面防热层、轴承、齿轮、磨床磨头等。

(3) 硼纤维-树脂复合材料　主要由硼纤维与环氧、聚酰亚胺等树脂组成，它具有高的比强度、比模量及良好的耐热性。例如，硼纤维-环氧树脂复合材料的抗拉、抗压、抗剪和比强度均高于铝合金和钛合金，其弹性模量为铝的 3 倍、为钛合金的 2 倍，比模量则是铝合金及钛合金的 4 倍。缺点是各向异性明显，即纵向力学性能高而横向性能低，两者相差十几～几十倍；此外加工困难，成本昂贵。这种材料主要用于航天、航空工业中制作要求刚度高的结构件，如飞机的机身、机翼等。

(4) 碳化硅纤维-树脂复合材料　由碳化硅纤维与环氧树脂组成的复合材料具有高的比强度和比模量。其抗拉强度接近碳纤维-环氧树脂复合材料，而抗压强度为后者的 2 倍。因此，它是一种很有发展前途的新型材料，主要用于制作宇航器上的结构件，飞机的门、机翼、降落传动装置箱等。

(5) Kevlar 纤维-树脂复合材料　它是由 Kevlar 纤维与环氧、聚乙烯、聚碳酸酯、聚酯等树脂组成的。最常用的是 Kevlar 纤维与环氧树脂组成的复合材料。其主要性能特点是：①抗拉强度大于玻璃钢，而与碳纤维-环氧树脂复合材料相似；②延性好，与金属相当；③耐冲击性超过碳纤维增强塑料，具有优良的疲劳抗力和减振性；④疲劳抗力高于玻璃钢和铝合金；⑤减振能力为钢的 8 倍，为玻璃钢的 4～5 倍。这种材料主要用于制作飞机机身、雷达天线罩、火箭发动机外壳、轻型船舰、快艇等。

3. 纤维-金属（或合金）复合材料

纤维增强金属复合材料是由高强度、高模量的脆性纤维（碳、硼、碳化硅纤维）与具有较高韧性及低屈服强度的金属（铝及其合金、钛及其合金、铜及其合金、镍合金、镁合金、银铅等）组成的。此类材料具有比纤维-树脂复合材料高的横向力学性能、高的层间抗剪强度，冲击韧性好、高温强度高，耐热性、耐磨性、导电性、导热性好，不吸湿、尺寸稳定性好、不老化等优点。但由于其工艺复杂、价格较贵，仍处于研制和试用阶段。

（1）纤维-铝（或铝合金）基复合材料

1）硼纤维-铝（或铝合金）基复合材料。硼纤维-铝（或铝合金）基复合材料是纤维-金属基复合材料中研究最成功、应用最广的一种复合材料，它是由硼纤维与纯铝、形变铝合金及铸造铝合金组成的。由于硼和铝在高温易形成 AlB_2，与氧易形成 B_2O_3，故在硼纤维表面要涂一层 SiC 以提高硼纤维的化学稳定性。这种硼纤维称为改性硼纤维或硼矽克。

硼纤维-铝（或铝合金）基复合材料的性能优于硼纤维-环氧树脂复合材料，也优于铝合金、钛合金。它具有高弹性模量，高的抗压强度、抗剪强度和疲劳强度，主要用于制造飞机和航天器的蒙皮、大型壁板、长梁、加强肋、航空发动机叶片等。

2）石墨纤维-铝（或铝合金）基复合材料。石墨纤维（高模量碳纤维）-铝（或铝合金）基复合材料是由 I 型碳纤维与纯铝或形变铝合金、铸造铝合金组成的。它具有高的比强度和高温强度，在500℃时其比强度为钛合金的1.5倍，主要用于制造航天飞机的外壳、运载火箭的大直径圆锥段、级间段、接合器、油箱，飞机蒙皮，螺旋桨，涡轮发动机的压气机叶片等。

3）碳化硅纤维-铝（或铝合金）复合材料。它是由碳化硅纤维与纯铝（或铸造铝合金、铝铜合金等）组成的复合材料。其性能特点是具有高的比强度和比模量，硬度高，用于制造飞机机身结构件及汽车发动机的活塞、连杆等。

（2）纤维-钛合金复合材料　这类复合材料由硼纤维或改性硼纤维、碳化硅纤维与钛合金（Ti-6Al-4V）组成。它具有低密度、高强度、高弹性模量、高耐热性、低热膨胀系数的特点，是理想的航空航天用结构材料。例如，由改性硼纤维与 Ti-6Al-4V 组成的复合材料，其密度为 $3.6g/cm^3$，比钛还轻，抗拉强度可达 $1.21 \times 10^3 MPa$，弹性模量可达 $2.34 \times 10^5 MPa$，热膨胀系数为 $(1.39 \sim 1.75) \times 10^{-6}/℃$。目前，纤维增强钛合金复合材料还处于研究和试用阶段。

（3）纤维-铜（或铜合金）复合材料　它是由石墨纤维与铜（或铜镍合金）组成的材料。为了增强石墨纤维和基体的结合强度，常在石墨纤维表面镀铜或镀镍后再镀铜。石墨纤维增强铜或铜镍合金复合材料具有高强度、高导电性、低的摩擦因数和高的耐磨性，以及在一定温度范围内的尺寸稳定性，用来制作高负荷的滑动轴承、集成电路的电刷、滑块等。

4. 纤维-陶瓷复合材料

用碳（或石墨）纤维与陶瓷组成的复合材料能大幅度提高陶瓷的冲击韧度和抗热振性，降低脆性，而陶瓷又能保护碳（或石墨）纤维在高温下不被氧化。因而这类材料具有很高的强度和弹性模量。例如，碳纤维-氮化硅复合材料可在1400℃温度下长期使用，用于制造喷气飞机的涡轮叶片；碳纤维-石英陶瓷复合材料的冲击韧度比纯烧结石英陶瓷大40倍，抗弯强度大5~12倍，比强度、比模量成倍提高，能承受1200~1500℃的高温气流冲击，是一种很有前途的新型复合材料。

除了上述三大类纤维增强复合材料外，近年来研制了多种纤维增强复合材料，如 C/C 复合材料、混杂纤维复合材料等。

二、叠层复合材料

叠层复合材料是由两层或两层以上不同材料结合而成的，其目的是将组成材料层的最佳性能组合起来以得到更为有用的材料。用叠层增强法可使复合材料的强度、刚度、耐磨、耐蚀、绝热、隔声、减轻自重等若干性能分别得到改善。常见叠层复合材料有以下两种类型。

1. 双层金属复合材料

双层金属复合材料是将性能不同的两种金属用胶合或熔合铸造、热压、焊接、喷涂等方法复合在一起，以满足某种性能要求的材料。最简单的双层金属复合材料是将两块具有不同热膨胀系数的金属板胶合在一起。用它组成悬臂梁，当温度发生变化后，由于热膨胀系数不同而产生预定的翘曲变形，从而可以作为测量和控制温度的简易恒温器，如图 6-3 所示。

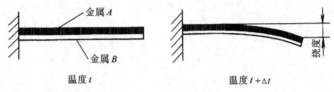

图 6-3 简易恒温器

此外，典型的双层金属复合材料还有不锈钢-普通钢复合钢板、合金钢-普通钢复合钢板。

2. 塑料-金属多层复合材料

塑料-金属多层复合材料的典型代表是 SF 型三层复合材料，如图 6-4 所示。它是以钢为基体，烧结铜网或铜球为中间层，塑料为表面层的一种自润滑材料。其整体性能取决于基体，而摩擦磨损性能取决于塑料表层，中间层系多孔性青铜，其作用是使三层之间有较强的结合力，且一旦塑料磨损露出青铜亦不致磨伤轴。常用于表面的塑料为聚四氟乙烯（如 SF-1）和聚甲醛（如 SF-2）。此类复合材料常用于无油润滑的轴承，它

图 6-4 三层复合板
1—塑料 2—多孔性青铜 3—钢

比单一的塑料承载能力提高 20 倍、热导率提高 50 倍、热膨胀系数降低 75%，因而提高了尺寸稳定性和耐磨性。它适于制作高应力（140MPa）、高温（270℃）及低温（－195℃）和无油润滑条件下的各种滑动轴承，已在汽车、矿山机械及化工机械中得到应用。

三、粒子增强复合材料

1. 颗粒增强复合材料（$d > 1\mu m$, $\varphi_V > 20\%$）

金属陶瓷是常见的颗粒增强复合材料，它是以 Ti、Cr、Ni、Co、Mo、Fe 等金属（或合金）为粘合剂，以氧化物（Al_2O_3、MgO、BeO）粒子或碳化物粒子（TiC、SiC、WC）为基体组成的一种复合材料。硬质合金就是以 TiC、WC（或 TaC）等碳化物为基体，以金属 Ni、Co 为粘合剂，将它们用粉末冶金方法经烧结所形成的金属陶瓷。无论是氧化物金属陶瓷还是碳化物金属陶瓷，它们均具有高硬度、高强度、耐磨损、耐腐蚀、耐高温和热膨胀系数小的优点，常被用来制作工具（如刀具、模具）。砂轮就是由 Al_2O_3 或 SiC 粒子与玻璃（或聚合物）等非金属材料作为粘合剂所形成的一种复合材料。

2. 弥散强化复合材料（$d = 0.01 \sim 0.1\mu m$, $\varphi_V = 1\% \sim 15\%$）

弥散强化复合材料的典型代表是 SAP 及 TD-Ni 复合材料。SAP 是在铝的基体上用 Al_2O_3 质点进行弥散强化的复合材料。TD-Ni 材料就是在镍中加入质量分数为 1% ~2% 的 Th，在压实烧结时使氧扩散到金属镍内部氧化产生 ThO_2，细小的 ThO_2 质点弥散分布在镍的基体上，使其高温强度显著提高。SiC/Al 材料是另外一种弥散强化复合材料。

随着科学技术的进步，一大批新型复合材料将得到应用。例如，C/C 复合材料、金属化合物复合材料、纳米复合材料、功能梯度复合材料、智能复合材料及体现复合材料精髓的"混杂"型复合材料将得到发展及应用。21 世纪将是复合材料大力发展的时代。

第七章 其他工程材料

第一节 功能材料

一、概述

（一）功能材料的概念

随着科学技术的发展，对各种机械系统的要求不仅是具有足够的力学性能，而且还要求具有特殊的物理及化学性能。要实现这样的性能要求，不仅要采用以强度指标为主的结构材料，而且还必须采用具有某些特殊物理及化学性能的功能材料。所谓功能材料，是指具有特殊的电、磁、光、热、声、力、化学性能和生物性能及其转化的功能，用以实现对信息和能量的感受、计测、显示控制和以转化为主要目的的非结构性高新材料。

功能材料的产量和产值虽然远小于结构材料，但它的发展历史与结构材料一样悠久，铝、铜导线及硅钢片等都是最早的功能材料。随着电力技术工业的进步，电和磁功能材料得到了较大的发展，20世纪50年代微电子技术的发展带动了半导体功能材料的迅速发展；60年代出现的激光技术、70年代的光电子技术也发展了相应的功能材料；80年代后新能源材料和生物医学功能材料迅猛崛起；90年代起，智能功能材料、纳米功能材料激发人们的极大兴趣。太阳能及原子能的利用，微电子技术、激光技术、传感技术、空间技术、海洋技术、生物医学技术、电子信息技术、工业机器人的发展，使得材料开发的重点由结构材料转向了功能材料。功能材料已成为现代高新技术发展的先导和基础，是21世纪重点开发和应用的新型材料。

（二）功能材料的特点

功能材料具有以下特点：

1）多功能化。功能材料往往具有多种功能，例如，镍钛合金既具有形状记忆功能，又具有结构材料的超弹性性能，此类例子不胜枚举。

2）材料形态具有多样性。功能材料的形态多种多样，同一成分的材料形态不同时，常会呈现不同的功能。例如，Al_2O_3陶瓷材料拉成单晶时为人造宝石，烧结成多晶时常用作集成电路基板材料及透光陶瓷等，多孔质化时是催化剂的良好载体与过滤材料，纤维化时为良好的绝热保温材料。

3）材料与元件一体化。结构材料常以结构形式为最终产品，并对其本身进行性能评价；而功能材料则以元件形式为最终产品，并对元件的特性与功能进行评价。材料的研究开发与元器件的研制也常常同步进行，即材料元件一体化。

4）制造与应用的高技术性，性能与质量的高精密性及高稳定性。为了赋予材料与元件的特定性能，需要严格控制材料成分（如高纯度或超高纯度要求、微量元素或特种添加剂含量等）、内部结构及表面质量，这往往需要进行特殊制备与处理工艺。元器件的性能常常要求稳定在1×10^{-6}（每摄氏度或每年）的数量级以上。因此，功能材料大多是知识密集、技术密集、附加值高的高技术材料。

（三）功能材料的分类

功能材料的分类方法有很多，目前尚无公认的统一方法，通常的分类见表7-1。

表 7-1　功能材料的分类

类　别	功　能	应用（材料）举例
机械功能材料	弹性、刚性 粘性流动性 摩擦磨耗 形状记忆	弹性材料、超弹性合金 流体物质、超塑性材料、润滑材料、超流动性材料 耐磨材料 形状记忆材料
热学材料	热膨胀 导热性 绝热性 蓄热性、吸热性	低膨胀材料、定膨胀材料（封接材料）、热双金属 良传热材料、热流体 保温保冷材料 高热容量材料、蓄热材料
电学材料	导电性 电阻与电热 超导性 半导性 绝缘性 离子导电	导电材料 精密电阻材料、电热材料 超导材料 半导体材料 绝缘材料、电介质、铁电体、驻极体 固体电解质
磁性材料	软磁性 硬磁性	软磁材料、磁记录材料 永磁材料
声学材料	声的产生、传输、接收、吸收、变换、检拾、重发、控制	音响材料、吸声材料、弹性表面波材料
光学材料	发光、集光柱、透光性、偏光性、光反射性、导光性、光色性	激光材料、发光材料、反射合金、光吸收材料、透光材料、分光偏光材料、光导纤维、光色材料
化学功能材料	催化性、离子选择性、物质选择性、沉降性、表面活性、耐蚀性	吸着剂、吸收剂、吸藏剂、触媒、过滤材料、活性剂、反应促进剂、耐蚀材料、扩散促进剂
生物化学功能材料	生体同化性、催化性、透过性	人造器官材料、人造骨材料、牙科材料
原子能和放射功能材料	射线屏蔽性、中子反射性、中子减速性、中子吸收性	反应堆材料、中子减速材料、中子吸收材料
功能转换材料	热电转换 光热转换 光电转换 力电转换 磁光转换 电光转换 声光转换 ⋮ ⋮	测温材料、加热和致冷材料 太阳集热器材料、反射聚光器材料 光敏电阻、光电转换材料 压电材料 磁光材料 电光材料 声光材料 ⋮ ⋮

二、功能材料简介

(一) 电功能材料

电功能材料是指利用材料的电学性能和各种电效应等电功能的材料，其品种和数量较多，本节只介绍导电材料、电阻材料及电接点材料三种。

1. 导电材料

导电材料是用来制造传输电能的电线电缆及传导信息的导线引线与布线的功能材料，其主要功能是具有良好的导电性。根据使用目的的不同，有时还要求一定的强度、弹性、韧性或耐热、耐蚀等性能。

导电材料主要包括常用导电金属材料、膜（薄膜或厚膜）导体布线材料、导电高分子材料、超导电材料等。

纯铜、纯铝及其合金是最常用的导电材料。为了进一步提高使用性能和工艺性能，满足某些特殊需要，还发展了复合金属导电材料，如铜包铝线、镀锡铜线等。这些常规导电技术材料在此不作介绍，这里重点介绍一些特殊的导电材料。

(1) 膜（薄膜或厚膜）导体布线材料 贵金属（如 Au、Pb、Pt、Ag 等）厚膜导体是厚膜混合集成电路最早采用的膜导体材料。为了降低成本，近年来发展了 Cu、Al、Ni、Cr 等廉价金属系厚膜导体布线材料。

薄膜导体布线材料主要包括单元薄膜（如膜）和复合薄膜（即多层薄膜，如 Cr-Au、NiCr-Au 薄膜等膜导电材料）。

(2) 导电高分子材料 通过对高分子材料进行严格精确的分子设计，可以合成具有不同特性的导电高分子材料。导电高分子材料具有类似金属的电导率，且由于具有轻质、柔韧、耐蚀、电阻率可调节等优点，可望代替金属作导电材料、电池电极材料、电磁屏蔽材料和发热伴体等导电材料。

导电高分子材料按其导电原理可分为结构型导电高分子材料及复合型导电高分子材料。结构型导电高分子材料是指高分子结构上原本就显示出良好的导电性（"掺杂剂"补偿离子时更是如此），它是通过电子或离子导电，如聚乙炔（PA）掺杂 H_2SO_4 的高分子材料即为结构型导电高分子材料；复合型导电高分子材料是指高分子与各种导电填料通过分散复合、层积复合或使其表面形成导电膜等方式制成的高分子导电材料。电阻率在 $10^{-6} \sim 10^{-5} \Omega \cdot m$ 之间的高导电材料，如导电性涂料、粘合剂等也可以用类似方法制成。

(3) 超导电材料 一般金属均具有其直流电阻率随温度降低而减小的现象，在温度降至 0K 时，其电阻率就不再下降而趋于一个有限值。但有些导体的直流电阻率在某一低温陡降时为零，称为零电阻或超导电现象，具有超导电现象的物体称为超导体。超导体有电阻时称为"正常态"，而处于零电阻时称为"超导态"。导体由正常态转变为超导态的温度，即电阻突变为零的温度称为超导转变温度或临界温度 T_c。

超导体在临界温度 T_c 以下不仅具有完全导电性（零电阻），还具有完全抗磁性，即置于外磁场中的超导体内部的磁感应强度恒为零。零电阻及完全抗磁性是超导体的两个基本特征。使超导体从超导态转变为正常态的最低磁场强度和最小电流密度，分别称为临界磁场强度 H_c 和临界电流密度 J_c。理想的超导材料应有高的 T_c、H_c 及 J_c 值，而且要易于加工成丝。

自 1911 年发现超导现象以来，目前已发现具有超导性的物质有数千种，但能承载强电流的实用超导体为数不多。已研制成功的超导材料有元素超导体（如 Nb 和 Pb）、合金超导体（如 Nb-Ti 及 Nb-Zr 合金）、化合物超导体（如 Nb_3Sn 和 V_3Ga）、金属超导体、高分子超导体、陶瓷超导体等。

由于一般超导体材料均具有 T_c 低的特点，所以研制高温超导材料就成为人们关注的焦点。自 1987 年起，超导材料的 T_c 值已有很大提高，已使一些超导材料的临界温度 T_c 提高到 77K，使超导材料可在液氮条件下工作。多年来高温超导材料的发展已经历了四代：第一代镧系，如 La-Cu-Ba 氧化物，$T_c = 91K$；第二代钇系，如 Y-Ba-Cu 氧化物，我国已研制出 $T_c = 92.3K$ 的钇系超导薄膜；第三代铋系，如 Bi-Sr-Ca-Cu 氧化物，$T_c = 114 \sim 120K$；第四代铊系，如 Ti-Ca-Ba-Cu 氧化物，$T_c = 122 \sim 125K$。1990 年发现的一种不含铜的钒系复合氧化物其 T_c 已达 132K。

超导材料的应用领域有很多，主要应用有：①零电阻特性的应用，如制造超导电缆、超导变压器等；②高磁场特性的应用，如磁流体发电、磁悬浮列车、核磁共振装置、电动机等。

2. 电阻材料

电阻材料是利用物质固有的电阻特性来制造不同功能元件的材料，它主要用于电阻元件、敏感元件和发热元件。按其特性与用途可分为精密电阻材料、膜电阻材料和电热材料。

（1）精密电阻材料　精密电阻材料是指具有低的电阻温度系数、高精度、高稳定性和良好的工艺性能的一类金属或合金。常见的精密电阻材料有以下几种：

1）贵金属电阻合金，包括 Au 基、Pt 基、Pb 基及 Ag 基合金等，其特点是接触电阻小、耐蚀、抗氧化，但价格昂贵。

2）Ni-Cr 系电阻合金，典型牌号为 6J22（NiCrAlFe），其特点是电阻率高、耐蚀、耐热、力学性能佳。

3）Cu-Mn 系电阻合金，典型牌号是锰铜 6J12。

4）Cu-Ni 系电阻合金，典型牌号为 Cu60Ni40。

5）其他电阻合金，如 Mn 基、Ti 基及 Fe-Cr-Al 系改良型电阻合金。

（2）膜电阻材料　膜电阻材料的特点是体积小、质量轻、便于混合集成化。常见的膜电阻材料有以下两类：

1）薄膜电阻材料。薄膜电阻材料常采用真空镀膜工艺（蒸发、溅射等）制成，与块状电阻材料相比其特点是电阻率高、温度系数可控制得更低。薄膜电阻材料主要有 Ni-Cr 系、Ta 系（如 Ta_2Ni 薄膜）和金属陶瓷系（Cr-SiO 薄膜）三大类。需要指出的是，制膜工艺对薄膜电阻的特性影响很大。薄膜电阻材料主要用于高精度、高稳定性、噪声电平低的电路及高频电路器件。

2）厚膜电阻材料。厚膜电阻材料通称为厚膜电阻浆料，它由导体粉料（包括金属、合金、金属氧化物和高分子导电材料）、玻璃粉料（硼硅铅系玻璃）和有机载体（有机粘结剂）三部分组成。厚膜电阻材料主要用于通用电阻、大功率电阻、高温高压电阻或高电阻器件。

3. 电接点材料

电接点材料是指用来制造建立和消除电接触的所有导体构件的材料。根据电接点的工作电载荷大小不同可将其分为强电、中电和弱电三类，但三者之间无严格界限。强电和中电接点主要用于电力系统和电器装置，弱电接点主要用于仪器仪表、电信和电子装置。

（1）强电接点材料　强电接点材料的功能及性能要求为低接触电阻、耐电蚀、耐磨损及具有较高的耐高压强度、灭弧能力和一定的机械强度等。由于单一金属很难满足以上要求，故采用合金接点材料。常用强电接点材料有以下几种：

1）真空开关接点材料。这类材料要求抗电弧熔焊、坚硬而致密，这是由于真空开关接点表面特别光洁，易于熔焊。常用材料有 Cu-Bi-Ce、Cu-Fe-Ni-Co-Bi 及 W-Cu-Bi-Zn 合金等。

2）空气开关接点材料。主要有银系合金和铜系合金，如 Ag-CdO、Ag-W、Ag-石墨、Cu-W、Cu-石墨等。

（2）弱电接点材料　弱电接点的工作电载荷（电信号及电功率）与机械载荷均很小，因此弱电接点材料应具有极好的导电性、极高的化学稳定性、良好的耐磨性及抗电火花烧损性。弱电接点材料大多采用贵金属合金来制造，主要有 Ag 系、Au 系、Pt 系及 Pd 系金属合金四种。Ag 系合金具有较高的化学稳定性，多用于弱电流、高可靠性精密接点；Pt 系、Pd 系多用于耐蚀、抗氧化、弱电流场合。

（3）复合接点材料　由于贵金属接点材料价格昂贵且力学性能欠佳，故而开发了多种形式的复合接点材料。它是通过一定加工方式（轧制包覆、电镀、焊接、气相沉积等）将贵金属接点材料与普通金属基底材料（支承材料、载体材料，如 Cu、Ni 金属及其合金）结合为一体，制成能直接用于制造接点零件制品的材料。它不仅价格便宜，而且可制造出电接触性能与力学性能优化结合的接点元件，因而复合接点材料已成为弱电接点材料的主流，国外已有90%以上的弱电接点均采用此类材料制品。

（二）磁功能材料

磁功能材料是指利用材料的磁性能和磁效应（电磁互感效应、压磁效应、磁光效应、磁阻及磁热效应等）实现对能量及信息的转换、传递、调制、存储、检测等功能作用的材料，广泛应用于机械、电力电子、电信及仪器仪表等领域。磁功能材料种类很多，按成分不同可将其分为金属磁性材料（含金属间化合物）和铁氧体（氧化物磁性材料）；按磁性能不同可将其分为软磁材料与硬磁材料。

1. 软磁材料

软磁材料是指磁矫顽力低（$H_c < 10^3 \text{A/m}$）、磁导率高、磁滞损耗小、磁感应强度大，且在外磁场中易磁化和退磁的一类磁功能材料。它包括金属软磁材料及铁氧体软磁材料等类型，其中金属软磁材料的饱和磁化强度高（适于能量转换场合）、磁导率高（适于信息处理场合）、居里温度高；但电阻率低，有趋肤效应，涡流损失大，故一般限于在低频领域中应用。

纯铁及硅钢片是应用较早的金属软磁材料，其中硅钢片用量较大。后来又研制了铁镍合金、铁钴合金及非晶、微晶软磁材料，下面分别加以介绍。

（1）铁镍合金软磁材料（亦称为坡莫合金）　铁镍合金软磁材料是指镍的质量分数为30% ~ 90% 的铁镍软磁材料，常见牌号有 1J50（Ni50）、1J8（Ni80Cr3Si）、1J85（Ni80Mo5）等六种。这类材料的特点是具有较高的磁导率、较高的电阻率，且易于加工，适于在交流弱磁场中使用，是常用精密仪表的微弱信息传递与转换、电路漏电检测、微电磁场屏蔽等元件的最佳材料。但因饱和磁感应强度 B_s 低，故不适于作功率传输器件。

（2）铁钴合金软磁材料　这类金属软磁合金材料具有 B_s 高（约 2.45T）、居里温度高（高达 980℃）的特点，但因其电阻率较低，只适于作小型轻量电动机和变压器。

（3）非晶及微晶软磁材料　通过特殊的制备材料方法（气相沉积、电镀等）可以得到非晶、微晶及纳米晶新型软磁材料。此类软磁材料具有极优良的软磁性能，如高磁导率、高饱和磁感应强度、低矫顽力、低磁滞损耗，以及良好的高频特性、力学性能及耐蚀性等，是磁性材料开发中的一次飞跃，现已被广泛应用，且应用潜力仍然巨大。美国利用 Fe-10Si-8B 生产的非晶软磁材料作变压器铁心，其损耗只有硅钢片的 1/3。

2. 硬磁材料（永磁材料）

硬磁材料是指材料在磁场充磁后，去除磁场时其磁性仍能长时间被保留的一类磁功能材料。

硬磁材料应用很广，但主要有两个方面：其一是利用硬磁合金产生的磁场；其二是利用硬磁合金的磁滞特性产生转动力矩，使电能转化为机械能，如磁滞电动机。

硬磁材料种类繁多、性能各异，按成分可分为以下几种：

（1）Al-Ni-Co 系硬磁合金材料　它是应用较早的硬磁材料，主要特点是具有高剩磁、温度系数低、性能稳定。常见牌号有 LN10、LNG40，多用于硬磁性能稳定性要求较高的精密仪器仪表及其装置中。

（2）硬磁铁氧体　主要包括两种钡铁氧体（$BaO \cdot 6Fe_2O_3$），常用牌号有 Y10T、Y25BH 等。此类材料的磁矫顽力与电阻率高，而剩磁低，价格低廉，主要用于高频或脉冲磁场。

（3）稀土硬磁材料　稀土硬磁材料是以稀土金属 RE（Sm、Nd、Pr）与过渡族金属 TM（Co、Fe）为主要成分制成的一种硬磁材料。现已成功研制出三代稀土硬磁材料：第一代稀土硬磁材料 $RECo_5$ 型（如 $SmCo_5$）；第二代稀土硬磁材料 RETM17 型；第三代稀土硬磁材料 Nd-Fe-B 型。第四代 Sm-Fe-N 系、Sm-Fe-Ti 系、Sm-Fe-V-Ti 系稀土硬磁材料正在研制中。在已研制成功的稀土硬磁材料中，稀土钴硬磁材料的磁矫顽力极高，B_s 和 B_c 也较高，磁能积大且居里点高，但价格昂贵；而 Nd-Fe-B 型的硬磁性能更高，有利于实现磁性元件的轻量化、薄型化及超小型化，且价格降低了一半。

复合（粘接）稀土材料是将稀土硬磁粉与橡胶或树脂等混合，再经成型和固化后得到的复合磁体材料。此类材料具有工艺简单、强度高而耐冲击、磁性能高并可调整等优点，广泛用于仪器仪表、通信设备、旋转机械、磁疗器械、音响器件、体育用品等。

（4）Fe-Cr-Co 系硬磁合金材料　其磁性能与 Al-Ni-Co 系合金相似，但加工性能良好（既可铸造成形也可冷加工成形）。缺点是热处理工艺复杂，常见牌号有 2J83、2J85 等。

3. 信息磁材料

信息磁材料是指用于光电通信、计算机、磁记录和其他信息处理技术中的存取信息类磁功能材料。它包括磁记录材料、磁泡材料、磁光材料、特殊功能磁性材料等。

（1）磁记录材料　由磁记录材料制作的磁头和磁记录介质（磁带、磁盘、磁卡片及磁鼓等）可对声音、图像、文字等信息进行写入、记录、存储，并在需要时输出。常用作磁头的磁功能材料有（Mn，Zn）Fe_2O_3 系、（Ni，Zn）Fe_2O_3 系单晶及多晶铁氧体，Fe-Ni-N（Ta）系、Fe-Si-Al 系、高硬度软磁合金以及 Fe-Ni(Mo)-B(Si) 系、Fe-Co-Ni-Zr 系非晶软磁合金。应用最多的磁记录介质材料是 γ-Fe_2O_3 磁粉和含 Co 的 γ-Fe_2O_3 磁粉、Fe 金属磁粉、CrO_2 系磁粉、Fe-Co 系磁膜以及 $BaFe_{12}O_{19}$ 系磁粉或磁膜等。

在近年来发展的新型磁记录介质中，磁光盘具有超存储密度、可靠性极高、可擦次数多、信息保存时间长等优点。其主要材料为稀土-过渡族非晶合金薄膜和加 Bi 铁石榴多晶氧化物薄膜。

（2）磁泡材料 是指小于一定尺寸且迁移率很高的圆柱状磁畴材料（亦称为磁泡材料），可作高速、高存储密度存储器。已研制出的磁泡材料有 $(Y, Gd, Yb)_3(Fe, Al)_5O_{12}$ 系石榴石型铁氧体薄膜、$(Sm, Tb)FeO_3$ 系正铁氧体薄膜、$BaFe_{12}O_{19}$ 系铅石型铁氧体膜，Gd-Co 系、Tb-Fe 系非晶磁膜等。

（3）磁光材料 是指应用于激光、光通信和光学计算机方面的磁性材料。其磁特性是法拉第旋转角度高、损耗低及工作频带宽，主要有稀土合金磁光材料、$Y_3Fe_5O_{12}$ 膜红外透明磁光材料。

（4）特殊功能磁性材料

1）微波磁材料。是指应用于雷达、卫星通信、电子对抗、高能加速器等高新技术中的微波设备的材料，主要有微波电子管用硬磁材料、微波旋磁材料及微波磁吸收材料。微波旋磁材料包括 $Y_3Fe_5O_{12}$ 系石榴石型铁氧体、$(Mg, Mn)Fe_2O_4$ 系尖晶石型铁氧体、$BaFe_{12}O_{19}$ 系磁铅石型铁氧体等，可制作隔离器和环行器等非互易旋磁器件。微波磁吸收材料包括非金属铁氧体系、金属磁性粉末或薄膜系等，可用作隐形飞机表面的涂料等。

2）磁电材料。在磁场作用下可产生磁化强度和电极化强度，在电场作用下可产生电极化强度和磁化强度的材料称为磁电材料，主要有 $DyAlO_3$、$GaFeO_3$ 等。超导-铁磁材料等一些特殊功能磁性材料也是目前发展很快的材料。

（三）热功能材料

热功能材料是指利用材料的热学性能及其热效应来实现某种功能的一类材料。按热性能可将其分为膨胀材料、测温材料、形状记忆材料、热释电材料、热敏材料、隔热材料等，广泛用于仪器仪表、医疗器械、导弹等新式武器、空间技术和能源开发等领域。

1. 膨胀材料

绝大多数金属和合金均具有热胀冷缩的现象，其程度可用膨胀系数来表示。根据膨胀系数的大小可将膨胀材料分为三种：低膨胀材料、定膨胀材料和高膨胀材料。膨胀合金的特点和用途见表 7-2。

表 7-2 膨胀合金的特点和用途

材料种类	低膨胀材料	定膨胀材料	高膨胀材料
特 点	-60~100℃内膨胀系数极小	-70~500℃内膨胀系数低或中等，且基本恒定	室温~100℃内膨胀系数很大
类 别	Fe-Ni 系合金 Fe-Ni-Co 系合金 Fe-Co-Cr 系合金 Cr 合金	Fe-Ni 系合金 Fe-Ni-Co 系合金 Fe-Cr 系合金 Fe-Ni-Cr 系合金 复合材料	有色金属合金 （黄铜、纯镍、Mn-Ni-Cu 三元合金） 黑色金属合金 （Fe-Ni-Mn 合金、Fe-Ni-Cr 合金）
用 途	1. 精密仪器仪表等器件 2. 长度标尺、大地测量基线尺 3. 谐振腔、微波通信波导管标准频率发生器 4. 标准电容器叶片、支承杆 5. 液气储罐及运输管道 6. 热双金属片被动层	1. 电子管、晶体管和集成电路中的引线材料、结构材料 2. 小型电子装置与器械的微型电池壳 3. 半导体元器件支持电极	1. 热双金属片主动层材料 2. 室温调节装置、自断路器、各种条件下的自动控制装置等

2. 形状记忆材料

形状记忆材料是指具有形状记忆效应的金属（合金）、陶瓷和高分子等材料。材料在高温下形成一定形状后，冷却到低温进行塑性变形成为另外一种形状，然后经加热后通过马氏体逆相变，即可恢复到高温时的形状，这就是形状记忆效应。常见形状记忆材料多由两种以上的金属元素构成，所以也称其为形状记忆合金。按形状恢复形式，形状记忆效应分为单程记忆、双程记忆和全程记忆三种类型。单程记忆是指材料在低温下塑性变形后，加热时会自动恢复其高温时的形状，再冷却时不能恢复到低温形状，此记忆效应称为单程记忆效应；双程记忆是指材料加热时恢复高温形状，冷却时恢复低温形状，即温度升降时高低温形状反复出现；全程记忆即材料在实现双程记忆的同时，如冷却到更低温度时会出现与高温形状完全相反的形状，此记忆效应即为全程记忆效应。

目前已发现的形状记忆合金有几十种，它们大致可分为两个类别：第一类是以过渡族金属为基的合金；第二类是贵金属的 β 相合金。工程上有实用价值的是 Ni-Ti 合金、Cu-Zn-Al 合金和 Fe-Mn-Si 合金。高分子形状记忆材料（又称为热收缩材料）因具有质轻、易成形、电绝缘等优点，其研究和应用也得到了较大进展，已发现具有形状记忆效应的高分子材料有聚氨酯、苯乙烯-丁二烯共聚体等。

形状记忆材料是一种新型功能材料，在一些领域已得到了应用。表 7-3 列举了形状记忆材料的应用。

表 7-3　形状记忆材料的应用

应用领域	应用举例
电子仪器仪表	温度自动调节器，火灾报警器，温控开关，电路连接器，空调自动风向调节器，液体沸腾报警器，光纤连接，集成电路钎焊
航空航天	月面、人造卫星天线，卫星、航天飞机等自动启闭窗门
机械工业	机械人手、脚、微型调节器，各种接头、固定销、压板，热敏阀门，工业内窥镜，战斗机与潜艇用的油压管、送水管接头
医疗器件	人工关节、耳小骨连锁元件，止血、血管修复件，牙齿固定件，人工肾脏泵，去除胆固醇用环，能动型内窥镜，杀伤癌细胞置针
交通运输	汽车发动机散热风扇离合器，载货汽车散热器自动开关，排气自动调节器，喷气发动机内窥镜
能源开发	固相热能发电机，住宅热水送水管阀门，温室门窗自动调节弹簧，太阳能电池帆板

3. 测温材料

利用材料的热膨胀、热电阻和热电动势等特性来制造仪器仪表测温元件的一类材料称为测温材料。测温材料按材质可分为高纯金属及合金、单晶、多晶和非晶半导体材料，陶瓷、高分子及复合材料；按使用温度可分为高温、中温和低温测温材料；按功能原理可分为热膨胀、热电阻、磁性、热电动势等测温材料。目前，工业上应用最多的是热电偶和热电阻材料。

热电偶材料包括制作测温热电偶的高纯金属及合金材料，以及用来制作发电或电致冷器的温差电锥用高掺杂半导体材料。

热电阻材料包括纯铂丝、高纯铜线、高纯镍丝、铂钴与铑铁丝等。

4. 隔热材料

防止无用的热及有害热侵袭的材料称为隔热材料。高温陶瓷材料、有机高分子材料及无机多孔材料是生产中常用的隔热材料。另外，氧化铝纤维、氧化锆纤维、碳化硅涂层石墨纤维、泡沫聚氨酯、泡沫玻璃、泡沫陶瓷等均为隔热材料，此类材料的最大特性是有较大的电阻。随着现代航天航空技术的飞速发展，对隔热材料提出了更严格的要求，目前主要向着耐高温、高强度、低密度方向发展，尤其是向着复合材料方向发展。典型的轻质高效隔热材料见表7-4。

表7-4 典型轻质隔热材料

材 料	密度/$g \cdot cm^{-3}$	使用温度/℃
硅酸铝纤维	0.064 ~ 0.160	20 ~ 1260
蜂窝状泡沫玻璃	0.08 ~ 0.16	-185 ~ 420
玻璃纤维加粘结剂	0.016 ~ 0.048	-185 ~ 120
硼硅玻璃纤维	0.032 ~ 0.160	20 ~ 820
石英纤维	0.048 ~ 0.192	20 ~ 1370
二氧化硅气凝胶	0.064 ~ 0.096	-273 ~ 700
熔融石英	0.64	20 ~ 1260
二氧化硅长纤维	0.048 ~ 0.160	-185 ~ 1100

（四）光功能材料

光功能材料种类繁多，按材质可分为光学玻璃、光学晶体、光学塑料等；按用途可分为固体激光器材料、信息显示材料、光纤材料、隐形材料等。

1. 固体激光器材料

固体激光器材料可分为激光玻璃和激光晶体材料两大类，它们均由基质与激活离子两部分组成。激光玻璃透明度高、易于成形、价格便宜，适于制造输出能量大、输出功率高的脉冲激光器；激光晶体的荧光线宽度比玻璃窄，量子效率高，热导率高，应用于中小型脉冲激光器，特别是连续激光器或高重复率激光器。

2. 信息显示材料

信息显示材料是指能够将人眼看不到的电信号变为可见的光信息的一类材料。按显示光的形式分为两类：主动式显示用发光材料和被动式显示用发光材料。

（1）主动式显示用发光材料 是指在某种方式激发下的发光材料。在电子束激发下发光的材料称为阴极射线发光材料；在电场直接激发下发光的材料称为电致发光材料；能将不可见光转化为可见光的材料称为光致发光材料。

（2）被动式显示用发光材料 是指在电场等作用下不能发光，但能形成着色中心，在可见光照射下能够着色从而显示出来的发光材料。此类材料包括液晶材料、电着色材料、电泳材料，其中应用最广泛、最成熟的是液晶材料。

3. 光纤材料

光纤是指由高透明电介质材料制成的极细的低损耗导光纤维，它具有传输从红外线到可见光区间的光和传感的两重功能。因而，光纤在通信领域和非通信领域都有广泛应用。

通信光纤由纤芯与包层构成，纤芯用高透明固体材料（高硅玻璃、多组分玻璃、塑料等）或低损耗透明液体（四氟乙烯等）制成；表面包层由石英玻璃、塑料等有损耗的材料制成。

非通信光纤的应用也较为广泛，主要用于光纤测量仪表的光学探头（传感器）及医用内窥镜等。

（五）其他功能材料

除了以上介绍的功能材料外，还有许多其他功能材料，例如半导体微电子功能材料、光电功能材料、化学功能储氢材料、传感器用敏感材料、生物功能材料、声功能材料（水声、超声、吸声材料）、隐形功能材料、功能梯度材料、功能复合材料、智能材料等。

1. 储氢材料

氢是未来一种非常重要的能源，但其存储较为困难。利用金属或合金可固溶氢，形成含氢的固溶体及金属氢化物，需要时在一定温度和压力下金属氢化物可分解释放氢，这就是储氢材料。

最早发现 Mg-Ni 合金具有储氢功能，后来又开发了 La-Ni、Fe-Ti 储氢合金。现已投入使用的储氢材料有稀土系、钛系、镁系合金等。另外，核反应堆中的储氢材料、非晶态储氢合金及复合储氢材料已引起人们的极大兴趣。

2. 传感器用敏感功能材料

传感器是帮助人们扩大感觉器官功能范围的元器件，它可以感知规定的被测量，并按一定的规律将之转换成输出信号。传感器一般由敏感元件和转换元件组成，其关键是敏感元件。敏感元件由敏感功能材料来制造。

敏感功能材料的种类有很多，按其功能不同可分为力敏功能材料、热敏功能材料、气敏功能材料、湿敏功能材料、声敏功能材料、磁敏功能材料、电化学敏功能材料、电压敏功能材料、光敏功能材料及生物敏功能材料等。

3. 隐形功能材料

为了对抗探测器的探测、跟踪及攻击，人们研制了隐形功能材料。根据探测器的相关类型，隐形材料可分为吸波隐形材料及红外隐形材料等。

吸波隐形材料是用来对抗雷达探测和激光测距的隐形材料，其原理是它能够吸收雷达和激光发出的信号，从而使雷达、激光探测收不到反射信号，达到隐身的目的。

红外隐形材料是用来对抗热像仪的隐形材料。

4. 智能材料

智能材料是指对环境具有可感知、可响应，并具有功能发现能力的材料。仿生物能被引入材料后，使智能材料成为具有自检测、自判断、自结论、自指令和执行功能的材料。形状记忆合金已被应用于智能材料和智能系统，如月面天线、智能管件联接件等。一些陶瓷智能材料、高分子智能材料正在被开发及利用。

5. 功能梯度材料

所谓功能梯度材料，是指依使用要求选择两种不同性能的材料，采用先进的复合技术使中间部分的组成和结构连续地呈梯度变化，而内部不存在明显界面，从而使材料的性能和功能沿厚度方向呈梯度变化的一种新型复合材料。

功能梯度材料的最初研究开发是为了解决航天飞机的热保护问题，其应用现已扩大到核能源、电子、光学、化学、生物医学工程等领域。其组成也有金属-合金、非金属-非金属、非金属-陶瓷、高分子膜（Ⅰ）-高分子膜（Ⅱ）等多种组合，种类越来越多，应用前景十分广阔。

随着科学技术的发展，更多更新更优越的功能材料将不断涌现，21世纪将是功能材料大力发展的时代。

第二节 纳米材料

一、概述

富有挑战性的21世纪把人们带入了一个关键的历史时期，一场以节省资源和能源、保护生态环境的新的工业革命正在兴起。正像20世纪70年代的微米技术一样，纳米技术将成为21世纪的主导技术。社会发展、经济振兴和国家安全对高科技的需求越来越迫切，元器件的超微化、高密度集成和高空间分辨要求材料的尺寸越来越小，性能越来越高，纳米材料将充当重要的角色。纳米材料包含丰富的科学内涵，也给人们提供了广阔的创新空间。纳米材料、纳米结构和纳米技术的应用不但能节省资源，而且能源的消耗少，同时在治理环境污染方面也将发挥重要的作用，纳米技术向各个领域的渗透日益广泛和深入。目前人们迫切需要了解和掌握纳米材料和技术的基本知识和发展趋势，为知识创新、技术创新和产品创新奠定基础。

纳米（Nanometer）是一个长度单位，其单位符号为nm，$1nm = 10^{-3} \mu m = 10^{-6} mm = 10^{-9} m$。纳米科学技术是20世纪80年代末诞生并蓬勃发展的一种高新技术，它的内容是在纳米尺寸范围内认识和改造自然，通过直接操纵和安排原子、分子而创造新物质。它的出现标志着人类改造自然的能力已延伸到原子、分子水平，标志着人类科学技术已进入一个新的时代——纳米科技时代。纳米技术是一门多学科交叉的、与基础研究和应用开发紧密联系的高新技术，如纳米生物学、纳米电子学、纳米化学、纳米材料学和纳米机械学等新学科。纳米不仅是一个空间尺度上的概念，而且是一种新的思维方式，即生产过程越来越细，以至于在纳米尺度上直接由原子和分子的排布制造具有特定功能的产品。

纳米材料分为两个层次，即纳米超微粒子与纳米固体材料。纳米超微粒子是指粒子尺寸为1～100nm的超微粒子；纳米固体材料是指由纳米超微粒子制成的固体材料，通常人们把组成相或结构控制在100nm以下长度尺寸的材料称为纳米材料。纳米超微粒子是介于原子、分子与块体材料之间的尚未被人们充分认识的新领域。纳米材料是纳米科技的重要组成部分。

纳米材料和技术主要研究纳米超微粒子的制备、结构和特性，同时也研究纳米固体材料和纳米组装材料。本节主要介绍纳米材料的性能及应用。

二、纳米材料的奇异性能

1. 表面效应

表面效应是指纳米超微粒子的表面原子数与总原子数之比随着纳米粒子尺寸的减小而大幅度地增加，粒子的表面能及表面张力也随着增加，从而引起纳米粒子性质的变化。

表面效应的具体表现如下：

1）当直径小于100nm时，其表面原子数激增，超微粒子的比表面积总和可达100m²/g。

2）超微粒子的表面活性很高，刚刚制备出的纳米金属超微粒子如果不经过钝化处理在空气中会自燃。

3）纳米粒子具有很强的表面吸附特性。

2. 小尺寸效应

当超微颗粒尺寸不断减小时，在一定条件下会引起材料宏观物理及化学性质上的变化，称为小尺寸效应。

3. 量子尺寸效应

量子尺寸效应是指当粒子尺寸下降到某一值时，金属费米能级附近的电子能由准连续变为离散的现象，即纳米半导体微粒存在不连续的被占据的最高分子轨道的能级，并且存在未被占据的最低分子轨道能级，同时能系变宽。由此导致纳米微粒的催化电磁、光学、热学和超导等微观特性和宏观性质与宏观块体材料显著不同的特点。

4. 纳米固体材料的力学性能

由于大量的晶界间的短距离，与此相联系的固有应力总是存在于纳米材料中。此外，还可能存在与特定的合成方法相关的外来应力。

由于超微粒子制成的固体材料具有很大的界面，界面原子排列相当混乱。原子在外力变形条件下容易自发迁移，因此表现出甚佳的韧性与一定的延展性。例如，由纳米超微粒子制成的纳米陶瓷材料具有良好的韧性，称为"摔不碎的陶瓷"。

5. 热学、光学、化学、磁性

纳米材料的尺寸一般被限制在100nm以下。当材料尺寸被限制在小于某些临界长度的尺寸时，其特性就会改变。

（1）特殊的光学性质 金属超微粒对光的发射率很低，一般低于1%，大约有几纳米就可消光。实际上所有金属超微粒子均为黑色，尺寸越小，色彩越黑。

（2）特殊的磁性 小尺寸超微粒子的磁性比大块材料强许多倍，20nm纯铁粒子的矫顽力是大块铁的1000倍；但当尺寸再减小时，其矫顽力反而有时下降到零，表现出超顺磁性。

（3）特殊的热学性质 当足够减少组成相的尺寸时，由于在限制的原子系统中的各种弹性和热力学参数的变化，平衡相的关系将被改变。

固体物质在粗晶粒尺寸时有其固定的熔点，超微化后则熔点降低。

（4）特殊的化学特性 气相沉积的原子簇具有高的比表面积，再借助于固化组装，在这些自组装的样品中可以实现对总的比表面积的控制。

纳米相的样品有高得多的活性，这种大大增强的活性是纳米材料独特的并可控特性的综合作用。随着纳米粒子尺寸的减少，比表面积明显增大，化学活性也明显增强，当粒子尺寸减小到团簇时，可以看到明显的变化。

三、纳米材料的制备与合成

各类物质的纳米结构化可以通过多种制备途径实现，这些方法可大致分为"两步过程"和"一步过程"。两步过程是将预先制备的孤立纳米颗粒固结成块体材料。制备纳米颗粒的方法包括物理气相沉积（PVD）、化学气相沉积（CVD）、微波等离子体、低压火焰燃烧、电化学沉积、溶胶-凝固过程、溶液的热分解和沉淀等，其中，PVD法以"惰性气体冷凝法"最具代表性。一步过程则是将外部能量引入或作用于母体材料，使其产生相或结构转变，直接制备出块体纳米材料，如非晶材料晶化、快速凝固、滑动磨损、高能粒子辐照和火化蚀刻等。

1. 惰性气体冷凝法

惰性气体冷凝法的制备过程是将材料在高纯惰性气体（He）中蒸发，气相原子遇 He 原子后冷凝成小晶体，再通过热对流输运到液氮冷却的旋转冷指表面，形成疏松的粉末，收集后的粉末在低压（$10^{-5} \sim 10^{-6}$Pa）下压制成块体材料。室温时典型金属粉末的单向成形压力为 $1 \sim 5$GPa，获得样品的相对密度约为 85%。同样压力下加热（约 100℃）固结可使密度提高至 97%，晶粒小于 20nm。其主要杂质为 H、N、O 等轻元素，总含量约为 1.5%（原子百分比）。目前，已制出 Fe、Cu、Pd、Er、Ag、Al、Cr 等纯金属纳米粉。

蒸发的物质在惰性气氛中凝成小晶体，通过对流输运到液氮冷却的冷阱，晶体粉末从冷阱上刮下后经漏斗收集，先后经低压和高压压制成固结状态，两种压制装置均保持在超高真空下。惰性气体冷凝法合成纳米材料的装置如图 7-1 所示。

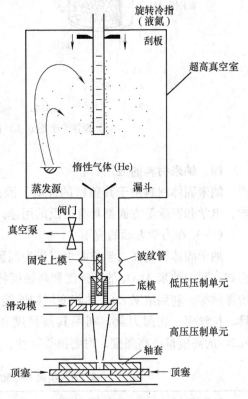

图 7-1　惰性气体冷凝法合成纳米材料的装置

2. 机械球磨法

自 20 世纪 70 年代起，粉末颗粒的机械球磨法（亦称为机械合金化，Mechanical Alloying，即 MA 法）成为工业化合成新合金和相混和物等材料的重要方法。采用此种方法可以制备出常规熔炼与铸造技术无法获得的合金基复合材料，如熔点相差甚大的金属构成的合金和陶瓷粒子在金属基体上弥散分布的耐蚀合金等。然而，MA 法的特点是能够通过固态反应形成非晶、准晶、过饱和固溶体等一系列非平衡材料，可以实现金属粉末的纳米结构化。与其他方法不同的是，MA 法借助严重塑性形变使晶粒分解成纳米结构。这种方法操作简单，实验室规模的设备投资少，适用材料范围广，很快在纳米材料研究上广为应用，更重要的是有可能实现大批量生产。

目前，MA 法使用的球磨机可分为高能和低能（取决于振动频率和幅度）两种类型，主要有搅拌式、振动式和行星式等，如图 7-2 所示。

3. 非晶材料的晶化处理

以非晶态材料作为母体，用晶化（Crystallization 或 Devitrification）处理（如退火）控制晶体的形核与生长，可以使材料的结构由非晶态部分完全转变成为纳米晶体。例如，从熔体急冷技术制备的非晶合金条带获得纳米晶材料。与纳米粉末的固结不同，非晶化法的最主要优越性在于制成的材料内没有微空隙，没有污染，晶粒尺寸变化范围大，而且能够低成本、大批量地生产。另外，非晶化法可以制成界面类型（共格、半共格及非共格）不同的模型纳米材料，其局限性是仅适用于在化学成分上能够形成非晶的材料。

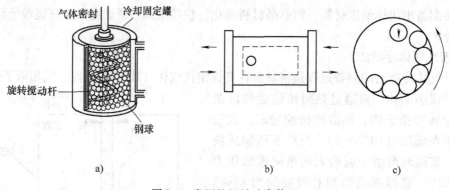

图 7-2　常用的机械球磨装置
a) 搅拌式球磨机　b) 振动式球磨机　c) 行星式球磨机

四、纳米材料的应用

纳米固体材料由于其独特的性能，因此具有非常广泛的应用前景，在力学、光学、磁学、电学和医学等方面都具有广泛的用途。

（一）在力学方面的应用

纳米固体材料在力学方面可以作为高温、高强度、高韧性、耐磨、耐腐蚀的结构材料。例如，利用纳米 Al_2O_3 的高强度和高硬度将其作为耐磨材料、刀具材料以及纳米复合材料的增强体等。利用纳米 ZrO_2 的相变增韧性能制备高韧性陶瓷，利用其高硬度可制作冷成形工具、拉丝模、切削刀具，利用其高强度和高韧性可制作发动机部件等。利用纳米 SiC 和 Si_3N_4 的高模量、高强度、耐磨损等特性，可制作各种工业领域的结构件，见表 7-5。

表 7-5　纳米 SiC 和 Si_3N_4 作为结构材料的用途

工 业 领 域	使 用 环 境	用　　途	主 要 优 点
石油工业	高温、高液压、研磨	喷嘴、轴承、密封阀片	耐磨
化学工业	强酸、强碱	密封、轴承、泵零件、热交换器	耐磨、耐蚀、气密性
	高温氧化	气化管道、热电偶套管	耐高温腐蚀
汽车、飞机、火箭	发动机燃烧	燃烧器部件、涡轮转子、火箭喷嘴	低摩擦、高强度、耐热振
汽车、拖拉机	发动机油	阀系列元件	低摩擦、耐磨
机械、矿业	研磨	喷砂嘴、内衬、泵零件	耐磨
热处理、炼钢	高温气体	热电偶套管、辐射管、热交换器	耐热、耐蚀、气密性
造纸工业	纸浆、废液	密封、套管、轴承、成形板	耐磨、耐蚀、低摩擦
核工业	含硼高温水	密封、轴承	耐辐射
微电子工业	大功率散热	封装材料、基片	高热导、高绝缘
激光	大功率高温	反射屏	高刚度、稳定性
工具	加工成形	拉丝模、成形模	耐磨、耐蚀

（二）在光学方面的应用

利用某些纳米材料的光致发光现象可制作发光材料。发光材料又称为发光体，是材料内部以某种形式的能量转换为光辐射的功能材料。光致发光是用光激发发光体而引起的发光现象，它大致经过光的吸收、能量传递和光的发射三个阶段。例如，利用纳米非晶氮化硅块体在紫外光到可见光范围的光致发光现象、锐钛矿型纳米 TiO_2 的光致发光现象等来制作发光材料。

光纤在现代通信和光传输上占有极为重要的地位。纳米材料可以用作光纤材料，并具有一定的优越性，它可以减低光纤的传输损耗。

（三）在医学方面的应用

有些纳米材料，如纳米 Al_2O_3 和 ZrO_2 等在医学方面可作为生物材料使用。生物材料是用来达到特定的生物或生理功能的材料。生物材料除用于测量、诊断、治疗外，主要是用作生物硬组织的代用材料。作为人体硬组织的代用材料，主要分为生物惰性材料和生物活性材料。

（1）生物活性材料　是指在生物环境中，材料通过细胞活性能部分全部被溶解或吸收，并与骨置换而形成牢固结合的生物材料。

（2）生物惰性材料　是指化学性能稳定，生物相容性好的生物材料。把这种生物材料植入人体内不会对机体产生毒副作用，机体也不会对材料有排斥反应，即材料不会被组织细胞吞噬，又不被排斥出体外，最后被人体组织包围起来。纳米 Al_2O_3 和 ZrO_2 等即是生物惰性材料。纳米 Al_2O_3 由于具有生物相容性好、耐磨损、强度高、韧性比常规材料高等特性，可用来制作人工关节、人工骨、人工齿根等。纳米 ZrO_2 也可以制作人工关节、人工齿根等。

（四）在磁学方面的应用

具有铁磁性的纳米材料（如纳米晶 Ni、Fe、Fe_2O_3、Fe_3O_4 等）可作为磁性材料。铁磁材料可分为软磁材料（即容易磁化又容易去磁）和硬磁材料（磁化和去磁都十分困难）。此外，纳米铁氧体磁性材料除了可作软磁材料和硬磁材料外，还可作旋磁材料、矩磁材料和压磁材料。

1. 软磁材料

软磁材料的主要特点是磁导率高、饱和磁化强度大、电阻高、损耗低、稳定性好。其主要用途是制作电感线圈、小型变压器、脉冲变压器、中频变压器等的磁心，天线棒磁心，电视偏转磁轭，录音磁头，磁放大器等。

2. 硬磁材料

硬磁材料的主要特点是剩磁要大，矫顽力也要大，不容易去磁。此外，对温度、时间、振动等干扰的稳定性要好。其主要用途是用于磁路系统中作永磁体以产生恒定磁场，如制作扬声器、微音器、拾音器、助听器、录音磁头、各种磁电式仪表、磁通计、磁强计、示波器以及各种控制设备等。

3. 旋磁材料

有些纳米铁氧体会对作用于它的电磁波发生一定角度的偏转，这就是旋磁效应。利用旋磁效应可以制备回相器、环形器、隔离器和移相器等非倒易性器件，以及衰减器、调制器、调谐器等倒易性器件。利用旋磁铁氧体的非线性可制作倍频器、混频器、振荡器、放大器等，用于制作雷达、通信、电视、测量、人造卫星、导弹系统的微波器件。

4. 矩磁材料

有些纳米铁氧体的磁滞回线为矩形，这种材料称为矩磁材料。矩磁材料广泛用于电子计算机、自动控制和远程控制等科学技术中，用来制作记忆元件、开关元件、逻辑元件、磁放大器、磁光存储器等。

5. 压磁材料

以磁致伸缩效应为应用原理的铁氧体材料称为压磁材料。所谓磁致伸缩效应，是指磁性材料在磁化过程中几何尺寸与形状发生变化的现象。有些纳米铁氧体具有磁致伸缩效应，主要应用于超声波器件（如超声波探伤等）、水生器件（如声纳等）、机械滤波器、混频器、压力传感器等，其优点是电阻率高、频率响应好、电声效率高。

（五）在电学方面的应用

纳米材料在电学方面主要可以作为导电材料、超导材料、电介质材料、电容器材料、压电材料等。

1. 导电材料

所有纳米金属材料都导电，这里指的是具有电子电导或离子电导的纳米陶瓷材料。这类材料大多属于电解质，也称为块离子导体。块离子导体材料按电离子的类型可分为阳离子导体和阴离子导体。纳米 β-Al_2O_3（掺入 Na^+、Li^+、H^+ 等）为阳离子导电材料；ZrO_2（掺入 CaO、Y_2O_3 等）为阴离子导电材料。

纳米 Na-β-Al_2O_3 主要用作钠、溴电池的隔膜材料。这两种电池广泛应用于电子手表、电子照相机、听诊器和心脏起搏器上。

利用纳米 ZrO_2（掺入 CaO、Y_2O_3 等）的导电及导热性，可制作发热材料（在空气中发热温度可达 $2100 \sim 2200\,℃$）和高温电极材料（如磁流体发电装置中的电极）；利用其在一定条件下具有传递氧离子的特性，可制作固体氧浓差电池、氧传感器，进行氧浓度的测定。

2. 超导材料

有些纳米金属（如 Nb、Ti 等）和合金（如 Nb-Zr、Nb-Ti 等）具有超导性（超导临界温度最高只有 23K），而纳米氧化物超导材料的临界温度可达 100K 以上。

超导材料具有许多优良的特性，如完全的导电性和完全的抗磁性等。因此，高温超导材料的研制成功与实用，将对人类社会的生产、对物质结构的认识等方面产生重大的影响，可能带来许多学科领域的革命。高温超导材料的应用主要有以下几方面：

（1）在电力系统方面　可无损耗地远距离输送极大的电流和功率；可制成超导储能线圈，长期无损耗地储存能量；可制作大容量、高效率的超导发电机和磁流体发电机等。

（2）在交通运输方面　可制造超导磁悬浮列车，时速可望达到 800km/h；可作船的电磁推进器和空间推进系统。

（3）在选矿和探矿方面　可利用超导材料进行选矿和探矿等。

（4）在环保和医药方面　可用来对造纸及石油化工厂等的废水进行净化处理；可利用磁分离进行血浆分离、病毒分离、癌细胞分离等。

（5）在核聚变方面　可利用超导材料的强磁场探测粒子运动的径迹，制作磁镜核聚变装置。

（6）在电子工业方面　可利用超导材料的约瑟逊夫效应提高电子计算机的运算速度和缩小体积；可制成超导晶体管等。

3. 电介质材料

电介质材料是指电阻率大于 $10^8\Omega \cdot m$ 的陶瓷材料，能承受较强的电场而不被击穿。按其在电场中的极化特性，可将电介质材料分为电绝缘材料和电容材料。$\alpha\text{-Al}_2O_3$ 纳米陶瓷具有很高的机械强度、良好的高的热稳性和耐电强度高、绝缘电阻大、介电损耗小、电性能随温度及频率的变化较稳定等优点，被广泛用作电绝缘材料。电绝缘材料的用途见表7-6。

表7-6 电绝缘材料的用途

用　途	应用实例
电力器件	绝缘子、绝缘管、绝缘衬套、真空开关
汽车器件	火花塞、陶瓷加热器
耐热元件	热电偶保护管、绝缘管
电阻器	电阻芯和基板、可变电阻基板、绕线电阻
光电池元件	光电池基板
调谐器	支撑绝缘柱、定片轴
电子计算机元件	滑动元件、磁带导杆
电路元件	电容器基板、线圈框架
整流器	晶闸管整流器、饱和扼流圈封装元件
阴极射线管	阴极托、管子
电子管	管壳、磁控管、管座、管内绝缘物
混合集成电路	厚膜用基片、多层电路基片
半导体集成电路	玻璃密封外壳、陶瓷浸渍、分层封装外壳
半导体元件	硅晶体管管座、二极管管座、半导体保护元件、功率管管座、超高频晶体管外壳
封接材料	金属喷镀法加工、玻璃封装
光学材料	高压钠灯、紫外线透光窗口、红外线透光窗口

金红石型 TiO_2 纳米陶瓷属于非铁电电容器材料，可制作高频温度补偿电容器。$BaTiO_3$ 为典型铁电电容器材料，$PbZrO_3$ 为典型反铁电电容器材料。

4. 压电材料

压电材料是一种能把电能转换成机械能，或把机械能转换成电能的功能材料。$BaTiO_3$ 和 $PbTiO_3$ 是典型的压电材料。前面讲到纳米非晶氮化硅等具有压电性，也可作压电材料。压电材料在超声、电声、水声、医疗、高压、微声、激光、导航、通信、生物等技术领域有广泛应用，可制作换能器、拾音器、仿声器、扬声器、滤波器、振荡器等。

纳米材料的研究是目前材料科学研究中的一个热点。纳米技术从根本上改变了材料的结构，为克服材料科学研究领域中长期未能解决的问题开辟了新途径。同时，纳米技术与纳米材料也将彻底改变人们的生活。纳米技术与材料将带给人类不可思议的震撼和变化，它实实在在地走进了人们的生活，并将带给人类一个又一个的惊喜。

五、商业化前景与展望

由于纳米材料显示的革命性意义和机遇，世界主要工业发达国家，如美国、德国、法国、日本等都不断地增加研究投入。纳米材料的独特性能（或者性能改进）诱发了商业化应用的前景。西方科学认为，纳米技术与计算机信息技术一样，正在成为21世纪的新兴技术，但目前它的发展仅相当于计算机信息技术在20世纪50年代的发展水平。

尽管纳米材料的研究已经取得了显著进展，但许多重要问题仍有待探索和解决。例如，如何获得清洁、无空隙、大尺寸的块体纳米材料，以真实地反映纳米材料的本征结构与性能；如何开发新的制备技术与工艺，实现高品质、低成本、多品种的纳米材料实业化等。对这些基本问题的回答是进一步深入研究纳米材料及其实用化的关键，率先取得成功或突破的意义是难以估计的，这也是纳米材料被称为"高风险与高回报并存"材料的原因。

我国系统开展纳米材料的科学研究始于 20 世纪 80 年代末，国家科技部和国家科学基金委员会（NSFC）及时将其列为重点发展学科给与支持。经过多年的努力，已经做了一些高水平、有国际影响的工作，整体水平和实力紧步美、日、德等发达国家之后，受到国际学术界的高度重视。然而，在激烈的国际竞争形势下，急需以现有工作为基础，以若干学科为突破目标，集中人力、物力、财力的投入，团结协作，使我国在这一领域的研究水平上一个新台阶。

第三节　未来材料的发展方向

材料科学的进步促进了国民经济和现代科学技术的发展，而国民经济和现代科学技术的进步又为新材料的发展提供了方向和技术。新材料是知识密集、技术密集、资金密集的一类新兴产业，是多学科相互交叉和渗透的科技成果，它们无不体现出了固体物理、有机化学、量子化学、固体力学、冶金科学、陶瓷科学、生物学、微电子学、光电子学等多学科的最新成就。因此，新材料的发展与其他新技术的发展是密切相关的。

目前，由于对新材料的需求日益增长，人们希望在材料研制中尽可能地增加理论预见性、减少盲目性。客观上由于现代物理化学等基础科学的深入发展，为材料科学提供了许多新的原理与概念。更重要的是计算机信息处理技术的发展，以及各种材料制备及表征评价技术的进展，使材料研制及设计出现一些新的特点。

1）在材料的微观结构设计方面，将从显微构造层次（≈1μm）向分子、原子层次（1~10nm）及电子层次（0.1~1nm）发展（研制微米、纳米材料）。

2）将有机、无机和金属三大类材料在原子、分子水平上混合而构成所谓"杂化"（Hybrid）材料的构思设想，以探索合成材料的新途径。

3）在新材料的研制中，在数据库和知识库存的基础上，利用微机进行新材料的性能预报、模拟，以揭示新材料微观结构与性能的关系。

4）深入研究各种条件下材料的生产过程，运用新思维、新技术来开发新材料，进行半导体超晶格材料的设计。所谓"能带工程"或"原子工程"就是一例，它通过调控材料中的电子结构，按新思维获取由不同的半导体超薄层交替生长的多层异质周期结构材料，从而极大地推动了半导体激光器的研制。

5）选定重点目标，组织多学科力量联合设计某种新材料，如按航天防热材料的要求而提出的"功能梯度"材料（FGM）的设想和实践。

在漫长的人类历史发展过程中，材料一直是社会进步的物质基础和先导。可以预见，21世纪的材料科学必将在当代科学技术迅猛发展的基础上，朝着精细化、高功能化、超高性能化、复杂化（复合化和杂化）、智能化、可再生及生态环境化的方向发展，从而为人类社会的物质文明建设作出更大的贡献。

第三篇 机械零件的失效、强化、选材及工程材料的应用

第八章 机械零件的失效与强化

机械零件的失效是指零件在使用过程中由于某种原因而丧失原设计功能的现象。失效分析的任务就是找出失效的主要原因，并据此制订改进措施，对零件进行强化和韧化处理，提高零件的使用寿命。

第一节 零件的失效形式与分析方法

零件的失效有三种形式，即过量变形、断裂和表面损伤失效。

一、过量变形失效

1. 过量弹性变形失效

零件由于产生过大的弹性变形而失效，称为弹性变形失效。例如，对于受弯扭的轴类零件，其过大变形量会造成轴上啮合零件的严重偏载甚至啮合失常，进而导致传动失效。

2. 过量塑性变形失效

零件承受的应力超过材料的屈服强度时发生塑性变形，过量的塑性变形会使零件间的相对位置发生变化，使整个机器运转不良。例如，变速器中齿轮的齿形发生塑性变形将造成啮合不良，产生振动和噪声，甚至发生卡齿和断齿；另外，键扭曲、螺栓受载后伸长等，都会引起过量塑性变形失效。

3. 蠕变变形失效

受长期固定载荷作用的零件，在工作中尤其是在高温下会发生蠕变（即在应力不变的情况下，变形量随时间的延长而增加的现象）。当零件蠕变量超过规定范围后则处于不安全状态，严重时可能与其他零件相碰，使设备不能正常工作。例如，锅炉、汽轮机、燃气轮机、航空发动机及其他热机的零部件，常常由于蠕变产生的塑性变形和应力松弛而失效。

二、断裂失效

断裂失效是机械零件的主要失效形式，根据断裂的性质和断裂的原因不同可分为下列几种形式：

（1）韧性断裂失效 零件承受的载荷大于零件材料的屈服强度，断裂前零件有明显的塑性变形，尺寸发生明显的变化，一般断面缩小，且断口呈纤维状。零件的韧性断裂往往是由于受到很大的负荷或过载引起的。

（2）低温脆性断裂失效 零件在低于其材料的韧脆转变温度以下工作时，其韧性和塑性大大降低并发生脆性断裂而失效。

（3）疲劳断裂失效　零件在承受交变载荷时，尽管应力的峰值在抗拉强度甚至在屈服强度以下，但经过一定周期后仍会发生断裂，这种现象称为疲劳。疲劳断裂为脆性断裂，往往没有明显的先兆而突然断裂。

（4）蠕变断裂失效　在高温下工作的零件，当蠕变变形量超过一定范围时，因在零件内部产生裂纹而很快断裂，有些材料在断裂前产生缩颈现象。

（5）环境破断失效　在负载条件下，由于环境因素（如腐蚀介质）的影响，往往出现低应力下的延迟断裂而使零件失效。环境破断失效包括应力腐蚀、氢脆、腐蚀、疲劳等。

三、表面损伤失效

表面损伤失效的种类有很多，主要有磨损失效、腐蚀失效和表面疲劳失效三种。

1. 磨损失效

相互接触的一对金属表面，相对运动时金属表面不断发生损耗或产生塑性变形，使金属表面状态和尺寸改变的现象称为磨损。磨损使零件的尺寸减小、精度降低，甚至产生咬合、剥落而不能工作。

2. 腐蚀失效

零件暴露于活性介质环境中并与环境介质间发生化学和电化学作用，从而造成零件表面材料的损耗，引起零件尺寸和性能的变化，最后导致失效。

3. 表面疲劳失效

相互接触的两个运动表面，在工作过程中承受交变接触应力的作用而导致表面层材料发生疲劳而脱落，造成零件失效。按初始裂纹的位置来分，表面疲劳可分为麻点剥落和表层压碎两大类。在接触应力小、摩擦力大，表面质量比较差的情况下，裂纹首先在表面萌生，产生麻点剥落；反之，裂纹首先在次表面萌生，产生表面压碎，但二者往往同时发生。

实际上，零件的失效形式往往不是单一的，随着外界条件的变化，失效形式可以从一种形式转变为另一种形式。例如，齿轮的失效往往先有点蚀、剥落，后出现断齿等多种形式。

四、零件失效分析的一般方法

引起失效的具体原因有很多，但大体可分为设计（工况条件估计不确切、结构外形不合理及计算错误）、材料（选择不当、材质低劣）、加工（毛坯缺陷、冷加工和热加工缺陷）和安装使用（安装不良、维护不善、过载使用及操作失误）四个方面。为了开展失效分析，确定失效形式，找出失效原因，提出预防和补救措施，所采用的一般分析程序是：调查研究——残骸收集和分析——试验分析研究——综合分析，作出结论，写出报告。

1. 调查研究

调查研究是失效分析不可缺少的程序，它包括两方面的内容：一是调查失效现场，如失效产品状况、现场环境及失效经过，对于重大失效事故应立即保护好现场，以免丢失一些有用信息（在现场调查中可用拍照、录像、录音、绘图、文字记述等方式记录失效实况）；二是调查背景材料，收集原始材料和数据（如有关图样设计、工艺等技术文件，操作、试验记录），以便进一步分析判断。

2. 残骸收集和分析

残骸收集和分析是一项十分复杂和艰巨的工作，其目的是确定首先破坏件及其失效源。对多个零部件破损的机械产品要进行残骸拼凑，根据裂纹走向、断裂特征、零件碰撞划伤痕迹来判断最先破坏件及失效源。

对于首先损坏件或对失效影响大的重要零件，还应进一步对其设计图样、制造加工情况及服役条件等进行收集和分析。

此外，与事故有关的残存物，如润滑油、燃气等接触介质也应收集保存，它们也可能会提供一些有用信息。

3. 试验分析研究

通常可开展下列试验分析。

(1) 无损检测　这种检测方法是在不改变材料或零件的形状及内部组织的条件下检查零件表面或内部裂纹等缺陷的大小、数量和位置。常用检测方法有磁粉探伤、液体渗透法探伤、超声波探伤、涡流检测、射线照相检验等。

(2) 断口分析　零件断裂处的自然表面即为断口，通常从断口上可获得与断裂有关的各种信息，如断裂性质、材料冶金、加工质量、服役条件（载荷性质、大小，环境介质，温度）。因此，断口分析是断裂失效分析中不可缺少的程序。为了能反映断裂的真相，一定要注意保护断口，不得用手触摸或造成人为的损伤。

断口分析分为宏观分析和微观分析两种类型。断口宏观分析是指用肉眼、放大镜或低倍光学显微镜来研究断口特征的一种方法，通过宏观分析了解失效的全貌、破坏处外表有无异常（划痕、磨损、污物、颜色或尺寸形状变化），初步确定断裂性质、断裂源、载荷情况（加载方式，应力大小、分布、指向）。断口微观分析大多采用电子显微镜，其分辨率和景深都高于光学显微镜，能深入观察断口微观细节及断裂性质，以便于研究裂纹形成和扩展机理。目前使用的电子显微镜有透射电子显微镜和扫描电子显微镜两种。透射电镜分辨率高，放大倍数高，可对断口细节进行深入细致的研究，以便探讨断裂机理，但它观察的视域小，不能直接观察断口，需制取金属薄膜或复型。扫描电镜分辨率不如透射电镜高，一般为 10～20nm，放大倍数很少使用到一万倍以上，但可从零件上直接取样观察，图像清晰，立体感强，对样品同一部位可从低倍到高倍连续观察，带有能谱或波谱分析装置的扫描电镜还能进行微区化学成分分析。

(3) 化学成分分析　通常对失效件要进行化学成分分析，检验材料化学成分是否符合标准规定，或鉴别零件是由何种材料制造的。在有些情况下需采用电子探针、扫描电镜等进行微区成分分析。在特殊情况下，还需对环境介质、失效件上的腐蚀产物、残存物等进行分析鉴定。

(4) 金相分析　是指对失效件上选定的剖面，经抛光侵蚀后在光学显微镜或电子显微镜下进行试验分析的方法，常用这种方法来分析裂纹的走向、性质，判定材料组织及工艺状态，检查可能导致失效的组织缺陷（如夹杂物，粗大不均匀组织等）。使用光学显微镜进行失效分析是一个普遍使用的手段。

有时还进行金相低倍试验，即用一定的方法侵蚀试样后凭肉眼或放大镜检查材料冶金和工艺缺陷。

(5) 力学性能分析　硬度试验简便迅速且不需制作特定规格的试样，因此它是失效分析的常规力学试验方法。通过硬度试验可检验零件硬度是否符合技术条件要求，评定材料的热处理工艺质量，估算材料的抗拉强度。

对于一些重大失效事故，必要时还要取样做强度、塑性、冲击韧度、断裂韧度等试验，以判断材料性能是否满足设计要求，分析性能与材料内部组织及加工工艺的关系。

（6）其他试验方法　对于重要且复杂的失效产品，为了分析机件的服役情况，采用试验性应力测定方法（如静态应变电测法、脆性涂层法、光弹法、X 射线法等），测定损坏部件应力及残留应力大小和性质。

为了验证现场调查和试验分析中所确定的失效原因，按照实际工况条件，对失效的同类机件进行模拟试验，以使故障再现，显示失效的发展过程、机件破坏顺序及失效形式，这在残骸不全、证据不充分的情况下是经常采用的一种方法。

要根据失效分析要求的深度及客观条件来选用试验方法，不能盲目追求全面试验分析内容。

4. 综合分析，作出结论，写出报告

在失效分析工作进行到一定阶段或试验工作结束时，需对所获得的证据和数据进行整理分析，有时可能还要修订、完善分析计划，在失效分析工作达到预期目的后，应对进行的工作及所获得的全部资料（调查收集的材料，测试、计算数据，照片等）进行集中、整理、分析评价和处理，作出结论，写出报告。

失效分析报告要送交设计、制造、管理、使用等有关部门，有时失效分析报告要经一定的组织形式评定、审核。失效分析报告行文要简练，条目要分明，数据、图表要真实可靠。分析报告一般包括下列项目：题目，任务来源，分析目的和要求，试验过程及结果，分析结论，补救和预防措施或建议。

第二节　工程材料的强化与强韧化

随着科学技术的发展，要求工程材料具有更高的强度，或要求其具有高强度的同时还具有足够的塑性和韧性。这些性能都与材料的成分、组织和结构有着密切的关系，因此可以通过改变材料的成分、组织和结构，改变材料的加工制备工艺以及使其复合等方法，实现材料的强化与强韧化。

一、工程材料的强化方法

1. 固溶强化

固溶强化是指由于晶格内溶入异类原子而使材料强化的现象。溶质原子作为位错运动的障碍，增加了塑性变形抗力。其原因可归为以下两个方面：

1）溶质原子引起晶格畸变，增加位错密度。溶质原子引起晶格畸变的程度，随溶质原子与溶剂原子的差异、溶解度及溶解方式的不同而异。总的来说，形成间隙固溶体的溶质元素，其强化作用大于形成置换固溶体的元素。对于有限固溶体，溶质元素在溶剂中的饱和溶解度越小，其固溶强化作用越大。

2）溶质原子与位错的交互作用，使位错处于相对稳定状态。溶质原子溶入后使溶剂晶格畸变，产生的应力场与位错周围的弹性应力场交互作用，使溶质原子移向位错线附近，降低了位错的能量，使之处于相对稳定状态，这样对位错起到束缚作用。位错要摆脱束缚而运动，必须施加更大的外力，即表现出材料的变形抗力（强度）增加。

几乎所有工程材料都不同程度地利用了固溶强化，如一般工程构件用钢、铝锌合金、单相黄铜合金、TA 类钛合金等都是主要依靠固溶强化来实现其强化的。但应说明的是，单纯固溶强化所达到的效果十分有限，常常不能满足要求，因而不得不在固溶强化基础上再补充其他的强化方式。

2. 冷变形强化（加工硬化）

通过冷变形产生加工硬化是一种重要的强化手段。冷拔弹簧钢丝即是典型冷变形强化的例子，经冷拔后抗拉强度可高达2800MPa以上。而滚压、喷丸是表面冷变形强化工艺，它不仅能强化金属表层，而且能使表面层产生很高的残留压应力，可有效地提高零件的疲劳强度。但经冷变形强化后，金属的塑性和韧性都有所下降。

聚合物的冷拔或挤压是生产聚合物纤维、管子和薄膜的常规方法，能使聚合物的强度提高近十倍。冷变形对聚合物结构的影响比纯金属复杂得多，形变可使链状分子沿形变方向排列，形成择优取向而具有极高的强度。

3. 细晶强化（亦称为晶界强化）

晶界的作用有两个方面：一方面它是位错运动的障碍；另一方面又是位错聚集的地点。所以晶粒越细小，则晶界面积越增加，阻碍位错运动的障碍越多，位错密度也越增大、越聚集，从而导致强度升高。

细晶强化不但可提高材料的强度、硬度，还可改善其塑性和韧性，是一种行之有效的强韧化手段，这是其他强化方式所不能相比的。因此，细晶强化是提高材料性能最好的手段之一。例如，孕育铸铁、铝硅基铸造合金都是通过增加非自发形核数目或促使液体过冷来细化晶粒的。在合金渗碳钢（如20CrMnTi）和合金工具钢（如Cr12MoV、W18Cr4V）中，则是通过加入强碳化物形成元素（V、Ti等）以阻止加热时奥氏体晶粒长大来细化晶粒的。但细化晶粒不适用于某些高温高强度材料，这是因为高温蠕变主要是沿晶界滑动，过细的晶粒会使单位体积内的晶界面积增多，对高温性能如蠕变极限、持久强度等不利。为了消除晶界的影响，将复杂成分的高温合金制成按一定位向结晶的单晶体，可获得优良的高温强度。

应当指出，细晶强化不仅是金属材料强化的重要途径，而且也是强化陶瓷材料的方法之一。陶瓷材料中的晶体相都是由许多不同取向的晶粒集合而成的，这些晶粒的几何形状、晶粒大小、取向等对陶瓷性能都有重要影响，通常晶粒越细，其强度也越高。

4. 第二相强化

第二相强化是指利用合金中存在的第二相进行强化的现象，其机理与第二相的形态、数量及在基体上的分布方式有关。

（1）分散强化　材料通过基体中分布有细小、弥散的第二相质点而产生强化的方法，称为分散强化。第二相质点如碳化物、氮化物、氧化物、金属化合物或介稳中间相，可借助于过饱和固溶体的时效沉淀析出而获得（称为沉淀强化），或者是材料制备时（如粉末冶金）有意加入的弥散质点（称为弥散强化）。聚合物中的第二相质点包括填料（如炭黑）和微晶区，也是一种分散强化，前者用于限制合成橡胶撕裂，后者用于强化非晶体的母相。分散强化的实质是第二相质点与位错的交互作用，即第二相质点阻碍位错的运动而使材料强化。

（2）双相合金中的第二相强化　当两相的体积和尺寸相差不大，结构、成分和性能相差较大（如碳钢中的铁素体和渗碳体）时，欲使第二相起强化作用，应使第二相呈层片状，最好呈粒状分布。在这种双相合金中，屈服强度与层片间距成正比。而粒状第二相比层片状第二相的强化作用大，特别是对塑、韧性的不利影响小，这是因为粒状第二相对基体相的连续性破坏小，应力集中不明显所致。

5. 相变强化

相变强化主要是指马氏体强化（及下贝氏体强化），它是钢铁材料强化的重要途径。相变强化不是一种独立的强化方式，实际上它是前述的固溶强化、沉淀硬化、形变强化、细晶强化等多种强化效果的综合，它是钢铁材料最经济而又最重要的一种强化途径。

6. 纤维增强的复合强化

用高强度的纤维同适当的基体材料相结合，来强化基体材料的方法称为纤维增强复合强化。用塑性较好的材料作为基体，以高强度但较脆的纤维作为增强材料，可获得最佳强化效果。用作基体的材料除金属外，还有聚合物、陶瓷等。常用的增强纤维材料有晶须、玻璃纤维、高熔点金属细丝等，可以是长纤维，也可以是短纤维，纤维越长，其强化效果越好。纤维在基体金属中的排列方向对于复合材料的强度也有重要影响，复合材料的强度具有明显的方向性。基体材料与纤维的结合牢固度也是影响强度的重要因素，增强纤维的表面越洁净，与基体材料的结合越好。当氧化物纤维与基体金属结合不良时，可在纤维上镀以金属膜，以增加结合牢固度。

二、工程材料的强韧化

强韧化就是使材料具有较高强度的同时具有足够的塑性和韧性，以防止构件脆性断裂。强韧化的途径主要有以下几种：

1. 细化晶粒

晶粒细小均匀不仅使材料强度提高，而且塑、韧性好，同时还可降低韧脆转变温度。其原因是由于晶界增多，减少了晶界处的应力集中，故晶粒细化是钢材、铝合金及陶瓷等工程材料的强韧化途径之一。

2. 调整化学成分

调整钢的化学成分一方面可直接影响其韧性，如降低碳、氮、磷的含量，加入镍和少量的锰可提高钢的韧性且降低韧脆转变温度；另一方面可以改善热处理后的组织，从而间接达到强韧化的目的。

3. 形变热处理

形变热处理就是将形变强化与相变强化相结合而综合强化金属的一种方法。它的强化机理是：奥氏体形变使位错密度升高，由于动态回复形成稳定的亚结构，淬火后获得细小的马氏体，板条马氏体数量增加，板条内位错密度升高，使马氏体强化。此外，奥氏体形变后位错密度增加，为碳化物弥散析出提供了条件，获得弥散强化效果。马氏体板条的细化及其数量的增加，还有碳化物的弥散析出，都使钢在强化的同时得到韧化。

4. 低碳马氏体强韧化

低碳马氏体（板条马氏体）是一种既有高强度又具有韧性的相，获得位错型低碳马氏体组织，是钢材强韧化的一个重要途径。

5. 下贝氏体强韧化

经等温淬火获得下贝氏体组织，既可减少工件变形开裂，又使之具有足够的强韧性，它亦是钢材强韧化的一个重要途径。

6. 表面强化

利用各种表面处理、表面扩渗和表面涂覆等表面工程技术，以提高材料表面的耐磨、耐蚀、抗高温氧化和抗疲劳等性能，或是赋予表面以特定的理化性质，使得表面及心部材质具有最优组合，从而达到最经济而有效地提高产品质量并延长其使用寿命的目的。

第九章 典型零件的选材及工程材料的应用

机械零件设计的主要内容包括机械零件结构设计、材料选用、工艺设计及其经济指标等诸方面。这几方面的要素既相互关联，又相互影响，甚至相互依赖，而且这些要素还并不都是协调统一的，有时甚至是矛盾的。结构设计和经济指标在很大程度上取决于零件的材料选用及工艺设计，因此对机械零件用材及工艺路线进行合理地选择是十分重要的。

第一节 选材的一般原则

选用材料应考虑的一般原则是：①使用性能原则；②工艺性能原则；③经济性原则。

一、使用性能原则

使用性能是保证零件完成规定功能的必要条件，在大多数情况下，这是选材首先要考虑的问题。使用性能主要是指零件在使用状态下应具有的力学性能、物理性能和化学性能。力学性能要求一般是在分析零件工作条件和失效形式的基础上提出来的。

零件的工作条件是复杂的，从受力状态来分析，有拉、压、弯、扭等应力；从载荷性质来分，有静载荷、动载荷；从工作温度来分，有低温、室温、高温、交变温度等；从环境介质来看，有加润滑剂的，有接触酸、碱、盐、海水、粉尘等多种情况。此外，有时还要考虑物理性能要求，如电导性、磁导性、热导性、热膨胀性、辐射等。

通过对零件工作条件和失效形式的全面分析，确定零件对使用性能的具体要求。表9-1列出了几种常用零件的工作条件、失效形式和所要求的主要力学性能指标。在确定了具体力学性能指标和数值后，即可利用手册选材。但是，零件所要求的力学性能数据不能简单地、直接地引用手册及书本中所给出的数据，还必须注意以下情况：第一，材料的性能不但与化学成分有关，也与加工及处理后的状态有关，金属材料尤其明显，所以要分析手册中的性能指标是在什么加工及处理条件下得到的；第二，材料的性能与加工处理时试样的尺寸有关，随着截面尺寸的增大，力学性能一般是降低的，因此必须考虑零件尺寸与手册中试样尺寸的差别，并进行适当的修正；第三，材料的化学成分、加工处理的工艺参数本身都有一定的波动范围，一般手册中的性能大多是波动范围的下限值，也就是说，在尺寸和处理条件相同时，手册数据是偏安全的。

表 9-1 几个常用零件的工作条件、失效形式及主要力学性能指标

零件	工作条件			常见的失效形式	要求的主要力学性能
	应力种类	载荷性质	受载状态		
紧固螺栓	拉、切应力	静载		过量变形、断裂	强度、塑性
传动轴	弯、扭应力	循环、冲击	轴颈摩擦振动	疲劳断裂、过量变形、轴颈磨损	综合力学性能
传动齿轮	压、弯应力	循环、冲击	摩擦、振动	齿折断、磨损、疲劳断裂、接触疲劳（麻点）	表面强度及疲劳极限，心部强度、韧性

（续）

零 件	工 作 条 件			常见的失效形式	要求的主要力学性能
	应力种类	载荷性质	受载状态		
弹簧	扭、弯应力	交变、冲击	振动	弹性失稳、疲劳破坏	弹性极限、屈强比、疲劳极限
冷作模具	复杂应力	交变、冲击	强烈摩擦	磨损、脆断	硬度，足够的强度、韧性

在利用常规力学性能指标选材时，有两个问题必须说明：第一个问题是，材料的性能指标各有自己的物理意义，有的比较具体并可直接应用于设计计算，如屈服强度、疲劳强度、断裂韧度等，有些则不能直接应用于设计计算，只能间接用来估计零件的性能，如伸长率 A、断面收缩率 Z 和冲击韧度 a_K 等，传统看法认为这些指标是属于保证安全的性能指标，对于具体零件，A、Z、a_K 值要多大才能保证安全，至今还没有可靠的估算方法，而完全依赖于经验；第二个问题是，由于硬度的测定方法比较简便，不破坏零件，并且在确定的条件下与某些力学性能指标有大致固定的关系，所以常用来作为设计中控制材料性能的指标，但它也有很大的局限性，例如，硬度对材料的组织不够敏感，经不同处理的材料常可得到相同的硬度值，而其他力学性能却相差很大，因而不能确保零件的使用安全，所以，设计中在给出硬度值的同时，还必须对处理工艺（主要是热处理工艺）作出明确的规定。

对于在复杂条件下工作的零件，必须采用特殊实验性能指标作为选材依据，如采用高温强度、低周疲劳及热疲劳性能、疲劳裂纹扩展速率和断裂韧度、介质作用下的力学性能等。

二、工艺性能原则

材料的工艺性能表示材料加工的难易程度。在选材中，同使用性能相比，材料的工艺性能常处于次要地位；但在某些特殊情况下，工艺性能也可成为选材考虑的主要依据，如切削加工中大批量生产时，为了保证材料的切削加工性而选用易切削钢便是一个例子。当某一材料的性能很理想，但极难加工或加工成本较高时，则该材料是不可选的。因此，选材时必须考虑材料的工艺性能。

高分子材料的加工工艺比较简单，切削加工性尚好，但它的导热性较差，在切削过程中不易散热而导致工件温度急剧升高，可能使热固性塑料变焦，使热塑性塑料变软。高分子材料主要成型工艺的比较见表 9-2。

表 9-2　高分子材料主要成型工艺的比较

工 艺	适用材料	形 状	表面粗糙度	尺寸精度	模具费用	生 产 率
热压成型	范围较广	复杂形状	较低	好	高	中等
喷射成型	热塑性塑料	复杂形状	较低	非常好	较高	高
热挤成型	热塑性塑料	棒类	低	一般	低	高
真空成型	热塑性塑料	棒类	一般	一般	低	低

陶瓷材料的加工工艺也比较简单，主要工艺就是成型，几种成型工艺的比较见表 9-3。陶瓷材料成型后，除了可以用碳化硅或金刚石砂磨加工外，几乎不能进行任何其他加工。

表 9-3 陶瓷材料各种成型工艺的比较

工 艺	优 点	缺 点
粉浆成型	可做形状复杂件、薄塑件，成本低	收缩大，尺寸精度低，生产率低
压制成型	可做形状复杂件，有高密度和高强度，精度较高	设备较复杂，成本高
挤压成型	成本低，生产率高	不能做薄壁件，零件形状需对称
可塑成型	尺寸精度高，可做形状复杂件	成本高

金属材料的加工工艺远较高分子材料和陶瓷材料复杂，而且变化多，不仅影响零件的成形，还大大影响其最终性能。金属材料（主要是钢铁材料）的加工工艺路线大体可分为以下三大类：

1. 性能要求不高的一般零件

通常工艺路线为：毛坯→正火或退火→切削加工→零件。毛坯由铸造或锻轧加工获得，如果用型材直接加工成零件，则因材料出厂前已经过退火或正火处理，可不必再进行热处理。一般情况下毛坯的正火或退火不单是为了消除铸造、锻造的组织缺陷和改善加工性能，还赋予零件以必要的力学性能，因而也是最终热处理。由于零件性能要求不高，多采用比较普通的材料如铸铁或碳钢制造，它们的工艺性能都比较好。

2. 性能要求较高的零件

通常工艺路线为：毛坯→预备热处理（正火、退火）→粗加工→最终热处理（淬火、回火；固溶处理、时效或渗碳处理等）→精加工→零件。预备热处理是为了改善机械加工性能，并为最终热处理做好组织准备。大部分性能要求较高的零件，如各种合金钢、高强铝合金制造的轴、齿轮等，均采用这种工艺路线。它们的工艺性能不一定都是很好的，所以要重视这些性能的分析。

3. 性能要求较高的精密零件

通常工艺路线为：毛坯→预备热处理（正火、退火）→粗加工→最终热处理（淬火、低温回火、固溶处理、时效或渗碳）→半精加工→稳定化处理或氮化→精加工→稳定化处理→零件。

这类零件除了要求具有较高的使用性能外，还要有很高的尺寸精度和很小的表面粗糙度值，需要在半精加工后进行一次或多次精加工及尺寸稳定化处理要求高耐磨性的零件还需进行渗氮处理。由于加工路线复杂，性能和尺寸的精度要求很高，零件所用材料的工艺性能应充分保证。这类零件有精密丝杠、镗床主轴等。

金属材料的加工工艺复杂，要求的工艺性能较多，如铸造性能、锻造性能、焊接性能、切削加工性能、热处理性能等，这些工艺性能应满足其工艺过程要求。

三、经济性原则

材料的经济性是选材的重要原则之一，一般包括材料的价格、零件的总成本与国家的资源等。

材料的价格在产品的总成本中占有较大的比例，据有关资料统计，在许多工业部门中可占产品价格的 30% ~70%，因此设计人员要十分关心材料的市场价格。

零件材料的价格无疑应该尽量低，必须保证其生产和使用的总成本最低。零件的总成本与其使用寿命、质量、加工费用、研究费用、维修费用和材料价格有关。

　　如果准确地知道了零件总成本与上述各因素之间的关系，则可以对选材的影响作精确的分析，并选出使总成本最低的材料。但是，要找出这种关系，只有在大规模工业生产中进行详尽试验分析的条件下才有可能。对于一般情况，详尽的试验分析有困难，要利用一切可能得到的资料，逐项进行分析，以确保零件总成本降低，使选材和设计工作做得更合理些。

　　随着工业的发展，资源和能源的问题日渐突出，选用材料时必须对此有所考虑，特别是对于大批量生产的零件，所用材料应该来源丰富并顾及我国资源状况。另外，还要注意生产所用材料的能源消耗，尽量选用耗能低的材料。

第二节　典型零件的选材及工艺路线设计

一、齿轮类零件的选材

1. 齿轮的工作条件、失效形式及性能要求

齿轮是机械工业中应用最广的零件之一，主要用于传递转矩和调节速度。

（1）工作时的受力情况

1）由于传递转矩，齿根承受较大的交变弯曲应力。

2）齿面相互滑动和滚动，承受较大的接触应力，并发生强烈的摩擦。

3）由于换挡、起动或啮合不良，齿部承受一定的冲击。

（2）主要失效形式

1）疲劳断裂。疲劳断裂主要发生在齿根，常常一齿断裂引起数齿甚至更多的齿断裂，它是齿轮最严重的失效形式。

2）齿面磨损。由于齿面接触区摩擦，使齿厚变小，齿隙增大。

3）齿面接触疲劳破坏。在交变接触应力作用下，齿面产生微裂纹并逐渐发展，引起点状剥落。

4）过载断裂。主要是由于冲击载荷过大造成的断齿。

（3）齿轮用材性能要求

1）高的弯曲疲劳强度。

2）高的接触疲劳强度和耐磨性。

3）轮齿心部要有足够的强度和韧性。

2. 齿轮零件的选材

根据工作条件不同，一般齿轮的选材情况见表9-4。

表 9-4　根据工作条件推荐选用的齿轮材料和热处理方法

传动方式	工作条件		小 齿 轮			大 齿 轮		
	速度	载荷	材料	热处理	硬度	材料	热处理	硬度
开式传动	低速	轻载、无冲击、不重要的传动	Q275	正火	150～180HBW	HT200		170～230HBW
						HT250		170～240HBW
		轻载、冲击小	45	正火	170～200HBW	QT500-7	正火	170～207HBW
						QT600-3		197～269HBW

（续）

传动方式	工作条件		小 齿 轮			大 齿 轮		
	速度	载荷	材料	热处理	硬度	材料	热处理	硬度
闭式传动	低速	中载	45	正火	170～200HBW	35	正火	150～180HBW
			ZG310-570	调质	200～250HBW	ZG270-500	调质	190～230HBW
		重载	45	整体淬火	38～48HRC	35、ZG270-500	整体淬火	35～40HRC
	中速	中载	45	调质	220～250HBW	35、ZG270-500	调质	190～230HBW
			45	整体淬火	38～48HRC	35	整体淬火	35～40HRC
			40Cr 40MnB 40MnVB	调质	230～280HBW	45、50	调质	220～250HBW
						ZG270-500	正火	180～230HBW
						35、40	调质	190～230HBW
		重载	45	整体淬火	38～48HRC	35	整体淬火	35～45HRC
				表面淬火	45～50HRC	45	调质	220～250HBW
			40Cr 40MnB 40MnVB	整体淬火	35～42HRC	35、45	整体淬火	35～40HRC
				表面淬火	52～56HRC	45、50	表面淬火	45～50HRC
	高速	中载、无猛烈冲击	40Cr 40MnB 40MnVB	整体淬火	35～42HRC	35、40	整体淬火	35～40HRC
				表面淬火	52～56HRC	45、50	表面淬火	45～50HRC
		中载、有冲击	20Cr 20Mn2B 20MnVB 20CrMnTi	渗碳淬火	56～62HRC	ZG310-570	正火	160～210HBW
						35	调质	190～230HBW
						20Cr 20MnVB	渗碳淬火	56～62HRC

由于陶瓷脆性大，不能承受冲击，不宜用来制造齿轮。一些受力不大或无润滑条件下工作的齿轮，可选用塑料（如尼龙、聚碳酸酯）来制造。

3. 典型齿轮选材举例

（1）机床齿轮 机床传动齿轮工作时受力不大，转速中等，工作较平稳，无强烈冲击，强度和韧性要求均不高，一般用中碳钢（如45钢）制造，经调质后心部有足够的强韧性，能承受较大的弯曲应力和冲击载荷。表面采用高频淬火强化，硬度可达52HRC左右，提高了耐磨性，且因在表面造成一定压应力，也提高了抗疲劳破坏的能力。它的工艺路线为：下料→锻造→正火→粗加工→调质→精加工→高频淬火、低温回火→精磨。

（2）汽车齿轮 汽车变速齿轮的工作条件比机床齿轮差，特别是主传动系统中的齿轮。它们受力较大，受冲击较频繁，因此对材料要求较高。由于弯曲与接触应力都很大，所以重要齿轮都需渗碳、淬火处理，以提高耐磨性和疲劳抗力。为了保证心部具有足够的强度及韧性，材料的淬透性要求较高，心部硬度应在35～45HRC之间。另外，汽车生产特点是批量大，因此在选用钢材时，在满足力学性能的前提下对工艺性能必须予以足够的重视。

实践证明，20CrMnTi钢具有较高的力学性能，在渗碳、淬火、低温回火后，表面硬度可达58～62HRC，心部硬度为30～45HRC，正火态切削加工工艺性和热处理工艺性均较好。为了进一步提高齿轮的耐用性，在渗碳、淬火、回火后，还可采用喷丸处理，增大表面压应力。渗碳齿轮的工艺路线为：下料→锻造→正火→切削加工→渗碳、淬火及低温回火→磨削加工。

二、轴类零件的选材

1. 轴的工作条件、失效形式及性能要求

轴是机器中最重要的零件之一，其主要作用是支承传动零件并传递运动和动力。轴的质量好坏直接影响机器的精度与寿命。

（1）一般轴的工作条件

1）传递一定的转矩，承受一定的交变弯矩和拉、压载荷。

2）轴颈承受较大的摩擦。

3）承受一定的冲击载荷。

（2）主要失效形式

1）疲劳断裂。由于受扭转和弯曲交变载荷的长期作用，造成轴的疲劳断裂，这是最主要的失效形式。

2）断裂失效。由于大载荷或冲击载荷作用，使轴发生折断或扭断。

3）磨损失效。在轴颈或花键处过度磨损。

（3）对轴用材料的性能要求

1）良好的综合力学性能，即强度、塑性、韧性有良好的配合，以防止冲击或过载断裂。

2）高的疲劳强度，以防疲劳断裂。

3）良好的耐磨性，防止轴颈磨损。

此外，还应考虑刚度、切削加工性、热处理工艺性和成本。

2. 轴类零件的选材

对轴进行选材时，必须将轴的受力情况作进一步分析，按受力情况可将轴分为以下几种类型：

1）不传递动力、只承受弯矩，起支撑作用的轴。这类轴主要考虑其刚度和耐磨性，如主要考虑刚度，可以用碳钢或球墨铸铁来制造；对于轴颈有较高耐磨性要求的轴，则应选用中碳钢并进行表面淬火，将硬度提高到 52HRC 以上。

2）主要受弯曲、扭转的轴，如变速箱传动轴、发动机曲轴、机床主轴等。这类轴在整个截面上所受的应力分布不均匀，表面应力较大，心部应力较小。此类轴无需选用淬透性很高的钢种，通常选用中碳钢，如 45 钢、40Cr、40MnB 等；对于要求高精度、高的尺寸稳定性及高耐磨性的轴，如磨床主轴，则常选用 38CrMoAl 钢，进行调质及氮化处理。

3）同时承受弯曲（或扭转）及拉、压载荷的轴，如船用推进器轴、锻锤锤杆等。这类轴的整个截面上应力分布均匀，心部受力也较大，应选用淬透性较高的钢种。

3. 典型轴的选材举例

（1）机床主轴选材　这里以 C620 车床主轴为例进行选材。该主轴受交变弯曲和扭转复合应力作用，但载荷和转速均不高，冲击载荷也不大，所以具有一般综合力学性能即可满足要求。但大端的轴颈、锥孔与卡盘、顶尖之间有摩擦，这些部位要求有较高的硬度和耐磨性。

根据以上分析，车床主轴可选用 45 钢。其热处理工艺为调质处理，硬度要求为 220 ~

250HBW；轴颈和锥孔进行表面淬火，硬度要求为52HRC。它的工艺路线为：锻造→正火→粗加工→调质→精加工→表面淬火及低温回火→磨削加工。

如果这类机床主轴的载荷较大，可用40Cr钢制造。当承受较大的冲击载荷和疲劳载荷时，则可采用合金渗碳钢制造，如20Cr或20CrMnTi等。

根据机床主轴的工作条件，推荐选材及热处理工艺等见表9-5。

(2) 内燃机曲轴选材　在实际生产中，按制造工艺把曲轴分为锻钢曲轴和铸造曲轴两种类型。锻钢曲轴主要由优质中碳钢和中碳合金钢制造，如35钢、40钢、35Mn2、40Cr、35CrMo等。铸造曲轴主要由铸钢、球墨铸铁、珠光体可锻铸铁以及合金铸铁等制造，如ZG230-450、QT600-3、QT700-2、KTZ450-5、KTZ500-4等。

表9-5　根据工作条件推荐选用的机床主轴材料及热处理工艺

序号	工 作 条 件	材 料	热处理工艺	硬 度 要 求	应 用 举 例
1	1）在滚动轴承内运转 2）低速，轻或中等载荷 3）精度要求不高 4）冲击、交变载荷不大	45	正火或调质后局部淬火 1）正火 调质 2）局部淬火	≤229HBW 220~250HBW 46~51HRC	一般简易机床主轴、龙门铣床、立式铣床、小型车床的主轴
2	1）在滚动轴承内运转 2）中等载荷、转速略高 3）精度要求较高 4）有一定交变、冲击载荷	40Cr 40MnB 40MnVB	整体淬硬 调质后局部淬火 1）调质 2）局部淬火	40~45HRC 220~250HBW 46~51HRC	滚齿机、铣齿机组合机床的主轴，铣床、C6132车床主轴，M7475B磨床砂轮主轴
3	1）在滚动或滑动轴承内运转 2）轻、中载荷，转速较低	50Mn2	正火	≤241HBW	重型机床主轴
4	1）在滑动轴承内运转 2）中等或重载荷 3）轴颈耐磨性更高 4）精度很高 5）有较高的交变应力	65Mn	调质后局部淬火 1）调质 2）轴颈、头颈淬火	250~280HBW 50~61HRC	M1450磨床主轴
5	工作条件同4，但表面硬度要求更高	GCr15 9Mn2V	调质后局部淬火 1）调质 2）轴颈和头处局部淬火	250~280HBW ≥50HRC	MQ1420、MB1432A磨床砂轮主轴
6	1）在滑动轴承内运转 2）重载荷，转速很高 3）精度要求极高 4）有很高的交变及冲击载荷	38CrMoAl	调质后渗氮 1）调质 2）渗氮	≤260HBW ≥850HV	高精度磨床及坐标镗床主轴、多轴自动车床中心轴
7	1）在滑动轴承内运转 2）重载荷，转速很高 3）高的冲击载荷 4）很高的交变应力	20CrMnTi 12CrNi3	渗碳淬火	≥59HRC	Y7163磨床、CG1107车床、SG8630精密车床主轴

内燃机曲轴的选材原则主要根据内燃机的类型、功率大小、转速高低和相应轴承材料等

项条件而定，同时也需考虑加工条件、生产批量和热处理工艺及制造成本等。

图 9-1 所示为 175A 型农用柴油机曲轴简图，它为单缸四冲程柴油机，气缸直径为 75mm，转速为 2200～2600r/min，功率为 4.4kW。由于功率不大，因此曲轴所承受的弯曲、扭转及冲击等载荷也不大。但由于在滑动轴承中工作，故要求轴颈部位有较高的硬度及耐磨性。一般性能要求是 $R_m \geqslant 750MPa$，整体硬度为 240～260HBW，轴颈表面硬度不小于 625HV，$A \geqslant 2\%$，$a_K \geqslant 150kJ/m^2$。

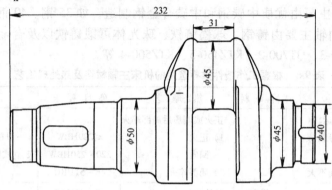

图 9-1 175A 型农用柴油机曲轴简图

根据上述要求，曲轴材料可选用 QT700-2，其工艺路线为：铸造→高温正火→高温回火→切削加工→轮颈气体渗氮。

三、弹簧类零件的选材

1. 弹簧的工作条件、失效形式及性能要求

（1）工作条件

1）弹簧在外力作用下压缩、拉伸、扭转时，材料将承受弯曲应力或扭转应力。

2）缓冲、减振或复原用的弹簧，承受交变应力和冲击载荷的作用。

3）某些弹簧受到腐蚀介质和高温的作用。

（2）主要失效形式

1）塑性变形。外载荷产生的应力大于材料的屈服强度，弹簧发生塑性变形。外载荷去掉后，弹簧不能恢复到原来的尺寸和形状。

2）疲劳断裂。在交变应力作用下，在弹簧表面缺陷（裂纹、折叠、刻痕、夹杂物）处产生裂纹源，裂纹扩展后造成断裂失效。

3）快速脆性断裂。某些弹簧存在材料缺陷（如粗大夹杂物，过多脆性相）、加工缺陷（如折叠，划痕）、热处理缺陷（淬火温度过高导致晶粒粗大，回火温度不足使材料韧性不够）等，当受到过大的冲击载荷时，发生突然脆性断裂。

4）在腐蚀性介质中使用的弹簧易产生应力腐蚀断裂失效；高温下使用的弹簧易出现蠕变和应力松弛，产生永久变形。

（3）对弹簧用材的性能要求

1）高的弹性极限和屈强比。

2）高的疲劳强度。

3）好的材质和表面质量。

4）某些弹簧需要良好的耐蚀性和耐热性。

2. 弹簧零件的选材

弹簧种类有很多，所受载荷大小相差悬殊，使用条件和环境各不相同。制造弹簧的材料也有很多，金属材料、非金属材料（如塑料、橡胶）都可用来制造弹簧。由于金属材料的成形性好、容易制造、工作可靠，在实际生产中多选用弹性极限高的金属材料来制造弹簧，如碳素钢、合金弹簧钢、铜合金等。

根据生产特点的不同，通常将弹簧钢分为热轧弹簧用钢及冷轧（拔）弹簧用钢两大类。热轧弹簧用钢是将弹簧钢通过热轧方法加工成圆钢、方钢、盘条及扁钢，其制造尺寸较大，用于承载较重的螺旋弹簧或板簧。弹簧热成形后要进行淬火及回火处理。主要弹簧钢的特点和用途见表9-6。

表 9-6　主要弹簧钢的特点及用途

钢 类	牌 号	主 要 特 点	应 用 举 例
碳钢	65 70	经热处理或冷拔硬化后，可得到较高的强度和适当的塑性、韧性；在相同表面状态和完全淬透情况下，疲劳极限不比合金弹簧钢差。但淬透性低，尺寸较大，油中淬不透，水淬则变形及开裂倾向增大，只适用于较小尺寸的弹簧	调压调速弹簧、柱塞弹簧、测力弹簧、一般机器上的圆及方螺旋弹簧或拉成钢丝作小型机械的弹簧
	75 80		汽车、拖拉机和火车等机械上承受振动的螺旋弹簧
锰钢	65Mn	Mn 提高淬透性，12mm 直径的钢材油中可以淬透，表面脱碳倾向比硅钢小，经热处理后的综合力学性能能略优于碳钢；缺点是有过热敏感性和回火脆性	各种小尺寸扁、圆弹簧、座垫弹簧、弹簧发条，也适于制造弹簧环、气门簧、离合器簧片、制动弹簧等
硅矾钢	55Si2Mn 55Si2MnB 60Si2Mn 60Si2MnA 70Si3MnA	Si 和 Mn 提高弹性极限和屈强比，提高淬透性以及回火稳定性和抗松弛稳定性，过热敏感性也极小；但脱碳倾向较大，尤其硅与碳含量较高时，碳易于石墨化，使钢变脆	汽车、拖拉机、机车上的减振板簧和螺旋弹簧，气缸安全弹簧，转向架弹簧，轧钢设备以及要求承受较高应力的弹簧，还可用作低于230℃条件下使用的弹簧，70Si3MnA 用于制作承受较高振动的弹簧
铬矾钢	50CrVA	良好的工艺性能和力学性能，淬透性比较高，加入 V 使钢的晶粒细化，降低过热敏感性，提高强度和韧性	气门弹簧、喷油器咀簧、气缸涨圈、安全阀用簧、中压表弹簧元件、密封装置等，适用于210℃条件下工作的弹簧
铬锰钢	50CrMn	较高强度、塑性和韧性，过热敏感性比锰钢低，比硅锰钢高，对回火脆性较敏感，回火后宜快冷	车辆、拖拉机和较重要的板簧、螺旋弹簧
硅锰钨钢	65Si2MnWA	在 60Si2Mn 基础上提高含碳量，加入质量分数为 1% 的 W，提高淬透性，提高硬度，降低过热敏感性，较高温度下回火仍保持较高强度	要求强度更大的弹簧及其大截面用弹簧

3. 典型弹簧选材举例

（1）汽车板簧　汽车板簧用于缓冲和吸振，承受很大的交变应力和冲击载荷的作用，需要高的屈服强度和疲劳强度，一般选用 65Mn、60Si2Mn 钢制造。中型或重型汽车板簧用 50CrMn、55SiMnV 钢制造；重型载重汽车大截面板簧用 55SiMnMoV、55SiMnMoVNb 钢制造。

其工艺路线为：热轧钢带（板）冲裁下料→压力成形→淬火→中温回火→喷丸强化。

淬火温度为 850～860℃（60Si2Mn 钢为 870℃），采用油冷，淬火后组织为马氏体。回火温度为 420～500℃，组织为回火托氏体。屈服强度不低于 1100MPa，硬度为 42～47HRC，冲击韧度为 250～300kJ/m²。

（2）火车螺旋弹簧　火车螺旋弹簧用于机车和车箱的缓冲和吸振，其使用条件和性能要求与汽车板簧相近，可使用 50CrMn、55SiMnMo 等钢制造。其工艺路线为：热轧钢棒下料→两头制扁→热卷成形→淬火→中温回火→喷丸强化→端面磨平。

其中淬火与回火工艺同汽车板簧。

第三节　工程材料的应用

一、汽车零件用材

一辆汽车由上万个零部件组装而成，而上万个零部件又是由各种不同材料制成的。以我国中型载货汽车用材为例，钢材约占 64%，铸铁约占 21%，有色金属约占 1%，非金属材料约占 14%。可见，汽车用材以金属材料为主，塑料、橡胶、陶瓷等非金属材料也占有一定的比例。

汽车的主要结构可分为以下四个部分：

（1）发动机　由缸体、缸盖、活塞、连杆、曲轴及配气、燃料供给、润滑、冷却等系统组成。

（2）底盘　包括传动系（离合器、变速器、后桥等）、行驶系（车架、车轮等）、转向系（转向盘、转向蜗杆等）和制动系（泵或气泵、制动片等）。

（3）车身　包括驾驶室、货箱等。

（4）设备　包括电源、起动、点火、照明、信号、控制等。

下面就汽车典型零件的用材作简要说明。

1. 缸体和缸盖

缸体是发动机的骨架和外壳，在缸体内外安装着发动机主要的零部件。缸体在工作中承受气压力的拉伸、气压力与惯性力联合作用下的倾覆力矩的扭转和弯曲，以及螺栓预紧力的综合作用。因此缸体材料必须满足下列要求：

1）有足够的强度和刚度，特别是要有足够的刚度，以减小变形，保证尺寸的稳定性。

2）良好的铸造性和切削性。

3）价格低廉。

缸体常用的材料为灰铸铁和铝合金。铝合金的密度小，但刚度差、强度低且价格贵，所以除了某些发动机为减轻质量而采用外，一般均用灰铸铁作为缸体材料。

缸盖主要用来封闭气缸构成燃烧室。缸盖在燃气的高温、高压下承受机械负荷和热负荷的作用。由于温度高、形状复杂、受热不均匀使缸盖上的热应力很大，严重时可造成缸盖变形甚至出现裂纹。因此，缸盖应用导热性好、高温机械强度高、能承受反复热应力、铸造性能良好的材料来制造。目前使用的缸盖材料有两种：一种是灰铸铁或合金铸铁；另一种是铝合金。

铸铁缸盖具有高温强度高、铸造性能好、价格低等优点，但其导热性差、质量大。铝合金缸盖的主要优点是导热性好、质量轻，但其高温强度低，使用中容易变形、成本较高。

2. 缸套

气缸内壁的过量磨损是造成发动机大修的主要原因之一，所以应选用合适的材料，即缸体用普通铸铁或铝合金，而气缸工作面则用耐磨材料，制成缸套镶入气缸内。

常用缸套材料为耐磨合金铸铁，主要有高磷铸铁、硼铸铁、合金铸铁等。

为了提高缸套的耐磨性，可以用镀铬、表面淬火、喷镀金属钼或其他耐磨合金等办法对缸套进行表面处理。

3. 活塞、活塞销和活塞环——活塞组

活塞组在工作中受周期性变化的高温及高压燃气作用，并在气缸内作高速往复运动，产生很大的惯性载荷。活塞在传力给连杆时，还承受着交变的侧压力，工作条件十分苛刻。活塞组最常见的失效方式有磨损、变形和断裂几种形式。

对活塞用材料的要求是热强度高、导热性好、吸热性差、膨胀系数小、密度小，减摩性、耐磨性、耐蚀性和工艺性好等。目前很难找到一种材料能完全满足上述要求。常用的活塞材料是铝硅合金。铝硅合金的特点是导热性好、密度小，硅的作用是使膨胀系数减小，耐磨性、耐蚀性、硬度、刚度和强度提高。铝硅合金活塞需进行固溶处理及人工时效处理，以提高表面硬度。

经活塞销传递的力高达数万牛顿，且承受的载荷是交变的，这就要求活塞销材料应有足够的刚度和强度以及足够的承压面积和耐磨性，还要求外硬内韧、表面耐磨，同时具有较高的疲劳强度和冲击韧性。活塞销材料一般用20钢或20Cr、20CrMnTi等低碳合金钢。活塞销外表面应进行渗碳或碳氮共渗处理，以满足外表面硬而耐磨、材料内部韧而耐冲击的要求。

活塞环材料应具有耐磨性、韧性及耐热性，目前多用以珠光体为基的灰铸铁或在灰铸铁基础上添加 Cu、Cr、Mo 的合金铸铁制造。

4. 连杆

连杆是在一个很复杂的应力状态下工作的，它既受交变的拉压应力作用，又受弯曲应力作用。连杆的主要损坏形式是疲劳断裂和过量变形。通常疲劳断裂的部位是在连杆上的三个高应力区域（图9-2）。连杆的工作条件要求其具有较高的强度和抗疲劳性能，又要求具有足够的刚性和韧性。连杆材料一般采用45钢、40Cr 或 40MnB 等调质钢。合金钢虽具有很高的强度，但对应力集中很敏感。所以，对连杆外形、过渡圆角等方面需严格要求，还应注意表面加工质量以提高疲劳强度，否则高强度合金钢的应用并不能达到预期效果。

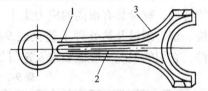

图 9-2 连杆上的三个高应力区
1—小头与连杆的过渡区 2—连杆中间区
3—大头与杆部的过渡区

5. 气门

气门在工作时需要承受较高的机械负荷和热负荷。气门经常出现的故障有气门座扭曲、气门头部变形、气门座面积炭时易引起燃烧废气对气门座面强烈的烧蚀。

气门材料应选用耐热、耐蚀、耐磨的材料。进、排气门工作条件不同，材料的选择也不同。进气门一般可用40Cr、35CrMo、38CrSi、42Mn2V 等合金钢制造；而排气门则要求用高铬耐热钢制造，采用 4Cr10Si2Mo 作为排气门材料时工作温度可达 550～650℃，采用 4Cr14Ni14W2Mo 作为排气门材料时，工作温度可达 650～900℃。

6. 半轴

半轴在工作时主要承受扭转力矩和交变弯曲以及一定的冲击载荷作用。在通常情况下，半轴的寿命主要取决于花键齿的抗压陷和耐磨损性能，但断裂现象也时有发生。载货汽车半轴最容易损坏的部位是在轴的杆部与凸缘的连接处、花键端以及花键与杆部相连的部位（图9-3）。在这些部位发生损坏时，一般为疲劳断裂。因此，要求半轴材料具有高的抗弯强度、疲劳强度和较好的韧性。汽车半轴是要求综合力学性能较高的零件，通常选用调质钢制造。中、小型汽车的半轴一般选用45钢、40Cr，而重型汽车用40MnB、40CrNi或40CrMnMo等淬透性较高的合金钢制造。在半轴加工中，常采用喷丸处理及滚压凸缘根部圆角等强化方法。

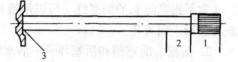

图9-3　半轴易损坏部位示意图
1—花键端　2—花键与杆部相连部位
3—凸缘与杆部相连部位

7. 车身、纵梁、挡板等冷冲压零件

在汽车零件中，冷冲压零件占总零件数的50%～60%。汽车冷冲压零件用的材料有钢板和钢带，其中主要是钢板，包括热轧钢板和冷轧钢板，如钢板08、20、25和Q345等。热轧钢板主要用来制造一些承受一定载荷的结构件，如保险杠、制动盘、纵梁等。这些零件不仅要求钢板具有一定的刚度、强度，而且还要具有良好的冲压成形性能。冷轧钢板主要用来制造一些形状复杂、受力不大的机器外壳、驾驶室、轿车的车身等覆盖零件。这些零件对钢板的强度要求不高，但却要求它具有优良的表面质量和良好的冲压性能，以保证高的成品合格率。近年开发的加工性能良好、强度（屈服强度和抗拉强度）高的薄钢板——高强度板，由于其可降低汽车自重、提高燃油经济性而在汽车上获得应用。

8. 螺栓、铆钉等冷镦零件

汽车结构中的螺栓和铆钉等冷镦零部件，主要起连接、紧固、定位以及密封汽车各零部件的作用。在汽车行驶过程中，由于螺栓联接的零部件不同而所受的载荷各不相同，故不同螺栓的应力状态也不相同，有的承受弯曲或切应力，有的承受反复交变的拉应力和压应力，也有的承受冲击载荷，或同时承受上述几种载荷。此外，由于螺栓的结构及其所传递的载荷的特性，螺栓具有很高的应力集中。因此，应根据螺栓的受力状态合理地选用材料。汽车螺栓、铆钉用材及热处理工艺见表9-7。汽车齿轮、发动机曲轴、弹簧等都是汽车的典型零件，它们的工况、性能要求及选材情况可参阅本章第二节。

表9-7　螺栓、铆钉用材及热处理工艺

种　类	推荐牌号	热处理工艺		硬　度	金相组织
		淬火温度/℃	回火温度/℃		
木螺栓	10、15				
普通螺栓	35	850（水）	580～620	255～285HBW	回火索氏体
	35	冷镦后再结晶处理		187～207HBW	均匀的珠光体＋铁素体
重要螺栓	40Cr	850（油）	580～620	255～285HBW 或285～321HBW	回火索氏体
	15MnVB	880（水）	200	35～42HRC	回火马氏体
		880（油）	400	33～39HRC	回火托氏体
铆钉	10、15	冷镦后再结晶处理			珠光体＋铁素体

9. 汽车用塑料

塑料在汽车中的应用发展很快，从机械、热应力较小的内饰件和小机件发展到大型结构件，如车身、车架悬挂弹簧等。从 20 世纪 80 年代以来，塑料已逐步发展到进入发动机内部，用于制造连杆、活塞销、进气门等配件。用塑料取代金属制造汽车配件，可以直接取得汽车轻量化的效果，还可以改善汽车的某些性能，如防腐、防锈蚀、减振、抑制噪声、耐磨等。

（1）汽车内饰用塑料　用于汽车内饰件的材料要求具备吸振性能好、手感好、耐用性好的特点，以满足安全、舒适、美观的目的。在 20 世纪 80 年代塑料已是汽车的主要内饰材料。内饰用主要塑料品种为聚氨酯（PU）、聚氯乙烯（PVC）、聚丙烯（PP）和 ABS 等。内饰塑料制品主要有座垫、仪表板、扶手、头枕、门内衬板、顶棚衬里、地毯、控制箱、转向盘等。

（2）汽车用工程塑料　工程塑料在汽车上主要用作结构件，要求塑料具有足够的温度-强度特性和温度-蠕变特性以及尺寸稳定性，工程塑料是能够满足这些技术要求的。汽车上常用的工程塑料有聚丙烯、聚乙烯、聚苯乙烯、ABS、聚酰胺、聚甲醛、聚碳酸酯、酚醛树脂等。

（3）汽车外装及结构件用纤维增强塑料复合材料　纤维增强塑料复合材料统称为 FRP，是一种纤维和塑料复合而成的材料。增强用的纤维为玻璃纤维、碳纤维和高强度合成纤维。基体树脂根据使用要求，可用环氧树脂、酚醛树脂、不饱和聚酯等。汽车上常用的是玻璃纤维与热固性树脂的复合材料。FRP 作为汽车用材料具有材质轻、设计灵活、便于一体成型、耐腐蚀、耐化学药品、耐冲击、着色方便等优点；但这种材料用于大批量汽车生产时，与金属材料比较还存在着生产效率低、可靠性差、耐热性差、表面加工性差、材料回收困难等方面的问题。

FRP 材料可用于制造汽车顶棚、空气导流板、前端板、前灯壳、发动机罩、挡泥板、后端板、三角窗框、尾板等外装件。用碳纤维增强塑料复合材料制成的汽车零件还有传动轴、悬挂弹簧、保险杠、车轮、转向节、制动鼓、车门、座椅骨架、发动机罩、格栅、车架等。

10. 汽车用橡胶

橡胶具有很好的弹性，是汽车用的一种重要材料。一辆轿车的橡胶件占轿车整备质量的 4% ~5%。轮胎是汽车的主要橡胶件，此外还有各种橡胶软管、密封件、减振垫等约 300 件。

轮胎的主要材料有生胶（包括天然橡胶、合成橡胶、再生胶）、骨架材料即纤维材料（包括棉纤维、人造丝、尼龙、聚酯、玻璃纤维、钢丝等）及炭黑等。生胶是轮胎最重要的原材料，轮胎用的生胶约占轮胎全部原材料质量的 50%。目前，轿车轮胎以合成橡胶为主，而载重轮胎以天然橡胶为主。天然橡胶在许多性能方面优于通用型合成橡胶，其主要特点是强度高、弹性高、生热和滞后损失小、耐撕裂，以及良好的工艺性、内聚性和粘着性。用它制成的轮胎耐刺扎，特别对使用条件苛刻的轮胎，其胎面上层胶大多采用天然橡胶。

丁苯橡胶主要用于轿车轮胎，以提高轮胎的抗湿滑性，保证行车安全。

顺丁橡胶一般都与天然橡胶或丁苯橡胶并用。随着顺丁橡胶掺用量的增加，使其耐磨性提高，生热降低，但抗撕裂和抗湿滑性却随之降低。为了保证行车安全，它的掺用量不宜太高。

丁基橡胶是一种特种合成橡胶，具有优良的气密性和耐老化性。用它制造的内胎，其气密性比天然橡胶的内胎好。由于气密性好，使用中不必经常充气，轮胎使用寿命相应提高。它又是无内胎轮胎密封层的最好材料。

11. 汽车用陶瓷材料

陶瓷材料具有耐高温、耐磨损、耐腐蚀以及在电导与介电方面的特殊性能。利用陶瓷材料制作某些汽车部件，可改善汽车部件的运行特性，达到汽车轻量化的效果，因而得到了一定程度的应用。日本、美国绝热发动机上采用工程陶瓷的情况见表9-8。

表9-8　日本、美国绝热发动机上采用的工程陶瓷

零件		要求的性能						适用的工程陶瓷
		耐热	耐磨	低摩擦	轻量	耐蚀	膨胀小	
活塞		✓	✓				✓	Si_3N_4、PSZ、TTA
活塞环		✓			✓	✓	✓	SSN、PSZ
气缸套		✓	✓	✓			✓	Si_3N_4、PSZ
预燃烧室		✓				✓	✓	PSZ、Si_3N_4
气门头		✓				✓	✓	SSN、PSZ
气门座		✓	✓					PSZ、SSN
气门挺柱			✓			✓		PSZ、Si_3N_4、SiC
气门导管		✓	✓					PSZ、SSN、SiC
进排气管		✓						ZrO_2、Si_3N_4、TiO_2、Al_2O_3
排气口/进气口		✓						ZrO_2、Si_3N_4、TiO_2、Al_2O_3
机械密封			✓					SiC、Si_3N_4、PSZ
涡轮增压器	叶片	✓			✓	✓	✓	Si_3N_4、SiC
	涡轮壳	✓				✓	✓	LAS
	隔热板	✓				✓	✓	ZrO_2、LAS
	轴承		✓					SSN

注：SSN—烧结氮化硅；PSZ—部分稳定氧化锆；LAS—锂-铝-硅酸盐；TTA—改性的韧性氧化铝。

另外，利用陶瓷的绝缘性、介电性、压电性等特性制作汽车陶瓷传感器，已成为汽车电子化的重要方面。

二、机床零件用材

常用的机床零部件有机座、轴承、导轨、轴类、齿轮、弹簧、紧固件、刀具等。

1. 机身、底座用材

机身、机床底座、液压缸、导轨、齿轮箱体、轴承座等大型零件，以及其他一些如牛头刨床的滑枕、带轮、导杆、摆杆、载物台、手轮、刀架等零件或质量大或形状复杂，首选材料应为灰铸铁、孕育铸铁，球墨铸铁亦可选用。它们的成本低、铸造性好、切削加工性优异、对缺口不敏感、减振性好，非常适合铸造上述零部件，且石墨有良好的润滑作用并能储存润滑油，很适宜制造导轨，同时铸铁有良好的耐磨性。常使用的灰铸铁牌号为HT150、HT200及孕育铸铁HT250、HT300、HT350、HT400等，其中HT200和HT250用得最多。常使用的球墨铸铁牌号为QT400-17、QT420-10，可用来制造阀体、阀盖；QT600-2、QT700-2、QT800-2可制造冷冻机缸体。

机身、箱体等大型零部件在单件或小批量生产时，也可采用普通碳素钢来制造，如Q215、Q235、Q255，其中Q235用得最多。随着对产品外观装饰效果的日益重视，12Cr13、12Cr18Ni9、06Cr18Ni11Ti等不锈钢，H62、H68等黄铜的使用也日趋增多。铝（工业纯铝以及防锈铝5A05、3A21，硬铝2A11、2A12等）的装饰效果也很好，可制作控制面板、标牌、底板及箱体等。

非金属材料，尤其是工程塑料和复合材料的力学性能大幅度提高，颜色鲜艳、不锈蚀、成本低，已经大量应用于机床行业中。例如，聚丙烯的刚性、弹性模量、硬度等力学性能都较高，同时绝缘性优越，常用于制作电气部分；ABS塑料力学性能良好，同时尺寸稳定，容易电镀和易于成型，耐热和耐蚀性较好，且原料易得，价钱便宜，是制造机床控制箱壳体等的优秀材料；聚甲醛塑料具有优异的综合性能，弹性模量和硬度较高，抗蠕变性能好，韧性也很好，耐疲劳性能在热塑性工程塑料中是最高的，已广泛用作各种容器、管道等；复合材料如玻璃纤维增强聚乙烯的强度和抗蠕变性能好，耐水性优良，可以用作转矩变换器、干燥器壳体等。

2. 齿轮用材

开式齿轮传动防护和润滑的条件较差，其可能破坏的方式除了在齿根处折断外，主要还是齿面发生磨损。因此，选用材料应当考虑其耐磨性且不需要经常给予润滑。这样，具有足够硬度的HT250、HT300和HT400等灰铸铁，既有较好的耐磨性，又因内部含有石墨起减摩作用而降低对润滑的要求，同时还具有容易做成复杂形状和成本低的优点而成为首选材料。但是灰铸铁的抗弯强度低、脆性大，不宜承受冲击载荷；同时为了减轻磨损，一般限制开式灰铸铁齿轮的节圆线速度在3m/s以下。钢在无润滑情况下只能用作小齿轮，与铸铁的大齿轮互相啮合，常用普通碳素钢Q235、Q255和Q275制造。成对的钢齿轮不应用于开式齿轮传动。

闭式齿轮多采用40钢、45钢等经正火或调质处理的中碳优质钢制造，齿面硬度在170~280HBW之间为宜。整体淬火和表面淬火后强度和硬度更高，硬度可达40~63HRC，适合用于较高的速度和承受较重的载荷。对于高速、重载或受强烈冲击的闭式齿轮，宜采用40Cr等调质钢或20Cr、20CrMnTi等渗碳钢制造，并进行相应的热处理。

不重要的闭式齿轮可使用普通碳素钢Q275制造，一般不经热处理。球墨铸铁QT450-5、可锻铸铁KTZ450-5、KTZ500-4已广泛用来制造尺寸较大或形状复杂的闭式传动齿轮，并可提高速度到5~6m/s。普通的灰铸铁脆性大，非金属材料强度较低，都不宜用来制造机床闭式传动齿轮。

3. 轴类零件用材

轴类零件用材应具有足够的疲劳强度、较小的应力集中敏感性和良好的加工性能，后者是易于加工和获得高光洁表面的必要条件。一般采用正火或调质处理的45钢等优质碳素钢制造轴类零件。不重要的或受力较小的轴及一般较长的传动轴，可以采用Q235、Q255或Q275等普通碳素钢制造。承受载荷较大，且要求直径小、质量轻或要求提高轴颈耐磨性的轴，可以采用40Cr等合金调质钢或20Cr等合金渗碳钢，整体与轴颈应进行相应的热处理。

曲轴和主轴常采用QT600-2、KTZ600-3等球墨铸铁和可锻铸铁制造。

4. 螺纹联接件用材

螺纹联接件可由螺栓、多头螺栓、紧固螺钉等联接零件构成，亦可由被联接零件本身的螺纹部分构成。前一种联接中的联接零件称为紧固件，多为标准件；后一种是非标准零件。

无特殊要求的一般螺纹联接件常用低碳或中碳的普通碳素钢 Q235、Q255、Q275 制造。其中 Q275 通常用于相对载荷较大的螺栓。普通碳素钢螺栓一般不进行热处理。

用 35、45 等优质碳素结构钢制造的螺栓，常用于中等载荷以及精密机床上。这种螺栓一般应进行整体的或局部的热处理。例如，机床主轴法兰联接螺栓可用 35 钢制造并进行调质处理；用 35 钢及 45 钢制造并经常要拧进、拧出的螺栓头部及紧固螺钉的端部，往往要进行渗碳以便获得较高的硬度。

合金结构钢 40Cr、40CrV 等主要用于制作受重载高速的极重要的联接螺栓，如各种大型工程机械的联接螺栓。这类螺栓必须经过热处理，其强度一般可提高 75% 左右。在水和其他弱腐蚀性介质中工作的螺栓、螺母，可以使用马氏体不锈钢制造，如水压机用螺栓材料可用 12Cr13。

5. 螺旋传动件用材

螺旋传动可以把回转运动变为直线运动，亦可以把直线运动变为回转运动。在机床中这种传动广泛用作进给机构和调节装置，如丝杠-螺母传动。螺旋传动件使用的材料要求具有高的耐磨性，重载荷的螺旋传动件材料必须有高的强度。通常，不进行热处理的螺旋传动件用 45 钢、50 钢制造；进行热处理的螺旋传动件用 T10、65Mn、40Cr 等钢制造。

螺母的材料选用铸造锡青铜 ZCuSn10Zn2、ZCuSn6Zn6Pb3，其中 ZCuSn6Zn6Pb3 使用得最为广泛。承受较小载荷及低速传动的螺母用耐磨铸铁制作。

6. 蜗轮传动用材

蜗轮蜗杆的啮合情况与齿轮齿条相似，其可能破坏的形式也和齿轮一样。低速运转的开式传动常因齿根和齿面磨损而破坏；一般的闭式传动当齿面接触强度不足时，常因齿面剥落而破坏；当齿面接触强度较高时，也有可能因齿根折断而破坏。但是，由于蜗轮传动有着齿的侧面滑动的特殊问题，当长期高速运转时往往会因发热严重而在齿面产生胶合破坏，因此防止蜗轮传动件破坏应采取比齿轮传动要求更高的措施。

由于蜗轮与蜗杆的转速相差比较悬殊，在相同的时间内，蜗杆受磨损的机会远较蜗轮大得多，因此蜗轮、蜗杆要采用不同的材料来制造。蜗杆材料要比蜗轮材料坚硬耐磨，以免蜗杆很快磨损。一般应根据传动件的滑动速度选择蜗轮、蜗杆的材料。

用作蜗轮的材料有铸造锡青铜、铸造铝青铜和铸铁。当滑动速度 $\tau \geq 3m/s$ 时，常采用铸造锡青铜 ZCuSn10Pb1 或 ZCuSn6Zn6Pb3 等。这些材料的耐磨性好，但价格较高。铸造铝青铜 ZCuAl10Fe3 的强度较高，价格较低，但耐磨性较差，容易发生胶合破坏，一般用在滑动速度 $\tau \leq 4m/s$ 的地方。至于普通灰铸铁，如 HT150、HT200、HT250 等，则应用于滑动速度 $\tau \leq 2m/s$，对性能要求不高的传动中。

为了节约贵重的铜合金，直径为 100～200mm 的青铜蜗轮应采用青铜轮缘与灰铸铁轮芯分别加工再组装成一体的结构。

蜗杆材料一般为碳钢或合金钢。蜗杆表面的硬度越高、粗糙度越低，耐磨性和抗胶合破坏的性能就越好。因此，滑动速度高的蜗杆以及与铸造铝青铜蜗轮相配的蜗杆，都应采用高硬度的材料来制造，如 15 钢、20 钢、15Cr、20Cr 等，表面渗碳淬硬到 56～62HRC，或用 45 钢、40Cr 制造，表面高频淬火到 45～50HRC，并经磨削、抛光以降低表面粗糙度。一般速度的蜗杆可用 45 钢、40 钢或 40Cr 制造，经调质处理后表面硬度达 220～260HBW，最好再经过抛光后使用。低速传动的蜗杆也可以用普通碳素钢 Q275 制造。

7. 滑动轴承用材

滑动轴承主要在高速、高精度、重载和重冲击载荷或低速及低要求和特殊条件下使用。例如，在化学腐蚀性介质或水的环境中，滚动轴承不能胜任工作，要采用滑动轴承。滑动轴承材料应具有优异的减摩性、耐磨性、抗胶合能力和足够的冲击韧性及抗压和疲劳强度。轴承材料可分为下述几类。

(1) 金属材料 包括轴承合金（巴氏合金、铜基轴承合金）和铸铁。

巴氏合金的减摩性优于其他所有减摩合金，但强度不如青铜和铸铁，因此不能单独作轴瓦或轴套，而仅作为轴承衬使用，主要用于最高速重载条件下。就减摩性能来说，ZSnSb11Cu6 最好。

在铜基轴承合金中，锡青铜在铜合金中具有最好的减摩性能，如 ZCuSn10Pb1 广泛用于高速和重载条件下。中速和中载条件下锡锌铅青铜 ZCuSn6Zn6Pb3 应用广泛，但是锡青铜强度较低，价格较高。铸铝青铜 ZCuAl10Mn2 适宜制造形状简单（铸造性比锡青铜差）的大型铸件，如衬套、齿轮和轴承。ZCuAl10Fe3Mn2、ZCuAl10Fe3 的强度和耐磨性高，可用在重载和低中速条件下。ZCuPb30、ZCuPb12Sn8、ZCuPb10Sn10 等铸铅青铜的冲击韧度、冲击疲劳强度高，主要用于大型曲轴轴承等高速和重的冲击与变动载荷条件下，可作为 ZSnSb11Cu6 的代用材料，且其疲劳强度比后者高。铸铝、铸铅青铜对轴颈的磨损较大，所以要求轴颈表面淬火和高度光洁。

黄铜的减摩性能和强度显著低于青铜，但铸造工艺性优异，易于加工。在低速和中等载荷下可作为青铜的代用品。常用的有铝黄铜 ZCuZn25Al6Fe3Mn3 和锰黄铜 ZCuZn38Mn2Pb2。

HT250、HT350 等灰铸铁或耐磨铸铁轴承主要用于低速、轻载条件下，为了减小轴颈的磨损，铸铁轴承的硬度最好比轴颈硬度低 20 ~ 40HBW。

(2) 粉末冶金材料 粉末冶金材料可用于制造含油轴承，常用的有铁石墨和青铜石墨含油轴承，它们分别用铁的粉末和铜的粉末为基体，加入一定量的石墨、硫和锡等粉末用压力机压制成形，然后在高温下烧结而成。国内用得最多的是 Fe-C、Fe-S-C 和 Cu-Sn-Pb-C 系合金。加入 S、Sn、Pb 等元素是为了提高其减摩性能。由于烧结后其结构呈多孔性，预先将其浸在润滑油中使其吸满润滑油，工作时可实现自动润滑作用，所以称为含油轴承，已广泛用于机床、起重运输机械、纺织机械等产品中来代替滚动轴承和青铜轴套。例如，带运输机中支撑辊子轴的滚动轴承用含油轴承代替效果很好。

含油轴承的硬度低，所以与钢轴的磨合性好，也不易伤轴，可与未淬火的轴颈相配合。含油轴承的缺点是韧性小，只用于平稳、无冲击载荷、低中速和间歇工作的条件下。铁石墨含油轴承用于速度 $\tau \leqslant 4m/s$ 的场合，青铜石墨轴承用于 $\tau \leqslant 6m/s$ 的场合。铁石墨含油轴承比青铜石墨含油轴承容易制造，强度高、价格低廉（不用有色金属），所以应用更广泛。

(3) 塑料轴承 塑料轴承的优点是具有低的摩擦因数和优异的自润滑性能、良好的耐磨性和磨合性、高的抗胶合能力和耐蚀性。塑料轴承在润滑条件非常差的情况下也能正常工作，在低速、轻载时还可以在干摩擦情况下工作，因此塑料轴承不仅可以在很多情况下代替金属轴承，且可以完成金属轴承不能完成的任务，如应用于某些加油困难、要求避免油污（医药、造纸及食品机械）和由于润滑油蒸发有发生爆炸危险（制氧机）的机床中。在无油润滑条件下工作或在水、腐蚀性液体（酸、碱、盐及其他化学溶液）等介质中工作时，由于塑料的自润滑性能和高的耐蚀性能，塑料轴承比金属轴承更优越。塑料轴承弹性良好，能够吸振、消声。塑料轴承的缺点是耐热性差。常用的塑料轴承材料有 ABS 塑料、尼龙、聚甲醛、聚四氟乙烯等。

（4）橡胶轴承　橡胶轴承主要用于水轮机、水泵及其他工作于多泥沙而有充足水润滑的机器中。由于橡胶弹性好，因此橡胶轴承能吸振和适应轴的偏斜。当有充足的水润滑时，橡胶轴承与钢轴的摩擦因数和轴承合金与钢轴在油润滑时的摩擦因数差别很小。当润滑的水中混有砂粒时仅能引起橡胶的变形，磨粒在轴颈旋转的带动下落入润滑沟槽后即被水冲掉。但橡胶导热性差，当温度达 $60 \sim 70℃$ 时易老化，轴承即丧失工作能力并发生抱轴现象，所以必须有充足的水润滑和冷却。

8. 滚动轴承用材

滚动轴承是一个组件，有多种标准件可以选购。根据滚动轴承的工作条件，滚动体与内外圈滚道的接触理论上为点接触或线接触，受载后接触应力较大，所以要求主要零件的材料应有高的硬度、接触疲劳强度、耐磨性和高的冲击韧度和强度等。为此，滚动轴承的内外圈和滚动体一般用 GCr9、GCr15、GCr15SiMn 等高碳铬或铬锰轴承钢和 GSiMnV 等无铬轴承钢制造。工作表面要经过磨削和抛光，热处理后一般要求材料硬度在 $61 \sim 65HRC$ 之间。对保持架材料一般要求较低，普通轴承的保持架多采用低碳钢薄板冲压成形，有的则用铜合金制成。高速轴承要求保持架强而轻，多采用塑料或轻合金制造。

9. 机床其他零件用材

（1）凸轮用材　机床大多数凸轮所用材料为中碳钢和中碳合金钢。一般尺寸不大的平板凸轮可用 45 钢板制造，进行调质处理。要求高的凸轮可用 45 钢和 40Cr 钢制造，并进行表面淬火，硬度可达 $50 \sim 60HRC$。尺寸较大的凸轮（直径大于 300mm 或厚度大于 30mm），一般采用 HT200、HT250 或 HT300 等灰铸铁或耐磨铸铁制造。对于与凸轮配套使用的滚子，由于容易制造，一般希望使用中比凸轮先坏，但因为滚子比配套的凸轮工作时间长，故一般滚子和凸轮可使用相同的材料，实际中采用 45 钢的较多。

一些承载不高的操纵凸轮也可用工程塑料或复合材料制造，如尼龙、聚甲醛、玻璃纤维增强的酚醛树脂复合材料等。

（2）刀具用材　刀具材料包括碳素工具钢（如 T8、T10、T12）、合金工具钢（如 9Mn2V、9SiCr、CrW5、CrMn、CrWMn）、高速钢（W18Cr4V、9W18Cr4V、W6Mo5Cr4V2、W6Mo5Cr4V3）和硬质合金（WC-Co 型硬质合金 YG3、YG6、YG8，WC-TiC-Co 型硬质合金 YT30、YT15、YT14，WC-TiC-TaC-Co 型硬质合金 YW1、YW2）。

（3）其他一些机床零件用材　转轴、心轴、主轴、啮合和摩擦离合器、链环片、刹车钢带、键，以及受强烈磨损或强度要求高的零件均可使用 45 钢、50 钢、60 钢制造，并经调质处理。而许多要求较低的机床用零件，可以使用成本低廉的灰铸铁和普通碳素钢制造。

三、仪器仪表用材

仪器仪表用材包括结构钢、有色金属和工程塑料等多种材料，一般应具有良好的切削加工性能。这里仅介绍典型仪器仪表零件经常使用的材料，以轻载下使用者为主；载荷较重时请参阅本章前部分有关内容。

1. 壳体材料

（1）金属材料　仪器仪表的壳体（包括面板、底盘）用材广泛，如用低碳结构钢

（Q195、Q215、Q235）经用油漆防锈和装饰，可达到较好效果；用铬不锈钢、铬镍奥氏体不锈钢（如12Cr13、12Cr18Ni9、06Cr18Ni11Ti）则更华丽，且耐蚀性好。铝、黄铜等有色金属材料亦有很好的装饰效果。

（2）非金属材料　非金属材料如工程塑料和复合材料，其力学性能已有大幅度提高，有的已经超过铝合金，且颜色鲜艳、不锈蚀、成本低。例如，ABS塑料易电镀和易成型、力学性能良好，是制造管道、储槽内衬、电机外壳、仪表壳、仪表盘、小轿车车身等的优秀材料。聚甲醛塑料的综合性能优异，耐疲劳性能在热塑性工程塑料中是最高的，已广泛用作各种仪表板和外壳、容器、管道等。玻璃纤维增强尼龙的刚度、强度和减摩性好，可代替有色金属制作仪表盘。玻璃纤维增强苯乙烯类树脂广泛应用于收音机壳体、磁带录音机底盘、照相机壳、空气调节器叶片等。玻璃纤维增强聚乙烯的强度和抗蠕变性能好，耐水性优良，可以作转矩变换器及干燥器壳体。

2. 轴类零件用材

仪器仪表的轴一般载荷很小，考虑减轻质量、降低成本或提高精度，可以使用Q235等普通碳素钢、聚甲醛塑料等工程塑料制造。硬铝2A12（LY12）、2A11（LY11）和黄铜HMn58-2多用于制造重要且需要耐蚀的轴销等零件。

3. 凸轮用材

仪器中多数凸轮所用材料为中碳钢或中碳合金钢，一般尺寸不大的平板凸轮可用45钢板制造，进行调质处理。要求高的凸轮可用45钢或40Cr钢制造，进行表面淬火。和钢凸轮配套使用的滚子，采用45钢的较多。一些承载小的凸轮可以使用尼龙等工程塑料或玻璃纤维增强尼龙等复合材料制造。

4. 齿轮用材

仪器仪表中齿轮用材的范围非常广泛，有钢、铜、工程塑料和复合材料等。

用普通碳素钢Q275制造齿轮，一般不经热处理。

铜合金常用来制造仪器仪表齿轮，如铝青铜具有高的硬度、强度、耐蚀性、减摩耐磨性及良好的加工性，QAl10-4-4可用来制造400℃以下工作的齿轮、阀座；QAl11-6-6可用来制造500℃以下工作的齿轮、套管及其他减摩和耐蚀的零件。硅青铜QSi3-1有高的弹性、强度和耐磨性，耐蚀性良好，可用来制造耐蚀件及齿轮、制动杆等。铍青铜QBe2、QBe1.9、QBe1.7可用于制造钟表等仪表齿轮。钛青铜QTi3.5、QTi3.5-0.2、QTi6-1有高的强度、硬度、弹性、耐磨性、耐热性、耐疲劳性和耐蚀性，并且无铁磁性，适宜制造齿轮等耐磨零件。

可以使用工程塑料制造仪表齿轮。ABS塑料力学性能良好，尺寸稳定，容易电镀和易于成型，耐热性较好，是制造齿轮、泵叶轮的理想材料。尼龙是一种热塑性塑料，具有突出的耐磨性和自润滑性能及良好的力学性能，耐水、油及多种溶剂，成型性能也好，适合制造要求耐磨、耐蚀的某些承载的传递零件，如齿轮螺钉、螺母以及其他小型零件。聚甲醛塑料具有优异的综合性能，摩擦因数低而稳定，在干摩擦条件下尤为突出，抗蠕变性能好，耐疲劳性能在热塑性工程塑料中是最高的，可以制造受摩擦的各种重要零件，如齿轮、凸轮、辊子、阀杆等，也可制造垫圈、垫片、法兰弹簧等构件。聚碳酸酯誉称"透明金属"，具有优良的综合性能，冲击韧性和延性突出，在热塑性塑料中是最好的，抗蠕变性能好，尺寸稳定性高，透明度高，可染成各种颜色，吸水性小，可在 -60～120℃温度范围内长期工作，用于制造轻载但冲击韧性和尺寸稳定性要求高的零件，如轻载齿轮、心轴、凸轮、螺栓螺母、铆钉以及齿条和绝缘垫圈、套管和电子仪器外壳、信号灯等。酚醛塑料具有一定的强度和硬度，耐磨性好、绝缘性好、耐热性较高，广泛用于制造各种电信器材和电木制品，如各种插头、开关、电话机、仪表盒、内燃机曲轴带轮、无声齿轮、泵体。

5. 蜗轮、蜗杆用材

仪器仪表中经常使用铜合金制造蜗轮及蜗杆。例如，铝青铜具有高的硬度、强度、耐蚀性、减摩耐磨性及良好的加工性，QAl11-6-6 可用来制造 500℃ 以下工作的蜗轮、套管及其他减摩和耐蚀零件。硅青铜 QSi3-1 有高的弹性、强度和耐磨性，耐蚀性良好，可用来制造蜗轮、蜗杆及耐蚀件等。

聚碳酸酯等工程塑料可制造轻载蜗轮、蜗杆等零件。

四、热能设备用材

热能设备种类很多，主要包括锅炉、汽轮机、电机等。这些设备多数在高温、高压和腐蚀性介质作用下长期运行，对所用材料提出了很高的要求。因此，应根据不同设备及其零部件的工作条件合理地选用材料，以保证热能设备的安全运行。这里主要介绍锅炉和汽轮机及其部件的用材。

（一）锅炉主要设备用钢

1. 锅炉管道用钢

锅炉管道在高温、应力和腐蚀性介质作用下长期工作，会产生蠕变、氧化和腐蚀。例如，过热器管外部受高温烟气的作用，管内要流通高压蒸汽，而且管壁温度（即材料温度）比蒸汽温度还高 $50 \sim 80℃$。

（1）对管道用钢提出如下要求

1）足够高的蠕变极限和持久强度。

2）高的抗氧化性能和耐腐蚀性能。

3）良好的组织稳定性。

4）良好的工艺性能，特别是焊接性能要好。

（2）锅炉管道用钢的选择 应根据管道的工作条件，尤其是管道的壁温工作温度合理地进行选择。

1）壁温 $T < 500℃$ 的过热器管和 $T < 450℃$ 的蒸汽管道一般选用优质碳素结构钢，常用的是 20 钢。该钢在 450℃ 以下具有足够的强度，530℃ 以下具有良好的抗氧化性能，而且工艺性能良好，价格低廉。

2）$T \leq 550℃$ 的过热器管和 $T \leq 510℃$ 的蒸汽管道多选用 15CrMo 钢。该钢在 $500 \sim 550℃$ 具有较高的热强性、足够的抗氧化性和良好的工艺性能。

3）$T \leq 580℃$ 的过热器管和 $T \leq 540℃$ 的蒸汽管道使用最多的是 12Cr1MoV 钢。该钢是在 Cr-Mo 钢的基础上加入质量分数为 0.2% 的钒的低合金耐热钢，其耐热性能比铬钼钢高，工艺性能也很好，因此得到广泛的应用。

4）$T \leq 600 \sim 620℃$ 的过热器管和 $T \leq 550 \sim 570℃$ 的蒸汽管道多选用 12Cr2MoWVB 和 12Cr3MoVSiTiB 钢。它们的共同特点是采用微量多元合金化。

5）$T \leq 600 \sim 650℃$ 的过热器管和 $T \leq 550 \sim 600℃$ 的蒸汽管道，在此温度范围内，一般珠光体型的低合金耐热钢已不能满足使用要求，需要采用高合金耐热钢。较常用的是马氏体型耐热钢,如德国的 X20CrMoWV121(F11)和 X20CrMoV121(F12)以及瑞典的 HT9 等钢种。

过热器壁温超过 650℃、蒸汽管道壁温超过 600℃后,需要使用奥氏体耐热钢。奥氏体耐热钢具有较高的高温强度和耐腐蚀性能,最高使用温度可达 700℃左右。

2. 锅炉汽包用钢

锅炉汽包在中温(350℃以下)高压状态下工作,它除了承受较高的内压以外,还会受到冲击、疲劳载荷及水和蒸汽介质的腐蚀作用。

(1)对锅炉汽包材料的要求

1)较高的常温和中温强度。

2)良好的塑性、韧性和冷弯性能。

3)较低的缺口敏感性。因制造锅炉时要在锅炉钢板上开孔和焊接管接头,易于造成应力集中,因此要求钢材有较低的缺口敏感性。

4)气孔、疏松、非金属夹杂物等缺陷应尽可能少。

5)良好的焊接性能等加工工艺性能。

(2)锅炉汽包用钢的选择 低压锅炉汽包用钢为 12Mng、16Mng 和 15MnVg 等普通低合金钢板。这些钢板的综合力学性能比碳钢高,可以减轻锅炉汽包的质量,节省大量钢材。

14MnMoVg 钢是屈服强度为 500MPa 级的普通低合金钢。由于 Mo 的加入,提高了钢的屈服强度及中温力学性能,特别适合生产厚度为 60mm 以上的厚钢板,以满足制造高压锅炉汽包的需要。

14MnMoVBREg 钢是 500MPa 级的多元低碳贝氏体钢,其屈服强度比碳钢高一倍,有良好的综合力学性能。由于加入了适量的硼和稀土,所以钢的强度更高了,符合我国资源情况。

14CrMnMoVBg 钢的屈服强度很高,为 650～700MPa。该钢又加入了强化元素铬,也是微量多元低合金钢,不仅强度高,塑性、韧性也较好,焊接性能也好,并且能耐湿度较大地区的大气腐蚀。

(二)汽轮机主要零部件用钢

汽轮机主要零部件包括汽轮机叶片、汽轮机转子和汽轮机静子等。

1. 汽轮机叶片

汽轮机叶片是在温度、介质和应力等复杂工况条件下长期工作的部件。一台汽轮机有几千个叶片,只要有一个叶片打断就会造成事故。

(1)对叶片材料的严格要求

1)足够的室温和高温力学性能。

2)良好的减振性。

3)高的组织稳定性。

4)良好的耐蚀性及抗冲蚀稳定性。

5)良好的冷、热加工工艺性能。

(2)汽轮机叶片材料的选择

1)铬不锈钢。12Cr13 和 20Cr13 属于 Cr13 型马氏体耐热钢,它们除了在室温和工作温度下具有足够的强度外,还具有高的耐蚀性和减振性,是使用最广泛的汽轮机叶片材料。12Cr13 在汽轮机中用于前几级动叶片,20Cr13 多用于后几级动叶片。12Cr13 和 20Cr13 的热强性不高，当温度超过 500℃ 时热强性明显下降。12Cr13 的最高工作温度为 480℃ 左右，20Cr13 为 450℃ 左右。

2）强化型铬不锈钢。在 12Cr13 和 20Cr13 的基础上加入钼、钨、钒、铌、硼等强化元素，得到 Cr11MoV、Cr12WMoV、Cr12WMoNbVB 和 13Cr11Ni2W2MoV 等强化型铬不锈钢，它们的热强性比 12Cr13 和 20Cr13 高，可在 560～600℃ 下长期工作。

3）铬-镍不锈钢。在 600℃ 以上工作的叶片，应选用铬-镍奥氏体不锈钢或高温合金，如 Cr17Ni13W、Cr14Ni18W2NbBCe、Cr15Ni35W3Ti3AlB 等。

2. 汽轮机转子

汽轮机转子（主轴和叶轮组合部件）是汽轮机的心脏，其工作条件十分恶劣。主轴工作时承受扭转应力、弯曲应力和热应力，以及振动产生的附加应力和发电机短路时产生的巨大扭转应力和冲击载荷的共同作用。

叶轮是装配在主轴上的，高速旋转时在离心力作下产生巨大的切向和径向应力，其中轮毂部分受力最大；叶轮的轮毂与轮缘之间存在温差，因而造成热应力。此外，叶轮还要受到振动应力和毂孔与轴之间的压应力作用。

高参数大功率机组的转子因在高温蒸汽区工作，还要考虑到材料的蠕变、腐蚀、热疲劳、持久强度、断裂韧度等问题。

针对上述情况，对制造转子的材料提出如下要求：

1）良好的综合力学性能。强度高，塑性、韧性要好，沿轴向和径向的力学性能应均匀一致，材料的缺口敏感性要小。

2）一定的抗氧化、抗蒸汽腐蚀的能力。对于在高温下运转的叶轮和主轴，还要求高的蠕变极限和持久强度极限及足够的组织稳定性。

3）不允许存在白点、内裂、缩孔、大块非金属夹杂物或密集性细小夹杂物等缺陷。

4）应有良好的淬透性、焊接性等工艺性能，以免在制造过程中产生较大的残留应力和其他缺陷。

针对上述要求，叶轮、主轴和转子的材料是按不同的强度级别选用的，但它们都属于中碳钢和中碳合金钢。只有制作焊接转子时，为了保证材料的焊接性才适当降低含碳量（如选用 17CrMo1V 钢）。

34CrMo 钢采用正火（或淬火）加高温回火处理，用作工作温度 480℃ 以下的汽轮机叶轮和主轴。它有较好的工艺性能和较高的热强性，而且长期使用时组织比较稳定，无热脆倾向，但工作温度超过 480℃ 时热强性明显降低。

35CrMoV 钢由于加入了钒，使钢的室温和高温强度均超过 34CrMo 钢，可用来制造要求较高强度的锻件，如用于工作温度为 550～520℃ 以下的叶轮和 2.5 万 kW 和 5 万 kW 的中压汽轮机叶轮。

27Cr2MoV 钢含有较多的铬、钼，有较好的制造工艺性能和热强性，可用来制造工作温度在 540℃ 以下的大型汽轮机转子和叶轮。

34CrNi3Mo 钢是大截面高强度钢，具有良好的综合力学性能和工艺性能，无回火脆性，在 450℃ 以下具有高的蠕变极限和持久强度，但该钢白点敏感性大，需进行防白点退火处理，可用于制造工作温度在 400℃ 以下的发电机转子和汽轮机整锻转子及叶轮。

33Cr3MoWV 钢是我国研制的无镍大锻件用钢，主要用来代替 34CrNi3Mo 钢，可用来制造工作温度450℃、厚度小于450mm、屈服强度为736MPa级的汽轮机叶轮，目前已在5万kW以下的汽轮机中应用，运行情况良好。该钢的优点是淬透性高，没有回火脆性，白点敏感性和缺口敏感性都比34CrNi3Mo钢小。

18CrMnMoB钢是我国研制成功的一种无镍少铬大锻件用钢，淬透性良好，能保证φ500～φ800mm截面上强度均匀一致，其高温性能与34CrNi3Mo钢相似，并具有高的疲劳强度和良好的工艺性能，现用于制造工作温度450℃以下、轮毂厚度大于300mm的叶轮和直径大于500mm的主轴、转子等。它可作为34CrNi3Mo的代用钢。

20Cr3WMoV钢是一种性能优良的低合金耐热钢，用于工作温度低于550℃的汽轮机和燃气轮机整锻转子和叶轮等大锻件。

3. 汽轮机静子

汽轮机静子（气缸、隔板、蒸汽室等）是在高温、高压或一定的温差及压力差作用下长期工作的部件。静子部件在机组运行时将承受蒸汽的内压力（气缸末级承受外压力）、转子质量所引起的静应力、由于温差所产生的热应力，以及由于变化的热应力所引起的热疲劳作用。因此，对静子材料提出以下要求：

1）足够高的室温力学性能和较好的热强性。

2）具有一定的抗氧化性和耐腐蚀性能，良好的抗热疲劳性能和组织稳定性。

3）具有尽可能好的铸造性能和良好的焊接性能。

静子零部件用钢情况如下：

由于气缸、隔板、喷嘴室、阀壳等所处的温度和应力水平不同，因而，按其对材料性能的不同要求可选用灰铸铁、高强度耐热铸铁、碳钢或低合金耐热钢。灰铸铁多用于制造低中参数汽轮机的低压缸和隔板。

对于工作温度在425℃以下的某些汽轮机的气缸、隔板、阀门等零件，可以用ZG230-450制造，然后在900℃退火或900℃正火+650℃回火6～8h。铸件在粗加工或补焊后应在650～680℃退火6～8h。

对于工作温度在500℃以下的气缸、隔板、主蒸汽阀门等可采用ZG20CrMo制造，铸件在900℃正火，650～680℃回火，粗加工或补焊后要在650～680℃退火4～8h。

对于工作温度在540℃以下的部件，一般采用ZG20CrMoV制造；对于在565℃以下工作的部件一般采用ZG15Cr1Mo1V制造。例如，我国的12.5万kW高压中间再热双缸双排气凝汽式气轮机，其低压缸采用铬铝合金铸铁，中压排气缸采用ZG230-450，高、中压外缸采用ZG20CrMo，高中压内缸则采用ZG15CrMo1V制造。

五、化工设备用材

化工设备主要包括压力容器、换热器、塔设备和反应釜等。这些设备的使用条件比较复杂，温度从低温到高温，压力从真空（负压）到超高压，物料有易燃、易爆、剧毒或强腐蚀等。不同的使用条件对设备材料有不同的要求，如有的要求良好的力学性能和加工工艺性能，有的要求优良的耐蚀性能，有的则要求材料耐高温或低温等。目前，化工设备的主要用材是合金钢，有的还用有色金属及其合金、非金属材料。

（一）低合金钢

1. 压力容器用低合金结构钢

化工压力容器常用的是低合金结构钢。对该钢除要求强度外，还要求有较好的塑性和焊接性，以利设备的加工制造。但强度较高者其塑性和焊接性将有所下降，因此必须根据容器的具体工作条件（如温度、压力）和制造加工要求（如卷板、焊接）来选用适当强度级别的钢材。常用的钢种有 16MnR、15MnVR 和 18MnMoNbR 等。

2. 不锈钢

化工设备对材料耐蚀性能有较高的要求，因为化工设备往往在酸、碱、盐以及各种活性气体等介质中工作，其失效原因多是由于腐蚀所致。因此，化工设备广泛采用各种类型的不锈钢来制造。

（1）铬不锈钢　12Cr13、20Cr13 等钢种在弱腐蚀性介质（如盐水溶液、硝酸、浓度不高的有机酸等）和温度低于 30℃ 时有良好的耐蚀性，在海水、蒸汽和潮湿大气条件下也有足够的耐蚀性；但在硫酸、盐酸、热硝酸、熔融碱中耐蚀性较低，故多用作化工设备中受力不大的耐蚀零件，如轴、活塞杆、阀件、螺栓等。06Cr13 等钢种具有较好的塑性，而且耐氧化性酸（如稀硝酸）和硫化氢气体腐蚀，常代替高铬镍型不锈钢用于化工设备上，如用于维纶生产中耐冷醋酸和防铁锈污染产品的耐蚀设备上。

（2）铬镍不锈钢　有耐蚀要求的压力容器常用铬镍不锈钢，主要牌号有 12Cr18Ni9、06Cr18Ni11Ti 和 06Cr17Ni12Mo2 等。该类钢经固溶处理后是单一的奥氏体组织，可得到良好的耐蚀性、耐热性、低温和高温力学性能及焊接性能。高铬镍不锈钢在强氧化性介质（如硝酸）中具有很高的耐蚀性，但在还原性介质（如盐酸、稀硫酸）中则是不耐蚀的。为了扩大在这方面的耐蚀范围，常在铬镍钢中加入合金元素 Mo、Cu，如 06Cr18Ni12Mo2Cu2。一般含 Mo 的钢对氯离子的腐蚀具有较大的抵抗力，而同时含 Mo 和 Cu 的钢在室温下浓度为 50% 以下的硫酸中具有较高的耐蚀性，在低浓度盐酸中也比不含 Mo、Cu 的钢具有较高的化学稳定性。

3. 耐热钢

有些化工设备是在 650℃ 以上的高温环境下工作的，如原油加热、裂解、催化设备等，在工作时要求能承受 650~800℃ 的高温。在这样高的温度下，一般碳钢的抗氧化腐蚀性能和强度变得很差而无法使用，此时必须采用耐热钢。

耐热钢性能的主要特点是具有良好的化学稳定性，主要是抗氧化性及热强性。化工设备上常用的耐热钢，按耐热要求不同可分为抗氧化钢与热强钢。抗氧化钢主要能抗高温氧化，但强度并不高，常用作直接受热但受力不大的零部件，如热裂解管、热交换器等。热强钢主要能抗蠕变，也有一定的抗氧化能力，常用作高温下受力的零部件，如加热炉管、再热蒸汽管等。

常用耐热钢的主要性能及用途见表 9-9。

表 9-9　耐热钢主要性能及用途举例

用途分类	牌　号	主 要 性 能	最高使用温度/℃	用 途 举 例
抗氧化钢	14Cr23Ni18 16Cr25Ni20Si2	奥氏体钢，有较高的高温强度及抗氧化性，对含硫气氛较敏感，在 600~800℃ 有析出相的脆化倾向	1050 1200	热裂解管、炉内传送带、炉内支架、高温加热炉管、燃烧室构件
	26Cr18Mn12Si2N	无镍奥氏体钢，有较高的高温强度和一定的抗硫及抗增碳性	1000	吊挂支架、渗碳炉构件、加热炉传送带、料盘、炉爪

4. 其他类型的特殊性能钢

（1）低温钢　在化工生产中，有些设备如深冷分离、空气分离、润滑油脱脂、液化天然气储存等，常在低温状态下工作，因而其零件必须采用能承受低温的金属材料制造。我国常用低温钢的主要牌号和力学性能见表9-10。

表 9-10　低温压力容器用低合金钢的牌号和力学性能

牌　　号	钢板厚度 /mm	R_m/MPa	R_{eL}/MPa	A（%）	最低冲击 温度/℃	吸收能量/J（不小于） 试样尺寸 $10mm \times 10mm \times 50mm$
			不大于			
16MnDR	6~20	500~630	320	21.0	-40	21
	21~38	480~610	300	19.0	-30	
09MnTiCuREDR	6~20	450~580	320	21.0	-60	21
	21~30	430~560	300	21.0	-50	
	32~40	430~560	300	21.0	-40	
09Mn2VDR	6~20	470~600	330	21.0	-70	21
06MnNbDR	6~16	400~530	300	21.0	-90	21

（2）抗氢腐蚀钢　氢在常温下对钢没有明显的腐蚀作用，但当温度在200~300℃、压力为30MPa时，氢会扩散入钢内，与渗碳体进行化学反应而生成甲烷，使钢脱碳并产生大量的晶界裂纹和鼓泡，从而使钢的强度和塑性显著降低，并且产生严重的脆化。因此，在高温、高压及富氢气体中工作的设备，选材时首先要考虑氢腐蚀。

为了防止氢对钢的腐蚀，可以在钢中加入与碳的亲和力较氢强的合金元素，如 Cr、Ti、W、V、Nb、Mo 等，以形成稳定的碳化物，从而把碳固定住，以免生成甲烷。而另一方面，则尽量降低钢中碳的含量。如"微碳纯铁"，其碳的质量分数低于或等于 0.01%，它抗 H_2、N_2、NH_3 的腐蚀性都很好，但其强度低，故使用上常受到限制。

根据上述原则，我国目前生产的抗氢钢有下列几种：

1）15CrMo 钢用于温度低于300℃的氨合成塔出塔气管材。

2）20CrMo 钢在合成氨生产中用于250℃以下的高压管道，在非腐蚀性介质中使用时温度可达520℃。

3）12Cr3MoA 为高压抗氢钢之一，可用作绕带式高压容器的内层。

4）微碳纯铁不含任何合金元素，可部分取代铬-镍不锈钢作氨合成塔内件。试用表明其使用期可达 4 年。

5）10MoVWNb、15MnV 是化工、石油、化肥耐腐蚀新钢种，对 H_2、N_2、NH_3、CO 等介质的耐蚀性较好，适于用作化肥系统400℃左右的抗 H_2、N_2、NH_3 腐蚀用的高压管、炼油厂500℃以下的高压抗氢装置、甲醇合成塔内件和小化肥氨合成塔内件，渗铝后可作800℃以下石油裂解炉管。由于其抗氢性能较好，也可用于石油加氢设备。而且它同时具有良好的加工工艺性能和焊接性能，是很有发展前途的耐蚀低合金钢。

（3）抗氮腐蚀钢　干燥的氮气在温度低于500℃时对大多数金属是不起作用的。因为氮气是一种不易离解的气体分子，不易溶于钢，也不易与金属生成化合物，因此氮肥厂合成气中的氮气对钢是没有腐蚀作用的。但是，合成氨在 300～500℃时（合成塔内件的工作温度即在此范围内）却能在铁表面上分解，并形成初生态的氮，而这种初生态的氮能和很多金属元素如 Fe、Mn、Cr、W、V、Ti、Nb 等形成氮化物。这种氮化物性质很脆，当腐蚀严重时钢材就极易发生脆裂。12Cr18Ni9 不锈钢具有较强的耐氮化腐蚀能力，故常用来制作氨合成塔的内件。

（二）有色金属及其合金

应用于化工设备的有色金属主要有铜、铝、铅、镍及其合金。

1. 铜及其合金

铜能耐稀硫酸、亚硫酸，稀的和中等浓度的盐酸、醋酸、氢氟酸及其他非氧化性酸等介质的腐蚀，对淡水、大气和碱类溶液的耐蚀能力很强。铜不耐各种浓度的硝酸、氨和铵盐溶液。纯铜主要用于制造有机合成和有机酸工业上用的蒸发器、蛇管等。

Cu-Zn 系合金（黄铜）由于价格较低，锌的质量分数小于 45% 时又具有良好的压力加工性和较高的力学性能，耐蚀性与铜相似，特别是在大气中耐蚀性要比铜好，因而在化工设备上应用很广。化工上常用的黄铜代号为 H80、H68 和 H62 等。H80 和 H68 塑性好，可在常温下冲压成形，用于制造容器零件。H62 在常温下塑性较差，力学性能较高，可用作深冷设备的筒体、管板、法兰和螺母等。

锡青铜不仅强度、硬度高，铸造性能好，而且耐蚀性好，在许多介质中的耐蚀性都比铜高，特别是在稀硫酸溶液、有机酸和焦油、稀盐溶液、硫酸钠溶液、氢氧化钠溶液和海水介质中，都具有很好的耐蚀性。锡青铜主要用来铸造耐蚀和耐磨零件，如泵外壳、阀门、齿轮、轴瓦、蜗轮等零件。

2. 铝及其合金

工业纯铝广泛用于制造硝酸、含硫石油工业、橡胶硫化和含硫的药剂等生产所用设备，如反应器、热交换器、槽车和管件等。

防锈铝的耐蚀性比纯铝高，可用作空气分离的蒸馏塔、热交换器、各式容器和防锈蒙皮等。

铸铝可用来铸造形状复杂的耐蚀零件，如化工管件、气缸、活塞等。

3. 铅及其合金

铅在许多介质中，特别是在热硫酸和冷硫酸中具有很高的耐蚀性。由于铅的强度和硬度低，不适宜单独制作化工设备零件，主要制作设备衬里。另外，铅和铅锑合金（又称为硬铅）在化肥、化学纤维、农药等设备中用作耐酸、耐蚀和防护材料。

4. 镍及其合金

镍在许多介质中有很好的耐蚀性，尤其是在碱类介质中。在化工上主要用于制造在碱性介质中工作的设备，如苛性碱的蒸发设备，以及因铁离子在反应过程中会产生催化影响而不能采用不锈钢的某些工程设备，如有机合成设备等。

化工应用的镍合金是 w_{Cu} = 31%、w_{Fe} = 1.4%、w_{Mn} = 1.5% 的 Ni-Cu 合金（Ni66Cu31Fe），通常称为蒙乃尔合金，它具有较高的力学性能，包括高温力学性能，主要用于高温并在一定载荷下工作的耐蚀零件和设备。

（三）非金属材料

非金属材料具有优良的耐蚀性能，原料来源丰富，品种多样，是具有发展前途的化工材料，主要用于制作设备的密封材料、保温材料、金属设备的保护衬里及涂层等。

1. 无机非金属材料

（1）化工陶瓷　化工陶瓷的化学稳定性很高，除了对氢氟酸和强碱等介质外，对其他各种介质都是耐蚀的，有足够的不透性、耐热性和一定的机械强度，主要用于制作塔、泵、管道、耐酸瓷砖和设备衬里。

（2）玻璃　耐热玻璃（硼-硅酸玻璃）和石英玻璃常用来制造管道、离心泵、热交换器、精馏塔等设备。

（3）天然耐酸材料　一些天然耐酸材料，如花岗石、中性长石和石棉等可用于制造化工设备。花岗石耐酸性高，常用以砌制硝酸和盐酸吸收塔，以替代不锈钢和某些贵重金属。中性长石热稳定性好，耐酸性高，可以衬砌设备或配制耐酸水泥。石棉可用作绝热（保温）和耐火材料，也用于设备密封衬垫和填料。

2. 有机非金属材料

（1）工程塑料　工程塑料品种很多，在化工生产中应用较广泛。耐酸酚醛塑料有良好的耐蚀性能，用于制作搅拌器、管件、阀门、设备衬里等。硬聚氯乙烯塑料可用于制造塔器、贮槽、离心泵、管道、阀门等。聚四氟乙烯塑料常用作耐蚀耐温的密封元件、无油润滑的轴承、活塞环及管道。

（2）不透性石墨　用各种树脂浸渍石墨，消除孔隙后即得到不透性石墨。它具有很高的化学稳定性，可制作换热设备，如氯乙烯车间的石墨换热器等。

六、航空航天器用材

航空航天器用材很广泛，包括工程塑料、橡胶、陶瓷材料和各种金属等，几乎应有尽有，在此仅就一些主要设备使用的材料分别作一简要介绍。

1. 中碳调质钢

中碳调质钢是重要的航空航天材料，其特点是具有高的比强度和硬度。当要求屈服强度高达 $880 \sim 1176MPa$ 以上时，必须提高碳的质量分数到 $0.20\% \sim 0.45\%$，所以淬透性很高，焊接性较差。这类钢的纯度对焊接性影响很大，当钢材热处理到很高强度水平时（如作为火箭发动机外壳，强度约 $1380MPa$），钢材与焊丝都必须采用真空熔炼，以提高纯度。中碳调质钢中可以作为航空航天材料的有以下三个系列钢种：

（1）Cr-Mn-Si 钢　30CrMnSiA、30CrMnSiNi2A、40CrMnSiMoVA 都属于 Cr-Mn-Si 钢系列。30CrMnSiA 是其中最典型的钢种，其调质状态下的组织是回火索氏体，在 $300 \sim 450℃$ 内出现第一类回火脆性，回火时必须避开该温度范围；还有第二类回火脆性，高温回火时必须快冷，否则冲击韧度会显著下降。该钢除了在调质状态下应用外，为了提高钢的强度，减轻结构质量，有时采用 $200 \sim 250℃$ 的低温回火，在损失一定韧性的情况下得到具有很高强度的低温回火马氏体组织（抗拉强度为 $1666 \sim 1715MPa$）。当截面小于 $25mm^2$ 时，可采用等温淬火处理以得到下贝氏体，此时强度与塑性、韧性得到了良好的配合。该钢由于不含贵重的镍，在我国飞机制造中应用广泛。30CrMnSiNi2A 由于增加了镍，大大提高了钢的淬透性，因此与 30CrMnSiA 相比，调质后的强度有了较大的提高，并保持了良好的韧性，但焊接性变差。40CrMnSiMoVA 是一种较新的低 Cr 无 Ni 中碳调质高强度钢，其中加入了淬透性强的 Mo，与 30CrMnSiNi2A 相比，因含碳量高且不含镍，焊接性要差一些，可用来代替 30CrMnSiNi2A 制造飞机上的一些构件。

（2）Cr-Ni-Mo 钢　40CrNiMoA、D6AC（0.45C-5Cr-0.55Ni-1.0Mo-0.075V）及 34CrNi3MoA 都属于 Cr-Ni-Mo 系的调质钢。由于加入了 Ni 和 Mo，显著提高了淬透性和抗回火软化的能力，对改善钢的韧性也有益处，使钢具有良好的综合性能，如强度高、韧性好、淬透性高等。主要用于高负荷、大截面的轴类以及承受冲击载荷的构件，如喷气涡轮机轴、喷气式客机的起落架及火箭发动机外壳等。

（3）超高强度钢　H-11（0.35C-5Cr-1.5Mo-1.0Si-0.4V）经 980～1040℃空淬、540℃回火后，由于特殊碳化物的弥散析出，其强度可达 1960MPa，并且具有较高的耐热性。为了保证钢材的韧性，按国家标准规定，该钢的 S、P 质量分数均不大于 0.01%，且应采取严格的真空冶炼和热处理制度。该钢可用作超音速喷气机的机体材料。

2. 高合金耐热钢

高合金耐热钢可分为马氏体型、铁素体型、奥氏体型、弥散硬化型这四种类型；若按合金系统来分，可分为 Ni-Cr 型和 Ni 型。为了提高钢的抗氧化性、热强性和改善其工艺性，还可在这两种基本合金系统中加入 Ti、Nb、Al、W、Mo 等元素。高合金耐热钢最主要的特性是在 600℃以上具有较高的力学性能和抗氧化性。典型钢种有 12Cr13（马氏体型）、16Cr25N（铁素体型）、06Cr25Ni20（奥氏体型）、07Cr12Ni4Mn5Mo3Al（沉淀硬化型）等，用于制造涡轮泵及火箭发动机、航空发动机转子和其他零件。

3. 高温合金

高温合金是指高温下具有较高力学性能、抗氧化性和耐蚀性能的合金。这类合金按基体成分可以分为镍基、铁基、钴基（我国应用较少）。在航空航天工业中常用的镍基高温合金为 TD-Ni、TD-NiCr 和铸造镍基合金。TD-Ni、TD-NiCr 是在 Ni 或 Ni-20% Cr 基体中加入质量分数为 2%左右的弥散分布的氧化钍（ThO_2）颗粒，产生弥散强化效果的高温合金。由于氧化钍在高温下不易聚集长大，不溶于基体，同时合金的熔点高，晶粒极细，故在 1000～1200℃仍有较高的强度，抗疲劳性能高，缺口敏感性小，室温塑性较好，可轧成棒和板材，但其抗氧化性和耐蚀性低，需涂层保护。此类合金的中温强度低，不能熔焊，主要用于制造燃气涡轮发动机的燃烧室等高温工作构件和航天飞机的隔热材料。铸造镍基合金是在镍的基体中加入 Cr、Co、W、Mo、Ti 等合金元素的铸造合金，如 K403（Ni-11Cr-5.25Co-4.65W-4.3Mo-5.6Al），主要用于制造涡轮工作叶片和导向器叶片。铁基高温合金是铁的质量分数为 50%、镍的质量分数大于 20%、铬的质量分数大于 12%，再添加 W、Mo、Al、Ti、Nb 等合金元素的高温合金，如 GH2018（Fe-42Ni-19.5Cr-2.0W-4.0Mo-0.55Al-2.0Ti）在中温下具有较高的热强性、良好的抗氧化性和耐蚀性，在固溶和退火状态下工艺塑性和焊接性良好，主要用于制造在 500～700℃下承受较大应力的构件，如机匣、燃烧室外套等。

4. 镍基耐蚀合金

镍与镍基耐蚀合金是航空航天工业用于耐高温，高压，高浓度或混有不纯物等各种苛刻腐蚀环境中比较理想的金属结构材料。镍 200 和镍 201 均为商业纯锻造镍，其力学性能良好，尤其韧、塑性优良，能适应多种腐蚀环境。镍 201 含碳量低，高于 300℃时耐蚀性比镍 200 好，二者皆可用来制造航天器及导弹元件。在 Ni 中加入 Cr、Mo、Cu、W 等耐蚀元素，可获得大量耐蚀性优异的镍基耐蚀合金，其中多种合金已经用于航空航天工业。例如，Monel K-500（Ni-29.5Cu）的强度与硬度较高；Inconel 718（Ni-19Cr-18.5Fe-5.1Nb-3Mo-0.9Ti）从 -250℃至 705℃均具有优良的力学性能。两者都是沉淀强化型合金，用于制造泵轴、涡轮等航空发动机零部件。

5. 铝及其合金

铝及其合金具有良好的耐蚀性、较高的比强度、较好的导电性及导热性，在航空航天工业中已大量应用。

（1）形变铝合金　防锈铝合金5A05（LF5）、5A11（LF11）用于焊接油箱、油管，用于制造铆钉和中载零件制品。3A21（LF21）用于焊接油箱、油管，用于制造铆钉及轻载零件和制品。硬铝合金2A01（LY1）可制造工作温度不超过100℃的结构用中等强度铆钉。2A11（LY11）用于制造骨架、模锻的固定接头、支柱、螺旋桨叶片、局部镦粗的零件、螺栓和铆钉等中等强度的结构零件。2A12（LY12）适宜制造飞机的高强度结构零件，如骨架、蒙皮、隔框、肋、梁、铆钉等150℃以下工作的零件。超硬铝合金7A04（LC4）、7A06（LC6）适宜制造飞机大梁、桁架、加强框、蒙皮接头及起落架等结构中的主要受力件。锻铝合金2A50（LD5）适宜制造形状复杂、中等强度的锻件和模锻件。2A70（LD7）适宜制造高温下工作的复杂锻件，板材可作高温下工作的结构件。2A14（LD10）用于制造承受重载荷的锻件和模锻件。

（2）铸造铝合金　铸造铝硅合金ZAlSi7Mg（ZL101）的耐蚀性、力学性能和铸造工艺性能良好，其变质和不变质处理的铸件均可使用，淬火后可自然时效，易气焊。可用于形状复杂的砂型、金属型和压力铸造零件，如飞机零件、壳体、工作温度不超过185℃的汽化器。ZAlSi9Mg（ZL104）的铸造性能良好，耐蚀性尚可，强度高，焊接性和切削加工性尚可，铸造工艺复杂，易生成气孔，可用砂型、金属型和压力铸造来制造形状复杂、在200℃以下工作的零件，如发动机机匣、气缸体等。ZAlSi2Cr1Mg1Ni1（ZL109）的强度高，耐磨性好，产生缩孔倾向较小，气密性较高，切削加工性差，可热处理强化，用于制造较高温度下工作的零件，如活塞等。铸造铝铜合金ZAlCu5Mn（ZL201）的铸造性不好，有形成热裂纹和疏松的倾向，气密性较差，耐蚀性差，焊接性和切削加工性良好，可热处理强化，采用砂型铸造，用作在175～300℃下工作的零件，如活塞、支臂、挂架梁等。铸造铝镁合金ZAlMg10（ZL301）的强度高，耐蚀性好，切削加工性好，焊接性尚可，在熔融状态下不易氧化，但铸造性差，易形成显微疏松，气密性低，采用砂型铸造，用作在大气中工作的零件，以及承受大振动载荷、工作温度不超过150℃的零件。铸造铝锌合金ZAlSi9Mg（ZL401）的铸造性良好，缩孔和热裂倾向小，铸态下可自然时效，焊接性良好，切削加工性良好，但耐蚀性能低，密度较大，是一种铸态下的高强度合金，砂型铸造需进行变质处理，适宜压力铸造，用作工作温度不超过200℃的结构形状复杂的飞机零件。

6. 镁合金

镁的熔点为651℃，密度仅为1.74g/cm³，比铝还轻。纯镁强度低，一般以合金形式使用，如铸造高强镁合金ZM1（Mg-4.5Zn-0.75Zr）和变形耐热镁合金ME20M（Mg-2.0Mn-0.2ZCe）。镁合金具有较高的比强度和比刚度，并具有高的抗振能力，能承受比铝及其合金大的冲击载荷，切削加工性能优良，易于铸造和锻压，所以在航天航空工业中获得较多应用。

7. 钛及其合金

钛及其合金的最大优点是比强度高，钛合金的比强度超过铝合金和超高强度中碳调质钢。

α 型钛合金 TA7 具有良好的超低温性能，在航空工业中用于制造机匣、压气机内环等。α 型钛合金不能热处理强化，必要时可进行退火处理，以消除残余应力。α + β 型钛合金 TC4 可热处理强化，淬火-时效处理态的抗拉强度比退火态高 180MPa。TC4 合金综合性能良好，焊接性也令人满意，因此在航空航天工业中应用的钛合金多为该合金。其主要缺点是淬透性较差，不超过 25mm，为此发展了高淬透性且强度也略高于 TC4 的 TC10 合金。由于钛合金的比强度高，又具有较好的韧性和焊接性，因此在航空工业中得到广泛应用，目前近一半的钛合金用于该领域。主要用于制造质量轻、可靠性强的结构，如中央翼盒、机翼转轴、进气道框架、机身桁条、发动机支架、发动机机匣、压气机盘、叶片、外涵道等。

8. 钨、钼、铌及其合金

钨、钼、铌属于难熔金属，它们的熔点分别为 3410℃、2622℃、2460℃。它们都具有熔点高、高温强度高、弹性模量高以及耐蚀性能优异的特点，同时这三种难熔金属在加热时均不产生同素异构转变。钨、钼还具有导热性好、热膨胀系数小以及蒸气压低的特性。

钨、钼及其合金在航天工业中可作为火箭发动机的喷管材料。铌在难熔金属中具有出色的综合性能，熔点较高，密度最低，在 1093 ~ 1427℃ 范围比强度最高，温度低至 - 200℃ 时仍有良好的塑性和良好的加工性。铌的这些特性使它成为航天方面优先选用的热防护材料和结构材料。但是，钨、钼、铌三者的高温抗氧化性能都差，作为高温条件下使用的结构材料，应采用抗氧化涂层或惰性气体保护等方法给予防护。

9. 复合材料

玻璃纤维增强尼龙、玻璃纤维增强苯乙烯类树脂、玻璃纤维增强聚乙烯等复合材料，其刚度、强度和抗蠕变性能好，耐水性优良，广泛应用于直升机机身、机翼及各种航天器的内置结构件，如仪表盘、底盘、仪器壳体等。碳纤维树脂复合材料和硼纤维树脂复合材料由于强度及弹性模量很高，耐热、耐辐射，是制造宇宙飞船、人造卫星壳体的重要材料。

附录 金属热处理工艺分类及代号（GB/T 12603—2005）

一、分类原则

金属热处理工艺分类按基础分类和附加分类两个主层次进行划分，每个主层次中还可以进一步细分。

1. 基础分类

根据工艺总称、工艺类型和工艺名称（按获得的组织状态或渗入元素进行分类），将热处理工艺按三个层次进行分类，见附录表1。

附录表1 热处理工艺分类及代号

工艺总称	代号	工艺类型	代号	工艺类型	代号
热处理	5	整体热处理	1	退火	1
				正火	2
				淬火	3
				淬火和回火	4
				调质	5
				稳定化处理	6
				固溶处理;水韧处理	7
				固溶处理 + 时效	8
		表面热处理	2	表面淬火和回火	1
				物理气相沉积	2
				化学气相沉积	3
				等离子体增强化学气相沉积	4
				离子注入	5
		化学热处理	3	渗碳	1
				碳氮共渗	2
				渗氮	3
				氮碳共渗	4
				渗其他非金属	5
				渗金属	6
				多元共渗	7

2. 附加分类

附加分类是对基础分类中某些工艺的具体条件更细化的分类，包括实现工艺的加热方式及代号（附录表2）、退火工艺及代号（附录表3）、淬火冷却介质和冷却方法及代号（附录

表4）以及化学热处理中渗非金属、渗金属、多元共渗工艺按渗入元素的分类。

二、代号

1. 热处理工艺代号

基础分类代号采用了三位数字系统。附加分类代号与基础分类代号之间用半字线连接，采用两位数和英文字头做后缀的方法。热处理工艺代号标记规定如下：

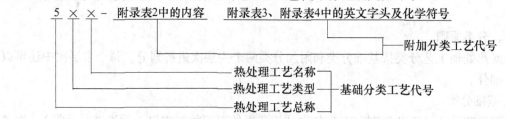

（1）基础分类工艺代号 基础分类工艺代号由三位数字组成，这三位数字均为 JB/T 5992.7 中表示热处理的工艺代号。第一位数字"5"为机械制造工艺分类与代号中热处理的工艺代号；第二、三位数字分别代表基础分类中的第二、三层次中的分类代号。

（2）附加分类工艺代号

1）当对基础工艺中的某些具体实施条件有明确要求时，使用附加分类工艺代号。

附加分类工艺代号接在基础分类工艺代号后面，其中加热方式采用两位数字，退火工艺和淬火冷却介质和冷却方法则采用英文字头。具体的代号见附录表2~4。

附录表2 加热方式及代号

加热方式	可控气氛（气体）	真空	盐浴（液体）	感应	火焰	激光	电子束	等离子体	固体装箱	流态床	电接触
代号	01	02	03	04	05	06	07	08	09	10	11

附录表3 退火工艺及代号

退火工艺	去应力退火	均匀化退火	再结晶退火	石墨化退火	脱氢处理	球化退火	等温退火	完全退火	不完全退火
代号	St	H	R	G	D	Sp	I	F	P

附录表4 淬火冷却介质和冷却方法及代号

冷却介质和方法	空气	油	水	盐水	有机聚合物水溶液	热浴	加压淬火	双介质淬火	分级淬火	等温淬火	形变淬火	气冷淬火	冷处理
代号	A	O	W	B	Po	H	Pr	I	M	At	Af	G	C

2）附加分类工艺代号按附录表2到附录表4的顺序标注。当工艺在某个层次不需进行分类时，该层次用阿拉伯数字"0"代替。

3）当对冷却介质及冷却方法需要用附录表4中两个以上字母表示时，用加号将两个或几个字母连接起来，如 H + M 代表盐浴分级淬火。

4）化学热处理中没有表明渗入元素的各种工艺，如多共元渗、渗金属、渗其他非金属等，可以在其代号后用括号表示出渗入元素的化学符号。

（3）多工序热处理工艺代号 多工序热处理工艺代号用破折号将各工艺代号连接组成，但除了第一个工艺外，后面的工艺均省略第一位数字"5"。例如，515-33-01 表示调质和气体渗氮。

常用热处理工艺代号见附录表5。

附录表5 常用热处理工艺代号

工 艺	代号	工 艺	代号	工 艺	代号
热处理	500	气冷淬火	513-G	碳氮共渗	532
整体热处理	510	淬火及冷处理	513-C	渗氮	533
可控气氛热处理	500-01	可控气氛加热淬火	513-01	气体渗氮	533-01
真空热处理	500-02	真空加热淬火	513-02	液体渗氮	533-03
盐浴热处理	500-03	盐浴加热淬火	513-03	离子渗氮	533-08
感应热处理	500-04	感应加热淬火	513-04	流态床渗氮	533-10
火焰热处理	500-05	流态床加热淬火	513-10	氮碳共渗	534
激光热处理	500-06	盐浴加热分级淬火	513-10M	渗其他非金属	535
电子束热处理	500-07	盐浴加热盐浴分级淬火	513-10H + M	渗硼	535（B）
离子轰击热处理	500-08			气体渗硼	535-01（B）
流态床热处理	500-10	淬火和回火	514	液体渗硼	535-03（B）
退火	511	调质	515	离子渗硼	535-08（B）
去应力退火	511-St	稳定化处理	516	固体渗硼	535-09（B）
均匀化退火	511-H	固溶处理，水韧化处理	517	渗硅	535（Si）
再结晶退火	511-R	固溶处理 + 时效	518	渗硫	535（S）
石墨化退火	511-G	表面热处理	520	渗金属	536
脱氢处理	511-D	表面淬火和回火	521	渗铝	536（Al）
球化退火	511-Sp	感应淬火和回火	521-04	渗铬	536（Cr）
等温退火	511-1	火焰淬火和回火	521-05	渗锌	536（Zn）
完全退火	511-F	激光淬火和回火	521-06	渗钒	536（V）
不完全退火	511-P	电子束淬火和回火	521-07	多元共渗	537
正火	512	电接触淬火和回火	521-11	硫氮共渗	537（S-N）
淬火	513	物理气相沉积	522	氧氮共渗	537（O-N）
空冷淬火	513-A	化学气相沉积	523	铬硼共渗	537（Cr-B）
油冷淬火	513-O	等离子体增强化学气相沉积	524	钒硼共渗	537（V-B）
水冷淬火	513-W	离子注入	525	铬硅共渗	537（Cr-Si）
盐水淬火	513-B	化学热处理	530		
有机水溶液淬火	513-Po	渗碳	531	铬铝共渗	537（Cr-Al）
盐浴淬火	513-H	可控气氛渗碳	531-01	硫氮碳共渗	537（S-N-C）
加压淬火	513-Pr	真空渗碳	531-02		
双介质淬火	513-1	盐浴渗碳	531-03	氧氮碳共渗	537（O-N-C）
分级淬火	513-M	固体渗碳	531-09		
等温淬火	513-At	流态床渗碳	531-10	铬铝硅共渗	537（Cr-Al-Si）
形变淬火	513-Af	离子渗碳	531-08		

参考文献

[1] 朱张校. 工程材料 [M]. 3版. 北京：清华大学出版社，2001.

[2] 郑明新. 工程材料 [M]. 北京：清华大学出版社，1993.

[3] 王焕庭，等. 机械工程材料 [M]. 大连：大连理工大学出版社，1991.

[4] 沈莲. 机械工程材料与设计选材 [M]. 西安：西安交通大学出版社，1996.

[5] 崔占全，王昆林，吴润. 金属学与热处理 [M]. 北京：北京大学出版社，2010.

[6] 蔡珣. 材料科学与工程基础 [M]. 上海：上海交通大学出版社，2010.

[7] 马泗春. 材料科学基础 [M]. 西安：陕西科学技术出版社，1998.

[8] 刘国勋. 金属学原理 [M]. 北京：冶金工业出版社，1998.

[9] 胡庚祥，等. 金属学 [M]. 上海：上海科技出版社，1980.

[10] 李超. 金属学原理 [M]. 哈尔滨：哈尔滨工业大学出版社，1989.

[11] 王笑天. 金属材料学 [M]. 北京：机械工业出版社，1987.

[12] 殷景华，等. 功能材料概论 [M]. 哈尔滨：哈尔滨工业大学出版社，1999.

[13] 王建安. 金属学与热处理 [M]. 北京：机械工业出版社，1980.

[14] 刘云旭. 金属热处理原理 [M]. 北京：机械工业出版社，1981.

[15] 许祖耀. 马氏体相变与马氏体 [M]. 北京：科学出版社，1981.

[16] 师昌绪. 新型材料与材料科学 [M]. 北京：科学出版社，1988.

[17] 崔昆. 钢铁材料及有色金属材料 [M]. 北京：机械工业出版社，1981.

[18] 周祖福. 复合材料学 [M]. 武汉：武汉工业大学出版社，1995.

[19] 浙江大学，等. 机械工程非金属材料 [M]. 上海：上海科技出版社，1984.

[20] 石德珂. 材料科学基础 [M]. 北京：机械工业出版社，1999.

[21] 谢希文，过梅丽. 材料科学基础 [M]. 北京：北京航空航天大学出版社，1999.

[22] 崔占全，邱平善. 工程材料 [M]. 哈尔滨：哈尔滨工程大学出版社，2001.

[23] 史美堂. 金属材料及热处理 [M]. 上海：上海科学技术出版社，1980.

[24] 周凤云. 工程材料及应用 [M]. 武汉：华中理工大学出版社，1999.

[25] 励杭泉. 材料导论 [M]. 北京：中国轻工业出版社，2000.

[26] 耿洪滨，吴宜勇. 新编工程材料 [M]. 哈尔滨：哈尔滨工业大学出版社，2000.

[27] 束德林. 金属力学性能 [M]. 2版. 北京：机械工业出版社，1997.

[28] 崔忠圻. 金属学与热处理 [M]. 北京：机械工业出版社，1997.

[29] 赵品，谢辅洲，孙振国. 材料科学基础教程 [M]. 哈尔滨：哈尔滨工业大学出版社，2002.

[30] 张立德，牟季美. 纳米材料和纳米结构 [M]. 科学出版社，2001.

[31] 顾宁，等. 纳米技术与应用 [M]. 北京：人民邮电出版社，2002.

[32] 曹茂盛，关长斌，徐甲强. 纳米材料导论 [M]. 哈尔滨：哈尔滨工业大学出版社，2001.

[33] Timings R L. Engineering Materials Volume 2 [M]. London：Longman Group UK Limited，1991.

[34] Collins J A. Failure of Materials in Mechanical Design [M]. John Wiley&Sons Inc，1981.

[35] James A Jacobs，Thomas F Kilduff. Engineering Materials Technology [M]. New Jersey：Prentice-Hall，Inc. Englewood Cliffs，1985.

[36] 李恒德. 材料科学与工程国际前沿 [M]. 济南：山东科学技术出版社，2003.